"十二五"普通高等教育本科国家级规划教材

普通高等教育"十一五"国家级规划教材

材料添加剂化学

第二版

辛 忠 编著

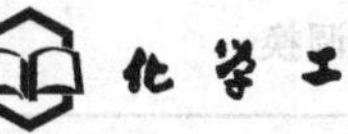

·北京·

本书从材料的加工性能和应用功能出发，介绍适用其加工过程的各种添加剂的物理、化学性质及功能，阐述了添加剂的结构与材料性能及功能的作用关系和机理，以及已经工业化的品种。包括：高分子材料的添加剂、抗氧剂、稳定剂、促进剂、润滑剂、增塑剂、成核改性剂、抗冲改性剂、偶联剂、相容剂、发泡剂、着色剂、荧光增白剂、阻燃剂、抗静电剂、透明剂等。

本书可作为高等学校化学、应用化学、化工、轻化工等相关专业的本科生教材，也可供相关专业的科研等人员参考。

图书在版编目（CIP）数据

材料添加剂化学/辛忠编著. —2版. —北京：化学工业出版社，2010.2（2025.2重印）

普通高等教育“十一五”国家级规划教材

ISBN 978-7-122-06986-3

Ⅰ. 材… Ⅱ. 辛… Ⅲ. 合成材料-助剂-高等学校-教材 Ⅳ. TQ320.4

中国版本图书馆CIP数据核字（2009）第197220号

责任编辑：何 丽 徐雅妮　　装帧设计：周 遥

责任校对：王素芹

出版发行：化学工业出版社（北京市东城区青年湖南街13号 邮政编码100011）

印　　装：北京盛通数码印刷有限公司

787mm×1092mm 1/16 印张19 字数485千字 2025年2月北京第2版第8次印刷

购书咨询：010-64518888　　售后服务：010-64518899

网　　址：http://www.cip.com.cn

凡购买本书，如有缺损质量问题，本社销售中心负责调换。

定　　价：59.00元

前　言

《合成材料添加剂化学》一书已经出版五年了，本次作为教育部普通高等教育“十一五”国家级规划教材再版修订。

随着科学技术的发展，添加剂行业也取得较大的进步，如助剂新结构开发，复合协同机理的研究以及在知识产权保护方面的工作。本次再版，对部分章节的内容进行了调整和修改，尤其是对第14、15章进行较大改动，对这两章的修改工作主要由孟鑫博士承担。

由于书中内容的变更和充实，一版书书名《合成材料添加剂化学》已不能全部涵盖所述的内容。因此，本次再版将书名更改为《材料添加剂化学》。

由于作者水平有限，书中不妥、疏漏之处仍会存在。恳请读者批评指正。

辛　忠

2009年7月于华东理工大学

序

合成材料添加剂又称助剂或配合剂，是重要的精细化工产品，更是高分子材料成型加工过程中不可或缺的重要组分。没有添加剂的发明和应用，就没有今天兴旺发达的高分子加工业，也不可能有现代社会如此丰富多彩的橡塑产品。

伴随着石油化学工业的发展，材料添加剂行业也得到迅猛的发展。由于添加剂品种繁多，涉及的应用范围十分广泛，作用机理也相当复杂，到目前为止，国内尚缺乏系统介绍这方面知识的教材和著作。华东理工大学的辛忠教授根据自己的科研和教学工作实践，依据添加剂在材料加工过程和最终制品中所起的作用编著了本书，此书分为5篇，共18章，全面阐述了合成材料添加剂的种类、化学结构、作用原理及应用领域。内容丰富，资料翔实，涉及面广泛，不失为一本理论与实践相结合并具有实用价值的教材。

在本书出版之际，本人欣然作序，希望此书能对中国的添加剂行业和材料加工业的发展及科技进步，对轻化工、材料化工及相关专业高级人才的培养，起到有益的促进作用。

中国工程院院士、大连理工大学教授

杨锦宗

2005年3月于大连

第一版前言

高分子合成材料品种繁多，发展迅速，但从用量和用途来看，最有代表性的仍是塑料、合成纤维和橡胶这三大类材料。本书以三大合成材料为背景，重点介绍了在此领域中应用的添加剂的结构、性能和作用机理。

合成材料在加工和使用过程中，必须添加适当的添加剂，才能维持材料的功能及使用寿命。添加剂被誉为材料工业的“味精”，少量的添加剂，可以改变合成材料的命运。如天然橡胶在未使用促进剂之前，要在高温下进行长时间的硫化，其制品全部为黑色，效能低，物理性能差，使用促进剂后，可以大大缩短硫化时间，降低硫化温度，同时还能改善力学性能。再如聚氯乙烯（PVC），因其加工温度高于分解温度，以致在PVC开发出来后很长一段时间未能生产应用，直到发明了合适的加工稳定剂后，才有了PVC今天的广泛应用。可以毫不夸张地说，没有添加剂的运用，就不可能有现在合成材料的应用规模和范围。

伴随着合成材料工业的发展，添加剂行业也得到迅猛的发展。合成材料工业的进步带动了添加剂的发展，反过来，添加剂的创新又推动了材料工业的应用领域范围的扩大，二者相辅相成，共同发展。

材料的添加剂品种繁多，涉及的应用领域及作用机理也十分复杂，根据化学结构和应用情况的不同，有各种分类方法。本教材将依据合成材料的添加剂在材料加工过程和最终制品中所起的作用，划分为5篇，共18章。要了解添加剂首先必须要了解添加剂的应用对象合成材料，所以在第1篇绪论中介绍三大合成材料的特点与用途（第1章）及添加剂的特点与作用、产业特征（第2章）。根据添加剂在合成材料中的作用阶段不同，将加工过程中应用的添加剂统编在材料加工添加剂部分，即本教材的第2篇。当然，改善加工过程添加剂，有的也可用在制品物性改善上，其作用不仅仅是改善加工过程。也能提高制品的最终应用性能。根据添加剂与合成材料作用机理的不同，将其分为物理改性剂（第3篇）和化学改性剂（第4篇）。而使材料最终应用功能改变或赋予新的功能的添加剂，在功能性添加剂一篇（第5篇）中加以介绍。当然，对添加剂的分类也还有其他方法，以上是作者根据自己研究的经验加以分类编撰。

本书作为轻化工、材料化工和应用化学的专业课教材，致力于使学生能全面了解合成材料添加剂领域的全貌、作用原理及应用领域，认识添加剂对合成材料的加工及应用的重要性，为培养学生的专业知识奠定重要的基础。

本书是对迄今在添加剂领域所做工作的一个较全面综述，但由于添加剂涉及面太广，应用范围太大，还有许多疏漏之处。本书是在博士研究生的协助下完成的，具体参加编写人员有：辛忠（第1～9章、第12章、第13章、第17章），郑实（第14章、第15章），张跃飞（第18章），孟鑫（第10章、第11章），公维光（第16章部分内容）等，全书由辛忠统编定稿。

本书是在华东理工大学化工学院轻化工专业两年的使用过程中经多次修改编写而成，但限于作者的水平，错误或不妥之处难免，恳请读者批评指正。

辛　忠

2005年3月于华东理工大学

目　录

第1篇　绪　　论

第1章　高分子合成材料 ······ 1

1.1　合成材料工业的发展 ······ 1

1.2　合成材料在国民经济中的作用 ······ 2

1.3　合成材料的种类 ······ 3

1.4　合成材料的微观结构和形态 ······ 5

1.5　合成材料的加工 ······ 7

参考文献 ······ 7

第2章　添加剂 ······ 8

2.1　添加剂在合成材料加工中的地位 ······ 8

2.2　添加剂的类别 ······ 9

2.2.1　稳定化的添加剂 ······ 9

2.2.2　物理改性添加剂 ······ 9

2.2.3　化学改性剂 ······ 10

2.2.4　功能性添加剂 ······ 11

2.3　添加剂发展概况 ······ 11

2.4　添加剂工业特点 ······ 13

2.5　添加剂工业的经济特点 ······ 14

2.6　添加剂工业的商业特点 ······ 14

参考文献 ······ 14

第2篇　材料加工添加剂

第3章　抗氧剂 ······ 15

3.1　抗氧剂的作用机理 ······ 16

3.1.1　聚合物的热氧降解机理 ······ 16

3.1.2　抗氧剂的作用机理 ······ 17

3.2　抗氧剂的结构与性能 ······ 21

3.2.1　胺类抗氧剂 ······ 22

3.2.2　酚类抗氧剂 ······ 27

3.2.3　辅助抗氧剂 ······ 31

3.3　金属离子钝化剂 ······ 34

3.4　抗氧剂的选用原则 ······ 36

3.5　抗氧剂的研究进展 ······ 36

3.5.1　协同效应的研究 ······ 37

3.5.2 均协同作用…… 38
3.5.3 非均协同作用…… 39
3.5.4 分子内复合的自协同作用…… 42
3.5.5 新型抗氧剂的发展趋势…… 43
参考文献 …… 45

第4章 稳定剂 …… 46
4.1 热稳定剂…… 46
4.1.1 原理…… 46
4.1.2 热稳定剂的种类、结构与性能…… 48
4.1.3 典型应用实例及制备方法…… 51
4.1.4 热稳定剂的发展方向…… 54
4.2 光稳定剂…… 57
4.2.1 光稳定剂原理…… 58
4.2.2 常用光稳定剂的种类、性能及用途…… 62
4.2.3 典型应用实例及制备方法…… 73
4.2.4 光稳定剂的发展方向…… 78
参考文献 …… 80

第5章 促进剂 …… 81
5.1 橡胶的硫化…… 81
5.1.1 硫化中的特性变化和正硫化…… 81
5.1.2 硫化的过程…… 82
5.2 硫化促进剂…… 83
5.2.1 促进剂的分类…… 83
5.2.2 促进剂的作用机理…… 85
5.2.3 促进剂的功能和选择…… 85
5.2.4 工业上常用的硫化促进剂…… 86
5.2.5 促进剂的选择标准…… 91
5.2.6 促进剂的发展…… 91
5.3 促进剂的最新发展…… 92
5.3.1 催化氧化工艺…… 92
5.3.2 造粒…… 93
5.3.3 表面处理技术和微胶囊化技术…… 94
5.3.4 预分散体…… 94
5.3.5 对人类安全的促进剂…… 94
5.3.6 多功能促进剂…… 98
参考文献 …… 98

第6章 润滑剂…… 100
6.1 高分子材料加工用润滑剂作用机理…… 100

6.1.1 塑化机理 …… 100
6.1.2 界面润滑机理 …… 101
6.1.3 涂布隔离机理 …… 101
6.2 材料加工用润滑剂 …… 101
6.2.1 烃类润滑剂 …… 101
6.2.2 脂肪酸酰胺类润滑剂 …… 102
6.2.3 脂肪酸酯类润滑剂 …… 102
6.2.4 脂肪酸及其金属皂 …… 103
6.2.5 脂肪醇 …… 103
6.2.6 有机硅氧烷 …… 103
6.2.7 聚四氟乙烯 …… 104
6.3 润滑剂发展趋势 …… 104
参考文献 …… 105

第3篇 物理改性剂

第7章 增塑剂 …… 106
7.1 增塑机理 …… 106
7.1.1 增塑作用的表观理论 …… 106
7.1.2 增塑作用的微观机理 …… 107
7.1.3 反增塑 …… 109
7.2 增塑剂的结构与增塑性能的关系 …… 110
7.2.1 结构与相容性的关系 …… 110
7.2.2 结构与增塑效率的关系 …… 110
7.2.3 结构与耐寒性的关系 …… 110
7.2.4 结构与耐老化性的关系 …… 111
7.2.5 结构与耐久性的关系 …… 111
7.2.6 结构与毒性的关系 …… 112
7.3 增塑剂的种类、合成及性质 …… 112
7.3.1 增塑剂的种类 …… 112
7.3.2 有机酸酯类 …… 113
7.3.3 磷酸酯 …… 116
7.3.4 聚酯 …… 117
7.3.5 环氧化物 …… 117
7.3.6 其他类型的增塑剂 …… 117
7.4 增塑剂的应用 …… 118
7.4.1 增塑剂的性能要求及选用 …… 118
7.4.2 PVC中增塑剂的选用 …… 118
7.4.3 其他热塑性塑料中增塑剂的选用 …… 119
7.5 增塑剂的发展趋势 …… 120
参考文献 …… 121

第8章　成核改性剂…… 122
8.1　聚合物成核结晶机理 …… 122
8.1.1　聚合物成核结晶机理 …… 122
8.1.2　异相成核结晶动力学 …… 123
8.2　聚丙烯用成核剂的种类及性能 …… 124
8.2.1　α晶型成核剂 …… 125
8.2.2　α晶型成核剂对聚丙烯宏观性能的影响 …… 128
8.2.3　α晶型成核剂对聚丙烯微观形态的影响 …… 130
8.2.4　β晶型成核剂 …… 131
8.3　聚酯用成核剂 …… 133
8.4　聚甲醛用成核剂 …… 134
8.5　聚酰胺（尼龙）用成核剂 …… 135
8.6　聚烯烃用成核剂发展方向 …… 135
参考文献…… 136

第9章　抗冲改性剂…… 137
9.1　抗冲改性剂的抗冲机理 …… 137
9.2　抗冲改性剂的类型与特征 …… 139
9.3　影响抗冲改性剂增韧性能的因素 …… 140
9.3.1　基体树脂特性的影响 …… 140
9.3.2　橡胶相的影响 …… 141
9.3.3　橡胶相与基体树脂之间黏合力的影响 …… 142
9.4　抗冲改性剂实例 …… 143
9.4.1　丙烯腈-丁二烯-苯乙烯共聚物 …… 143
9.4.2　氯化聚乙烯 …… 146
9.4.3　乙烯-乙酸乙烯共聚物…… 148
9.4.4　甲基丙烯酸甲酯-丁二烯-苯乙烯共聚物 …… 150
9.4.5　丙烯酸酯聚合物…… 152
9.4.6　其他抗冲改性剂 …… 153
9.5　抗冲改性剂的应用 …… 154
9.5.1　抗冲改性剂改性聚氯乙烯 …… 154
9.5.2　抗冲改性剂改性聚丙烯 …… 159
参考文献…… 160

第4篇　化学改性剂

第10章　交联剂 …… 161
10.1　交联剂作用机理…… 162
10.1.1　有机交联剂的作用机理…… 162
10.1.2　无机交联剂的交联机理…… 164
10.1.3　光交联及辐射交联机理…… 165
10.2　交联剂的合成及特性…… 167

10.2.1 过氧化物交联剂……167
10.2.2 胺类交联剂……170
10.2.3 有机硫化物交联剂……175
10.2.4 树脂类交联剂……178
10.2.5 醌及对醌二肟类交联剂……181
参考文献……182

第11章 偶联剂 ……183
11.1 偶联剂的作用机理及性能表征……183
11.1.1 硅烷偶联剂的作用机理……183
11.1.2 钛酸酯偶联剂的作用机理……184
11.1.3 偶联效果的表征……184
11.2 偶联剂主要品种及应用……185
11.2.1 硅烷偶联剂的主要品种及其具体应用……185
11.2.2 钛酸酯偶联剂的主要品种及其应用特点……189
11.2.3 其他偶联剂的应用……191
11.3 偶联剂的合成……192
11.3.1 硅烷偶联剂的合成……192
11.3.2 钛酸酯偶联剂的合成……195
11.4 偶联剂的开发现状及发展趋势……196
参考文献……197

第12章 相容剂 ……198
12.1 相容作用机理……198
12.1.1 酸酐、羧基……200
12.1.2 环氧基……201
12.1.3 噁唑啉基 ……201
12.2 相容剂的分类……202
12.2.1 按结构分类……202
12.2.2 按反应性和非反应性分类……203
12.3 相容剂的合成……204
12.3.1 大分子单体法……204
12.3.2 过氧化物单体法……204
12.3.3 就地形成法……205
12.4 增容效果的表征……205
12.4.1 玻璃化温度（T_g）测定的方法 ……205
12.4.2 显微镜观察……205
12.5 工业上常用相容剂品种及性能……206
12.5.1 反应性相容剂……206
12.5.2 非反应性相容剂……209
12.6 相容剂的发展与展望……210

参考文献……………………………………………………………………………… 211

第13章 发泡剂 ……………………………………………………………………… 212

13.1 发泡原理……………………………………………………………………… 212

13.2 发泡剂的结构及其特点…………………………………………………… 213

13.2.1 主要分类及其性能特点……………………………………………… 213

13.2.2 发泡剂性能评价以及选用原则…………………………………… 214

13.3 常用化学发泡剂…………………………………………………………… 215

13.3.1 无机化学发泡剂……………………………………………………… 215

13.3.2 有机化学发泡剂……………………………………………………… 217

13.3.3 发泡助剂……………………………………………………………… 221

13.4 发泡剂的发展趋势………………………………………………………… 222

参考文献……………………………………………………………………………… 222

第5篇 功能性添加剂

第14章 着色剂 ……………………………………………………………………… 223

14.1 着色剂作用机理…………………………………………………………… 223

14.2 着色剂的分类及典型实例 ……………………………………………… 224

14.2.1 无机颜料……………………………………………………………… 224

14.2.2 有机颜料……………………………………………………………… 228

14.2.3 染料…………………………………………………………………… 231

14.2.4 色母粒………………………………………………………………… 231

14.3 着色剂的应用性能………………………………………………………… 232

14.4 着色剂的选择……………………………………………………………… 233

14.5 材料着色方法……………………………………………………………… 234

参考文献……………………………………………………………………………… 235

第15章 荧光增白剂 ………………………………………………………………… 236

15.1 荧光增白剂增白机理……………………………………………………… 236

15.2 荧光增白剂的分类及典型实例…………………………………………… 237

15.2.1 二苯乙烯型荧光增白剂……………………………………………… 237

15.2.2 香豆素型荧光增白剂………………………………………………… 240

15.2.3 苯并噁唑型荧光增白剂 …………………………………………… 241

15.2.4 萘酰亚胺型荧光增白剂……………………………………………… 241

15.2.5 吡唑啉类荧光增白剂………………………………………………… 242

15.3 荧光增白剂在塑料中的应用……………………………………………… 242

参考文献……………………………………………………………………………… 243

第16章 阻燃剂 ……………………………………………………………………… 244

16.1 材料的燃烧和阻燃剂的作用机理………………………………………… 244

16.1.1 燃烧机理……………………………………………………………… 244

16.1.2 合成材料燃烧性标准………………………………………………… 245

16.1.3 阻燃机理…………………………………………………………………………………… 246
16.2 阻燃的种类及合成…………………………………………………………………………… 249
16.2.1 阻燃剂的分类…………………………………………………………………………… 249
16.2.2 添加型阻燃剂…………………………………………………………………………… 249
16.2.3 反应型阻燃剂…………………………………………………………………………… 255
16.3 阻燃剂的应用………………………………………………………………………………… 257
16.3.1 阻燃剂的用量及使用要求……………………………………………………………… 257
16.3.2 阻燃剂在塑料中的应用………………………………………………………………… 258
16.3.3 阻燃剂在纤维中的应用………………………………………………………………… 259
16.4 阻燃剂的发展趋势…………………………………………………………………………… 260
16.4.1 无机阻燃剂的超细化…………………………………………………………………… 260
16.4.2 有机阻燃剂的高分子量化……………………………………………………………… 260
16.4.3 阻燃剂的无卤化………………………………………………………………………… 260
16.4.4 新型复合增效体系……………………………………………………………………… 261
16.4.5 反应性……………………………………………………………………………………… 261
参考文献……………………………………………………………………………………………… 261

第17章 抗静电剂 …………………………………………………………………………… 262
17.1 抗静电作用机理……………………………………………………………………………… 262
17.1.1 静电的产生与积累……………………………………………………………………… 262
17.1.2 静电的逸散………………………………………………………………………………… 264
17.1.3 抗静电剂的作用原理…………………………………………………………………… 264
17.2 抗静电剂的类型与合成……………………………………………………………………… 265
17.2.1 阳离子型抗静电剂……………………………………………………………………… 266
17.2.2 阴离子型抗静电剂……………………………………………………………………… 269
17.2.3 非离子型抗静电剂……………………………………………………………………… 270
17.2.4 两性离子型抗静电剂…………………………………………………………………… 272
17.2.5 高分子型抗静电剂……………………………………………………………………… 274
17.3 抗静电剂在塑料及纤维中的应用…………………………………………………………… 275
17.3.1 抗静电剂在塑料中的应用……………………………………………………………… 275
17.3.2 抗静电剂在纤维中的应用……………………………………………………………… 278
17.4 抗静电剂的发展趋势………………………………………………………………………… 280
17.4.1 含抗静电剂的浓缩母粒………………………………………………………………… 280
17.4.2 开发抗静电剂新品种…………………………………………………………………… 280
17.4.3 复配型抗静电剂………………………………………………………………………… 281
17.4.4 永久性抗静电剂………………………………………………………………………… 281
参考文献……………………………………………………………………………………………… 282

第18章 透明剂 ……………………………………………………………………………… 284
18.1 透明剂增透机理……………………………………………………………………………… 284
18.2 透明剂的种类及代表性产品………………………………………………………………… 285
18.2.1 二亚苄基山梨醇类透明剂……………………………………………………………… 285

18.2.2　有机磷酸酯盐类透明剂……………………………………………………………… 287
18.2.3　松香脂类透明剂…………………………………………………………………… 288
18.3　透明剂浓度对聚丙烯透明性能的影响………………………………………………… 288
18.4　透明剂对聚丙烯其他性能的影响……………………………………………………… 288
参考文献……………………………………………………………………………………… 289

第1篇 绪 论

第1章 高分子合成材料

1.1 合成材料工业的发展

起初，人类是利用天然材料，如麻、树木等天然纤维和天然树胶等高分子材料。但天然高分子材料的量有限，而且性能有局限，不能充分满足人类生产、生活的需要。随着19世纪后期工业的发展，人们开始合成新的高分子化合物。1870年，Bayer报道了苯酚和甲醛的缩合物，即酚醛树脂，Backeland制得了酚醛塑料和线型酚醛清漆。美国通用酚醛公司于1910年正式工业化生产。1909年E.Hofmann申请了异戊二烯聚合的专利。1910年C. H. Harries等用钠催化聚合异戊二烯。1915年Ostromislensky研究了用乙醇制备丁二烯的方法（两步法）。Lebedev以一步法用乙醇制备丁二烯，聚合后制得丁钠橡胶。19世纪末胶体化学起主导作用，当时胶体领域的权威Ostwald、Freundlich和W. Pauli等利用胶体化学解释高分子，影响了人们对自然界大分子的研究。尽管19世纪末到20世纪初有不少学者从事高分子合成的探索研究，而且合成了一些高聚物，但是高聚物的大分子长链的概念仍未建立，对合成大分子链的结构不清。1908年，Leo Baekeland博士研制成功了酚醛树脂，人们以此为原料制造出电话机壳、电绝缘零部件和烹饪用具手柄等，这是最早出现的全合成塑料制品。直到1920年前后，苏黎世联邦理工学院H. Staudinger教授决定从事大分子化合物的研究，他提出"高分子化合物"是由以共价键连接的长链分子所组成。此后，他的系统研究证明了聚合物不是缔合物，而是具有普通价键的长链分子组成的。1927年，在市场上出现了醋酸纤维素的棒、管、片材等制品。1929年，人们用醋酸纤维素的粒料，采用当时刚开发的注射成型法，制得了最初的注塑制品。1931年W. H. Carothers提出高聚物溶解与合成的理论，特别是尼龙及氯丁二烯的聚合，为高聚物合成发展从理论上进一步证实了H. Staudinger的观点。随着高聚物的分析测试技术的发展，大分子长链的观点已为学术界认可。为此H. Staudinger获得了诺贝尔化学奖。

随着高分子链学说的建立，在20世纪30年代以后，从事加聚及缩聚反应研究及从事合成反应动力学、反应机理研究的科学家和学者越来越多，50年代以后，Ziegler-Natta配位离子定向聚合又进入新的高潮。高聚物的化学、物理学、物理化学研究内容十分广泛。现代分析方法的出现，对高分子科学走向成熟起了重要作用。

1929年美国合成了聚硫橡胶，1935年生产出了丁苯橡胶，丁腈橡胶正式生产。尼龙纤维的出现，为人类做出了巨大贡献。德国的Otto Tohm在20世纪30年代申请了合成有机玻璃丙烯酸酯的高聚物及聚乙酸乙烯酯的专利。1941年PVC已问世。1943年，Whinfield在Carothers工作的基础上改善缩合条件制得了聚酯纤维，对缩合高聚物的系列产品生产打下了基础。高压聚乙烯在1939年试生产，美国1943年建厂投产。

20世纪60年代初，定向聚合发明后，低压聚乙烯、聚丙烯、顺丁橡胶、异戊二烯橡胶相继问世。Ziegler-Natta 催化剂出现后，60 年代利用接枝嵌段共聚制得了不少新的材料，如 MBS、ABS、SBS、SIS 等。在此期间，氯醇橡胶、乙丙橡胶、溶液丁苯、液体丁腈等新材料大量生产，含硅及含氟高聚物也大规模生产。聚苯乙烯研究得很早，但直到 20 世纪 50 年代初才正式生产。60 年代至 70 年代不仅很多工程塑料、特种橡胶、合成纤维得到发展，品种越来越多，而且精细化工所需的高聚物如涂料、油漆、黏合剂、功能高分子材料得到飞速发展。医药卫生用的高分子材料，以及航空、航天用的特种高分子如碳纤维和耐高温、耐烧蚀、高强度、耐寒的新型高分子材料，以及液晶、生物高分子得到了高速发展。热塑性弹性体在 70 年代以后也有了新的发展。高分子材料工业的发展使人们知道高分子材料工业是当今世界最有生命力的工业，石油化工中的高分子材料，已是国民经济中重要的经济支柱。

从 20 世纪初到现在，经过 100 多年的奋斗，不少学者和科学家对高分子材料科学做出了贡献，H. Staudinger、Natta、Ziegler 和 Flory 等还荣获了诺贝尔奖。经过 20 世纪近 100 年的发展，合成材料中的塑料、橡胶、纤维、油漆、涂料、黏合剂等总生产量已超过 1 亿吨，按体积计算，超过了生产金属的总体积，橡胶产量达 1600 万吨，塑料产量约为 1 亿吨，主要的品种有数十种，其他合成高聚物达百种之多。

中国的合成材料工业起步较晚，到 1915 年上海才兴办了第一家橡胶加工厂，至 1949 年，中国的主要合成树脂产量约 200 多吨，橡胶产量也只有 200 吨左右。20 世纪 50 年代，注重培植天然橡胶，合成了丁苯橡胶、聚氯乙烯、有机玻璃、尼龙-6 等产品，进口了前苏联和东欧的合成橡胶和塑料生产技术。20 世纪 60 年代以后继续从国外引进塑料及合成纤维生产技术，国内开发了高分子新材料，如顺丁橡胶、乙丙橡胶、异戊二烯橡胶、含氟或含硅高分子材料、尼龙、聚甲醛、交联聚乙烯等。在高分子化学、高分子结构及性能、高分子物化、物理研究的同时，还进行了高分子加工方面的系统研究。进入 20 世纪 70 年代以后，中国已逐步形成了较完整的高分子材料科学体系，具备了独立自主开发新材料的能力，开发出了多功能、高性能的材料，如离子交换树脂、工程塑料、聚酰胺、耐高温材料、碳纤维复合材料、耐烧蚀材料等。合成纤维、塑料、橡胶、油漆、涂料、黏合剂不少新品种的生产形成了一定规模。进入 20 世纪 80 年代研究或新品种开发、老品种改性、高分子成型加工得到了较快发展，缩小了与国外的差距，从科研、生产、教学等方面在全国形成了完善的体系。

20 世纪 60 年代以后中国建立了大型的石油化工企业，如兰州、北京、吉林、山东、上海、南京、广州、大庆、大连等省市都建有石油化工及高分子材料生产基地，通用的高分子、特种高分子、工程塑料、特种橡胶、油漆、涂料、黏合剂等都具有配套产品。合成高聚物及高聚物加工、应用的工厂、公司遍及中国各省、市，建成了原料生产、合成、加工及应用整个高分子工业体系。中国不仅有储量丰富的石油、天然气、煤及农副产品可作为高分子生产原料，而且已培养出许多高分子工业方面科研、生产及教学的科学家及学者。所以随着中国建设的高速发展，高分子材料与科学也将以最快的速度发展，为中国及世界做出有益的贡献。

1.2 合成材料在国民经济中的作用

高分子合成材料从 20 世纪 30 年代正式生产以来飞速发展，产量超亿吨，大规模工业化的生产品种达数十种之多，生产的制品上万种。它的应用已渗透到科研、生产及生活的所有领域，而且是人类社会不可缺少的重要材料，成为不少国家的重要经济支柱产业，所以引起了各国的普遍重视。

高分子合成材料是石油化工的主导产品，是高技术、高性能、高效益、技术密集型的产业，是当今高新技术的集中体现。目前，生产合成高分子材料工厂的规模，小的厂年产数万吨，大的企业年产达数十万吨。聚乙烯从单体到合成高分子生产规模每年为 30 万～40 万吨，小的企业每年为 10 多万吨，而且为多品种生产，一个大型企业可同时生产合成树脂、合成橡胶及合成纤维。这样的企业原料综合利用，能源消耗合理，设备利用率高，生产控制集中，大大节约了投资和劳动力，生产成本低，所以投资高分子合成材料有很高的经济效益。

利用合成树脂及合成橡胶加工成各种制品，不仅满足了社会不断增长的需要，而且创造的经济价值也十分惊人。合成树脂或合成橡胶加工成制品后，产值增大，特种橡胶、某些工程塑料及某些精细化工用高分子材料的产值更高。

从中国实际情况来看，发展高分子合成材料具有战略意义。中国人口占世界的 22%，而可以耕种的土地只占世界的 7%，是人口的超级大国。人多地少，解决吃穿用的问题是中国政府的重要任务，国民经济以农业为基础，保证粮、棉增加，核心问题是控制农业生产用地。发展合成高分子材料可以减少种植棉、麻和天然橡胶等用地。年产 100 万吨合成橡胶可节约 1000 万亩[1]土地，节约种植劳动力 500 万人，而生产 10 万吨合成橡胶只需 1500 人。投资少，易回收，不受自然气候影响，而天然橡胶要种植 6～7 年才能割胶。世界合成纤维总量早已超过天然纤维。一个年产 10 万吨的合成纤维工厂相当于 200 多万亩棉田的年产量，相当于年产 2000 多万只绵羊的产毛量。中国如能年产 100 万吨合成纤维，可减少种棉农田 2000 多万亩，可养活 3000 万～4000 万人。合成树脂加工成塑料代替钢材、木材及金属等，对发展农业起到巨大的作用，对促进工农业的现代科技发展将会发挥更大的作用。

高分子合成材料的发展带动了相关工业的发展，如化工机械、有机化工、助剂、加工、轻化工及日用化工、电子电气工业、交通运输、化工建材等工业的发展。

高分子材料工业是成熟的工业，也是很有前景的支柱产业，在国民经济中占有重要的地位，为国民经济做出宝贵贡献。电子电气工业、航空航天工业、信息产业、生物工程、近代医药、交通运输、生活日用品及农业的飞速发展，会促使高分子合成材料向纵深方向发展。

1.3 合成材料的种类

高分子合成材料之所以能如此迅速发展，能吸引人们的关注，不惜投入巨额资金组织科研和生产，主要是由于它具有一系列优异性能，不仅能代替金属、木材、陶瓷以及很多无机材料，代替天然高分子材料如毛、棉、麻、丝绸、木等，而且很多性能是金属和非金属所不及的。

合成材料根据应用性能，可分为塑料、合成纤维和合成橡胶三大类。

以合成树脂为主要原料加工的塑料，品种很多。一般说来，可以从以下两个方面分类。

(1) 按照塑料的实用特性可分为通用塑料、工程塑料和功能塑料

通用塑料一般只能作为非结构材料使用，产量大，价格低，但性能一般。目前，主要有聚乙烯、聚丙烯、聚苯乙烯、酚醛塑料和氨基塑料等。

工程塑料一般是指可以作为结构材料，能在较宽的温度范围内承受机械应力和较为苛刻的化学物理环境中使用的材料，如聚酰胺（尼龙）、聚碳酸酯、聚甲醛、聚苯醚和聚酯等。它们与通用塑料相比，产量较小，价格较高。

工程塑料是电子信息、交通运输、航空航天、机械制造业的上游产业，在产业循环中占

---

[1] 1 亩＝666.67m²。

据着有利的地位。其发展不仅对国家支柱产业和现代高新技术产业起着支撑和先导作用，同时也推动着传统产业改造和产品结构调整。与通用塑料相比，工程塑料拥有更加优异的力学性能、电性能、耐溶剂性能、耐热性、耐磨性、尺寸稳定性等；与金属材料相比则重量轻、便于复杂制品设计、成型时能耗小等优点。目前，它已经成为当今世界塑料工业发展中增长速度最快的材料。

预计到“十一五”末期，我国五大通用工程塑料的生产能力将达到130万吨/年，可以缓解过分依赖进口的被动局面。

功能塑料是指人们用于特殊环境的具有特种功能的塑料，如医用塑料、光敏塑料等。

(2) 按受热所呈现的基本行为可将塑料分为热固性塑料和热塑性塑料

热塑性塑料是指在特定温度范围内，能反复加热软化和冷却硬化的塑料。这类塑料基本是以聚合反应所得到的树脂为基础制成的，受热时不产生化学交联，因而当它再一次受热时仍具有可塑性，如聚乙烯、聚丙烯、聚苯乙烯、聚氯乙烯、聚碳酸酯等。

热固性塑料是指受热后能成为不熔不溶性物质的塑料。这类塑料基本是以缩聚反应所得到的树脂为基础制成的，受热时发生化学变化使线型分子结构的树脂转变为体型结构的高分子化合物。当它再一次受热时就不再具有可塑性，如酚醛塑料、氨基塑料等。

不同品种都具有各自的特性，可以满足不同要求，它们随用途不同可制成各种制品，可耐高温达400～500℃，高强度的比金属强度高，有高耐磨的，有高抗冲性的，有高度绝缘的，有耐化学腐蚀的，有耐水的。这些不同的特性，能满足不同工业、农业及国防上的需要。工程塑料用结构材料可做成各种制品，代替金属材料制作机械零件、齿轮、轴承、汽车和飞机、轮船的配件。用不饱和聚酯制成玻璃钢，聚四氟乙烯塑料既耐高温又耐腐蚀。工程塑料在电子电气工业领域中也是重要原材料，绝缘材料离不开通用塑料和工程塑料。农业上用的塑料品种很多，如农业薄膜、农业工具、农业机器，电视机及音响器材、电冰箱及洗衣机的零件、外壳都是塑料制品。日用化工的塑料制品多种多样，如PVC人造革、泡沫塑料制品、各种塑料布、纺织袋等。建筑、交通部门用的塑料制品更多。

我国已成为全球第一大塑料制品生产和消费国。2007年，全国五大通用树脂的消费量已达5233万吨，其中聚氯乙烯的消费量达到了1026.8万吨，位居世界第一。但与发达国家相比，我国塑料制品的应用领域还需要扩大，塑料制品的质量也需要改进。

合成纤维是用合成树脂经过纺丝及后处理制得的纤维。生产的品种有尼龙类纤维、聚酯类纤维、维尼纶纤维、聚丙烯腈制成的腈纶、聚氯乙烯纤维、过氯乙烯纤维（又称氯纶）、耐高温的聚酰胺纤维、碳纤维、聚酰亚胺纤维，其他如聚氨酯弹性纤维等。合成纤维同天然纤维相比，强度高，耐磨性好，有较好弹性，不被虫蛀，耐化学腐蚀性好，制成衣料有弹性，吸水少，易洗涤干燥。其不足之处是有的纤维着色差，易产生静电，吸汗量低，制作成内衣穿时人会感到闷热。我国已成为全球第一大纺织品和合成纤维的生产国及消费国。

合成橡胶是重要的合成材料，主要品种有丁苯橡胶、顺丁橡胶、异戊二烯橡胶、乙丙橡胶、丁基橡胶、丁腈橡胶、氯丁橡胶。特种橡胶有硅橡胶、氟橡胶、丙烯酸酯橡胶、聚氨酯橡胶、氯醇橡胶、丁吡橡胶、聚硫橡胶、氯化及氯磺化聚乙烯橡胶等。合成橡胶能代替天然橡胶制作轮胎、胶管、胶带、胶鞋以及各种橡胶配件。特种橡胶具有的特性是天然橡胶所没有的，如耐高温的氟、硅橡胶可在250℃长期使用，丙烯酸酯橡胶耐油、耐高温，乙丙橡胶耐老化性能很好。特种橡胶的某些性能是天然橡胶无法相比的。合成橡胶加工硫化后具有很好的力学性能、高回弹性和伸长率，耐磨、耐疲劳、耐老化、耐油、耐腐蚀。利用合成橡胶可以加工成各种密封制品、各类油封、汽车和飞机上各种橡胶配件、建筑物和桥梁用的防震减震材料、石油化工用的橡胶防腐材料、电线、电缆。每年大量橡胶类高分子材料用作绝缘材料，其他为导电胶、磁性胶、防毒防菌用胶、医药用橡胶制品、高吸水胶等。全世界橡胶制品的种类有上万种。我国已成为全球第一大橡胶制品生产国。

合成高分子材料除前面介绍的三大合成材料外，其他如涂料、油漆等精细化工高分子品种繁多，例如，建筑用、家具用的油漆、乳胶漆、内外墙涂料。黏合剂的品种更多，不仅工业、农业、国防、交通运输等部门每年消耗数百万吨的黏合剂，在纺织、地毯、建筑、家电工业中，也需要各类涂层材料及黏合剂。

“十二五”期间，我国将建成更多世界级规模的炼油—乙烯—芳烃上下游一体化的产业基地，使成品油和石化产品的规模以及各种馏分油资源利用更加合理，同时进一步延长产业链、采用新技术和多品种的方案将成为这一行业的亮点，基地化、规模化、一体化的建设是“十二五”石化行业发展的主题，综合竞争能力进一步提高。预计到 2015 年，我国乙烯能力达到 2200 万～2600 万吨。

我国化工新材料行业发展迅速。其中工程塑料需求增长很快，近年来消费量年均增长 20%以上，主要依靠进口。快速发展的产品有聚碳酸酯、聚甲醛、对苯二甲酸丁二酯、聚酰胺、聚乳酸等，正在积极研发 PTT、PEN 等新产品，聚苯硫醚、改性聚苯醚等特种工程塑料处于规模化开发阶段；有机硅单体发展很快，下游产品正在拓宽，如有机硅建筑密封胶、电子工业用高温胶、高档硅油制品、有机硅单涂料和高性能硅烷偶联剂等；氟树脂 PTFE 发展较快、PVDF 和氟精细化学品的产品档次得到提升；特殊纤维材料生产得到关注，如丙烯腈基碳纤维和芳纶等；新型纳米材料品种增加，纳米材料的应用领域进一步拓宽；聚氨酯的原料 MDI 和 TDI 以及聚醚多元醇快速发展，产能增加，对外依存度减小，国内产业的技术水平进一步提升。

当前已工业化生产的工程塑料品种虽然很多，但主要为聚酰胺（PA）、聚碳酸酯（PC）、聚甲醛（POM）、聚苯醚（PPO）和热塑性聚酯等五大类通用品种。2007 年全球工程塑料总产量达到 1400 万吨。与通用塑料相比工程塑料只占到总量的 7%～8%；我国略低，约占塑料总消费量的 3.9%。

虽然近年来我国工程塑料工业一直在快速发展，生产能力不断提高，品种不断增加，但供需矛盾依然十分突出，国内工程塑料的产量与质量远远满足不了日益增长的需求，不得不大量进口。目前有 2/3 的工程塑料产品依然依靠进口，大部分市场被国外厂家所占有。

1.4　合成材料的微观结构和形态

合成材料是由许多巨大的分子构成的，这些大分子由许多重复的结构单元组成。某些高分子材料的结构单元是完全一致的（均聚），但另一些则是由两种以上的结构单元混合组成（共聚），同时大分子之间又有各种联系。因此必须从微观、亚微观直到宏观不同的结构层次来描述高聚物的分子结构、形态及聚集态等。

目前，习惯于用一次结构、二次结构、三次结构（或聚集态结构）和高次结构的层次区分高聚物聚集态的结构。

一次结构是指大分子的化学组成，均聚或共聚，大分子的相对分子质量，链状分子的形态如直链、支化、交联。此外也包括大分子的立体构型如全同立构、间同立构、无规立构、顺式、反式等的区别。如图 1-1 所示为高聚物大分子的一次结构。

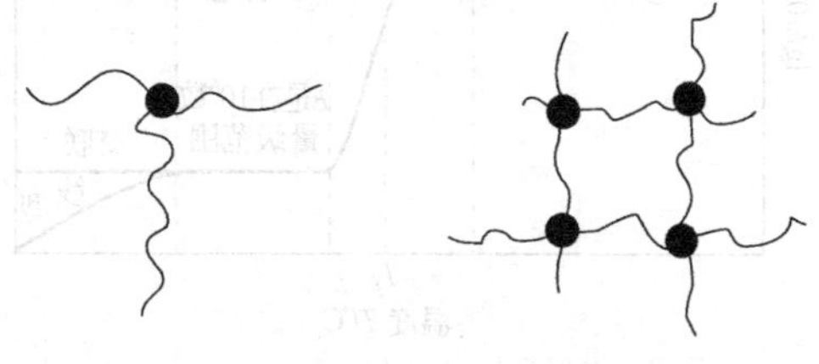

图 1-1　高聚物大分子的一次结构

二次结构是指单个大分子的形态，如图 1-2 所示的无规线团、折叠链、螺旋链等。

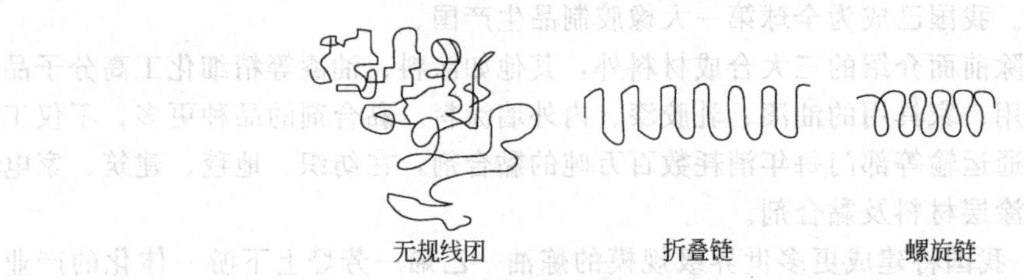

图 1-2　高聚物大分子的二次结构

三次结构是具有不同二次结构的单个大分子聚集在一起形成的不同聚集态结构。例如，许多无规线团可以组成线团胶团或交缠结构。某些高聚物局部区域排列整齐而有序，但在另一些区域则形成无规地缠结的所谓缨束状结构。具有折叠链二次结构的分子则形成高聚物片晶。此外还有超螺旋结构。如图 1-3 所示为高聚物三次结构的示意形状。

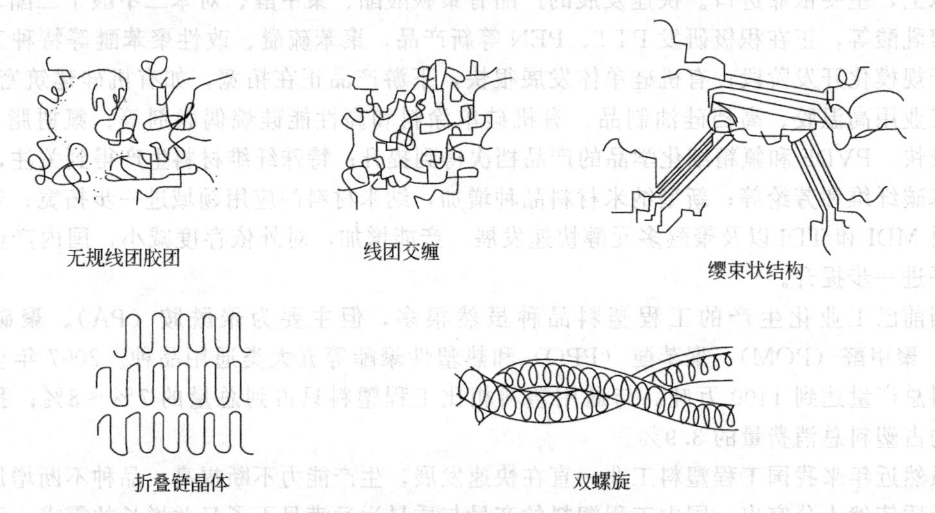

图 1-3　高聚物三次结构的示意形状

高次结构是指三次结构以及与其他物质构成尺寸更大的结构，如由折叠链形成的片晶构成球晶。嵌段或接枝共聚物和共混高聚物形成具有微区分相的结构。此外还有添加了无机填料或纤维增强体系的复合材料。

依据材料对温度的依赖行为，合成材料的形态表现也不相同。

当温度由低变高时，高聚物历经三种状态，即玻璃态、高弹态和黏流态。从分子运动的角度来看，这三种状态分别对应于侧基及链节的小范围运动、链段运动和大分子整体运动。在这三种状态下，高聚物的力学参数——模量不同。因此可以用模量对温度作图，显示出高聚物三种状态的温度范围及其转变温度（见图 1-4）。

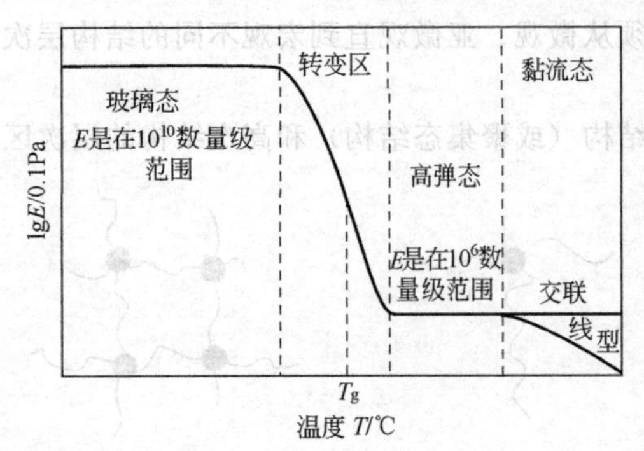

图 1-4　高聚物的温度-模量图

其中玻璃化温度 T_g 是表征高聚物性能的重要指标。它意味着链段运动解冻的温度，即高聚物由僵硬的玻璃状态进入能产生很大形变的高弹状态。这种黏弹性在高聚物的成型加工和使用过程中表现得极为突出，因此在涉及高聚物力学行为的场合下，必须同时考虑应力、应变、温度和时间四个参数。

1.5　合成材料的加工

天然原料 }
基本原料 } ⟶ 合成材料 —添加剂⟶ 加工 ⟶ 有用制品

合成材料必须通过一定形式的加工，才能成为具有实际用途的物品。如聚酯通过拉丝变成纤维，聚丙烯树脂通过注塑变成各种塑料制品，橡胶通过硫化变成熟胶，然后再制成制品，在这种加工过程中，通常都必须有一种或几种添加剂相配合，才能赋予制品应用性能。目前，合成材料中常用的添加剂见表 1-1。

表 1-1　合成材料中常用的添加剂

材料＼添加剂	热稳定剂	光稳定剂	抗氧剂	生物杀伤剂	填充剂	玻璃纤维	偶联剂	增塑剂	着色剂	冲击改性剂	阻燃剂	抗静电剂	发泡剂	润滑剂	交联剂
聚乙烯	●	●	●	●	●	●	●	●	●	—	●	●	●	●	●
聚丙烯	●	●	●	—	●	●	—	●	●	●	●	●	●	●	—
聚氯乙烯	●	●	●	●	●	●	●	●	●	●	●	●	●	●	—
聚苯乙烯	—	●	●	—	●	●	●	●	●	—	●	●	●	●	—
ABS	●	●	●	—	●	●	●	—	●	—	●	●	●	●	—
丙烯酸树脂	●	●	●	—	●	—	●	●	●	—	—	●	●	●	—
聚酰胺	●	●	●	—	●	●	●	●	●	—	●	●	●	●	—
聚碳酸酯	—	●	●	—	●	●	●	—	●	●	●	●	●	●	—
聚甲醛	●	—	●		●	●	●	—	●	—		●	●	—	—
聚苯醚	—	—	—	—	●	●	●	—	●	—	●	—	●	—	—
热塑性聚酯	—	●	—	—	●	●	—	—	●	●	●	●	●	—	—
酚醛树脂	—	—	—	—	●	●	●	●	●	—	●	—	—	●	●
不饱和聚酯	●	●	●	—	●	●	●	●	●	●	●	●	●	●	●
聚氨酯	●	●	●	●	●	●	●	●	●	●	●	—	●	●	—
环氧树脂	●	●	●	●	●	●	●	●	●	●	●	—	—	●	●

注：●表示可应用于此材料领域。

参　考　文　献

1　潘祖仁主编．高分子化学．第二版．北京：化学工业出版社，2003
2　何蔓君，董西侠，陈维孝编．高分子物理．上海：复旦大学出版社，1990
3　李克友，张菊花，向福如主编．高分子合成原理及工艺学．北京：科学出版社，1999

第2章　添　加　剂

添加剂是一个很广泛的概念。塑料、合成橡胶、合成纤维等合成材料以及纺织、印染、涂料、农药、造纸、皮革、食品、水泥、石油炼制等工业，都需要各自的添加剂。一般地说，添加剂是某些材料和产品在生产或加工过程中所需添加的各种专用（特殊）化学品，用以改善生产工艺和提高产品性能。大部分的添加剂是在加工过程中添加于材料或产品中的。

本书所讨论的合成材料添加剂，是指由合成橡胶、塑料和合成纤维在加工成塑料制品或橡胶制品这一过程中所需要的各种辅助化学品。由于这些辅助化学品是服务于塑料、合成橡胶及合成纤维加工的，因此，也可以把它们称为塑料、合成橡胶及合成纤维的“加工用添加剂”。与这个概念相对应的是“合成用添加剂”，即由单体制备合成树脂、合成橡胶等聚合物的过程所需要的添加剂，如阻聚剂、引发剂、分子量调节剂、终止剂、乳化剂和分散剂等。合成用添加剂的品种和用量都比较少，而且与聚合工艺有很密切的联系，故本书未将其包括在内。以下叙述中所提到的添加剂，均指塑料、合成橡胶及合成纤维的加工和改性添加剂。

2.1　添加剂在合成材料加工中的地位

塑料和橡胶制品的典型生产过程中，聚合物（树脂和生胶）、添加剂、加工设备（包括模具）是三个主要的物质条件，缺一不可。

几乎所有的聚合物都需要添加剂，但各种聚合物对添加剂的依赖程度是不同的。通过各种添加剂的适当配合，可以赋予聚合物多种多样的性能。采用添加剂来改性聚合物，确实是一种比较简便而且行之有效的方法。添加剂与聚合物的配合，是聚合物加工和应用技术的重要方面。添加剂不仅在加工过程中可以改善聚合物的工艺性能，影响加工条件，提高加工效率，而且可以改进制品的性能，提高它们的使用价值和寿命。一般来讲，橡胶和热塑性塑料所使用的添加剂，品种和数量比较多。橡胶加工的关键环节是硫化，这个过程就需要依靠硫化剂、硫化促进剂、硫化活性剂以及防焦剂等类添加剂共同来完成，没有由这些添加剂所组成的“硫化体系”，线型分子的生胶就不能转变成分子间交联的，从而得到物理力学性能和老化性能都大为提高了的硫化胶。热塑性塑料的加工一般都离不了抗氧剂和润滑剂，依据制品用途的不同，常常还需要光稳定剂、阻燃剂、发泡剂、着色剂等其他各类添加剂。

多数添加剂的用量都比较少，通常一种添加剂的用量约为聚合物质量的千分之几到百分之几。也有几类添加剂用量较大，达十余份至数十份（在塑料和橡胶工业中，添加剂的用量常以“份”计，即相应于100质量份树脂或生胶所使用的质量份数）之多，如增塑剂、补强剂、填充剂、软化剂、阻燃剂、抗冲击剂、增黏剂等。添加剂的用量虽然比较少，但起的作用却很显著，甚至可以使某些因性能有较大缺陷或加工很困难而几乎失去实用价值的聚合物变成宝贵的材料。例如，聚丙烯是一种非常容易老化的合成树脂，用纯树脂压制的薄片，在150℃下只需半小时便脆化，根本无法加工，更谈不上实用。然而，在树脂中添加适当的抗氧剂和其他稳定剂后，于同一温度下可以经受2000h以上的老化考验，成为用途十分广泛的通用性塑料。又如，丁苯橡胶中仅含有2份硫磺时，在145℃下达到完全硫化的时间长达600min左右。如果再加入1份硫化促进剂CZ，完全硫化的时间即可缩短为40min。

总而言之，添加剂和聚合物的关系是相互依存的关系。一般地说，聚合物的研究和生产先于添加剂的研究和生产，但只有在具备适当的添加剂和加工技术的条件下，它们才有广泛的用途。如果没有多种多样添加剂的配合，即使有再多再好的树脂和生胶，也不能加工成工农业生产、国防建设和人民生活中所需要的各种塑料和橡胶制品。

2.2 添加剂的类别

随着塑料和橡胶品种的增多、加工技术的不断进步和用途的日益扩大，添加剂的类别和品种也日益增加，成为一个品目十分繁杂的化工行业。从添加剂的化学结构看，既有无机物，又有有机物；既有单一的化合物，又有混合物；既有单体物，又有聚合物。从添加剂的应用对象看，有用于塑料的，有用于橡胶的，也有塑料和橡胶皆可适用的。因此，添加剂的分类是比较复杂的。目前，比较通用的是按添加剂的功用分类，在功用相同的一类中，再按作用机理或化学结构分成小类。

2.2.1 稳定化的添加剂

这类添加剂的功用是防止或延缓聚合物在贮存、加工和使用过程中的老化变质，所以也可以统称为防老剂或稳定剂。由于引起老化的因素很多，有氧、光、热、微生物、金属离子、高能辐射和机械疲劳等，老化机理各不相同，所以稳定化添加剂的类别也很多。其中有些添加剂兼具几种作用，但没有一种万能的稳定剂。为了达到良好的防老化效果，各类稳定化添加剂常常是配合使用的。

(1) 抗氧剂

抗氧剂是稳定化添加剂的主体，应用最广。在橡胶工业中，抗氧剂习惯上称为防老剂。按照作用机理，抗氧剂有自由基抑制剂（自由基捕获剂）和过氧化物分解剂两大类型。自由基抑制剂又称主抗氧剂，包括胺类和酚类两大系列。过氧化物分解剂又称辅助抗氧剂，主要是硫代二羧酸酯和亚磷酸酯，通常与主抗氧剂并用。

(2) 光稳定剂

光稳定剂又称紫外光稳定剂，按照其主要的作用机理，光稳定剂可以分为光屏蔽剂、紫外线吸收剂和猝灭剂等类。光屏蔽剂包括炭黑、氧化锌和一些无机颜料。紫外线吸收剂有水杨酸酯、二苯甲酮、苯并三唑、取代丙烯腈、三嗪等结构。猝灭剂主要是镍的有机螯合物。20世纪70年代中期加工业的受阻胺类光稳定剂则具有捕获自由基、猝灭激发态分子等多种功能。

(3) 热稳定剂

如果不加以说明，热稳定剂专指聚氯乙烯及氯乙烯共聚物所用的稳定剂。它包括盐基性铅盐、金属皂类和盐类、有机锡化合物等类主稳定剂和环氧化合物、亚磷酸酯、多元醇等有机辅助稳定剂。主稳定剂（主要是金属皂类和盐类以及有机锡化合物）与辅助稳定剂、其他稳定化添加剂组成的复合稳定剂，在热稳定剂中占据很重要的地位。

(4) 防霉剂

绝大多数聚合物对霉菌是不敏感的，但由于在加工中添加了增塑剂、润滑剂、脂肪酸皂类热稳定剂等可以滋生霉菌的物质而具有霉菌感受性。塑料、橡胶所用的防霉剂的化学类型很多，包括有机汞、有机锡、有机铜、有机砷等元素有机化合物，硝基、氨基、氮杂环、季铵盐等含氮有机物，以及二硫代氨基甲酸盐、三卤代甲基硫化物、有机卤化物和酚类衍生物等。

2.2.2 物理改性添加剂

这一类添加剂的功能是改善聚合物材料的某些力学性能，如拉伸强度、硬度、刚性、热变形性、冲击强度等。具有这种作用的添加剂包括聚合物的硫化（交联）体系所用的各类添加剂、补强剂、填充剂、偶联剂、抗冲击剂等。

2.2.2.1　橡胶硫化体系的各类添加剂

橡胶的硫化，是使橡胶分子交联成为网状结构，从而提高其力学强度、硬度、弹性、抗变形性、耐老化性和耐溶剂性。橡胶的硫化是由几类添加剂（构成所谓的“硫化体系”）共同完成的。橡胶的硫化体系包括硫化剂、硫化促进剂、硫化活性剂、防焦剂等。

① 硫化剂　最早使用的硫化剂是硫磺，现在凡能与橡胶分子发生交联反应的物质都称为硫化剂。目前应用最广的硫化剂仍然是硫磺，其他硫化剂还有有机过氧化物、有机多硫化物、对醌二肟及其衍生物、烷基苯酚甲醛树脂、金属氧化物等类。

② 硫化促进剂　用以降低硫化温度、减少硫磺用量和加快硫化速率。噻唑类及其次磺酰胺衍生物是最重要的促进剂，其他还有秋兰姆、二硫代氨基甲酸盐、胍、硫脲等。

③ 硫化活性剂　常用的是氧化锌和硬脂酸，有活化促进剂并使硫化进行得比较完全的作用。

④ 防焦剂　是用以防止胶料的早期硫化（即焦烧现象）的物质，有亚硝基化合物、有机酸及酸酐、硫代酰亚胺等类。

2.2.2.2　补强剂和填充剂

由于在习惯上多将具有补强作用的纤维型填充剂和玻璃纤维、碳纤维、金属晶须等视作补强材料，而不归入加工添加剂范畴；另外炭黑作为橡胶补强剂，也是自成一个行业，通常也不作为添加剂对待。现只着重讨论具有增量作用的填充剂和偶联剂。填充剂广泛应用于橡胶和塑料的加工，主要有碳酸钙、陶土、滑石、云母、天然和合成氧化硅、硫酸钙、亚硫酸钙以及木粉和纤维素等。

2.2.2.3　抗冲击剂

主要用于改善硬质塑料制品的抗冲击性能。抗冲击剂都是聚合物，它们与树脂的配合，实际上是树脂的共混改性。比较重要的抗冲击剂有MBS（甲基丙烯酸甲酯-丁二烯-苯乙烯共聚物）、ABS（丙烯腈-丁二烯-苯乙烯共聚物）以及CPE（氯化聚乙烯）。MBS聚合物对改善硬质和软质聚氯乙烯制品的加工性能亦有良好的作用。

2.2.2.4　改善加工性能的添加剂

这一类添加剂包括润滑剂、脱模剂、塑解剂、软化剂等。增塑剂也有改善聚合物加工性能的作用，但它的主要作用是使制品柔软化，故不列入此类。

润滑剂添加于聚合物中，以改善它们加热成型时的流动性和脱模性。脱模剂涂布于模具的表面，使模型制品易于脱模，并使其表面光洁。润滑剂主要包括烃类（各种石蜡烃、聚乙烯蜡等）、脂肪酸及其酰胺、酯、金属皂等衍生物。常用的脱模剂是硅油。

2.2.3　化学改性剂

(1) 增塑剂　绝大部分用于聚氯乙烯，是产量和消耗量最大的一类添加剂。增塑剂中占主导地位的是邻苯二甲酸酯类，其他还有脂肪族二元酸酯、偏苯三酸酯、磷酸酯、环氧酯、聚酯、烷基磺酸苯酯和氯化石蜡等类。

(2) 发泡剂　用于泡沫塑料、合成木材、海绵、橡胶制品的制造。发泡剂包括物理发泡剂和化学发泡剂两大类，其中以化学发泡剂尤其是有机发泡剂应用最广。常用的发泡剂有偶氮化合物、亚硝基化合物、磺酰肼等类。还有一些发泡剂，如尿素类、有机酸类和脂肪酸皂类，用以调整发泡剂的分解温度。

(3) 交联剂　树脂的交联（硬化、固化）与橡胶的硫化本质上是相同的。交联的方法主要有辐射交联和化学交联。化学交联采用交联剂。有机过氧化物是最广泛使用的交联剂。为了提高交联度和交联速率，有机过氧化物常与一些助交联剂和交联促进剂并用。环氧树脂的固化剂也是交联剂，常用的固化剂是胺和有机酸酐。紫外线交联的光敏剂也可归属于交联剂。

(4) 偶联剂　是无机的增强材料和填充剂与有机的聚合物之间的桥梁，可以显著提高增强塑料和填充塑料的力学强度，它们主要是带有功能性基团的硅烷以及钛酸酯类化合物。

2.2.4　功能性添加剂

润滑剂、抗静电剂、防雾滴剂等均属于表面性能的改性剂。

(1) 抗静电剂　主要用于塑料和合成纤维的加工，防止加工和使用时的静电危害。按使用方式的不同，抗静电剂分为内用抗静电剂和外用抗静电剂两类。从化学属性看，抗静电剂为具有表面活性（同时含有亲水和亲油基团）的物质。用于塑料的抗静电剂以阳离子型和非离子型的表面活性剂为主，如各种类型的季铵盐、*N*-羟烷基取代的烷基胺、聚氧乙烯烷基醚、聚氧乙烯烷基酚醚、聚氧乙烯烷基酯以及阴离子型的磷酸酯盐等。

(2) 防雾滴剂　有些塑料薄膜，例如食品包装薄膜和温室、温床的覆盖薄膜，不希望在内壁形成雾滴，以保持美观或阳光透过率，就需要加入防雾滴剂。防雾滴剂也属于表面活性剂，多半是多元醇的单脂肪酸酯，如甘油、季戊四醇、山梨糖醇的硬脂酸酯或棕榈酸酯。

(3) 着色剂　用于塑料和橡胶的着色，以改善外观，或赋予制品各种作为标志的色彩。着色剂有很多形态，如色料原粉、膏状着色剂、液体着色剂、着色母料等。其着色成分包括无机颜料、有机颜料和某些染料。无机颜料以钛白、铁红、铬黄、群青、炭黑等品种最为重要。有机颜料以偶氮类的黄色和红色颜料以及酞菁类的蓝色和绿色颜料最为常用。

(4) 难燃化的添加剂　随着塑料在建筑、航空、电器等方面应用的迅速扩大，对难燃塑料的需求急剧增长。难燃包含不燃和阻燃两个概念，目前使用的难燃化的添加剂主要是指阻燃剂。含有一定量阻燃剂的塑料在接触火源时燃烧缓慢，脱离火源后立即熄灭，所以也称为自熄性塑料（自熄时间一般为数秒钟）。阻燃剂有添加型和反应型两大类。添加型阻燃剂包括磷酸酯、氯化石蜡、有机溴化物和氯化物、氢氧化铝以及氧化锑等；反应型的有卤代酸酐、卤代双酚和含磷多元醇等类。近来，由于人们对聚合物材料燃烧时产生的大量烟雾所引起的危害日益关注，作为阻燃剂的一个分支，开发了一类新的添加剂——烟雾抑制剂。

综上所述，按照主要添加剂的基本功能，把它们归为四大类。当然，这种归纳的方法不是唯一的，也不是一成不变的。从上面粗略的叙述中，可以看到添加剂对聚合物的改性作用是何等的广泛。

2.3　添加剂发展概况

添加剂工业如同合成材料工业一样，是比较新的化工行业。早期的添加剂生产主要服务于橡胶工业，从有机促进剂在橡胶工业中大量采用到现在只有 50 多年的历史，塑料添加剂是伴随着聚氯乙烯的出现才兴起的，历史更短一些。

第二次世界大战后 60 多年来，在石油化工发展的基础上，国外添加剂的生产随着合成材料的增长而不断扩大。20 世纪 60 年代是国外添加剂大发展的时期。例如，在此期间，日本塑料添加剂的平均年增长率为 16%，美国为 10%，日本橡胶添加剂生产的平均年增长率更是高达 20%。

20 世纪 70 年代以来，国外添加剂生产和研究进一步的发展趋于大型化和集中生产，这种趋势在增塑剂和橡胶添加剂方面比较明显。国外添加剂生产的品种结构有明显的变化，低毒和高效能的品种所占的比重逐步增大。

邻苯二甲酸酯类在20世纪70年代中期国外总生产能力已达330万吨。目前，邻苯二甲酸酯的连续化生产装置最大的规模已达10万吨/年。

中国的添加剂生产是新中国成立初期才开始的，最初只生产少数几种橡胶防老剂和促进剂，后来又陆续有聚氧乙烯用增塑剂和热稳定剂投入生产。20世纪70年代以后，中国的添加剂生产已具有一定的规模，主要几类添加剂的生产能力和实际产量有了很大的增长，品种、质量和技术水平也有发展和提高。生产布局从少数几个沿海城市扩展到广大的内地和边远地区。

多功能型和高分子型添加剂的开发和应用是一个重要的发展方向。抗冲击剂是聚合物作为添加剂应用的一个典型离子。硬质聚氯乙烯、聚丙烯等脆性较大的塑料，通过加入抗冲击剂改性，可以作为很好的材料使用。

近年来，一些含有功能性基团的低聚物开始进入添加剂的领域，这是值得注意的新动向。低聚物可以既含有功能性基团，又含有反应性基团，能够通过多种途径对聚合物进行改性。例如，一种低聚物在聚合物的塑炼加工时，可以起到增塑剂和增黏剂的作用，当在高温下成型时又能够使聚合物交联，起到交联剂的作用。低聚物结构的酚类抗氧剂已有工业化品种，由于它的分子量较大，耐热性、耐抽出性比较好，因而作用比较持久。

随着越来越多的塑料制品应用于建筑、汽车、日用品以及工业品等中，我国已成为全球第一大塑料制品生产和消费国，2007年全国五大通用树脂的消费量已达5233万吨，其中加工中使用塑料助剂最多的聚氯乙烯的消费量达到了1026.8万吨，位居世界第一。但与发达国家相比，我国塑料制品的应用领域还需要扩大，塑料制品的质量也需要改进，因此我国的塑料添加剂市场发展环境较好，2009年国内塑料助剂的消费需求增长率为5%～7%。

然而，随着国内为某些塑料制品安全性能要求的提高，我国塑料助剂面临产品升级换代的任务。以最大的塑料助剂增塑剂为例，2005年7月5日，欧盟理事会决定在各类玩具和儿童保育品种禁止使用邻苯二甲酸二-2-乙基己酯（DEHP）、邻苯二甲酸二丁酯（DBP）和邻苯二甲酸丁苄酯（BBP）；同时邻苯二甲酸二异壬酯（DINP）、邻苯二甲酸二异癸酯（DIDP）和邻苯二甲酸二正辛酯（DNOP）也被禁止在玩具和儿童保育品种使用。在欧盟各国的儿童玩具市场上，来自我国的产品约占70%，因而这些法令和决定对我国的塑料玩具和塑料助剂（特别是增塑剂）行业冲击很大，因为我国的增塑剂80%是邻苯二甲酸酯类。另外，根据欧洲议会和理事会关于在电气电子设备中禁止使用某些有害物质的指令（RoHS指令），从2006年7月1日起，投放欧盟市场的大型、小型家用器具、IT和远程通信设备、视听设备、照明设备、电气和电工工具、玩具及休闲运动设备、自动售货机8类机电产品不得含有铅、汞、镉、六价铬、多溴联苯（PBB）和多溴联苯醚（PBDE）6种有害物质，这对我国塑料添加剂中的热稳定剂和阻燃剂的使用影响较大。目前国内70%的热稳定剂含铅等重金属，70%的阻燃剂含卤素。因此，在继续扩大国内塑料助剂生产的同时，更应重视产品的更新换代，满足加工领域的需求。

我国目前是全球第一大橡胶助剂生产与消费国，橡胶助剂各类助剂生产能力已超过60万吨/年。我国已成为全球第一大橡胶制品生产国，制品在满足国内汽车、机械等市场需求的情况下，还大量供应国际市场。轮胎是最大的橡胶制品，因此也是橡胶添加剂的最大消费领域。轮胎是汽车工业的必要支撑条件，受经济危机影响，全球汽车工业步入低迷状态，2009年全球汽车产量基本维持在2008年水平。与全球状况不同，2008年我国汽车工业的增速虽有下降，但根据国家新制定的4万亿元投资计划，2009年全国的汽车产量仍会保持

8%～10%的增长速度。此外，橡胶制品在铁路、机械制造等部门也有应用，预计这方面的需求将随国家基础设施投入的增加而增长。因此，总体上 2009 年国内橡胶助剂的需求会有 3%～5%的增长。除此之外，随着国内外产品安全环保法规要求的提高，国内橡胶助剂面临产品升级换代的迫切要求，产品绿色化将是今后国内橡胶助剂行业长期的发展目标。

我国是纺织及印染助剂的消费大国，2007 年全世界生产染料 136 万吨。其中亚洲国家的染料产量占了全世界的近 82%，仅中国就占了全球产量的约 55%。近十年来，美国、欧洲和日本的染料产量逐年下降，而亚洲国家尤其是中国的产量却大幅增加。根据纺织服装、皮革和着色纸张等的发展趋势预测，预计 2012 年全球染料需求量将达到 136.4 万吨左右，比 2007 年将增加 9.79 万吨，年均增长率约为 1.5%。

我国的添加剂仍面临众多的发展机遇。机遇之一是市场需求在扩大，产品的档次要求在提高；机遇之二是长期制约我国添加剂发展的技术获取渠道在增加，愈演愈烈的全球金融危机不仅迫使许多跨国化工公司关停了一大批无盈利能力的生产装置，而且有的甚至要永久退出，这就为我国新领域添加剂提供了技术来源；机遇之三是国家加大高新技术产业投入的经济发展方针，将为添加剂行业提供了一个宽松的投融资环境。如果能够充分抓住这些机遇，采取有利的措施克服环境保护和相关法规的挑战，我国的添加剂发展就会迈上新的台阶。

2.4　添加剂工业特点

合成材料添加剂产品生产的全过程，不同于基本化工产品，它是由化学合成、剂型加工和商品化三部分组成的，在每一过程中又包含多种化学的、物理的、生理的以及经济的要求。其生产特点如下。

(1) 小批量、多品种、复配型

添加剂产品的专用性强，效能高，其用量不大，有些用量只能以 10^{-6} 数量级计，而且更新换代快，市场寿命较短。

为了满足各种应对现象的特殊要求，添加剂的品种、牌号很多，并大量采用不同剂型和复配技术，以获得特定的功能或获得更多的经济效益。例如，一种化学品可制成粒剂、超细粉剂、乳剂、液剂等。复配品种更是五花八门，几种原料以不同的比例可配出多种牌号不同的产品，也有十几种原料复配成一种专用的功能品。以染料为例，据《染料索引》(Colour Index) 1976 年第三版统计，不同化学结构的染料品种已达 5232 个，经常生产的品种约 2400 个，德国拜耳公司一家就生产 1600 个牌号。

(2) 技术密集度高

添加剂的制备技术密集度高表现在生产工艺流程长，单元反应多，中间过程需要严格控制，产品质量要求高而稳定等。从原料到商品，其中涉及多领域、多学科的理论和专业技能，有些化合物的合成多达十几步反应，总收率有时会低于 20%。由于反应步骤多，对各步反应的终点控制、催化剂的选择、产率的提高及产品提纯就成为添加剂化学品合成工艺的关键。

(3) 设备通用性强

添加剂化学品的合成多数是采用间歇式并且是液相反应。一般采用搪瓷釜、不锈钢釜及非耐腐蚀容器，设备通用性大。为了适应小批量、多品种、更新快等特点以及提高设备利用率，通常采用灵活性较大的间歇式多功能生产装置，按反应单元来组织反应设备。

2.5 添加剂工业的经济特点

(1) 投资效率高

添加剂化工生产设备投资仅为石油化工平均指数的0.3～0.5，化肥工业的0.2～0.3，而且返本期短，一般当年或两年可收回全部设备投资，长者也不超过5年时间。

(2) 附加价值高

附加价值是指产品的产值中扣除原料、税金、设备和厂房的折旧费后剩余部分的价值。这部分价值是指从原料开始加工到生产出产品的过程中实际增加的价值。随着石油化工原料的深加工和产物的精细化，商品的附加价值率急剧增加，加工深度愈深，附加价值率愈高。据1978年美国商业部工业经济局统计，投入价值1美元的石油化工原料，加工成直接投放市场的添加剂产品，总产值可达106美元。

(3) 利润率高

国际上评价利润率高低的标准是：销售利润率小于15%的为低利润率，15%～20%为中利润率，大于20%的为高利润率。有些添加剂产品利润率高达90%以上。

2.6 添加剂工业的商业特点

(1) 技术保密

由于添加剂技术性强，研究花费大，更新换代快，又多是采用复配技术，为了保护生产者长远的利益，延长产品的市场寿命，就必须对技术进行保密，许多添加剂都采用代号或代码来供应。一般开始时都不公开结构或组成配方。

(2) 市场变化快

随着科学的不断发展进步，人们的生活水平不断提高，现有的添加剂将会不能满足需要，不同行业就会需要具有特定功能的新产品。因此只有经常做好市场调查和预测，不断研究消费者的心理要求，不断了解科学发展所提出的新课题，不断调查国内外同行的新动向，才能具有赢得市场的竞争能力，并不断给企业带来新的活力。

(3) 售后服务需配套

添加剂属于开发经营型工业，在大力搞好新产品、新技术开发的同时，还需要花费更大的力量去研究产品的应用技术，从而对消费者提供好的技术服务，否则一个新产品开发出来以后很难在市场上得到推广。世界工业发达国家对此十分重视，发达国家的技术开发、经营管理和产品销售（技术服务）人员比例大体为2∶1∶3。把销售和服务过程中得到的信息及时反馈到研究和生产部门，以便改进工艺，提高产品质量或改变产品的特定功能，提高企业的市场竞争力。

参 考 文 献

1 杨明. 塑料添加剂应用手册. 南京：江苏科学技术出版社，2002

2 张志新. 二十一世纪塑料加工助剂发展趋势及对策. 精细与专用化学品，2001，(9)：3～6

第2篇 材料加工添加剂

第3章 抗 氧 剂

抗氧剂是一类能延缓或一定程度上抑制聚合物氧化降解的物质。聚合物，包括塑料、橡胶、纤维、涂料、黏合剂等，无论是天然的还是合成的，在其加工、贮存、使用的过程中都会发生老化。所谓老化（aging）是指聚合物在一定环境条件下发生的各种不可逆的化学变化和可逆的物理变化的总称。物理老化不涉及聚合物分子结构的变化，主要发生在聚合物玻璃化温度 T_g 和次级转变温度 T_β 之间，使聚合物表观密度上升，分子自由体积下降，从而导致高分子链段活动性下降；反映在宏观上为聚合物的模量和拉伸强度提高，断裂伸长率和冲击强度下降，高聚物由延伸性变为脆性。化学老化是指聚合物在一定的环境中与氧、水、臭氧等化学物质作用发生的不可逆的化学变化，这些变化在聚合物处于不同条件下得到不同程度的加剧，如在高温加工中的热和机械剪切作用，在长期贮存和使用中的光照和高能辐射作用等，大多会导致聚合物性能下降，最后失去使用价值。

为提高聚合物的稳定性，延长其使用寿命，必须充分了解聚合物老化的原因。在实际应用中，人们发现不同聚合物自身的抗氧化特性不同。如聚苯乙烯（PS）、聚甲基丙烯酸甲酯（PMMA）在一般加工温度下很稳定，而不饱和的聚合物对氧化要敏感得多，这种差异源于聚合物本身的结构特性。此外，聚合物的物理形态、立体规整性、分子量及分子量分布和杂质的含量均会导致其耐老化性的不同，这些都是内因；外因则与聚合物所处的环境条件有关，主要发生化学老化，尤其以氧、光和热的影响最为显著。

通过对聚合物老化原因的大量研究，理论上可以采用以下几种稳定化的方法：

① 结构改性，如与反应型稳定剂共聚；

② 改进聚合与后处理工艺，如调整支链、双键、聚合度和封闭端基等；

③ 改进成型加工和后处理工艺，包括控制反应温度和时间，改变冷却速率与结晶度，淬火等；

④ 添加稳定剂；

⑤ 物理防护，如涂漆，镀金属，加涂层。

其中添加稳定剂的方法最常用，同时也是最经济、最实用的一种方法。针对聚合物老化的主要因素氧、光、热，开发了三类稳定化助剂，即抗氧剂（antioxidant）、光稳定剂（light stabilizer）和热稳定剂（heat stabilizer）。本章仅讨论抗氧剂，另两种稳定剂将在后续章节论述。

抗氧剂的品种繁多，有各种分类方法。按照其功能，可分为链终止型抗氧剂与预防型抗氧剂；按其化学结构的不同，可分为胺类、酚类、含硫化合物、含磷化合物及有机金属盐类抗氧剂等；按其用途，又可分为塑料用抗氧剂、橡胶用抗氧剂、油品用抗氧剂、食品用抗氧剂、润滑剂用抗氧剂、涂料和纤维用抗氧剂等。

从塑料工业及添加剂行业发展的情况可以看出，若无适宜的添加剂，特别是抗氧剂的发展，高分子材料的大量而广泛的应用是不可能的。最典型的例子如聚氯乙烯（PVC），因其加工温度高于分解温度，以致在PVC开发出来后很长一段时间未能生产应用，直到找到合适的加工稳定剂，才有了PVC今天的广泛应用。

本章将主要讨论的内容包括聚合物的自动热氧老化反应，各类抗氧剂抑制或减缓这一反应的机理；按结构的不同，详细论述胺类、酚类、亚磷酸酯类、有机硫类和金属离子钝化剂五大类抗氧剂，包括其合成工艺与应用特性；实际应用中抗氧剂的选用是很重要的，其选用的一些基本原则应该熟悉；防老化机理的研究不断深入，新型抗氧剂产品不断涌现，了解其最新进展也是完全必要的。

3.1 抗氧剂的作用机理

抗氧剂的作用机理与聚合物的老化过程是相关联的。在聚合物的整个寿命中，主要有两个老化时期。

第一个是聚合物的加工阶段，此时期的主要特征是聚合物短时间处于较高的温度下，同时受到很强的机械剪切作用而发生劣化，少数高分子会形成活性基团，如氢过氧化物，部分大分子链会断裂生成自由基，这些均是聚合物在后续阶段发生老化的隐患。

第二个劣化阶段是贮存和使用过程中的长期热氧老化。在此阶段，聚合物处于实际使用环境，所处环境的温度和机械剪切作用比加工时要低得多，故老化速率较慢，但是由于所经历的时间要更长，同时环境条件变化不定，且在环境中聚合物还会受到氧、水、酸、碱等化学物质的影响，所以聚合物的老化主要发生在此阶段。因此，在研究聚合物的热氧稳定化时，主要考虑两种环境条件，即加工条件和长期热氧老化条件。

3.1.1 聚合物的热氧降解机理

在聚合物老化的两个阶段，均会与氧发生反应，虽然形式是多种多样的，但对于高分子材料的热氧老化而言，其所发生的反应一般都是自动氧化反应。而所谓的自动氧化反应是指在室温至150℃，物质按照链式自由基机理进行的具有自动催化特征的氧化反应。聚合物的氧化降解是由链的引发、链的传递与增长、链的终止三个阶段所组成的。

3.1.1.1 链的引发

游离基链式反应的引发一般都是在光照、受热、机械剪切、引发剂的作用下发生的，一般来说，聚合物通过光照与受热所吸收的能量，尚不足以使其某些弱键断裂而产生自由基，所以最有可能是高分子材料中含有易产生游离基的杂质所致。例如，氢过氧化物、偶氮二异丁腈（AIBN）等。它们在较低的温度下就可以产生自由基，从而引发了自动氧化反应。

$$H_3C-\underset{CH_3}{\overset{CN}{\underset{|}{\overset{|}{C}}}}-N{=}N-\underset{CH_3}{\overset{CN}{\underset{|}{\overset{|}{C}}}}-CH_3 \xrightarrow{\text{游离基杂质}} 2H_3C-\underset{CH_3}{\overset{CN}{\underset{|}{\overset{|}{C}}}}\cdot \; + N_2\uparrow$$

$$ROOH \xrightarrow{h\nu\text{或}\triangle} RO\cdot + HO\cdot$$

$$2ROOH \xrightarrow{h\nu\text{或}\triangle} RO\cdot + RO_2\cdot + H_2O$$

在高分子材料中加入含有弱键的添加剂也能引发其氧化降解。另外，高分子材料中所含有的微量重金属离子，如铜、铁、锰等，具有催化链式自由基反应的能力。大量研究表明，聚合物氧化降解主要是由氢过氧化物分裂产生的自由基所引起的。引发是自动氧化反应最难进行的一步，但是一旦发生，其反应速率将愈来愈快。

3.1.1.2 链的传递与增长

在引发阶段所生成的高分子烷基（R·）能迅速与空气中的氧结合，产生高分子过氧自由基（RO_2·），该过氧自由基能夺取聚合物分子中的氢而产生新的高分子烷基（R′·）和氢过氧化物。氢过氧化物又进一步产生新的游离基，该新自由基又进一步与聚合物反应而造成了链的增长。

$$R\cdot + O_2 \longrightarrow R{-}O{-}O\cdot$$
$$R{-}O{-}O\cdot + R'H \longrightarrow R'\cdot + ROOH$$
$$R{-}O{-}OH \longrightarrow RO\cdot + \cdot OH$$
$$R{-}OOH + RH \longrightarrow RO\cdot + R\cdot + H_2O$$
$$RO\cdot + RH \longrightarrow ROH + R\cdot$$
$$HO\cdot + RH \longrightarrow R\cdot + H_2O$$

3.1.1.3 链的终止

自由基之间相互结合，即为链的终止阶段。

$$R\cdot + R\cdot \longrightarrow R{-}R$$
$$R\cdot + RO\cdot \longrightarrow R{-}O{-}R$$
$$2RO\cdot \longrightarrow R{-}O{-}O{-}R$$
$$2RO_2\cdot \longrightarrow ROOR + O_2$$
$$RO_2\cdot + RO\cdot \longrightarrow ROR + O_2$$
$$R\cdot + HO\cdot \longrightarrow ROH$$

这样，聚合物的高分子链就通过自由基反应而造成断裂或交联。链的断裂使分子量大幅度下降，从而导致了高分子材料的力学性能下降；另一方面，在反应过程中由于无序的交联，往往形成无控制的网状结构，这样又使分子量增大，并导致高分子材料的脆化、变硬、弹性下降等。

3.1.2 抗氧剂的作用机理

抗氧剂的作用机理如下所示，主抗氧剂（自由基捕获剂）的加入可用于切断链的增长，防止更多的聚合物分子降解；辅助抗氧剂的加入能除掉自由基产生的根源，减少了自由基的生成，从而提高了聚合物的热氧稳定性。抗氧剂的作用机理评述如下。

聚合物 —光热/机械剪切→ R· → 自由基捕获剂捕获
R· —O_2→ ROO·；ROO· —聚合物→ R·
主AO + ROO· → 稳定自由基 + ROOH
辅助AO + ROOH → 稳定化合物 + ROH

3.1.2.1 过氧自由基作用机理

根据聚合物的氧化降解过程可知，要想提高聚合物的抗氧化能力，要么除去产生游离基的物质，要么除去自由基，阻止自动氧化链式反应的进行，这就是抗氧剂的作用原理。

按照上述机理可将抗氧剂分为两大类。能终止氧化过程中自由基链的传递与增长的抗氧剂称为链终止型抗氧剂。此种抗氧剂能与自由基 R·、RO_2·等结合，终止链的传递与增长，同时形成稳定的游离基，一些新生成的稳定的游离基还可捕获 R·、RO_2·等自由基。

此类抗氧剂又称为主抗氧剂，以 AH 表示，其发挥稳定化作用的反应如下。

$$R\cdot + AH \longrightarrow RH + A\cdot$$

$$ROO\cdot + AH \longrightarrow ROOH + A\cdot$$

那些能够除去易产生自由基的物质（主要是氢过氧化物）的抗氧剂称为预防型抗氧剂，又称为辅助抗氧剂。除了高分子材料本身含有微量的过氧化物外，主抗氧剂的加入在抑制氧化降解的同时也能产生氢过氧化物。这些氢过氧化物是不稳定的，在光或热的作用下产生新的自由基，再度引起自由基链式反应。所以在高分子材料中除了需要加入主抗氧剂外，还需配合使用辅助抗氧剂，以分解高分子材料中所存在的氢过氧化物，使之生成稳定的化合物，从而阻止自由基产生，因此这类辅助抗氧剂又称为过氧化氢分解剂。此外，变价金属离子能够催化过氧化物产生游离基，所以也需要加入辅助抗氧剂以抑制变价金属离子的催化作用，此类辅助抗氧剂又称为金属离子钝化剂。

3.1.2.2 碳自由基捕获机理

根据经典的氧化降解机理，以前人们对抑制聚合物热氧降解的认识一直停留在捕获过氧自由基和分解氢过氧化物的阶段，普遍认为聚合物受热分解生成的以碳为中心的自由基存活寿命很短，难以捕获和抑制。自从 20 世纪 90 年代日本学者提出了在无氧或缺氧状态下（如聚合物的挤出加工过程）碳自由基具有足够的存活时间，可能导致聚合物交联、断链等老化现象发生。研究发现双酚单丙烯酸酯类化合物能以其独特的双官能团捕获碳自由基，聚合物稳定配方中加入该类化合物后，稳定化效果明显有了提高，不仅在理论而且在试验中均证明了此机理的正确性。自此以后，人们开始了对自由基捕获剂的大量研究。至今报道的碳自由基捕获剂有芳基苯并呋喃酮、羟胺、受阻胺、双酚单丙烯酸酯类等。

（1）链终止型抗氧剂

链终止型抗氧剂是通过与高分子材料中所产生的自由基反应而达到抗氧化目的的。不同结构的链终止型抗氧剂与自由基的反应机理是不同的，归纳起来主要有如下三种类型。

① 自由基捕获型　此类化合物是指那些能与自由基反应并生成稳定自由基的物质。常见的有醌、炭黑、某些多核芳烃。醌与多核芳烃与烷基自由基 R· 加成，生成比较稳定的自由基。而炭黑除了含有抗氧能力的酚类结构外还有醌和多核芳烃结构，所以炭黑是一种很有效的抗氧剂。

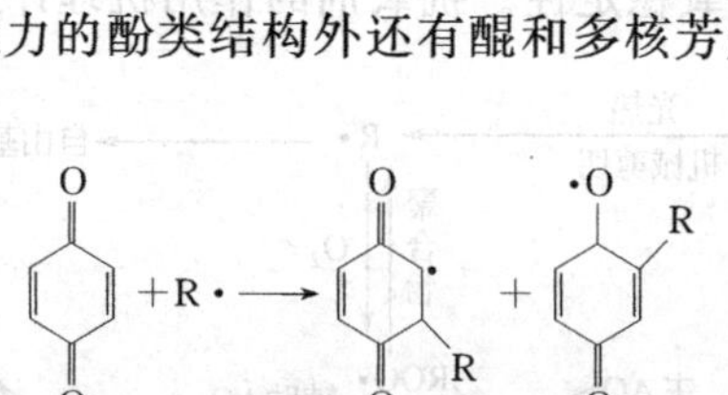

② 电子给予体型　抗氧剂中属于电子给予体型的情况是比较少的。最常见的例子就是叔胺抗氧剂。作为链终止型抗氧剂，叔胺不是稳定自由基，所以不是自由基捕获型；在氮原子上又不含氢，因此，也肯定不是氢给予体型；而它的确具有抗氧化能力。究其原因可能是电子转移所造成的，所以有人提出如下的机理。

$$Ar\ddot{N}R_2 + RO_2\cdot \longrightarrow \underset{\text{自由基阳离子}}{RO_2-\bar{Ar}\dot{N}^{+}R_2}$$

再如，二烷基二硫代氨基甲酸、二烷基二硫代磷酸和黄原酸的金属盐的链终止作用，均可按上述机理考虑。有证据表明，二烷基二硫代氨基甲酸锌和 $RO_2\cdot$ 反应生成以下产物。

$$(R_2NCS_2)_2Zn + RO_2\cdot \longrightarrow (R_2NCS_2ZnS\dot{C}^{+}SNR_2)(RO_2:)^-$$

③ 氢给予体型　抗氧剂 AH 与聚合材料中所产生的自由基反应，产生较稳定的自由

基A·而达到抗氧化的目的。事实上，大多数氢给予体型同时也是自由基捕获型抗氧剂，所以此类抗氧剂抗氧化效果显著，在实际生产中所用的链终止型抗氧剂大部分为氢给予体型。

对于此种类型的抗氧剂必须有一先决条件，就是其分子中必须具有活泼的氢原子。这是因为它们必须与聚合物高分子所产生的自由基R·与RO_2·竞争，如下所示。

$$RO_2\cdot + RH \longrightarrow RO_2H + R\cdot$$

$$RO_2\cdot + AH \longrightarrow RO_2H + A\cdot$$

只有AH中的H比RH中的H活泼，才能发生第二个反应从而达到抗热氧老化的目的。由于聚合物分子结构的复杂型和非均质型，以致各个键离解时所需的能量差别很大，对于像天然橡胶中烯丙位上的氢，以及含有不饱和官能团的聚合物上的氢（如聚苯乙烯苄位上的氢）等，其活泼性都是较高的，所以氢给予体型抗氧剂需要含有更高活性的氢，如含有反应性氢的氨基与羟基。所以芳胺与受阻酚是最有效的主抗氧剂。

典型受阻酚抗氧剂，2,6-二叔丁基-4-甲酚（BHT），其抗氧化的作用可表示如下。

$$\text{BHT (OH, Bu}', \text{Bu}', \text{CH}_3) + \begin{cases} R\cdot \\ RO_2\cdot \end{cases} \longrightarrow \text{(O}\cdot\text{, Bu}', \text{Bu}', \text{CH}_3) + \begin{cases} RH \\ RO_2H \end{cases}$$

由于所生成的苯氧自由基中的单电子可与芳环大π体系共轭，具有许多共振结构，所以，此自由基非常稳定，何况2,6位的两个叔丁基对于其稳定性有进一步的提高。

$$\text{(O}\cdot\text{, Bu}', \text{Bu}', \text{CH}_3) \longleftrightarrow \text{(O, Bu}', \text{Bu}', \cdot, \text{CH}_3) \longleftrightarrow \text{(O, Bu}', \text{Bu}', \cdot, \text{CH}_3) \longleftrightarrow \text{(O, Bu}', \text{Bu}', \cdot, \text{CH}_3)$$

$$\text{(O, Bu}', \text{Bu}', \cdot, \text{CH}_3) + \begin{cases} R\cdot \\ RO_2\cdot \end{cases} \longrightarrow \begin{cases} \text{(O, Bu}', \text{Bu}', R, \text{CH}_3) \\ \text{(O, Bu}', \text{Bu}', \text{H}_3\text{C}, \text{OOR}) \end{cases}$$

（2）辅助抗氧剂

辅助抗氧剂主要包括过氧化物分解剂与金属离子钝化剂。能与过氧化物反应并生成稳定的化合物的物质称为过氧化物分解剂；而能够钝化金属离子的物质称为金属离子钝化剂。

对于过氧化物分解剂而言，主要包括有机硫化物、有机亚磷酸酯等。下面分别对其作用机理进行探讨。

① 有机硫化物　包括硫醇、一硫化物与二硫化物等，它们是氢过氧化物分解剂，其作用机理如下。

$$2ROOH + R'{-}S{-}S{-}R' \longrightarrow 2R'OH + R{-}S{-}R' + SO_2$$

$$ROOH + R{-}S{-}R' \longrightarrow R'OH + R{-}\overset{\overset{\displaystyle O}{\|}}{S}{-}R'$$

$$ROOH+R-\overset{\overset{O}{\|}}{S}-R' \longrightarrow R'OH+R-\underset{\underset{O}{\|}}{\overset{\overset{O}{\|}}{S}}-R'$$

$$R-\overset{\overset{O}{\|}}{S}-CH_2CH_2-R' \longrightarrow R-S-OH+CH_2=CH-R'$$

$$2R-S-OH \longrightarrow R-\overset{\overset{O}{\|}}{S}-S-R+H_2O$$

$$R'-C-C-\overset{\overset{O}{|}}{S}-S-R \longrightarrow R'-CH=CH_2+RSSOH$$

通常，含硫的酸均有抗氧化作用，作为氧化的最终产物 SO_2、SO_3 也是有效的氢过氧化物分解剂，研究证明，有机硫化物本身并无抗氧化作用，起作用的是其氧化后的产物。

但硫化物与高分子材料的相容性差，而且常有难闻的气味，且在与受阻胺光稳定剂配合作用时有对抗效应，所以在塑料配方中有被亚磷酸酯类辅助抗氧剂取代的趋势。

② 亚磷酸酯　在低温下，亚磷酸酯抗氧剂无气味，不污染制品，有很好的耐变色性，从而在实际应用中超过了硫脂类抗氧剂，成为最常用的辅助类抗氧剂，目前已在塑料和橡胶工业中大量使用。亚磷酸酯类主要包括烷基亚磷酸酯和芳基亚磷酸酯，其抗氧化的机理是比较复杂的。一般认为，亚磷酸酯与氢过氧化物反应使其还原成醇，本身被氧化成磷酸酯。

烷基亚磷酸酯的作用机理如下。

$$P(OR')_3+ROOH \longrightarrow ROH+(R'O)_3P=O$$

$$(R'O)_3P+RO\cdot \longrightarrow [RO\dot{P}(OR')_3] \longrightarrow O=P(OR')_3+R\cdot$$

$$R\cdot+O_2 \longrightarrow ROO\cdot\text{（链增长）}$$

含受阻芳基的亚磷酸酯的作用机理如下。

$$(PhO)_3P+ROO\cdot \longrightarrow [ROOP(OPh)_3] \longrightarrow O=P(OPh)_3+RO\cdot$$

$$P(OPh)_3+RO\cdot \longrightarrow [RO\dot{P}(OPh)_3] \longrightarrow ROP(OPh)_2+PhO\cdot$$

$$PhO\cdot+ROO\cdot \longrightarrow \text{失活物}$$

Holcik 等测定了不同亚磷酸酯对氢过氧化物的分解速率，发现烷基亚磷酸酯分解 ROOH 的速率大于芳基亚磷酸酯，但实际使用中却发现，芳基亚磷酸酯的稳定效果更好，主要原因就是烷基类抗氧剂对热、水的稳定性差，在贮存、加工和使用过程中易挥发、抽出和水解损失，同时由其稳定机理可知，烷基类在发挥稳定化作用的同时，也可能引起自由基反应；而受阻亚磷酸芳基酯不仅可分解氢过氧化物，还具有链终止剂的功能，研究和实践均证明了 P 原子周围有受阻基团时，可大大提高其耐热性和耐水解性。

(3) 碳正离子捕获剂

碳正离子捕获剂现已商品化的有芳基苯并呋喃酮类、双酚单丙烯酸酯类，其作用机理分别如下。

芳基苯并呋喃酮类抗氧剂结构式如下。

R^1 为 H

R^2、R^4 为 H、烷基

R^3、R^5 为 H、有机基团

R^6～R^9 为 H、烷氧基

Z_1=H、O、S，m=1,2

作用机理如下。

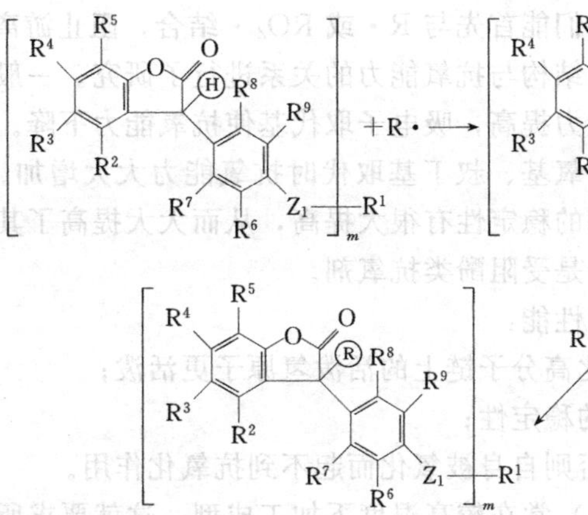

双酚单丙烯酸酯类结构式如下。

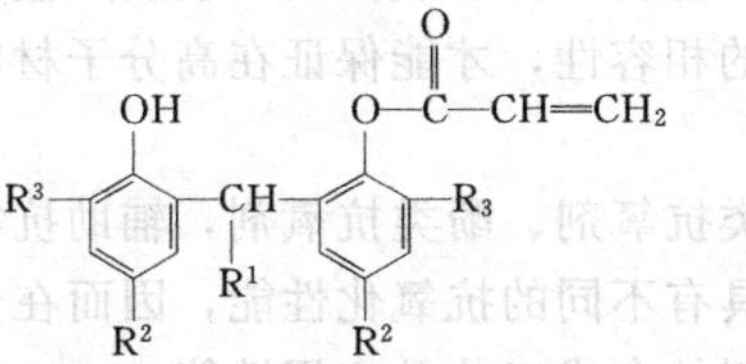

R^1 为 H 或 1～11 个碳的烷基，苯基

R^2 为 1～9 个碳的烷基或环烷基，苯基

R^3 为 1～9 个碳的烷基或环烷基等

其作用机理如下。

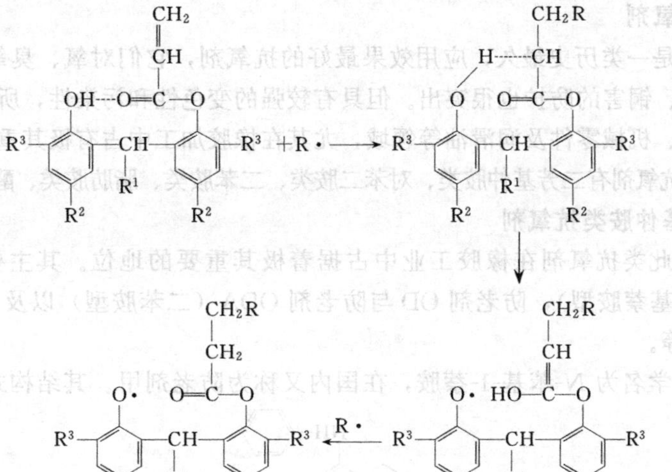

（稳定的自由基）

由于碳正离子捕获剂的加入，在聚合物发生自动氧化反应的最初就能切断链的增长，防止了烷基自由基进一步与氧反应而老化，然而它必须与主抗氧剂、辅助抗氧剂复配使用才有较好的效果。

3.2　抗氧剂的结构与性能

高分子材料所采用的主抗氧剂为氢转移型的链终止剂（AH），如前所述，要达到终止游离基链式反应的目的，则必须满足两个先决条件：①抗氧剂必须具有比高分子碳链上所有的氢更为活泼的氢；②所生成的新抗氧剂游离基不能引发新的游离基链式反应。

在高分子材料中常用的主抗氧剂是胺类与酚类抗氧剂，由于氮和氧上的氢毫无疑问比高分子碳链上的氢活泼得多，所以它们能首先与 R·或 RO_2·结合，阻止游离基链的增长。

曾经有不少人对于酚类抗氧剂结构与抗氧能力的关系进行了研究。一般来说，酚类抗氧剂苯环上的供电子取代基使抗氧能力提高，吸电子取代基使抗氧能力下降。例如，烷基酚类抗氧剂，其羟基邻位如有甲基、甲氧基、叔丁基取代时抗氧能力大大增加。特别是叔丁基，由于空间位阻效应使得苯氧自由基的稳定性有很大提高，从而大大提高了其抗氧效率。所以在工业上常用的酚类抗氧剂大部分是受阻酚类抗氧剂。

综上所述，抗氧剂应具备以下性能：

① 具有活泼的氢原子，它应比高分子链上的活泼氢原子更活泼；

② 抗氧剂自由基应具有足够的稳定性；

③ 抗氧剂本身应较难氧化，否则自身被氧化而起不到抗氧化作用。

由于高分子材料（尤其是塑料）常在较高温度下加工成型，这就要求所使用的抗氧剂具有足够的热稳定性和足够高的沸点，否则在加工温度下分解或挥发，就会严重影响其抗氧化的效果；此外抗氧剂要与高分子材料具有良好的相容性，才能保证在高分子材料中的分散性好，才能更好地发挥其抗氧化的效能。

按照化学结构的不同，主抗氧剂可分为胺类抗氧剂、酚类抗氧剂，辅助抗氧剂包括硫化物和亚磷酸酯等。各类抗氧剂在高分子材料中具有不同的抗氧化性能，因而在合成材料中具有不同的使用效果。本节将着重介绍各类抗氧剂的合成工艺及应用性能。

3.2.1 胺类抗氧剂

胺类抗氧剂是一类历史最久，应用效果最好的抗氧剂，它们对氧、臭氧的防护作用很好，对热、光、屈挠、铜害的防护也很突出。但具有较强的变色性和污染性，所以主要用于橡胶制品、电线、电缆、机械零件及润滑油等领域，尤其在橡胶加工中占有极其重要的地位。

常用的胺类抗氧剂有二芳基仲胺类、对苯二胺类、二苯胺类、脂肪胺类、醛胺类与酮胺类等。

3.2.1.1 二芳基仲胺类抗氧剂

长期以来，此类抗氧剂在橡胶工业中占据着极其重要的地位。其主要品种有防老剂 A 与防老剂 D（苯基萘胺型），防老剂 OD 与防老剂 ODA（二苯胺型）以及 3,7-二辛基吩噻嗪（用于润滑油）等。

防老剂 A　学名为 *N*-苯基-1-萘胺，在国内又称为防老剂甲。其结构式如下。

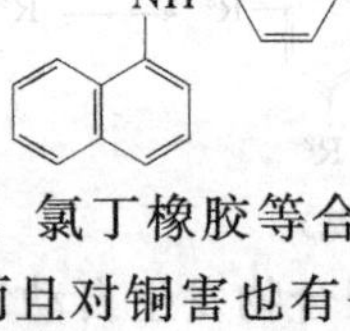

NH—(苯基)，连于萘环1位

防老剂 A 是天然橡胶与丁苯橡胶、氯丁橡胶等合成橡胶中经常使用的防老剂。主要能防止由热、氧、屈挠等引起的老化，而且对铜害也有一定的防护作用。但因其具有污染性，不适于浅色制品。在天然橡胶中的用量约为 1%，在丁苯橡胶中的用量为 1%～2%，用于氯丁橡胶中还有抗臭氧的作用，用量约为 2%；在异戊二烯橡胶中用量为 1%～3%。在塑料工业中，此防老剂也用作聚乙烯的热稳定剂，用量为 0.1%～0.5%。它是一种不喷霜的性能优良的耐热防老剂。

在工业上，防老剂 A 一般是由 α-萘胺或 α-萘酚与苯胺缩合而制得。

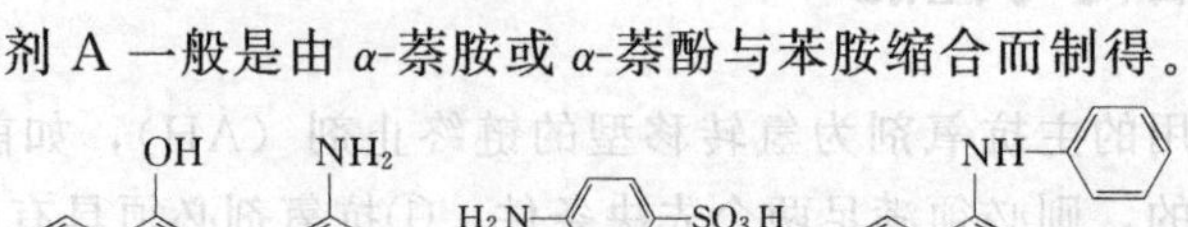

OH（α-萘酚） + NH_2（苯胺） $\xrightarrow[250℃]{H_2N-C_6H_4-SO_3H}$ NH—（N-苯基-1-萘胺）

防老剂 D　学名 *N*-苯基-2-萘胺，在国内又称为防老剂丁。其结构式如下。

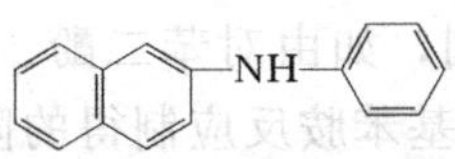

防老剂D是一种通用的橡胶防老剂，具有较高的抗热、抗氧、抗屈挠、抗龟裂性能，对有害的金属也有一定的抑制作用。防老剂丁既可单独使用，又可配合使用，而且价格低廉，只是由于污染性大而不适用于浅色制品，曾被广泛地用于橡胶工业，如轮胎、胶管、胶带、胶辊、鞋、电线、电缆等，年消耗量很大。其用量一般为0.5～2份，超过2份会有喷霜现象。当按2∶1或1∶1与4010NA并用时，会使制品的抗氧、抗热与抗屈挠老化的能力有显著提高；亦可同其他稳定剂配合并用，用量为0.5%～3.0%。防老剂丁作为抗氧剂也用于聚乙烯及聚异丁烯，用量为0.2%～1.5%。但是由于在防老剂丁中含有微量的β-萘胺，据认为β-萘胺具有很强的致癌性，故现在美国、日本等国已禁止生产和使用防老剂丁。

防老剂D是防老剂A的异构体，是由β-萘酚与苯胺在苯胺盐酸盐的催化作用下而制得的。其反应式如下。

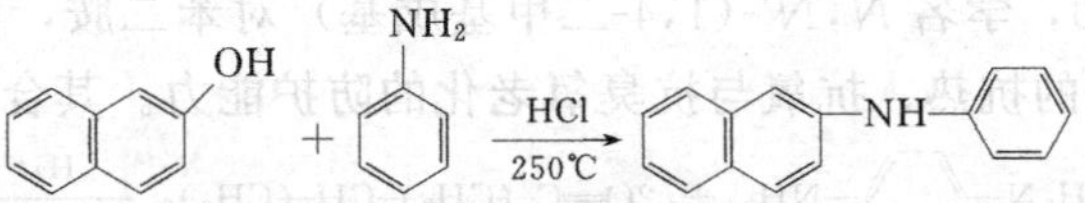

HCl 250℃

其具体的生产工艺为：将加热熔化后的β-萘酚加压送入一个79.99kPa的反应器中，催化剂（苯胺盐酸盐）用量为β-萘酚质量的0.062%。β-萘酚与苯胺的摩尔比为1∶1.07。反应温度控制在250～260℃。待β-萘酚含量小于0.5%后，将物料放入沉降分离器中，并向分离器中加入碳酸钠进行中和，分离，油层蒸馏除去苯胺，得到产品防老剂丁粗品。再经干燥，切片，粉碎并包装。

在工业上使用的其他苯基萘胺类抗氧剂还有N-对羟基苯基-2-萘胺，N-对甲氧基苯基-2-萘胺等品种。考虑到该类防老剂可能的毒性问题，国外产量已呈逐年下降趋势。

3.2.1.2 对苯二胺类抗氧剂

对苯二胺类抗氧剂的防护作用很广，对热、氧、臭氧、机械疲劳、有害金属均有很好的防护作用。它又可分为二烷基对苯二胺、二芳基对苯二胺、芳基烷基对苯二胺三种类型。其结构通式如下。

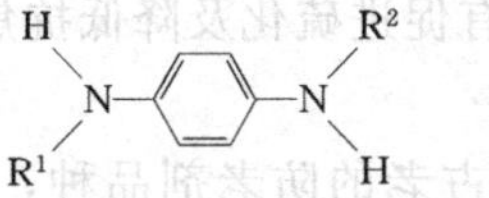

R^1 为芳基、烷基

R^2 为芳基、烷基

防老剂H 学名N,N'-二苯基对苯二胺，熔点在130℃以上，灰白色粉末，是一种防护天然及合成橡胶制品、乳胶制品热氧老化的防老剂。对臭氧及铜、锰等有害金属的老化亦有防护作用，有良好的耐多次屈挠及日光下龟裂的性能；但易喷霜，在使用时用量要加以限制。防老剂H是由对苯二酚与苯胺在磷酸三乙酯的催化作用下缩合而成。

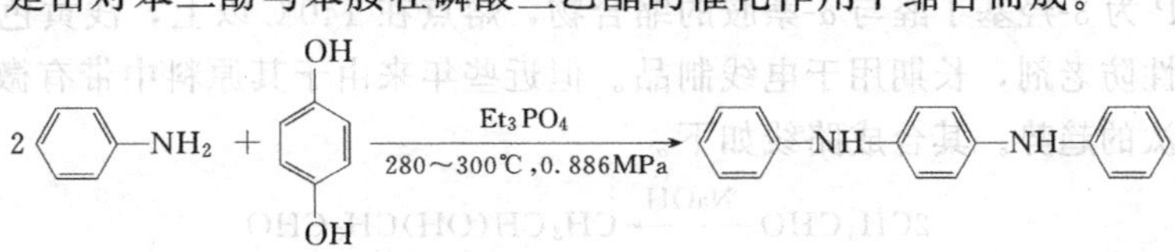

Et_3PO_4

280～300℃，0.886MPa

防老剂DNP 学名N,N'-二-β-萘基对苯二胺，熔点在225℃以上，紫灰白色或淡灰白色固体，具有突出抗热老化、抗天然老化及抗有害金属催化老化的抗氧剂，常用于橡胶、乳胶和塑料制品。该品种是胺类抗氧剂中污染性最小的品种，但用量大于2%时会有喷霜现象。防老剂DNP是由对苯二胺与β-萘酚反应而制得。

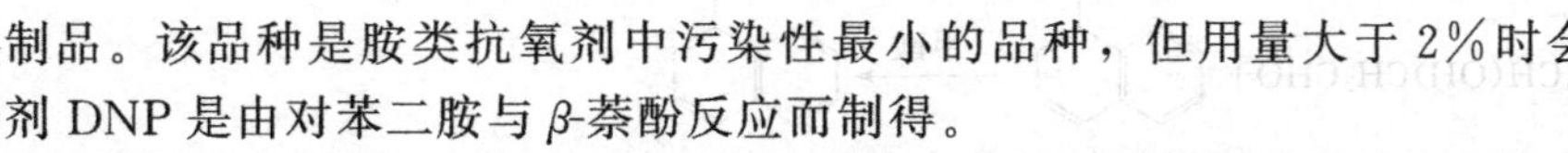

混合的二芳基对苯二胺类防老剂，如由对苯二酚、苯胺及邻甲苯胺反应制得的防老剂630TP；由对苯二酚与甲苯胺、二甲基苯胺反应制得的防老剂660。前者为抗热、抗屈挠龟裂剂，后者为合成橡胶稳定剂。

对二烷基对苯二胺类防老剂最重要的品种就是防老剂288，棕红色的液体，沸点420℃，可用于天然及合成橡胶制品以及润滑油中，具有抗氧、抗热、抗屈挠及抗臭氧老化的作用。用量一般为0.5%～3.0%。作为抗臭氧剂，与蜡并用时可使抗臭氧效率显著增加。其制备方法如下。

$$H_2N-C_6H_4-NH_2 + 2CH_3-(CH_2)_5-CH(OH)-CH_3 \xrightarrow[180℃]{\text{骨架镍}} CH_3-(CH_2)_5-CH(CH_3)-NH-C_6H_4-NH-CH(CH_3)-(CH_2)_5-CH_3$$

另外，防老剂4030，学名*N*,*N*′-(1,4-二甲基戊基）对苯二胺，可用于天然橡胶与合成橡胶制品中，具有良好的抗热、抗氧与抗臭氧老化的防护能力。其合成工艺如下。

$$H_2N-C_6H_4-NH_2 + 2O=C(CH_3)-(CH_2)_2-CH-(CH_3)_2 \xrightarrow[-2H_2O]{H_2} CH_3-CH(CH_3)-(CH_2)_2-CH(CH_3)-NH-C_6H_4-NHCH(CH_3)-(CH_2)_2-CH(CH_3)-CH_3$$

N,*N*′-烷基芳基对苯二胺类防老剂兼有上述两种对苯二胺类抗氧剂的优点。既有优越的抗臭氧老化的性能，又有突出的抗热氧老化的防护作用，所以是对苯二胺类防老剂的核心。

作为抗屈挠龟裂剂，不对称的烷基芳基对苯二胺类衍生物效果最佳，性能最好的要数4010NA、4020，其次为防老剂4010。作为抗臭氧剂，以防老剂288的效果最好，其次为二烷基对苯二胺类衍生物、不对称的烷基芳基对苯二胺类衍生物，但后者因性能较全面，持久性好，所以应用最广泛。

对苯二胺类防老剂的最大缺点是污染性严重，着色范围从红色到黑褐色。所以只适用于深色的制品。此外，这类抗氧剂一般还具有促进硫化及降低抗焦烧性能的作用。

3.2.1.3 醛胺缩合物类抗氧剂

脂肪醛与芳伯胺加成缩合的产品是最古老的防老剂品种，主要用作橡胶防老剂，其抗热、抗氧性能良好，喷霜现象较少，一般用量为0.5%～5.0%。随着抗氧剂工业的迅速发展，该类抗氧剂因其性能不够全面、毒性以及生产成本等原因已逐渐被淘汰，目前只有防老剂AP与防老剂AH还用于橡胶工业。

防老剂AP为3-羟基丁醛与α-萘胺的缩合物，熔点在140℃以上，浅黄色粉末，也是历史悠久的耐热性防老剂，长期用于电线制品。但近些年来由于其原料中带有微量的致癌杂质而呈逐渐被淘汰的趋势。其合成路线如下。

$$2CH_3CHO \xrightarrow{NaOH} CH_3CH(OH)CH_2CHO$$

$$CH_3CH(OH)CH_2CHO + C_{10}H_7NH_2 \xrightarrow{\text{甲酸}} C_{10}H_7-N=CHCH_2CH(OH)CH_3$$

防老剂AH为高分子量树脂状的化合物，性能与防老剂AP近似，主要用于橡胶工业。其合成路线如下。

$$C_{10}H_7NH_2 + 2CH_3CH(OH)CH_2CHO \longrightarrow C_{10}H_7N(CH{=}CH{-}CH(OH){-}CH_3)_2$$

3.2.1.4　酮胺缩合物类抗氧剂

酮胺类防老剂主要是酮与苯胺，酮与对位取代苯胺或者酮与二芳基仲胺的缩合反应产物，是一类极为重要的橡胶防老剂。一般具有抗热氧老化和抗屈挠龟裂作用，喷霜现象较少，毒性也较低，一般用量为 1%～6%。在工业上较为重要的品种有防老剂 RD、防老剂 AW 与防老剂 124。

2,2,4-三甲基-1,2-二氢化喹啉的低分子量的树脂状产品是防老剂 RD，它对热氧老化的防护是非常有效的，对金属的催化氢化也有较强的抑制作用；但对屈挠作用的防护较差。防老剂 RD 无喷霜现象，污染性较少，因此可少量地用于浅色制品。该品种作为廉价的耐热性防老剂，现在仍大量地用于天然橡胶、丁苯橡胶、丁腈橡胶等制品，如电线、电缆、工业制品、自行车轮胎中，以防护热氧或天候老化，用量一般为 0.5%～2.0%。

防老剂 124 是丙酮与苯胺的高分子量缩合物，为粉末状产品，其重要性不及低分子量的防老剂 RD。上述两种产品的合成路线如下。

$$C_6H_5NH_2 + 2CH_3COCH_3 \xrightarrow[155\sim165^\circ C]{\text{苯磺酸}} \text{2,2,4-三甲基-1,2-二氢化喹啉} + 2H_2O \xrightarrow[95\sim98^\circ C]{HCl} [\text{2,2,4-三甲基-1,2-二氢化喹啉}]_n$$

目前，该聚合物的结构还不十分清楚，但随聚合体的分子量不同，可以有不同品种，常用的有防老剂 RD（低分子量）与防老剂 124（高分子量）。

6-乙氧基-2,2,4-三甲基-1,2-二氢化喹啉（防老剂 AW）是一种具有较好的抗臭氧能力的天然橡胶及合成橡胶制品的防老剂，主要用于轮胎、电缆、胶鞋等生产中，用量一般为 1%～2%。

其合成工艺为：丙酮与对氨基苯乙醚在苯磺酸的催化作用下，在 155～165℃进行脱水缩合。控制丙酮循环，直至不再消耗丙酮为止。粗品进行减压精馏提纯，再经冷却、粉碎、包装，即得防老剂 AW 成品。

$$2CH_3COCH_3 + EtO{-}C_6H_4{-}NH_2 \xrightarrow{155\sim165^\circ C} \text{6-乙氧基-2,2,4-三甲基-1,2-二氢化喹啉}$$

该类防老剂的另一个重要品种是防老剂 BLE，它是丙酮与二苯胺的高温缩合物。该品种是一种性能优良的通用的橡胶防老剂，具有优良的抗热、抗氧、抗屈挠性能；也具有一定的抗天候、抗臭氧老化的能力。制品的耐热、耐磨性能好。所以防老剂 BLE 广泛地用于天然橡胶、合成橡胶制品中，用量 1%～3%。其合成方法如下。

$$C_6H_5{-}NH{-}C_6H_5 + CH_3{-}CO{-}CH_3 \xrightarrow[280\sim290^\circ C]{\text{苯磺酸}} \text{(H}_3\text{C)}_2\text{C-桥联产物} + H_2O$$

3.2.1.5　胺类抗氧剂的改变和进展

胺类抗氧剂因其具有毒性、污染性、变色性以及自身易于被氧化，所以，人们研制胺类抗氧剂的新品种时，除了提高其应用性能外，主要是研究如何克服上述缺点。由于防老剂甲、防老剂丁及 N,N'-双-2-萘基对苯二胺中可能含有剧毒的 β-萘胺，因此在一些发达国家，现已停止生产和使用它们。作为防老剂丁的代用品，抗氧剂 264 大量地用于合成橡胶生胶中，而防老剂 BLE 则大量地用于耐热橡胶制品中。另外，也开发成功了一些低毒或无毒的抗氧剂品种。如 2-羟基-1,3-双［对（2-萘氨基）苯氧基］丙烷（C-49）和 2-羟基-1,3-双（对苯氨基苯氧基）丙烷（C-47）均为无毒品种，而 2,2′-双（对苯氨基苯氧基）二乙醚（H-1）是低毒品种。其结构式如下。

为了降低胺类抗氧剂的毒性，并提高胺类抗氧剂的耐热性与抗氧效率，有报道称向分子中引入含硅基团效果明显。如二甲基双［对（2-萘氨基）苯氧基］硅烷（C-41）与二甲基双（对苯氨基苯氧基）硅烷（C-1）都是无毒、不挥发与耐热性优良的品种，其抗氧效率为 C-41＞C-1＞2246＞防老剂丁。其结构式如下。

据报道，一种苄基胺衍生物是一类非污染性的相容性好的防老剂。其结构式如下。

另外，通过向分子中引入羟基，可以减少胺类抗氧剂的着色性。

有研究表明，胺类抗氧剂的相容性可以通过芳基的烷基化或烷基置换方法来加以改善。例如，N,N'-二（甲基苯基）对苯二胺的相容性比 N,N'-二苯基对苯二胺提高了 5 倍。N,N'-双（二甲氨基丙基）对苯二胺的相容性，抗氧效率均比 4010NA 好。

总之，新型的各项性能优良的胺类抗氧剂不断地被研制出来。如前苏联开发的适用于过氧化物硫化的乙丙橡胶的抗氧剂 M-7；Stern 等开发的新型的 N-烷基取代的对苯二胺中间体。

M-7

Ahlers 研制的用于聚酰胺纤维，具有优良的光稳定性、热稳定性与抗氧化能力的芳伯胺或芳仲胺与铜盐、碱金属氯化物以及乙二醇醚的复合物；蒋云昌等报道了在有机溶剂中，防老剂 BLE 与伯胺或仲胺的反应物，吸附于超细碳酸钙上，可制备用于橡胶的流态防老剂。Mukesh 等由 4-硝基二苯胺制备的 N-(1,3-二甲基丁基)-N'-苯基对苯二胺具有良好的各项性能。其制备方法如下。

$$\text{C}_6\text{H}_5\text{—NH—C}_6\text{H}_4\text{—NO}_2 + \text{CH}_3\text{—}\underset{}{\overset{\text{CH}_3}{\text{CH}}}\text{—CH}_2\text{—}\overset{\text{O}}{\overset{\|}{\text{C}}}\text{—CH}_3 \xrightarrow[85℃]{\text{Pd,C,HCOOH}} \text{CH}_3\text{—}\overset{\text{CH}_3}{\text{CH}}\text{—CH}_2\text{—}\overset{\text{CH}_3}{\text{C}}\text{—NH—C}_6\text{H}_4\text{—NH—C}_6\text{H}_5$$

近几年来，对受阻胺类抗氧剂的研究开发非常活跃。这可能是因为受阻胺类化合物不仅可作为抗氧剂，而且又是性能优良的光与热的稳定剂。例如，含有2,2,6,6-四甲基哌啶的化合物是目前性能最为优良的光稳定剂，而且热稳定性好，变色性与污染性均小。所以将2,2,6,6-四甲基哌啶引入到抗氧剂的分子中，无疑就赋予了产品多种功能。Gijsman 和 Falicki 等对此领域进行了一定的研究工作。另外，Holderbaum 等将亚磷酸酯基团引入到受阻胺类抗氧剂的分子中，据称其性能更为优良。还有研究开发高效、多功能、多官能团的抗氧剂的趋向，其中受阻胺类衍生物是颇为引人注目的一类（HLAS）。

（结构式：2,2,6,6-四甲基哌啶环，4位连 X，N 上连 R′，2、6位各有两个 Me）

R′为H、烷基
X为分子的其他部分

3.2.2　酚类抗氧剂

酚类抗氧剂是发现和使用最早、应用领域最广泛的抗氧剂类别之一，因其污染性小而广泛应用于塑料中。最早的商品牌号出现于20世纪30年代，有BHA（丁基羟基苯甲醚）、BHT（2,6-二叔丁基-4-甲基苯酚，即264）。因其生产工艺成熟，成本低，抗氧剂264仍是当前产量最大的抗氧剂，可用于多种高分子材料，还可以大量用于石油产品和食品工业。近些年来，随着抗氧剂研究的进一步发展，又相继开发成功了许多性能优良的酚类抗氧剂新品种。尽管酚类抗氧剂的抗氧化能力不及胺类抗氧剂，但它们所具有的不变色、无污染的优点是胺类抗氧剂不具备的。更重要的是，它们一般为低毒或无毒，这对于人类的身心健康和环境保护十分重要。可以说酚类抗氧剂具有很好的发展前景。

酚类抗氧剂主要应用于塑料与合成纤维工业，油品及食品工业。在橡胶工业中酚类抗氧剂近来已大量用作生胶稳定剂。

大多数的酚类抗氧剂具有受阻酚的化学结构。受阻酚类抗氧剂包括全受阻酚和半受阻酚。其结构式如下。

（结构式：苯环上连 OH，OH 一侧邻位为叔丁基（+），另一侧邻位为 R′，OH 对位为 R）

其中，R为取代基，+为叔丁基，当R′为叔丁基时是全受阻酚，当R′为甲基时是半受阻酚。

3.2.2.1　全受阻酚类抗氧化剂

（1）烷基单酚

烷基化单酚的分子内部只有一个受阻酚单元，这类抗氧剂分子量较小，而挥发和抽出损失都比较大，因此抗老化能力弱，只能使用在要求不苛刻的制品中。

2,6-二叔丁基-4-甲基苯酚，即抗氧剂264（BHT）是最典型的烷基单酚抗氧剂。它是各项性能优良的通用型的抗氧剂，尤其是不变色、不污染。抗氧剂264用作聚烯烃及聚氯乙烯（PVC）的稳定剂，用量0.01%～0.10%。还可用于抑制聚苯乙烯、ABS树脂的变色及强度下降，用量低于1%。亦可防护纤维素树脂的热老化、光老化，用量低于1%。还可大量地用于油品及食品工业中。但由于分子量小，挥发性大，它不适合用于加工或使用温度高的聚合物。为此人们通过向分子中引入其他基团，增加其分子量的途径来改善挥发性大的缺点，由此还发现了许多性能优良的品种，如抗氧剂 1076、阻碍酚取代酯等。

抗氧剂 264 是由对甲酚与异丁烯在催化剂的作用下进行叔丁基化反应而制备的。异丁烯主要来自石油裂解。该品种的古老生产工艺是以硫酸为催化剂，由叔丁醇在活性氧化铝的作用下，在 370～390℃下脱水得到异丁烯。其合成工艺如下。

$$(H_3C)_2C(OH)-CH_3 \xrightarrow[380℃]{Al_2O_3} (CH_3)_2C{=}CH_2 + H_2O$$

$$\text{(4-甲基苯酚, OH / CH}_3\text{)} + 2\,(H_3C)_2C{=}CH_2 \xrightarrow[65℃]{H_2SO_4} \text{2,6-二叔丁基-4-甲基苯酚 (OH / CH}_3\text{)}$$

上述生产工艺非常成熟，国内目前仍有许多厂家采用该工艺生产抗氧剂 264。

抗氧剂 1076 是抗氧剂 264 的 4 位上甲基被另一更大的取代基所取代的产物，由于其分子量增加，克服了抗氧剂 264 挥发性大的缺点，是一种性能较为优异的通用型抗氧剂。无毒、无色，无污染，有极好的热稳定性、耐水抽提性及与聚合材料的相容性。广泛地用于聚烯烃、聚甲醛、线型聚酯、聚氯乙烯、聚酰胺、二烯类橡胶的热稳定及抗氧保护。该产品与 DLTP 并用有协同效应，用量一般为 0.1%～0.5%。有逐渐取代抗氧剂 264 的趋势，但价格较昂贵。

合成工艺：在催化剂的作用下，苯酚与异丁烯进行叔丁基化反应得到 2,6-二叔丁基苯酚，再与丙酸甲酯进行加成反应，得到 3,5-二叔丁基-4-羟基苯基丙酸甲酯，然后与十八醇进行酯交换而得到抗氧剂 1076。其合成路线如下。

$$C_6H_5OH + 2CH_2{=}C(CH_3)_2 \longrightarrow 2,6\text{-}[(CH_3)_3C]_2C_6H_3OH$$

$$2,6\text{-}[(CH_3)_3C]_2C_6H_3OH + CH_2{=}CH{-}\overset{O}{\overset{\|}{C}}OCH_3 \xrightarrow{MeONa}$$

$$HO{-}C_6H_2(C(CH_3)_3)_2{-}CH_2CH_2COOMe + C_{18}H_{37}OH \longrightarrow HO{-}C_6H_2(C(CH_3)_3)_2{-}CH_2CH_2COOC_{18}H_{37}$$

(2) 烷基多酚

为减少抗氧剂在加工和使用过程中的挥发和抽出损失，增加其分子量是一种有效的措施，同时在一个分子中引入多个官能团，即受阻酚单元，这增加了阻碍酚在整个分子中所占的比例，提高了其抗氧效能。下面将简要给予介绍。

抗氧剂 2246 就是其中比较典型的品种，是类似于抗氧剂 264 的二聚物，即 2,2′-亚甲基双（4-甲基-6-叔丁基苯酚）。其结构式如下。

$$[(CH_3)_3C](OH)(CH_3)C_6H_2{-}CH_2{-}C_6H_2(OH)(CH_3)[C(CH_3)_3]$$

抗氧剂 2246

由抗氧剂 2246 的结构式就可以看出，该抗氧剂的设计者就是为了既能保持抗氧剂 264

优越的应用性能，又要克服其挥发性大、易抽出的缺点。事实上，抗氧剂 2246 的挥发性有很大降低，其熔点就达 130℃以上，是一种功效比较好的酚类抗氧剂，用于天然橡胶与合成橡胶制品，能防护热氧老化，抑制天候老化与屈挠老化，以及钝化变价金属离子。其作为聚丙烯纤维的热、光稳定剂，与炭黑并用即可以改善 ABS 的耐候性。其制备方法如下。

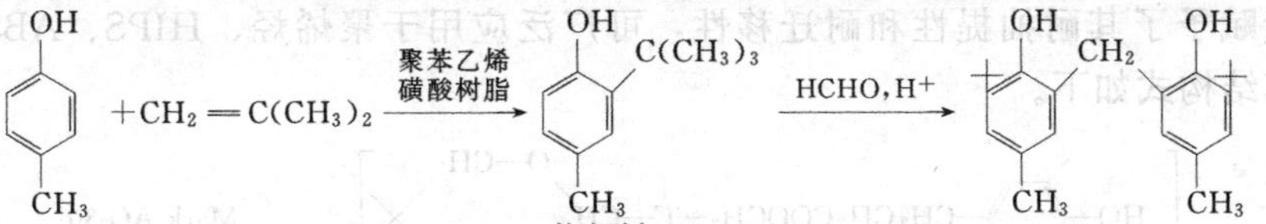

抗氧剂 425

如将抗氧剂 2246 上 4 位的甲基换成乙基，即为抗氧剂 425。与抗氧剂 2246 比，抗氧剂 425 的污染性小，其他性能相似，所以主要用于不宜着色的场合，其制备方法与抗氧剂 2246 完全相同。

同样，为了达到提高其抗氧化的能力，降低其挥发性，受阻酚抗氧剂可以是三元酚、四元酚等。在多元全受阻酚中，抗氧剂 1010 性能优良，是目前产销量第二大的高效抗氧剂，它挥发性极小，无污染，无毒，与各种聚合物都有良好的相容性，且与多种辅助抗氧剂复配使用时具有协同效应，所以广泛用于橡胶、塑料及合成纤维工业中。其合成路线如下。

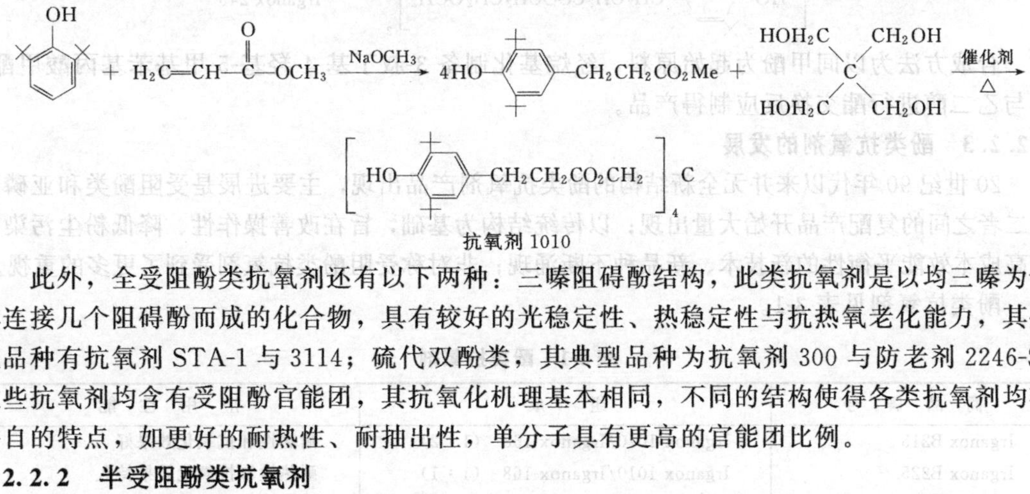

抗氧剂 1010

此外，全受阻酚类抗氧剂还有以下两种：三嗪阻碍酚结构，此类抗氧剂是以均三嗪为母体连接几个阻碍酚而成的化合物，具有较好的光稳定性、热稳定性与抗热氧老化能力，其代表品种有抗氧剂 STA-1 与 3114；硫代双酚类，其典型品种为抗氧剂 300 与防老剂 2246-S。这些抗氧剂均含有受阻酚官能团，其抗氧化机理基本相同，不同的结构使得各类抗氧剂均有各自的特点，如更好的耐热性、耐抽出性，单分子具有更高的官能团比例。

3.2.2.2　半受阻酚类抗氧剂

半受阻酚类抗氧剂与全受阻酚类抗氧剂的区别是羟基邻位上的一个叔丁基被甲基所取代，从而削弱了酚羟基的空间位阻效应，使其与硫脂类辅助抗氧剂之间能产生氢键，从而提高了它们之间的协同效应；此外还使酚羟基间位上的硝基取代反应易于实现，当与 NO_x 化合物作用时，易生成白色的间硝基化合物，不会使制品变色，而全受阻酚与 NO_x 化合物反应会生成有色的对位硝基化合物，从而影响制品的外观。

半受阻酚类抗氧剂常用的有 Cyanox 1790、Irganox 245 和 Sumilizer GA-80/Mark AO-80。

Cyanox 1790 是美国氰胺公司于 20 世纪 70 年代最先开发出的半受阻酚类抗氧剂，其产品为白色粉末，熔点 145～155℃。适用于 PP、PE、PS、ABS 等，特别是对聚丙烯的防护效果尤佳，耐热效果优于抗氧剂 1010，与硫脂类抗氧剂协同效应很好。其结构式如下。

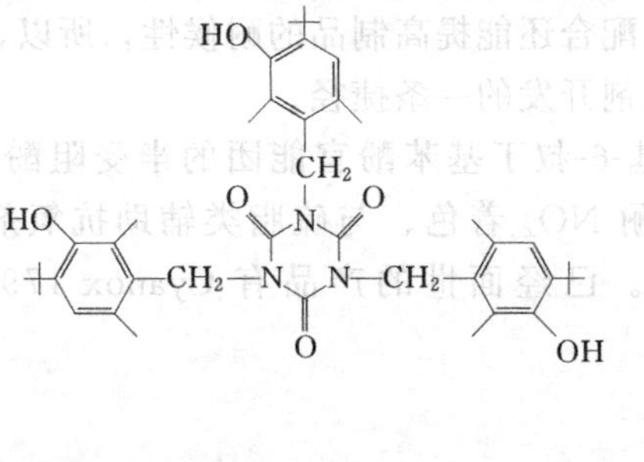

其生产工艺为：氰尿酸与 4-叔丁基-3-羟基-2,6-二甲基苄基氯在有机碱 Et_3N 存在下，在二甲基甲酰胺溶液中共热制备。

Sumilizer GA-80/Mark AO-80 是日本住友化学公司和 Adaka Agasu 株式会社共同开发的含有螺环结构的非对称受阻酚类抗氧剂，产品的耐热氧稳定性和耐 NO_x 着色性良好，较高的分子量赋予了其耐抽提性和耐迁移性，可广泛应用于聚烯烃、HIPS、ABS、聚氨酯、尼龙等。其结构式如下。

$$\left[HO-\bigcirc-CH_2CH_2COOCH_2-\underset{|}{\overset{|}{C}}-CH\begin{matrix} O-CH_2 \\ O-CH_2 \end{matrix} \right]_2 \qquad \text{Mark AO-80}$$

Irganox 245 是 Ciba-Geigy 公司 20 世纪 70 年代开发的优秀抗氧剂品种，外观为白色或淡黄色粉末，熔点 76～79℃，与树脂的相容性好，适用于 HIPS、ABS、AS、MBS、PVC 等多种树脂和橡胶。其与光稳定剂复合使用，能赋予制品良好的耐候性，与辅助抗氧剂复合使用具有协同效应。其结构式如下。

$$\left[HO-\bigcirc-CH_2CH_2COOCH_2CH_2OCH_2- \right]_2 \qquad \text{Irganox 245}$$

合成方法为以间甲酚为起始原料，经烷基化制备 3-叔丁基-4-羟基-5-甲基苯基丙酸甲酯，再与乙二醇进行酯交换反应制得产品。

3.2.2.3　酚类抗氧剂的发展

20 世纪 90 年代以来并无全新结构的酚类抗氧剂产品出现，主要进展是受阻酚类和亚磷酸酯二者之间的复配产品开始大量出现；以传统结构为基础，旨在改善操作性、降低粉尘污染和提高成本效能平衡性的新技术、新品种不断涌现；非对称受阻酚类抗氧剂受到了更多的重视。

酚类抗氧剂见表 3-1。

表 3-1　酚类抗氧剂

商品牌号	组成	应用性能
Irganox B215	Irganox 1010/Irganox 168　(1∶2)	耐热性和抗氧化效果好
Irganox B225	Irganox 1010/Irganox 168　(1∶1)	耐热性和抗氧化效果持久
Irganox B220	Irganox 1010/Irganox 168　(1∶3)	适合于聚烯烃材料
Irganox B900	Irganox 1076/Irganox 168	可用于 PE 食品包装材料
Mark 5118,5118A	受阻酚/硫脂	适用于高温加工的材料
Ultranox 815A	Ultranox 626/Ultranox 210　(1∶1)	多次加工耐变色性好
Ultranox 817A	Ultranox 626/Ultranox 210　(2∶1)	多次加工耐变色性好
Ultranox 875A	Ultranox 626/Ultranox 276　(1∶1)	抗氧化效果良好
Ultranox 877A	Ultranox 626/Ultranox 276　(2∶1)	抗氧化效果良好

各大抗氧剂生产公司均开发、生产了多种复配型抗氧剂，多为受阻酚类与亚磷酸酯或硫脂类的复合物，抗氧剂复合效果如图 3-1 所示。

其原理是辅助抗氧剂能分解稳定化过程中形成的过氧化物，以此来提高稳定化效果，另外，受阻酚与紫外线吸收剂配合还能提高制品的耐候性，所以，以受阻酚为基础的复配型抗氧剂将成为今后高性能抗氧剂开发的一条捷径。

大量研究证明，2-甲基-6-叔丁基苯酚官能团的半受阻酚不仅具有传统受阻酚优良的抗热氧老化性能，而且在耐 NO_x 着色、与硫脂类辅助抗氧剂协同稳定化方面更具优势，从而受到了学者们的关注。已经面世的产品有 Cyanox 1790、Irganox 245 和 Sumilizer GA-80。

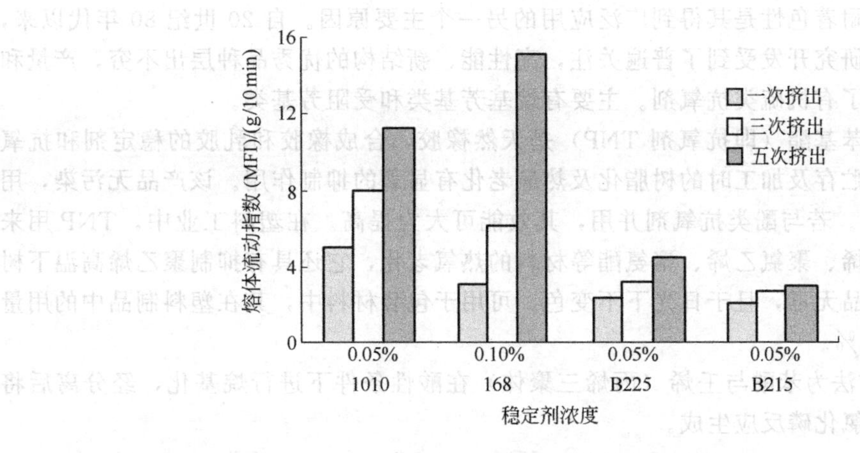

图 3-1 抗氧剂复合效果

3.2.3 辅助抗氧剂

由防老化机理可知，辅助抗氧剂是聚合物防老化配方中不可缺少的组分，它们具有分解大分子氢过氧化物、产生稳定结构从而阻止氧化的作用，有机硫化物与亚磷酸酯具有其辅助作用，且亚磷酸酯类还有防止聚合物着色的特性，与主抗氧剂有同等重要性。

3.2.3.1 有机硫化物

作为辅助抗氧剂，常用的硫脂有两个品种，抗氧剂 DLTP 与抗氧剂 DSTP。其合成工艺如下。

$$2CH_2{=}CH{-}CN + 2H_2O + Na_2S \longrightarrow S(CH_2CH_2CN)_2 \xrightarrow[\text{水解}]{\text{硫酸}} S(CH_2CH_2COOH)_2$$

$$S(CH_2CH_2COOH)_2 + C_{12}H_{25}OH \longrightarrow S(CH_2{-}CH_2{-}COOC_{12}H_{25})_2$$

$$S(CH_2CH_2COOH)_2 + C_{18}H_{37}OH \longrightarrow S(CH_2CH_2COOC_{18}H_{37})_2$$

上述两种硫脂是优良的辅助抗氧剂，都可与酚类抗氧剂并用，产生协同效应。硫代二丙酸二月桂酯（抗氧剂 DLTP）被广泛地用于聚丙烯、聚乙烯、ABS、橡胶及油脂等材料，用量一般为 0.1～1 份。由于毒性小、气味小，因此可用于包装薄膜。而硫代二丙酸双十八酯（DSTP）的抗氧性较 DLTP 强，与抗氧剂 1010、抗氧剂 1076 等主抗氧剂并用时产生协同效应。可用于聚丙烯、聚乙烯、合成橡胶与油脂等方面。

但是，由于分子量较小，抗氧剂 DLTP 的挥发性稍大；而抗氧剂 DSTP 的相容性稍差，有使产品白浊的现象，所以有时采用介于二者之间的硫代二丙酸双十四烷基酯。

3.2.3.2 亚磷酸酯

作为辅助抗氧剂亚磷酸酯的结构通式如下。

$$R^2O{-}P(OR^1)(OR^3)$$ R^1、R^2、R^3 为相同或不同的烷基或芳基

亚磷酸酯类优于有机硫类辅助抗氧剂，主要是因为其不会和受阻胺光稳定剂发生对抗效

应，同时其较好的耐着色性是其得到广泛应用的另一个主要原因。自20世纪80年代以来，有关此类抗氧剂的研究开发受到了普遍关注，高性能、新结构的优秀品种层出不穷，产量和消耗量均大大超过了有机硫类抗氧剂。主要有烷基芳基类和受阻芳基类。

亚磷酸三壬基苯基酯（即抗氧剂TNP）是天然橡胶、合成橡胶和乳胶的稳定剂和抗氧剂。对于聚合物在贮存及加工时的树脂化及热氧老化有显著的抑制作用。该产品无污染，用量一般为1%～2%。若与酚类抗氧剂并用，其效能可大为提高。在塑料工业中，TNP用来防护耐冲击聚苯乙烯、聚氯乙烯、聚氨酯等材料的热氧老化，它还具有抑制聚乙烯高温下树脂化的作用。该产品无毒，且于日光下不变色，可用于包装材料中，其在塑料制品中的用量一般为0.1%～0.3%。

TNP的制备方法为苯酚与壬烯（丙烯三聚体）在酸性条件下进行烷基化，经分离后将对位壬基苯基酚与三氯化磷反应生成。

$$C_6H_5-OH + C_9H_{18} \xrightarrow{\text{酸性介质}} C_9H_{18}-C_6H_4-OH \xrightarrow[130^\circ C]{PCl_3} (C_9H_{18}-C_6H_4-O)_3P$$

抗氧剂TNP

通常的烷基亚磷酸酯类抗氧剂的不足之处就是容易水解、挥发和被抽出，其中尤以水解造成的危害最大，不仅会造成无谓损耗，使聚合物得不到保护而老化，且其水解产物酸类在聚合物加工过程中会腐蚀设备，造成更大的损失。针对这些不足，开发了受阻芳基类亚磷酸酯抗氧剂，不仅保留了原有的优良特性，还提高了耐水解性、耐抽出性，其热稳定性也有了较大的提高。主要商用产品有Irgafos 168、Ultranox 626、Mark PEP-36、Sandstab P-EPQ等，其中Irgafos 168，Ultranox 626早已实现了工业化，生产技术也比较成熟，是目前使用最广的亚磷酸酯类抗氧剂。

Irgafos 168为抗氧剂行业的汽巴-嘉基（Ciba-Geigy）公司开发生产。其结构式如下。

$$\left(t\text{-}Bu_2C_6H_3-O\right)_3P$$

其特点是抗溶剂萃取性强，对水解作用十分稳定，并能显著提高制品的光稳定性和耐变色性。同时其可与多种主抗氧剂配合使用，均有不同程度的协同效应，如Irgafos B系列，为168与1010或1076不同配比的混合物。其合成工艺如下。

$$3\,t\text{-}Bu_2C_6H_3-OH + PCl_3 \xrightarrow{B} \left(t\text{-}Bu_2C_6H_3-O\right)_3P + 3B\cdot HCl$$

其中B为有机碱。

Ultranox 626是美国Borg-Warner公司1983年商品化的产品，不仅能赋予制品优良的颜色稳定性，还可提高制品的光稳定性，改善加工性能，能代替部分高档抗氧剂和光稳定剂以降低成本。此外，在塑料回收行业，因其经多次挤出色泽稳定，有着广阔的应用前景。由于通过了美国食品药物管理局（FDA）的检测，在100℃以下可用于与食品接触的材料，其生产得到了进一步的扩大。其合成工艺如下。

$$C(CH_2-OH)_4 + 2PCl_3 \xrightarrow{B} Cl-P(O-CH_2)_2C(CH_2-O)_2P-Cl + 2B\cdot HCl$$

$$Cl-P(O-CH_2)_2C(CH_2-O)_2P-Cl + 2\,t\text{-}Bu_2C_6H_3-OH \xrightarrow{B} \left[t\text{-}Bu_2C_6H_3-O-P(O-CH_2)_2C\right]_2 + 2B\cdot HCl$$

亚磷酸酯类辅助抗氧剂常可与主抗氧剂并用，有良好的协同效应；而在聚氯乙烯中又是常用的辅助热稳定剂。例如，Irgafos 168、Ultranox 626 常与酚类抗氧剂并用，常用于不宜着色的场合，新型的亚磷酸酯均注重克服通常的缺点，如增加分子量来减少挥发损失，引入双螺环结构来提高热稳定性，增加 P 原子周围的空间位阻来提高水解稳定性。

3.2.3.3 辅助抗氧剂发展状况

(1) 亚磷酸酯类

亚磷酸酯类辅助抗氧剂是近 10 年来聚合物稳定剂中开发最活跃的产品，之所以受到人们的重视主要是基于以下的原因：①与硫脂类辅助抗氧剂相比其具有优良的耐变色性和无气味；②在受阻胺光稳定剂广泛应用于聚合物的防老化配方的今天，亚磷酸酯因与受阻胺光稳定剂复配使用具有协同效应而同时被广泛应用，硫脂却因与受阻胺光稳定剂并用有对抗效应而在使用上受到了限制；③与酚类主抗氧剂复配时具有协同效应。其新结构不断出现，大多数结构的 P 原子周围都含有受阻基团，且以季戊四醇双螺环结构和双酚亚磷酸酯结构居多，开发的技术主要集中在提高其耐热性和水解稳定性。其中典型的产品有 Sandstab PEP-36、HP-10 和 Phosphite A 等。其结构式如下。

ADK STAB PEP-36(ADK)

ADK STAB PEP-45(ADK)

ADK STAB HP-10(ADK)

Irgafos 38(Ciba. S. C)

Irgafos 12(Ciba. S. C)

Ultranox 641(GE)

Phosphite A

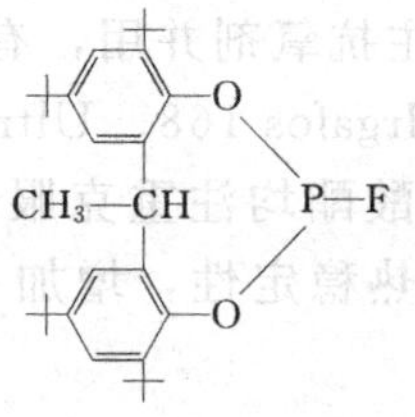

Ethanox-398 (Etyh 1)

与传统的亚磷酸酯类抗氧剂相比，新型产品实现了相对高分子量化，以此提高了其耐热性、耐挥发性、耐抽出性，同时由于同一分子内引入了多个官能团，提高了抗氧化效果；P原子周围大的受阻基团（叔丁基）的引入，提高了其抗水解性。在提高亚磷酸酯耐水解性的产品中尤以乙基公司开发的Ethanox-398效果最佳，因在双酚亚磷酸酯结构中引入了电负性极强的F原子，水解稳定性特别突出，可用于含水体系的聚合物稳定化。

(2) 有机硫化物

硫代二丙酸酯是一类大量使用的重要的辅助抗氧剂，但其存在挥发性大的缺点，近年来出现了不少改进的品种，如Eastman Kodak公司开发的Tenamena 2000，N. L. Industries公司的EAO-1是一种超高分子量的硫代丙酸酯，在聚烯烃中使用时，其持久性及耐迁移性超过了DLTP及DSTP。日本旭电化公司的AO-412S和AO-23是含有耐热性硫脂的化合物，与抗氧剂CA、330、1010并用，效能超过了DLTP与DSTP。其结构式如下。

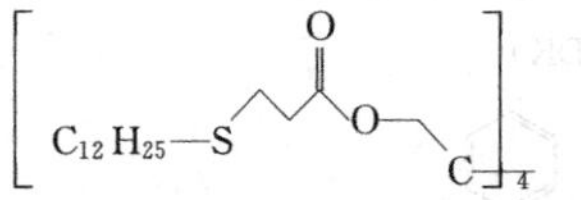

ADK STAB AO-412S 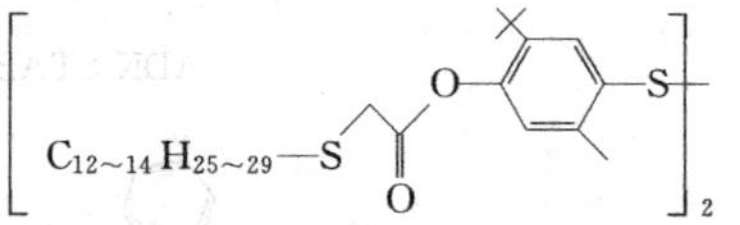　　ADK STAB AO-23

另外，季戊四醇（3-正癸基硫代丙酸酯）的挥发性小，抗抽出，与酚类抗氧剂的协同效应高。因此开发了复合型的含酚羟基硫化物型抗氧剂，以提高其抗氧效能，并对酚类抗氧剂与硫脂的复配技术进行了研究。Reilly等研究开发了一种无毒的可用于食品、饮料与药剂包装制品的含硫抗氧剂，具有抗热氧老化的功能。

3.3 金属离子钝化剂

多数重金属离子对链式自由基反应具有较强的催化作用，所以重金属化合物的存在有可能加速高分子材料的热氧老化。而且，橡胶、塑料、合成纤维中或多或少会含有铜、铁等金属化合物，尤其是含有大量丁二烯的聚合物中，这些金属离子能极大地加速材料的老化，缩短其使用寿命，尤其是在电线、电缆工业中。

一般来说，金属离子对氧化的催化是由于它能与过氧化物生成一种不稳定的配位化合物，该配合物进行电子转移产生自由基，引发了自动氧化反应的缘故。不同价态的同一金属，在将氢过氧化物分解为自由基的过程中，可以是氧化剂或还原剂，如下式。

$$ROOH + M^{n+} \longrightarrow RO\cdot + M^{(n+1)+} + OH^-$$

$$ROOH + M^{(n+1)+} \longrightarrow RO_2\cdot + M^{n+} + H^+$$

如果某一金属具有两种比较稳定的价态时，则能同时出现上述两反应。低价态的被氧化产生RO·，高价态的被还原产生RO_2·。实际上，金属离子只是在其中循环，如钴离子具有稳定的二价、三价，可以引起反应如下。

$$2ROOH \xrightarrow{Co^{2+}/Co^{3+}} RO\cdot + RO_2\cdot + H_2O$$

因此，微量的金属离子可以通过氧化还原反应将高分子材料中的氢过氧化物转变成游离基，大大缩短了氧化的诱导期，也缩短了高分子材料的使用寿命。毫无疑问，金属离子的这种催化氢过氧化物产生自由基的能力，主要取决于金属的氧化还原电位与金属离子和过氧化物所形成的配位化合物的稳定性。当然也有关于变价金属处于低价态时能够抑制自由基反应的报道。

长期以来，人们对金属离子钝化剂进行了大量的研究工作，对于金属钝化剂的作用机理与影响因素也有了比较明确的理解。金属离子钝化剂是通过与高分子材料中存在的金属离子形成稳定的配位化合物，而防止其与氢过氧化物形成配位化合物，达到延长高分子材料使用寿命的目的。

最早使用的金属离子钝化剂是 N,N'-二苯基草酰胺及其衍生物。目前，在工业上大量使用的仍然是酰胺与酰肼两大类。现将其典型的金属离子钝化剂品种简介如下。

(1) N-亚水杨基-N'-水杨酰肼

其结构式如下。

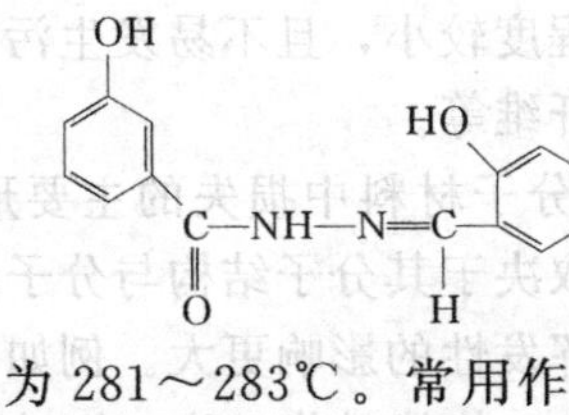

OH　HO　C—NH—N═C　O　H

该产品为淡黄色粉末，熔点为 281～283℃。常用作聚烯烃的铜抑制剂。如与抗氧剂并用，效果更为显著，用量一般为 0.1%～1.0%。瑞士 Ciba-Geigy 公司生产的该产品商品牌号为 Chel-180。其合成工艺路线如下。

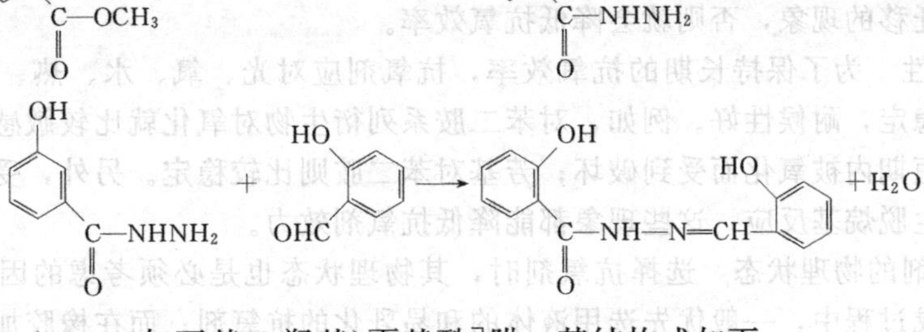

$$\text{(OH)C}_6\text{H}_4\text{-C(=O)-OCH}_3 + NH_2-NH_2-H_2O \longrightarrow \text{(OH)C}_6\text{H}_4\text{-C(=O)-NHNH}_2 + CH_3OH + H_2O$$

$$\text{(OH)C}_6\text{H}_4\text{-C(=O)-NHNH}_2 + \text{HO-C}_6\text{H}_4\text{-CHO} \longrightarrow \text{(OH)C}_6\text{H}_4\text{-C(=O)-NH-N=CH-C}_6\text{H}_4\text{-OH} + H_2O$$

(2) 1,2-双[β-(3,5-二叔丁基-4-羟基)丙基酰]肼　其结构式如下。

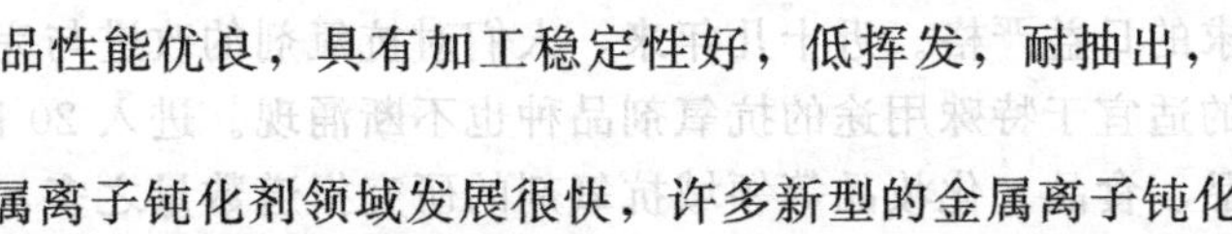

$$4HO-C_6H_2(t\text{-Bu})_2-CH_2CH_2-\overset{O}{\overset{\|}{C}}-NH-NH-\overset{O}{\overset{\|}{C}}-CH_2CH_2-C_6H_2(t\text{-Bu})_2-OH$$

该产品也是 Ciba-Geigy 公司开发的产品，商品牌号为 Irganox MD-1025。熔点为 224～229℃，白色粉末。由于该产品中含有典型的受阻酚结构，它可以单独作为抗氧剂使用。作为金属离子钝化剂，它可以用于聚烯烃或其他塑料电线与电缆中。它可与抗氧剂 Irganox 1010 等并用。此产品性能优良，具有加工稳定性好，低挥发，耐抽出，相容性好，易分散等优点。

近些年来，金属离子钝化剂领域发展很快，许多新型的金属离子钝化剂既具有抗热氧化又具有钝化金属离子钝化氧化的多功能、性能优良的品种不断涌现。例如，由氰胺公司生产的与聚烯烃有很好相容性及抗氧效率的铜抑制剂 Cyanox 2379，再如在电线、电缆、树脂中性能优良的 PLX-69 等。

3.4 抗氧剂的选用原则

抗氧剂作为一类重要的高分子材料助剂，应用领域广，品种繁多，不同的材料用途各异，除了对抗氧剂的抗氧化作用的要求外，常常还对其某些特性有不同的要求，如对于外观要求较高的制品，通常需要抗氧剂有耐变色性；对于与食品、药物接触的材料，要求抗氧剂无毒、不易抽出等，所以对于在选择聚合物防老化配方时，对于抗氧剂的选择应慎重。在实际配方中，价格可能是影响抗氧剂选用的主要因素，以下原则暂不考虑此因素。

① 耐变色性　选择抗氧剂时应首先考虑到抗氧剂的变色性和污染性能否满足制品应用的要求。胺类抗氧剂容易氧化变色，具有较强的变色性与污染性，但胺类抗氧剂抗氧效率高。它主要用于橡胶、电线、电缆、机械零件、润滑油与轮胎中。酚类抗氧剂比较稳定，其氧化后的产物也会使制品变黄，但程度较小，且不易发生污染。所以酚类抗氧剂多用于无色和浅色高分子材料，如塑料、合成纤维等。

② 挥发性　挥发是抗氧剂从高分子材料中损失的主要形式之一，尤其是在受热的条件下。抗氧剂的挥发性在很大程度上取决于其分子结构与分子量。结构近似、分子量大的抗氧剂挥发性低。分子类型不同，对其挥发性的影响更大。例如，2,6-二叔丁基-4-甲基苯酚（相对分子质量 220）的挥发性比 N,N'-二苯基对苯二胺（相对分子质量 260）的挥发性大 3000 倍。另外，挥发性还与温度、暴露表面的大小、空气流动情况有关。

③ 溶解性　理想的抗氧剂应在所用于的聚合物中溶解度高，而在其他介质中溶解度低。相容性取决于抗氧剂的化学结构、聚合物种类等因素。相容性是抗氧剂的一项重要应用性能。相容性小，就容易出现喷霜现象。此外，抗氧剂也不应在水中或溶剂中被抽出，或出现向固体表面迁移的现象，否则就会降低抗氧效率。

④ 稳定性　为了保持长期的抗氧效率，抗氧剂应对光、氧、水、热、重金属离子等外界因素比较稳定，耐候性好。例如，对苯二胺系列衍生物对氧化就比较敏感；二烷基对苯二胺本身会在短期内被氧化而受到破坏；芳基对苯二胺则比较稳定。另外，受阻酚在酸性条件下受热易发生脱烷基反应，这些现象都能降低抗氧剂效力。

⑤ 抗氧剂的物理状态　选择抗氧剂时，其物理状态也是必须考虑的因素之一。在聚合物材料的合成过程中，一般优先选用液体的和易乳化的抗氧剂；而在橡胶加工过程中，常选用固体的、易分散而无尘的抗氧剂；在与食品有关的制品中，必须选用天然的或无毒抗氧剂。总之，在选用抗氧剂时应考虑其物理特性。

3.5 抗氧剂的研究进展

伴随高分子材料工业的迅猛发展，抗氧剂的研究、开发和生产也在同步增长，同时，随着人们环保意识的增强，化学物质审查、环境保护及卫生许可等法规的日益健全，对抗氧剂毒性与环境污染要求的日益严格。近十几年来，人们对抗氧剂的改进与完善，研制与开发投入越来越大，新型的适宜于特殊用途的抗氧剂品种也不断涌现。进入 20 世纪 90 年代后，有关高分子材料、油品、食品、化妆品等领域抗氧剂的研究报道数量之多，令人吃惊。其发展趋势主要是低毒或无毒，多功能，高效率，以及研制新的反应型与聚合型的抗氧剂。同时，对于聚合物老化机理的研究更加深入，在此方面取得了不小的进展。

3.5.1　协同效应的研究

经典的聚合物热氧化降解机理是按链式自由基机理进行的自催化氧化反应。当添加主抗氧剂、辅助抗氧剂后，由于主抗氧剂可以捕获自由基，辅助抗氧剂能分解氢过氧化物，从而切断了自由基链式反应，所以不同程度地延缓了聚合物的降解，这一稳定化机理在实践和研究中得到了进一步的证实，并提出了一些复配机理；同时碳自由基捕获机理的提出，为完善此机理作了进一步的补充。

3.5.1.1　协同效应

稳定剂品种繁多，作用机理各异，大量研究表明，不同种类甚至同一类型不同结构的稳定剂之间都可能存在协同或对抗作用。若配方中各类稳定剂配合得当，稳定剂间产生了协同效应，可以达到事半功倍的效果，不仅延长了制品的使用寿命，还可降低生产使用成本；反之，稳定剂不仅起不到稳定作用，反而造成聚合物的加速老化。研究各种稳定剂组分之间的协同机理对提高稳定剂效能、促进复合稳定剂的开发具有重要的指导意义。

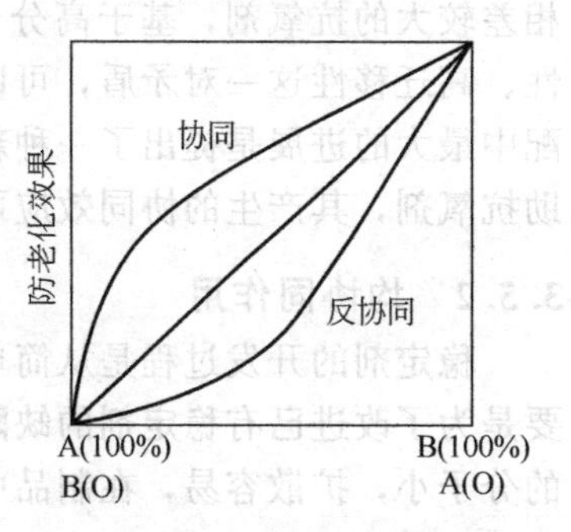

图 3-2　协同作用与反协同作用

所谓的协同作用（synergism）是指两种或两种以上的稳定剂并用时，其稳定效果要超过其加合效果；反之，若并用后稳定效果比它们的加合效果小，则称为反协同作用（antagonism）。协同作用与反协同作用如图 3-2 所示。

协同与反协同作用的数学表达式如下。

$$SA=\left[\frac{Z}{aX+Y(1-a)}-1\right]\times 100\%$$

式中，SA 为复合效应；Z 为并用时的稳定效果；X、Y 为不同稳定剂单独使用时的稳定效果；a 为复合稳定剂中 X 的摩尔分数。

当 $SA>0$ 时为协同作用，$SA<0$ 时为反协同作用，$SA=0$ 时为加合性。考虑到实验的误差范围，一般认为 $SA>10\%$ 时为协同作用，$SA>200\%$ 时为强协同作用，$SA>300\%$ 时为超强协同作用，而 $SA<-10\%$ 时为反协同，SA 越小，反协同作用也越强。

协同作用包括分子间的协同和分子内的协同作用，其中分子间的协同又分为以下两种：①均协同作用（homosynergism），是指稳定化作用机理相同的稳定剂之间的协同作用；②非均协同作用（hetersynergism），是指稳定化机理不同的稳定剂之间的协同作用。分子内的协同又称为自协同作用（auto-synergism），它是指一种稳定剂含有多个官能团，彼此间有协同作用。

3.5.1.2　协同机理

协同作用是一个助剂并用体系的综合效果，从 20 世纪 60 年代就已引起人们的注意，到目前为止，协同机理的研究有了一定的进展，主要分为物理机理和化学机理两种。

（1）化学机理

化学机理是指稳定剂间发生化学反应，使稳定效果增加或降低，化学方面的协同作用机理为：①两种稳定剂按各自的机理发挥作用，相辅相成，产生协同效应；②两种稳定剂互相保护，从而减少彼此的消耗，达到增效的作用；③两种稳定剂或它们在稳定过程中的中间产物发生化学反应，形成更高效的稳定剂而增效；④两种稳定剂中，一种抑制另一种作用的发挥，而产生反协同效应；⑤两种稳定剂中，一种加速另一种的消耗，而降低稳定效果；⑥两种稳定剂间有化学反应，破坏了彼此的活性官能团而导致稳定效果下降。

（2）物理机理

物理机理主要是指稳定剂在聚合物中的相容性、分散性、扩散和迁移性，样品厚薄对并用体系效率的影响。三种影响协同作用的物理因素如下：①扩散机理，因光氧老化主要在表层进行，若材料里层的稳定剂能及时扩散到表层，可有效地补充表层稳定剂的损耗，此时稳定效果发挥得最好，因此稳定剂效果的发挥与光强、聚合物的特性、样品的厚度有关；②浓度分布，稳定剂在材料中分布越均匀，效果越好，若稳定剂在共混时分布不均，则会导致材料局部先破坏，从而使整个制品失去使用价值；③部分稳定剂对制品厚度有要求，例如，紫外线吸收剂，只有制品达到一定厚度时才起作用。

有关抗氧剂与其他稳定剂间的复配机理取得了一定的进展。由发挥稳定化作用的机理可知，主抗氧剂、辅助抗氧剂间应有协同作用，实际也证明大多数情况如此；高位阻酚和低位阻酚由于反应活性的不同，并用时高位阻酚可以使低位阻酚再生而有协同作用；对于分子量相差较大的抗氧剂，基于高分子量稳定剂的耐久性、低迁移性和低分子量稳定剂的易损失性、高迁移性这一对矛盾，可以将此两类稳定剂复合使用，以此来达到最佳使用效果，在复配中最大的进展是提出了一种新的三元复合抗氧剂配方——碳自由基捕获剂＋主抗氧剂＋辅助抗氧剂，其产生的协同效应可以大大提高聚合物的稳定性。

3.5.2 均协同作用

稳定剂的开发过程是从简单分子到复杂分子，从低分子量到高分子量这样一个过程，主要是为了改进已有稳定剂的缺陷或提高其性能。根据大量使用经验人们发现低分子量稳定剂的分子小，扩散容易，在制品中易从内部向表面迁移，由于光氧老化主要发生在制品表面，所以对于厚制品，其稳定效果要好于高分子量的稳定剂，而在薄制品中，它的优势却成为了它的劣势，分子量低，加工中容易挥发，使用中易被溶剂抽出而损失，由于制品较薄，迁移问题就显得不那么重要了，此时高分子量的稳定剂耐久效果更好。基于高分子量稳定剂的耐久性、低迁移性和低分子量稳定剂的易损失性、高迁移性这一对矛盾，可以将此两类稳定剂复合使用，以此来达到最佳使用效果。低分子量的 Tinuvin 770（HALS-1）和高分子量的 Chimassorb 944（HALS-2）的复合抗光氧化效果如图 3-3 所示。

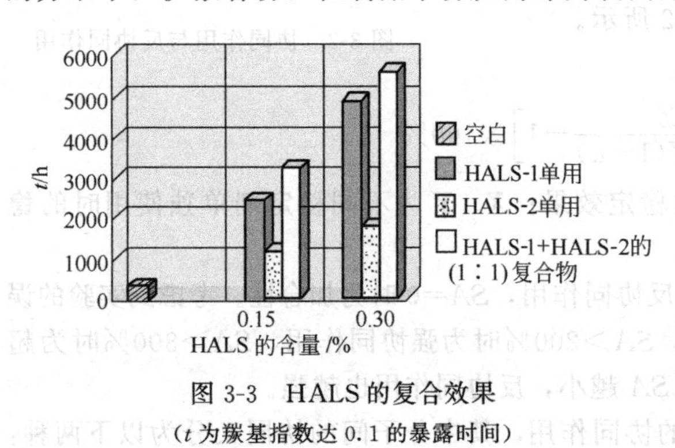

图 3-3 HALS 的复合效果

（t 为羰基指数达 0.1 的暴露时间）

实验中基体聚合物为 PP 均聚物＋0.1％硬脂酸钙＋0.05％Irganox 1010＋0.05％Irgafos 168。试样为厚 0.1mm 的膜，经计算两种 HALS 复合物的协同作用分别为 80％和 69％，同样这种协同作用在高、低分子量抗氧剂的复合使用中也有体现。此协同作用主要出现在厚制品中，在薄膜等薄制品中由于稳定剂迁移问题并不突出，而挥发和被萃取显得更突出，此时单用高分子量稳定剂或聚合型稳定剂效果更佳。

两种羟基邻位取代基位阻不同的酚类抗氧剂并用，抗氧化活性不同的胺类和酚类抗氧剂复合使用时均具有协同作用。AH 为高位阻或低活性的抗氧剂，A′H 为较小位阻或高活性的抗氧剂，在与过氧化自由基反应时，A′H 更容易反应，其协同机理如下。

$$A'H + ROO\cdot \longrightarrow A'\cdot + ROOH$$

$$AH + A'\cdot \longrightarrow A\cdot + A'H$$

由于高活性抗氧剂得到了再生，延长了其作用期，所以此两种稳定剂复合使用后能产生协同作用。目前这种复合型稳定剂并不多见，主要是受阻酚和亚磷酸酯的复合物具有更好的效果，渐渐取代了此种复合稳定剂。

受阻胺光稳定剂（HALS）之间的复合，由于 HALS 含有 ＞NH 基团，使得 HALS 呈碱性，在许多使用场合，制品会和酸性物质接触，如农膜使用过程中会和酸性的农药或化肥接触，这会造成 HALS 的无谓损失，缩短了制品的使用寿命。若两类碱性不同的 HALS 复合使用，在达到相同效果的情况下不仅容易制得，而且可降低成本。不同碱性 HALS 的复合效果见表 3-2。

表 3-2　不同碱性 HALS 的复合效果

光稳定剂	佛罗里达暴露，达 50%伸长保留率吸收的能量/kLy			
	HALS 含量为 0	HALS 含量为 0.3%	HALS 含量为 0.6%	HALS 含量为 1.2%
空白	27			
Tinuvin 622		95	150	230
Chimassorb 944		240	400	610
Tinuvin 783(Tinuvin 622∶Chimassorb 944=1∶1)		175	370	600

注：$1kLy=1kcal/cm^2=4.1840kJ/cm^2$。

由实验数据可知，当浓度高于 0.3%时，复合型稳定剂 Tinuvin 783 的效果接近于效果较好的 Chimassorb 944，而远高于 Tinuvin 622，Tinuvin 783 在性能上具有杰出的耐萃取性，低的变色性，并且有较高的性价比。

3.5.3　非均协同作用

3.5.3.1　抗氧剂间复合的协同作用

几乎所有的聚合物都要添加抗氧剂来延缓其老化，所以对于抗氧剂的配方研究很多。链终止型抗氧剂有胺类和受阻酚类，预防型包括亚磷酸酯类和硫脂类。此两类抗氧剂的并用一般来说均产生协同作用，这可以由其不同的抗氧化机理来解释，链终止型抗氧剂能够迅速终止动力学链，以阻止自动氧化链反应的增长，但同时会生成过氧化物，这又是自由基的来源，而预防型抗氧剂能与过氧化物反应，切断了产生自由基的根源，所以此两种抗氧剂的并用有很高的协同作用，实际应用效果也是如此。现在出售的复合抗氧剂中，许多是全受阻酚和亚磷酸酯的复合物，例如，Ciba-Geigy 公司的 Irganox B 系列是 Irganox 1010、Irganox 1076、Irganox 1330 和 Irganox 168 的不同比例的混合物，氰胺公司的 Ultranox 系列是 Ultranox 626 和 Ultranox 210、Ultranox 276 的混合物；另外，半受阻酚与硫脂类抗氧剂的复合产品也有出售，如日本旭电化公司的 Mark 5118 和 5118A。抗氧剂的复合效果见表 3-3。

表 3-3　抗氧剂的复合效果

稳定剂配方	熔体流动指数(MFI)(230℃/2.16kg)/(g/10min)		
	一次挤出	三次挤出	五次挤出
空白	10.7	22.5	40.0
0.05%Irganox 1010	7.1	10.5	14.7
0.10%Irganox 1010	6.0	8.4	11.0
0.05%Irganox 1010+0.05% Irgafos 168	4.1	5.3	6.7
0.05%Irganox 1010+0.10% Irgafos 168	3.5	4.3	4.9
0.10%Irganox 1010+0.10% Irgafos 168	3.4	4.3	4.9
0.10%Irganox 1010+0.20% Irgafos 168	3.3	3.7	4.1

注：基体树脂为 PP 均聚物+0.1%硬脂酸钙，加工温度为 260℃。

从表 3-3 中数据可知，通过两类抗氧剂的复合使用，大大提高了聚合物的熔融加工稳定性，此类实验数据还有很多，绝大部分实验证明了此两类抗氧剂复合使用的协同作用。此外，半受阻酚类和硫脂类抗氧剂的复合使用也很多，主要用在室内用制品或润滑油中。

3.5.3.2　光稳定剂与其他稳定剂的协同作用

光稳定剂按作用机理分为光屏蔽剂、紫外线吸收剂、猝灭剂、自由基捕获剂。其中受阻胺光稳定剂（HALS）通过捕获自由基、分解氢过氧化物、传递激发态能量等多种途径增加聚合物的稳定性，是目前最有效的多功能紫外光稳定剂，其效果已经远远超过了传统的紫外线吸收剂和猝灭剂，由于其极好的光氧稳定性，除了一些特殊应用外，是其他光稳定剂不可代替的，所以在聚合物光氧稳定化配方中，大多是以 HALS 和其他稳定剂复合使用，尤其是户外使用的对光氧稳定性要求较高的制品。因此对于 HALS 与其他稳定剂协同机理的研究很多，机理研究的深入同时促进了复合技术的发展。

（1）HALS 与酚类抗氧剂的相互作用

到目前为止，关于 HALS 与酚类抗氧剂相互作用的报道已经出现了很多。HALS 与受阻酚类抗氧剂并用，在热氧老化中大多产生协同作用，而在光氧老化中大多产生反协同作用。

·协同作用的解释如下：

① Lucki 等认为抗氧剂能捕获自由基，但同时生成易产生自由基的过氧化物 ROOR 和 ROOH，HALS 可以使 ROOR 和 ROOH 失活，从而防止了它们热解或光解产生自由基。

② HALS 的过渡产物烷基羟胺可以和酚氧自由基反应使得受阻酚再生，HALS 与 BHT 的协同作用如图 3-4 所示。

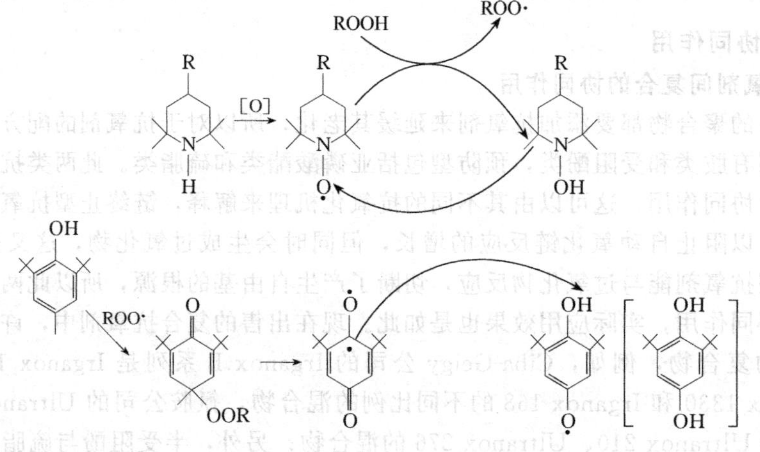

图 3-4　HALS 与 BHT 的协同作用

③ Allen 等认为，在热氧老化条件下，能生成较高浓度的氮氧自由基，它在发挥稳定化作用时生成的烷基羟胺在烘箱老化的温度下（130℃），易热解或与过氧自由基反应，从而再生了氮氧自由基，由于氮氧自由基和受阻酚的互相补偿循环，两种活性链终止剂得到了再生而产生了协同作用。

·反协同作用的解释如下：

① 酸性的受阻酚类抗氧剂和碱性的 HALS 之间可能发生化学反应。

② 酚类抗氧剂被氮氧自由基所氧化，见下式。

$$>\mathrm{N{-}O\cdot} + \mathrm{HO{-}Ar{-}R} \rightleftharpoons >\mathrm{N{-}OH} + \mathrm{O{=}Ar{-}R}$$

③ 酚氧自由基与氮氧自由基发生了偶合，消耗了氮氧自由基，见下式。

$$>\mathrm{N{-}O\cdot} + \mathrm{O{=}Ar{\cdot}{-}R} \longrightarrow \mathrm{O{=}Ar(R){-}O{-}N}<$$

协同与反协同作用的解释在 N. S. Allen 等的实验中得到了部分证实。他们选用光稳定剂 Chimassorb 944 和 Tinuvin 622 分别与抗氧剂 Irganox 1010 和 Ethanox 330 进行复合，以高密度聚乙烯（HDPE）为基础树脂制成测试样条，再分别进行热氧老化和光氧老化测试。由实验结果可知，在光氧老化测试中，在稳定剂几乎整个浓度比范围内，HALS 与抗氧剂（AO）均呈反协同作用；而在热氧老化测试中，稳定剂复合使用的效果在整个浓度比范围内均呈现较强的协同作用，这些现象可以用上述的机理来解释。这些实验说明，当聚合物处于一种条件下时，稳定剂间可能产生协同作用，但条件改变时，稳定剂间又可能产生反协同作用。

(2) HALS 与磷类抗氧剂的相互作用

HALS 与磷类抗氧剂复合使用能提高聚合物的耐候性能及耐变色性。I. Bauer 等对于 HALS 与亚磷酸酯类抗氧剂间的相互作用进行了大量的研究，发现磷类抗氧剂稳定作用的发挥与其自身的结构、基础树脂的性质及老化条件有关。对于 HALS 与亚磷酸酯在 PP 稳定化过程中，不仅有协同作用，还有反协同作用，在热氧老化和加工稳定化中多为协同作用，协同的程度与亚磷酸酯的结构有关，这主要是由不同结构的亚磷酸酯的抗氧化机理不同造成的。

烷基亚磷酸酯的作用机理如下。

$$P(OR')_3 + ROOH \longrightarrow ROH + (R'O)_3P{=}O$$

$$(R'O)_3P + RO\cdot \longrightarrow [RO\dot{P}(OR')_3] \longrightarrow O{=}P(OR')_3 + R\cdot$$

$$R\cdot + O_2 \longrightarrow ROO\cdot\ (\text{链增长})$$

含受阻芳基的亚磷酸酯的作用机理如下。

$$(PhO)_3P + ROO\cdot \longrightarrow [ROOP(OPh)_3] \longrightarrow O{=}P(OPh)_3 + RO\cdot$$

$$P(OPh)_3 + RO\cdot \longrightarrow [RO\dot{P}(OPh)_3] \longrightarrow ROP(OPh)_2 + PhO\cdot$$

$$PhO\cdot + ROO\cdot \longrightarrow \text{链终止}$$

在 HALS 与亚磷酸酯复合用于加工稳定化和热氧稳定化中，HALS 与亚磷酸酯协同作用如图 3-5 所示。

由受阻芳基的亚磷酸酯的作用机理可知，其在发挥稳定化作用时会产生受阻酚氧自由基，同时在加工和热氧老化中 HALS 会产生氮氧自由基和羟胺，由图 3-6 可知，当氧化还原对 PhOH/PhO・与 NOH/NO・参与循环 1、循环 2 时互相得到了再生，由于受阻酚和氮氧自由基两种链终止抗氧剂的协同作用，消除了进行链反应的 R・和 ROO・自由基，切断了氧化链反应，加上亚磷酸酯本身具有氢过氧化物分解作用，复合稳定剂在此三种稳定化作用下产生了协同作用。

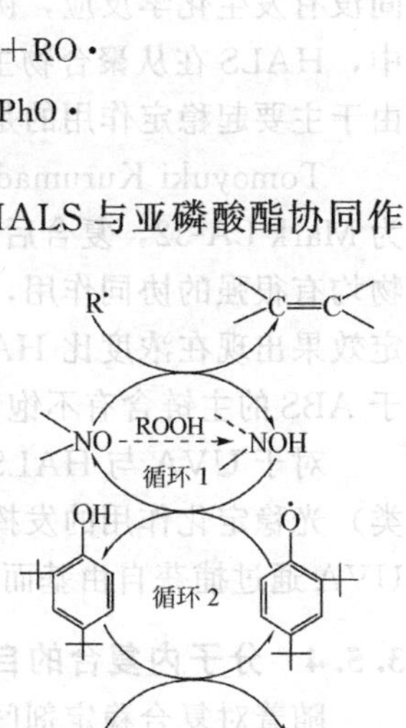

图 3-5　HALS 与亚磷酸酯协同作用

烷基亚磷酸酯与 HALS 复合时，特别是在 HALS 浓度较高时也产生了协同作用，但是远低于含受阻芳基亚磷酸酯与 HALS 的复合物。此现象在 I. Bauer 等的实验中得到了证实，通过对 Irgafos 168 与 Tinuvin 770、Tinuvin 292 的双氮氧自由基化合物并用，在热氧老化中均有协同作用，此外用烷基亚磷酸酯 TLP 代替 Irgafos 168 复合使用同样也均有协同作用，但协同程度要低于用 Irgafos 168 的复合物。

对于 HALS 与亚磷酸酯复合进行 PP 光稳定化的研究结果表明，反协同作用居多。

① 受阻亚磷酸酯 Irgafos 168 分别与 Tinuvin 770 和 Tinuvin 292 的双氮氧自由基化合物并用，在光氧老化实验中大多数浓度比下均呈现反协同作用，这其中与 Tinuvin 770 的双氮

氧自由基化合物的反协同作用最小；

② 脂肪族亚磷酸酯TLP的热稳定性比Irgafos 168低，但其与Tinuvin 770复合后具有协同作用，特别是Tinuvin 770浓度较高时；

③ 反协同作用随复合物中Irgafos 168的比率增加而减小。

对于光稳定化中的反协同作用至今仍未有较好的解释，一种可能的原因是在光氧老化条件下，氮氧自由基的浓度低，加上亚磷酸酯分解了氢过氧化物，而这是生成氮氧自由基的主要物质，从而又减少了氮氧自由基的生成，产生了反协同作用。

通过合理选择磷类抗氧剂与HALS复合，较好的协同作用是可以达到的，例如，在HDPE中Weston 618与Tinuvin 622和Chimassorb 944均有协同作用，LDPE中Irgafos PEPQ与Spinuvex A36和Tinuvin 770也有协同作用，而Irgafos P-EPQ与Tinuvin 622却呈反协同作用。

(3) HALS与硫脂类抗氧剂的反协同作用

因硫脂类抗氧剂发挥抗氧化作用时会产生酸性物质，而受阻胺大部分是呈碱性的物质，所以它们之间会发生化学反应而导致受阻胺的无谓损失，其复合后均产生反协同作用。尽管受阻胺氮原子上的氢原子被烷氧基取代后受阻胺的碱性可能有较大的降低，但实际应用中几乎无这两种稳定剂的复合应用。

(4) HALS与紫外线吸收剂（UVA）的相互作用

UVA作为辅助光稳定剂常和HALS并用，光氧老化中大部分具有协同作用，有些为加合效应，很少有反协同作用。Tomoyuki Kurumada等所做的实验证明，UVA与HALS之间没有发生化学反应，协同作用的产生在于它们各自按自己的机理发挥稳定作用，在此过程中，HALS在从聚合物主体向表层扩散时，UVA对其有保护作用，减少了HALS的损失。由于主要起稳定作用的是HALS，所以HALS的浓度较高时，协同作用也较强。

Tomoyuki Kurumada所用的HALS为Tinuvin 770，UVA Ⅰ为Mark LA-36，UVA Ⅱ为Mark LA-32，复合后分别与PP、HDPE、ABS制成样条，进行老化实验，结果显示复合物均有很强的协同作用，但达到最佳稳定效果时的浓度比却不同。在PP和HDPE中最佳稳定效果出现在浓度比HALS∶UVA=75∶25时，对于ABS却出现在90∶10，这主要是由于ABS的主链含有不饱和双键，自身稳定性较差，所以需要更高浓度的HALS。

对于UVA与HALS复合后的反协同作用，F. Gugumus解释为某些UVA（二苯甲酮类）光稳定化作用的发挥，不仅靠吸收紫外线，还通过自由基捕获。在光稳定化过程中，UVA通过捕获自由基而消耗，从而不能阻止HALS的无谓损耗，产生反协同作用。

3.5.4 分子内复合的自协同作用

随着对复合稳定剂间机理的深入研究，已经出现了分子内复合的稳定剂，即把具有抗热氧和抗光氧功能的官能团结合到一个分子上，这类稳定剂通常都具有协同作用，而且还提高了稳定剂的其他性能，如耐热性、耐光性、耐抽提性等。例如，S. Chmela等合成了HALS与亚磷酸酯的分子内复合稳定剂（表3-4）。分子内复合稳定剂结构如图3-6所示。

表3-4　分子内复合稳定剂光氧稳定化效果

稳定剂	羰基指数达0.2的照射时间/h	
	分子内复合	分子间复合
HALS/PⅠ	1700	1000
HALS/PⅡ	1500	900
空白样	90	

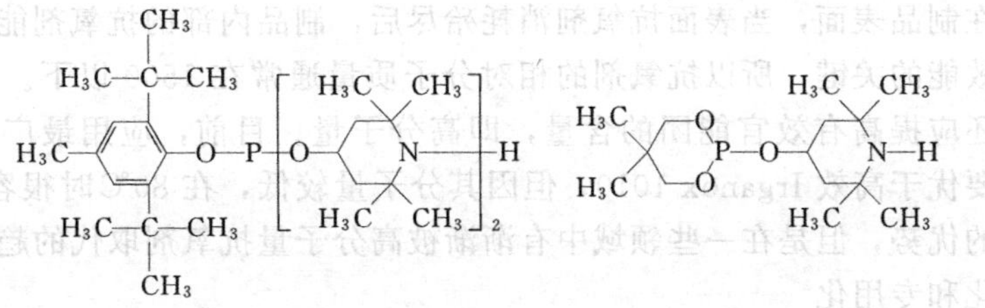

HALS/PⅠ　　HALS/PⅡ

图 3-6　分子内复合稳定剂结构

此外，在热氧老化中，添加了 HALS/PⅡ的聚合物所用时间为 1200h，而其相应的分子间复合物所用时间仅为 400h，稳定化效率提高了 200%；而加入了 HALS/PⅠ的聚合物需用时 4700h，相应的分子间复合物用时只有 700h，稳定化效率提高了 600%。这两种稳定剂在 PP 中不仅显示了较好的光稳定性，而且这类稳定剂的热稳定效果也很好，既可作光稳定剂，又能作热稳定剂。可能是由于技术或成本上的原因，此类稳定剂的开发一直未有很大的进展，但从其使用效果来看，这必将是今后稳定剂发展的趋势之一。

3.5.5　新型抗氧剂的发展趋势

在满足聚合物加工和使用要求的同时，由于环保、安全法规的日益严格，近年来抗氧剂开发具有以下趋势和特性。

(1) 反应型抗氧剂

抗氧剂除了发挥稳定化作用而消耗外，还会在光、热等作用下变质或与化学物质反应，在制品使用过程中发生分子迁移和被溶剂萃取出而无谓损耗，从而降低了抗氧剂的效率。为此，人们希望能开发一类永久型稳定剂，即反应型抗氧剂，它能与单体一起聚合，成为聚合物的一部分，从而解决抗氧剂挥发、抽出、迁移等缺陷。目前，已有的反应型抗氧剂有英国开发的 NDPA 与 DENA，分子中含有亚硝基，还有日本大内新兴化学公司开发的 TAP、DAC 与 DBA 等，为一系列含有烯丙基的酚类化合物。其结构式如下。

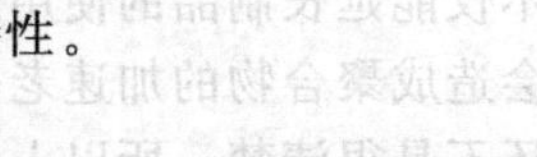

NDPA 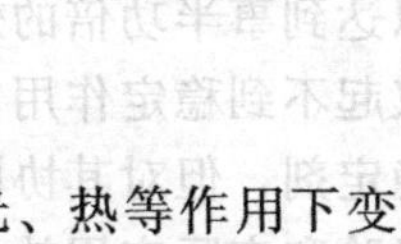　　DENA

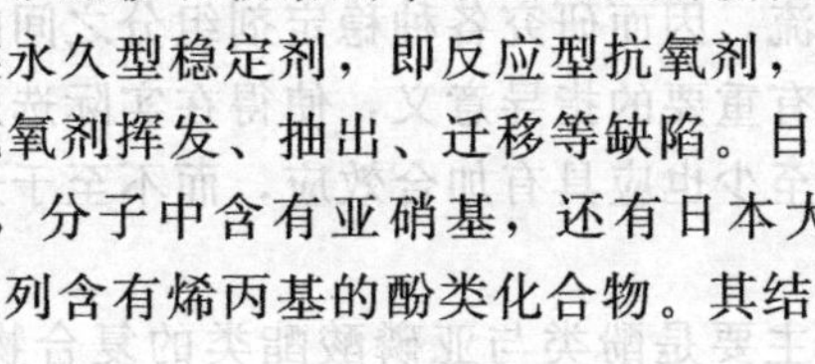

TAP

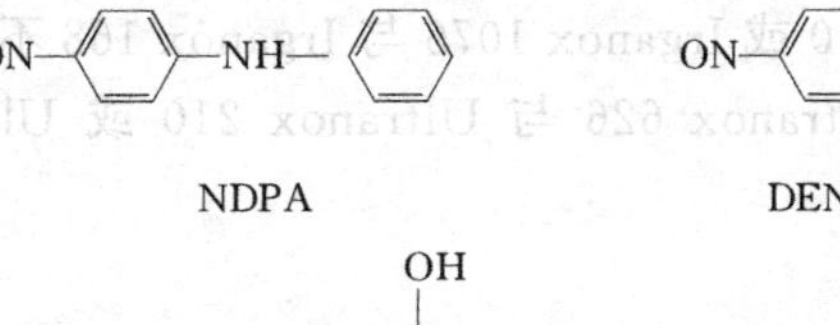

DAC

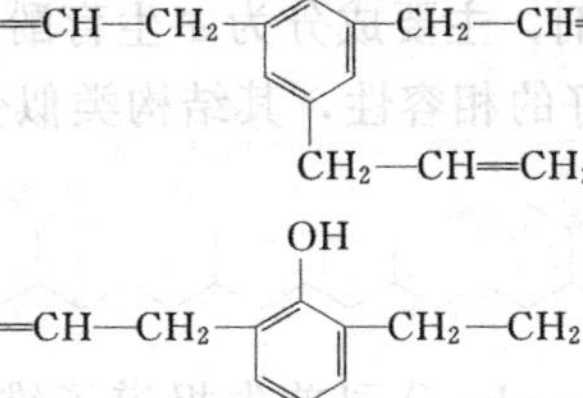

DBA

(2) 高分子量化

持久性、高效性是衡量稳定剂综合性能的两个方面，分子量的提高有助于降低其在制品中的挥发、抽出和迁移损失，同时减少制品起雾、发汗等现象。但并非分子量越大越好，因氧化主要发生在制品表面，当表面抗氧剂消耗殆尽后，制品内部的抗氧剂能否及时迁移到表面成为其发挥效能的关键，所以抗氧剂的相对分子质量通常在1500以下。在提高稳定剂分子量的同时，还应提高有效官能团的含量，即高分子量。目前，应用最广的抗氧剂BHT，其加工稳定性要优于高效Irganox 1010，但因其分子量较低，在80℃时很容易挥发而损耗，尽管有价格上的优势，但是在一些领域中有渐渐被高分子量抗氧剂取代的趋势。

(3) 无尘化和专用化

抗氧剂商品大多是粉末状，随着人们对工作环境的要求不断提高，粒料型抗氧剂开始出现，这不仅改善了工人的工作环境，还使得人们可以精确计量抗氧剂的用量，同时使抗氧剂在聚合物中分布更加均匀，有助于提高制品的整体稳定性。

抗氧剂的结构多样，性能和形态各异，一种产品很难满足各种聚合物的加工和应用性能要求，对此，在应用技术研究的基础上开发了针对特定聚合物、特定应用领域的专用稳定剂，以Ciba-Geigy公司的Irganox 1135为例，这是聚氨酯专用稳定剂，具有良好的抗焦烧、耐挥发性。稳定剂专用化趋势在PVC热稳定剂领域表现尤为明显。

(4) 复合化

聚合物稳定剂种类繁多，作用机理各异。大量研究表明，不同种类甚至同一类型不同结构的稳定剂之间都有可能存在协同或反协同作用。若配方中各类稳定剂配合得当，稳定剂间产生了协同作用，可以达到事半功倍的效果，不仅能延长制品的使用寿命，还可降低生产成本。反之，稳定剂不仅起不到稳定作用，反而会造成聚合物的加速老化。到目前为止，尽管出现了大量的复合型稳定剂，但对其协同机理还不是很清楚，所以人们对聚合物稳定化配方的选用主要还是根据经验和实际应用效果，而这些配方往往又是各生产企业的商业机密，在某种程度上阻碍了复合技术的交流，因而研究各种稳定剂组分之间的协同机理对提高稳定剂效能、促进复合稳定剂的开发具有重要的指导意义，使得在实际选用防老化配方时，所选的稳定剂之间最好具有协同作用，至少也应具有加合效应，而不至于选用明显起反协同作用的配方。

目前，商品化的复合抗氧剂主要是酚类与亚磷酸酯类的复合物，如Ciba-Geigy公司的Irganox B系列，为Irganox 1010或Irganox 1076与Irganox 168不同比例的复合物；GE公司的Ultranox B系列，是Ultranox 626与Ultranox 210或Ultranox 276不同比例的复合物。

(5) 天然抗氧剂维生素E

维生素E是一种天然的酚类抗氧剂，主要成分为α-生育酚（ATP），其突出的特点是安全、高效和由于长碳链存在与树脂良好的相容性，其结构类似受阻酚，其结构式如下。

HO O

20世纪90年代初，Hoffmann Laroche公司首先报道了维生素E在聚烯烃中的抗氧化技术，并开发了牌号为CF-120的复合维生素E抗氧剂，因抗氧化效果好，用量少，虽然其价格较贵，但稳定化配方的总体成本并不比传统配方成本高，有一定的市场竞争力，尤其是在用与食品和药物接触的材料上。

在抗氧剂的发展过程中，人们不断地在克服胺类、酚类、硫脂类以及亚磷酸酯类抗氧剂的弱点，但有些弱点是客观存在的，不可能完全克服，而稳定剂的复配使用则可能最大限度地发挥各稳定剂的优势而将其劣势减小到最低程度，这是今后抗氧剂发展的大趋势。目前，在许多方面取得了较大的进步，但不足之处仍然存在，相信经过人们的不懈努力，一定能开发出功能更强、价格更低的优秀抗氧剂。

参考文献

1 王克智. 精细石油化工，1993，3：46～52
2 王克智. 中国塑料，2001，4：1～5
3 冯亚青等. 助剂化学及工艺学. 北京：化学工业出版社，1997. 86～100
4 F Gugumus. Polym. degradation stability，1994，44：299～322
5 (原) 化学工业部合成材料研究院. 聚合物防老化实用手册. 北京：化学工业出版社，1999. 157～159
6 潘江庆. 合成材料老化与应用，1990，4：5～13
7 I Bauer. Polym. Degrad. Stab.，1995，48：427～440
8 F Gugumus. Polym. Degrad. Stab.，1989，24：289～301
9 [美] W L 霍金斯. 聚合物的稳定化. 吕世光译. 北京：轻工业出版社，1981. 128～130
10 J R Pauquet. Rubber and Composites Processing and Application，1998，27：19
11 D Vyprachticky. Polym. Degrad. Stab.，1990，27：227
12 A J C，Polym. Degrad. Stab.，1990，29：49
13 Lucki，J Rabek. Polym. Photochem.，1984，5：351
14 Drahomoir Vyprachticky. Polym. Degrad. Stab.，1990，27：227～255
15 N S Allen. Polym. Degrad. Stab.，1989，24：17～31
16 Sedlar，J Marchal. Polym. Photochem.，1984，21：252
17 N S Allen. Polym. Degrad. Stab.，1985，12：149
18 Schwetlick，K Konig. Polym. Degrad. Stab.，1986，15：97
19 I Bauer. Polym. Degrad. Stab.，1997，55：217
20 N S Allen. Plastic Rubber Processing Applacation，1985，5：259
21 N S Allen. Plast. Rubber Process . Appl.，1986，6：109
22 何光耀. 合成材料老化与应用，1998，2：38
23 Tomoyuki Kurumada. Polym. Degrad. Stab.，1987，19：263～272
24 F Gugumus. Polym. Degrad. Stab.，1993，39：117～135
25 S Chmela. Polym. Degrad. Stab.，1993，39：367～370
26 J R Pauquet. Plastics Rubber and Composites Proceeing and Application，1998，27：19～24
27 周大纲，谢鸽成. 塑料老化与防老化技术. 北京：中国轻工业出版社，1998. 33～41
28 Jan Pospisil，Stanislav Nespuredk. Chain-breaking stabilizers in polymers：the current status. Polymer Degradation and Stability，1995，49：99～110
29 潘江庆. 抗氧剂在高分子领域的研究和应用. 高分子通报，2002，(1)：57～66
30 Wolfgang Voigt，Roberto Todesco. New approaches to the melt stabilization of polyolefins. Polymer Degradation and Stability，2002，77：397～402
31 王克智，李好祥. 双酚单丙烯酸酯热稳定剂. 合成橡胶工业，1995，18 (1)：47～49
32 王克智. 新型耐热双酚单丙烯酸酯类抗氧剂. 现代塑料加工应用，1992 (6)：30～33
33 Alexander Marin，Lucedio Gredi，Paul Dubs. Antioxidant activity of 3-aryl-benzofuran-2-one stabilizers (Irganox HP-136) in polyproylene. Polymer Degradation and Stability，2002，76：489～494
34 Alexander Marin，Lucedio Gredi，Paul Dubs. Physical behavior of 3-aryl-benzofuran-2-one (Irganox HP-136) in polyproylene. Polymer Degradation and Stability，2002，78：263～267

第4章 稳 定 剂

4.1 热稳定剂

在人们的日常生活与工业生产中，许多化学品与材料在其加工、贮存与使用过程中，往往因受热而发生物理和化学变化。典型的物理变化，如晶型转变、熔化、气化等是众所周知的。因受热而发生的分解、交联甚至燃烧或爆炸等化学变化，给人们的生产与生活带来了诸多的不便与损失，并使得相应材料的应用受到了很大的限制。因此，人们曾采用各种各样的方法与手段欲使所使用的材料在加工、贮存和应用过程中稳定。高温下易分解和腐败的物质，通常可在低温下贮存和使用。上述方法是通过降低物质的加工、贮存或使用温度，达到抑制其热老化的目的。但是，对于许多材料而言，加工与使用温度是难以改变的，所以提高其热稳定性的方法不是改变其使用条件，而是向其中加入少量的某种物质，从而使得这些材料和物质在加工或使用过程中不因受热而发生化学变化；或延缓这些变化以达到延长其使用寿命的目的。那么从广义上讲，这种少量的物质被称为某种材料的热稳定剂。

在PVC的加工过程中，人们发现PVC塑料只有在160℃以上才能加工成型，而它在120～130℃时就开始热分解，释放出氯化氢气体。这就是说，PVC的加工温度高于其热分解温度。这一问题曾是困扰聚氯乙烯塑料的开发与应用的主要难题。为此人们进行了大量的研究工作，终于发现如果聚氯乙烯塑料中含有少量的铅盐、金属皂、酚、芳胺等杂质时，既不影响其加工与应用，又能在一定程度上起到延缓其热分解的作用。上述难题得以解决，从而促使了热稳定剂研究领域的建立与不断发展。

由于受聚氯乙烯塑料热分解现象的启发，人们不断发现其他的合成材料在特定的条件下也能受热分解，比较典型的有氯丁橡胶、以氯乙烯为单体的共聚物、聚乙酸酯、聚氟乙烯等。现在，甚至像聚乙烯、聚苯乙烯这样热稳定性较好的塑料也有加入热稳定剂的必要。有关ABS树脂、涂料以及黏合剂、润滑剂等的热稳定性与热稳定剂的研究也逐渐活跃起来。

所谓热稳定剂，是指那些用来提高能发生非链断裂热降解的合成材料热稳定性的物质。这些合成材料主要是指PVC、PVDC、PCTFE、CPVC、PVFCE、氯丁橡胶、氯磺化的PE、氯化SBR、聚氯苯乙烯、PVA等。

4.1.1 原理

对于像聚氯乙烯这样的合成材料，其热老化的主要原因就是受热分解脱去小分子。由于其高分子链上存在不规则分布的引发源——烯丙基氯，而且由于此氯原子的活泼性，所以在受热情况下易于脱去氯化氢，形成共轭多烯结构。由上述对PVC热降解机理和影响因素的讨论可知，在初始阶段所形成的氯化氢和共轭多烯都能促进此类聚合材料的降解反应。

聚氯乙烯热分解脱氯化氢的反应一旦开始，就会使得进一步脱氯化氢的反应变得更为容易而使脱氯化氢的反应进行到底。

由于烯丙基氯结构中氯的高度活泼性，在热或光的作用下也容易发生C—Cl键的均裂而生成自由基。由于自由基的高度反应活泼性，就使得所产生的游离基能够进行分子间或分子内的进一步反应以获得稳定，尤其在有氧存在的情况下，很容易发生自由基的氧化反应，从而进一步促进了聚氯乙烯的降解和交联，即聚氯乙烯的老化。

$$-CH_2-CH{=}CH-\underset{Cl}{CH}-CH_2-\underset{Cl}{CH}- \xrightarrow{h\nu\text{或}\triangle} -CH_2-CH{=}CH-\dot{C}H-CH_2-\underset{Cl}{CH}- \longrightarrow \text{进一步反应}$$

基于这样的机理，如要防止或延缓像PVC类的聚合材料的热老化，要么消除高分子材料中热降解的引发源，如PVC中烯丙基氯结构的存在和某些情况下分子中所存在的不饱和键；要么消除所有对非链断裂热降解反应具有催化作用的物质，如由PVC上解脱下来的氯化氢等，才能阻止或延缓此类聚合材料的热降解。这就要求人们所选择和使用的热稳定剂具有以下的功能：

① 能置换高分子链中存在的活泼原子（如PVC中烯丙位的氯原子），以得到更为稳定的化学键和减小引发脱氯化氢反应的可能性；

② 能够迅速结合脱落下来的氯化氢，抑制其自动催化作用；

③ 通过与高分子材料中所存在的不饱和键进行加成反应而生成饱和的高分子链，以提高热稳定性；

④ 能抑制聚烯烃结构的氧化与交联；

⑤ 对聚合材料具有亲和力，而且是无毒或低毒的；

⑥ 不与聚合材料中已存在的添加剂，如增塑剂、填充剂和颜料等发生作用。

当然，目前所使用的热稳定剂并不能完全满足上述的要求，所以在使用过程中必须结合不同聚合材料的特点来选用不同性能的热稳定剂，有时还必须与抗氧剂、光稳定剂等添加剂配合使用，以减小氧化老化的可能。

目前广泛使用的铅盐类、脂肪酸皂类、有机锡类等热稳定剂，它们的作用机理是不难理解的。例如，盐基性铅盐是通过捕获脱落下来的氯化氢而抑制了它的自动催化作用；而脂肪酸皂类一方面可以捕获脱落下来的氯化氢，另一方面是能置换PVC中存在的烯丙基氯中的氯原子，生成比较稳定的酯，从而消除了聚合材料中脱氯化氢的引发源，这一点是更为重要的。

$$2\,-CH_2-CH{=}CH-\underset{Cl}{CH}-CH_2-\underset{Cl}{CH}-CH_2- + M(O\overset{O}{\overset{\|}{C}}-R)_2 \longrightarrow$$

$$2\,-CH_2-CH{=}CH-\underset{OCOR}{CH}-CH_2-\underset{Cl}{CH}-CH_2- + MCl_2$$

对于有机锡类热稳定剂的作用机理，曾有人用示踪原子进行过研究，认为有机锡化合物首先与PVC分子链上的氯原子配位，在配位体电场中存在于高分子链上的活泼氯原子与Y基团进行交换，从而抑制了PVC脱氯化氢的热降解反应。其过程如下。

$$\begin{array}{cccc}
-CH_2-\underset{Cl}{CH}- & -CH_2-\underset{Cl}{CH}- & -CH_2-\underset{Y}{CH}- & -CH_2-\underset{Y}{CH}- \\
+ & & & + \\
(C_4H_9)_2Sn(Y)_2 & (C_4H_9)_2Sn\cdots Y_2 & (C_4H_9)_2Sn\cdots Cl_2 & (C_4H_9)_2SnCl_2 \\
+ & & & + \\
-CH_2-\overset{Cl}{CH}- & -CH_2-\overset{Cl}{CH}- & -CH_2-\overset{Y}{CH}- & -CH_2-\overset{Y}{CH}-
\end{array}$$

Y为酸的基团

4.1.2　热稳定剂的种类、结构与性能

4.1.2.1　铅稳定剂

铅稳定剂是最早发现并用于PVC的，至今仍是热稳定剂的主要品种之一。由于铅稳定剂的价格低廉，热稳定性好，所以在日本铅稳定剂（包括铅的皂类）约占整个稳定剂用量的50%，而在中国则主要以铅类稳定剂为主。由于它的毒性大，其应用越来越受到一定的限制。常用的铅稳定剂见表4-1。

表4-1　常用的铅稳定剂

铅稳定剂	分子式	外观	毒性
三盐基硫酸铅	$3PbO \cdot PbSO_4 \cdot H_2O$	白色粉末	有毒
二盐基亚磷酸铅	$2PbO \cdot PbHPO_3 \cdot \frac{1}{2}H_2O$	白色针状结晶	有毒
盐基性亚硫酸铅	$nPbO \cdot PbSO_3$	白色粉末	有毒
二盐基邻苯二甲酸铅	$2PbO \cdot Pb(C_8H_4O_4)$	白色粉末	有毒
三盐基马来酸铅	$3PbO \cdot Pb(C_4H_2O_4) \cdot H_2O$	微黄	有毒
二盐基硬脂酸铅	$2PbO \cdot Pb(C_{17}H_{35}COO)_2$	白色	有毒
碱式碳酸铅(铅白)	$2PbCO_3 \cdot Pb(OH)_2$	白色	有毒
硬脂酸铅	$Pb(C_{17}H_{35}COO)_2$	白色	有毒
硅胶/硅酸铅共沉淀物	$PbSiO_3 \cdot mSiO_2$	白色	有毒

铅类稳定剂主要是盐基性铅盐，即带有未成盐的一氧化铅（俗称为盐基）的无机酸铅和有机酸铅。它们都具有很强的结合氯化氢的能力，而对于PVC脱氯化氢的反应本身，既无促进作用也无抑制作用，所以是作为氯化氢的捕获剂而使用。事实上，一氧化铅也具有很强的结合氯化氢的能力，也可作为PVC类聚合材料的热稳定剂，但由于它带有黄色而使制品着色，所以很少单独使用。由表4-1可以看出，常用的盐基性铅盐大多数为白色，所以通常使用的是一系列的盐基性铅盐。

在铅类稳定剂中，三盐基硫酸铅是使用最普遍的一种，它具有优良的耐热性和电绝缘性，耐候性尚好，特别适用于高温加工，广泛地用于各种不透明硬、软制品及电缆料中。

二盐基亚磷酸铅的耐候性在铅稳定剂中是最好的，且有良好的耐初期着色性，可制得白色制品，但在高温加工时有气泡产生。

盐基性亚硫酸铅的耐热性、耐候性、加工性都比三盐基硫酸铅优良，适用于高温等苛刻条件下的加工，主要用于硬制品和电缆料。

二盐基邻苯二甲酸铅耐热性与耐候性兼优，作为软质PVC泡沫塑料的稳定剂特别有效，适用于耐热电线、泡沫塑料和树脂精。

硅酸铅/硅胶共沉淀物的折射率小，在铅稳定剂中是唯一有透明性的产品，但有吸湿性。其性能随着产品中SiO_2含量的不同而变化，如SiO_2含量增加时，可使透明性、手感和着色稳定性增加，但热稳定性和吸湿性下降。

铅类稳定剂的主要优点是：热稳定性尤其是长期热稳定性好；电气绝缘性好；具有白色颜料的性能，覆盖力大，因此耐候性好；可作为发泡剂的活性剂；具有润滑性；价格低廉。

铅类稳定剂的缺点是：所得制品透明性差；毒性大；分散性差；易于受硫化氢污染。由于其分散性差，相对密度大，所以用量大，常达5份以上。

盐基性铅盐是目前应用最广泛的稳定剂。如表4-1中的三盐基硫酸铅、盐基性亚硫酸铅以及二盐基亚磷酸铅等，尚在大量使用。由于其透明性差，所以主要用于管材、板材等硬质不透明的制品及电线包覆材料等。

在铅类稳定剂发展的初期，由于其毒性对操作人员的身体健康有恶劣的影响，所以铅类

稳定剂的推广应用曾一度受到了限制，后来通过改变其商品形态，将其制成湿润性粉末、膏状物或粒状物，从而在较大的程度上消除了加工时对操作人员的不良影响，因此在数十年里铅类稳定剂一直是热稳定剂中使用最多的一种。但无论如何，毒性始终是它的致命弱点。例如，用作自来水管材的 PVC 管中，加入的铅类稳定剂必须耐抽提，上水管中的铅含量必须控制在 10^{-7} 以下。目前，美国与西欧已禁止铅类稳定剂用于水管配料，而只允许使用锡类及锑类稳定剂。

4.1.2.2　金属皂类稳定剂

所谓金属皂是指高级脂肪酸的金属盐，所以品种极多。作为 PVC 类聚合材料热稳定剂的金属皂则主要是硬脂酸、月桂酸、棕榈酸等的钡、镉、铅、钙、锌、镁、锶等金属盐。

$M(C_{17}H_{35}COO)_2$　　硬脂酸　M 为 Pb、Ba、Cd、Ca、Zn、Sn、Mg、Al 等

$M(C_{11}H_{23}COO)_2$　　月桂酸　M 为 Cd、Ca、Zn 等

还有芳香族酸、脂肪族酸以及酚或醇类的金属盐类，如苯甲酸、水杨酸、环烷酸、烷基酚等的金属盐类等。虽然它们不是“皂”，但人们在习惯上仍把它们和金属皂类相提并论，它们大多是液体复合稳定剂的主要成分。

金属皂类热稳定剂的性能与其结构是紧密相关的。脂肪酸根中碳链越长，其热稳定性与加工性越好，耐溶剂（如水和各种溶剂）抽提性也越高，制品的脂肪酸气味也随之而减小；但是其与 PVC 聚合物的相容性则越差，容易产生喷霜现象，从而使得 PVC 制品的印刷性和热合性下降。对于碳数相同的酸根，其高分子链上官能团的不同也导致其性能的改变。如分子中含有羟基与环氧基的金属皂，虽然热稳定性有所提高，但耐溶剂抽提性则有下降的趋势。高分子链中的不饱和键能增加其与 PVC 的相容性，但又易于发生氧化与聚合，从而使得制品易于发生粘连、变色。如果在金属皂类的分子中引入芳环或脂环，则可提高其与 PVC 的相容性，减少喷霜现象，改善印刷性与热合性，还可提高 PVC 料的热流动性。如果芳环带有烷基，还能提高其热稳定性、耐候性、初期着色性与抗氧性。例如，对叔丁基苯甲酸基就比辛酸基具有更好的透明性；马来酸单辛酯基除了具有优良的透明性外，还有良好的耐热性。因此，在合成不对称的金属盐时，可以通过改变其阴离子的种类和比例来调节其相容性、热稳定性等性能。

按照金属皂类稳定剂的稳定功能可将其分为两大类，即 Cd、Zn 皂类与 Ba、Ca、Mg 皂类。Cd、Zn 皂类稳定剂的作用机理，一方面能捕获 PVC 热降解时所脱落的氯化氢，另一方面能置换高分子链中存在的活泼氯原子并在酯化反应的同时伴随有双键的转移，使共轭多烯结构破坏，所以其热稳定效果应是极为优异的。但是由于所生产的氯化镉与氯化锌是路易斯酸，对 PVC 脱氯化氢有催化作用。

对于 Ba、Ca、Mg 皂类稳定剂，它们也具有捕捉氯化氢的能力，但不具备镉皂与锌皂的另外两种作用，所以它们只能延滞 PVC 的热老化，而不能消除其热老化的根源。在它们单独使用时，其热稳定效果较低，但由此所生成的氯化钡、氯化钙、氯化镁对 PVC 的脱氯化氢反应无催化作用。所以，如前所述，通常是将此两类金属皂稳定剂复配使用，以产生协同效应，大幅度地提高其热稳定性。例如，Cd/Ba 系稳定剂优良的热稳定性能主要来自于镉皂，具有长期的热稳定性，初期着色性小，透明性好，耐候性好等特点。所以在 20 多年前，此系列稳定剂就得到了大量的使用，其用量约占总量的 25%。但由于镉与钡的剧毒性，现在仅用于在加工与使用上要求极高热稳定性的特殊情况。

低毒性稳定剂是指 Ba/Zn 系与 Ca/Zn 系的稳定剂，而不用有毒的镉皂。锌皂的初期稳定效果好，但生成的氯化锌能促进聚合材料的劣化，随着受热过程的延长材料会发生急速变黑现象，称为锌烧。所以在以锌皂为基础的配合中，既要保持其热稳定效果，又要抑制其锌

烧现象的发生。目前，主要从以下两方面来进行考虑：①使用足够量的锌皂，但使用添加剂，使生成的$ZnCl_2$无害化（高锌配合）；②减少锌皂的用量来抑制锌烧，用添加剂改善初期着色（低锌配合）。

以往使用的高锌配合的添加剂是亚磷酸酯、环氧化合物、多元醇等，它们对于锌烧现象具有较好的抑制效果，但有析出、喷霜和增加初期着色等不足。大量的研究结果表明，综合性能比较好的氯化锌的螯合剂是硫代二丙酰乙醇胺、亚氮基三乙酸三烷基酰胺酯等。

从本质上看，高锌配合的耐热性不高，不适宜于高温加工。作为低锌配合的初期着色改良剂，近年来开发了许多品种，其中β-二酮类化合物效能很高，可极大地改善非镉稳定剂的性能。

目前，在要求耐热性的领域内使用低锌配合为主，而高锌配合主要用于加有碳酸钙类添加剂或防雾剂的配方中，原因可能是碳酸钙本身略具钙系稳定剂的功能，而使其耐热性相当于低锌配合，而防雾剂也具有多元醇类似的稳定化能力。

4.1.2.3 有机锡稳定剂

有机锡类稳定剂由于低毒与高效而使其产量与需求量迅速上升。

有机锡稳定剂可用以下结构通式表示。

$$Y-\overset{R}{\underset{R}{\overset{|}{\underset{|}{Sn}}}}-(X-\overset{R}{\underset{R}{\overset{|}{\underset{|}{Sn}}}})_n-Y$$

R为甲基、丁基、辛基等烷基
Y为脂肪酸根
X为氧、硫、马来酸等

根据Y的不同，有机锡稳定剂主要有三种类型，即脂肪酸盐型、马来酸盐型、硫醇盐型。作为商品的锡稳定剂，一般很少使用纯品，大都是添加了稳定化助剂的复合物。有机锡类稳定剂的主要特点是具有高度的透明性，突出的耐热性，低毒并耐硫化污染。所以在近些年的文献、专利报道中，有关新型的有机锡类稳定剂所占比重是很大的，是极有发展前途的一类重要的稳定剂。

4.1.2.4 液体复合稳定剂

所谓液体复合稳定剂是指有机金属盐类、亚磷酸酯、多元醇、抗氧剂和溶剂等多组分的混合物。一般说来，金属皂类稳定剂是复合稳定剂的主体成分。从金属种类的配合来看，有以下几种常见的形式，如镉/钡（锌）皂（通用型）、钡/锌皂（耐硫化污染型）、钙/锌皂（无毒型）以及其他钙/锡和钡/锡复合物等类型。至于盐中酸根，种类也是多种多样的，如辛酸、油酸、环烷酸、月桂酸、合成脂肪酸、树脂酸、苯甲酸、水杨酸、苯酚、烷基酚和亚磷酸等。常用的亚磷酸酯有亚磷酸三苯酯、亚磷酸一苯二异辛酯、亚磷酸三异辛酯、三壬基苯基亚磷酸酯等。习惯上一般用双酚A作为抗氧剂，溶剂一般可用矿物油、高级醇、液体石蜡或增塑剂等。由于各生产厂家所用原料与制造方法均不相同，使得相同配方的液体复合稳定剂在组成、性能和用途等方面存在着很大的差异。因此，在使用液体复合稳定剂时，要以生产厂家的产品说明书为准。

与金属皂类稳定剂相比，液体复合稳定剂使用方便，耐压析性好，透明性好，与树脂和增塑剂的相容性好，而且用量也较少。当用于软质透明制品时，液体复合稳定剂的耐候性好，而且没有初期着色，比用有机锡稳定剂便宜得多。当用于增塑糊时黏度稳定性高。其主要缺点是润滑性较差。液体复合稳定剂主要用于制作软质制品。

4.1.2.5 有机辅助稳定剂

近些年来，由于铅、镉等金属皂类稳定剂的毒性和污染问题，加之考虑到在很多年前，欧洲一些国家曾有使用有机混合物作为PVC类聚合物主稳定剂的历史（当时使用最多的是二苯基硫脲和α-苯基吲哚等化合物），所以有机稳定剂又重新引起人们的关注，试图研究开发出高效无毒的新品种。人们对数以万计的有机化合物进行了研究和筛选，其中大多数是含氮、硫、磷等杂原子的有机化合物。时至今日，不乏成功的例子。例如，*N*-烷基马来酰亚胺就可成功地用作卤乙烯类聚合物的热稳定剂。但其综合性能可与金属皂类和有机锡类稳定剂相比拟的品种尚不多见，而且其生产成本要高于金属皂类热稳定剂。

某些有机化合物单独作为热稳定剂时，其性能尚有欠缺，但若与其他类型的热稳定剂配合使用，则能产生优异的应用性能。其中尤以亚磷酸酯、环氧化合物、多元醇以及 *β*-二酮化合物使用较多，它们通常被称为有机辅助稳定剂。它们在无镉配合中有很大的作用。

4.1.3　典型应用实例及制备方法

4.1.3.1　铅类稳定剂

铅类稳定剂一般是用氧化铅与无机酸或有机羧酸盐在乙酸或酸酐的存在下反应制备而得。见下式。

$$4PbO + H_2SO_4 \xrightarrow{HAc} \underset{\text{盐基硫酸铅}}{3PbO \cdot PbSO_4 \cdot H_2O}$$

$$PbO + 2HAc \longrightarrow Pb(Ac)_2 + H_2O$$

$$Pb(Ac)_2 + C_6H_4(CO)_2O + 2PbO + H_2O \longrightarrow C_6H_4(COO)_2Pb \cdot 2PbO + 2HAc$$

在生产过程中，表面处理工序是很重要的，经过表面处理过的产品，分散性和加工性都会得到改善。为了使三盐基硫酸铅在 PVC、氯磺化聚乙烯、聚丙烯中有良好的分散性，可进行专门的涂蜡处理。三盐基硫酸铅分子中的结晶水在加热到 200℃ 以上时可脱掉，无水的三盐基硫酸铅用在硬质 PVC 中，可得到无间隙、无气泡的制品。

4.1.3.2　金属皂类稳定剂

金属皂类稳定剂的工业生产方法大体可分为直接法与复分解法两种，其中尤以复分解法的应用更为广泛。

复分解法又称湿法，是用金属的可溶性盐（如硝酸盐、硫酸盐或氯化物）与脂肪酸钠进行复分解反应而制得稳定剂。脂肪酸钠一般是预先用脂肪酸与氢氧化钠进行皂化反应而制得。反应式如下。

$$2C_{17}H_{35}COONa + BaCl_2 \longrightarrow Ba(C_{17}H_{35}COO)_2 \downarrow + 2NaCl$$

$$2C_{17}H_{35}COONa + CdSO_4 \longrightarrow Cd(C_{17}H_{35}COO)_2 \downarrow + Na_2SO_4$$

金属皂的生产工艺流程如图 4-1 所示。

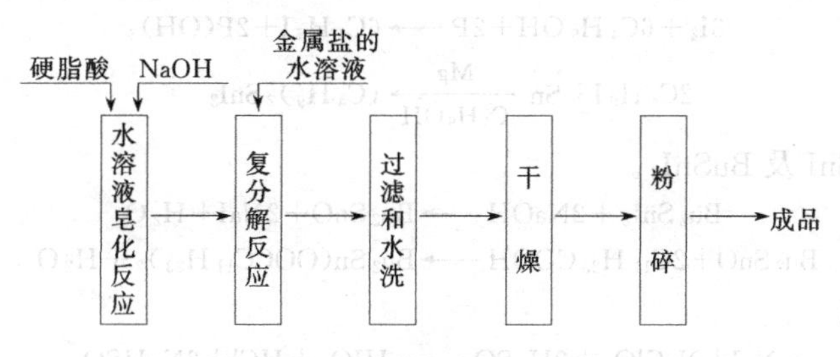

图 4-1　金属皂的生产工艺流程

以硬脂酸镉为例，将水及已熔化的一级硬脂酸投入反应釜内，加热到 78℃，在搅拌下缓缓加入稀碱液，皂化完全，经分析合格后，继续搅拌 15min，使之成为均匀皂浆备用。

将硫酸镉溶于水后，缓缓加入皂浆内，温度 75～78℃，在搅拌下使所有皂浆均成为硬脂酸镉沉淀，此时白色粉浆已呈与水分离的状态，再搅拌15min，经过滤、水洗、干燥，在90～95℃烘干，粉碎，分离杂质后得成品。

所谓直接法亦称干法，是用脂肪酸与相应的金属氧化物进行熔融反应，制得脂肪酸皂。反应式如下。

$$2R-\overset{O}{\overset{\|}{C}}-OH + PbO \xrightarrow{130\sim140℃} (R-\overset{O}{\overset{\|}{C}}-O)_2Pb + H_2O$$

4.1.3.3　有机锡稳定剂

有机锡稳定剂的合成方法首先是制备卤代烷基锡，卤代烷基锡与NaOH作用生成氧化烷基锡，再与羧酸或马来酸酐、硫醇等反应，即可得到上述三种类型的有机锡稳定剂。在合成方法中重要的是合成卤代烷基锡与烷基锡化合物。目前，在工业生产中有以下几种烷基锡化合物的生产方法。

格氏法　$RMgCl \longrightarrow SnR_4$

武兹法　$RCl + Na \xrightarrow[\text{或 } R_2Cl_2Sn]{SnCl_4} SnR_4$

烷基铝法　$R_3Al \xrightarrow{SnCl_4} SnR_4$

$SnR_4 \xrightarrow{\text{歧化}} R_3SnCl$

$SnR_4 \xrightarrow{SnCl_4} R_2SnCl_2$

$SnR_4 \xrightarrow{SnCl_3} RSnCl_3$

直接法　$2RX + Sn \xrightarrow{\text{催化剂}} R_2SnX_2$

$RX + SnX_2 \longrightarrow RSnX_3$

(1) 格氏法　以丁基氯化锡的制备为例。

$$C_4H_9Br + Mg \xrightarrow{\text{无水乙醚}} C_4H_9MgBr$$

$$4C_4H_9MgBr + SnCl_4 \longrightarrow (C_4H_9)_4Sn + 2MgBr_2 + 2MgCl_2$$

副反应　$6Bu$❶$MgBr + 2SnCl_4 \longrightarrow 2Bu_3SnCl + 3MgBr_2 + 3MgCl_2$

副产物Bu_3SnCl可以通过溶剂萃取而除尽。

$$Bu_4Sn + SnCl_4 \longrightarrow 2Bu_2SnCl_2$$

副反应　$3Bu_4Sn + SnCl_4 \longrightarrow 4Bu_3SnCl$

其副产物可通过减压蒸馏而除去。然后将所得到的二丁基氯化锡与月桂酸钠反应，就可得到二月桂酸二丁基锡。

$$C_{11}H_{23}COOH + NaOH \longrightarrow C_{11}H_{23}COONa + H_2O$$

$$2C_{11}H_{23}COONa + Bu_2SnCl_2 \longrightarrow (C_{11}H_{23}COO)_2SnBu_2 + 2NaCl$$

二月桂酸二丁基锡的格氏法生产工艺流程如图4-2所示。

(2) 直接法中的碘法　以二月桂酸二丁基锡的合成反应为例。

$$3I_2 + 6C_4H_9OH + 2P \longrightarrow 6C_4H_9I + 2P(OH)_3$$

$$2C_4H_9I + Sn \xrightarrow[C_4H_9OH]{Mg} (C_4H_9)_2SnI_2$$

副产物为Bu_3SnI及$BuSnI_3$。

$$Bu_2SnI_2 + 2NaOH \longrightarrow Bu_2SnO + 2NaI + H_2O$$

$$Bu_2SnO + 2C_{11}H_{23}COOH \longrightarrow Bu_2Sn(OOCC_{11}H_{23})_2 + H_2O$$

碘的回收如下。

$$NaI + NaClO_3 + 2H_2SO_4 \longrightarrow HIO_3 + HCl + 2NaHSO_4$$

$$5NaI + HIO_3 + 2\frac{1}{2}H_2SO_4 \longrightarrow 3I_2\downarrow + 2\frac{1}{2}Na_2SO_4 + 3H_2O$$

❶ 符号Bu代表二丁基，以下同。

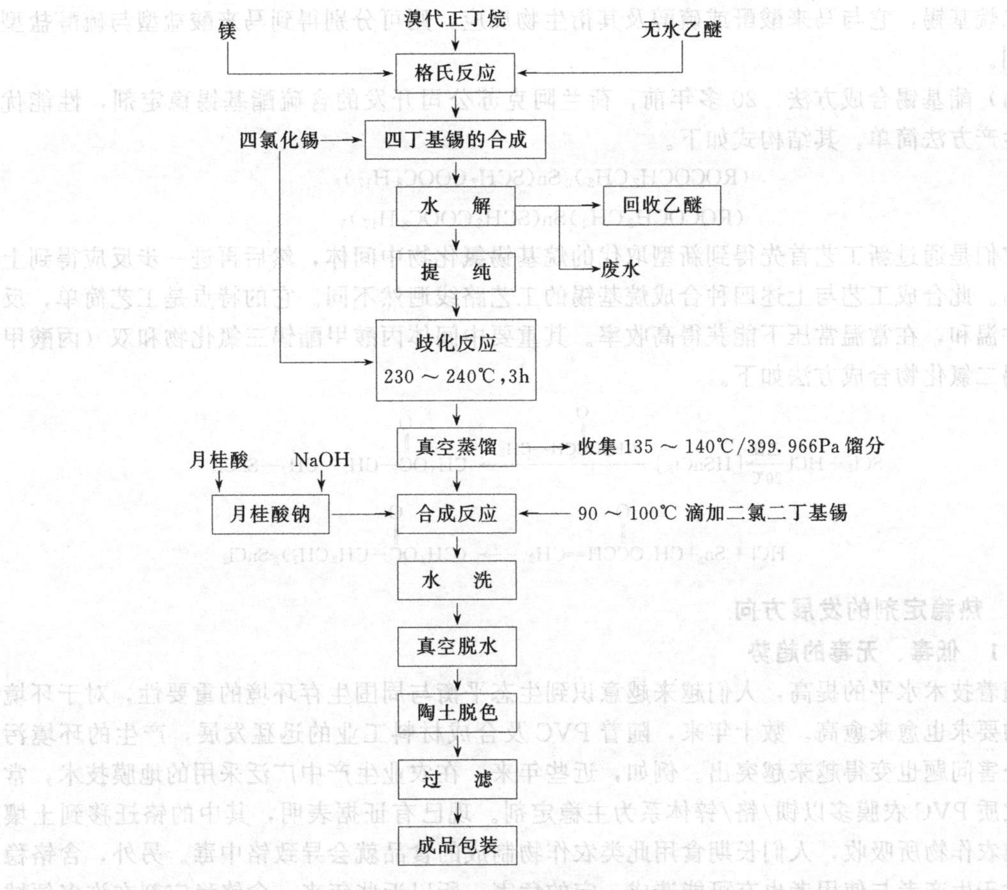

图 4-2 格氏法生产工艺流程

在该方法中，Bu_2SnI_2 直接水解时，副产品多，不易过滤，而且碘的回收工艺复杂，碘损失较多。为此，对该工艺进行如下改进。

$$2Bu_2I + Sn \longrightarrow Bu_2SnI_2$$

$$Bu_2SnI_2 \xrightarrow[\text{丁醇}]{HCl} Bu_2SnCl_2 + BuI + H_2O$$

$$Bu_2SnCl_2 + 2NaOH \longrightarrow Bu_2SnO + 2NaCl + H_2O$$

$$Bu_2SnO + \begin{matrix} CH—COOH \\ \| \\ CH—COOBu \end{matrix} \longrightarrow Bu_2Sn(\!—O—\overset{O}{\overset{\|}{C}}—CH—CHCOOBu)_2 + H_2O$$

将 Bu_2SnI_2 先与氯化氢在丁醇中作用制得 Bu_2SnCl_2，碘变成了碘丁烷，可定量回收。两步可在同一反应釜中进行，分离方便，同时改革了过滤工艺。另外，在老工艺中 Bu_2SnO 含有碘杂质，要把它转化为 Bu_2SnCl_2，则必须重蒸纯化，而新工艺则不存在这一问题。

格氏法的优点在于能随意控制产品的组成，但其步骤繁多，所用溶剂乙醚沸点低，且格氏反应又是强烈的放热反应，因此必须谨慎控制反应温度和反应速率，以免发生爆炸。碘法虽然步骤较格氏法少，但必须进行碘的回收。两种方法共同的问题在于金属镁、碘、一级原料金属锡的价格都较高，以至于有机锡化合物的价格昂贵。

(3) 烷基铝法 通过三丁基铝与氯化锡反应来制备二丁基氯化锡，其反应式如下。

$$4n\text{-}Bu_3Al + 3SnCl_4 \longrightarrow 3n\text{-}Bu_4Sn + 4AlCl_3$$

$$Bu_4Sn + SnCl_4 \longrightarrow 2Bu_2SnCl_2$$

同样，所制得二卤二丁基锡再经上述反应即可得到二月桂酸二丁基锡。二卤二丁基锡水解得二烷基锡，它与马来酸酐或硫醇及其衍生物反应，则可分别得到马来酸盐型与硫醇盐型稳定剂。

(4) 酯基锡合成方法　20多年前，荷兰阿克苏公司开发的含硫酯基锡稳定剂，性能优良且生产方法简单。其结构式如下。

$$(ROCOCH_2CH_2)_2Sn(SCH_2COOC_8H_{17})_2$$

或

$$(ROCOCH_2CH_2)Sn(SCH_2COOC_8H_{17})_3$$

它们是通过新工艺首先得到新型取代的烷基锡氯化物中间体，然后再进一步反应得到上述产品。此合成工艺与上述四种合成烷基锡的工艺路线迥然不同。它的特点是工艺简单，反应条件温和，在常温常压下能获得高收率。其重要中间体丙酸甲酯锡三氯化物和双（丙酸甲酯）锡二氯化物合成方法如下。

$$SCl_2 + HCl \xrightarrow[20℃]{\text{乙醚}} [HSnCl_3] \xrightarrow{CH_3OC(=O)CH{=}CH_2} CH_3OC(=O){-}CH_2{-}CH_2{-}SnCl_3$$

$$HCl + Sn + CH_3OC(=O)CH{=}CH_2 \longrightarrow (CH_3OC(=O){-}CH_2CH_2)_2SnCl_2$$

4.1.4　热稳定剂的发展方向

4.1.4.1　低毒、无毒的趋势

随着技术水平的提高，人们越来越意识到生态平衡与周围生存环境的重要性，对于环境保护的要求也愈来愈高。数十年来，随着PVC及合成材料工业的迅猛发展，产生的环境污染与公害问题也变得越来越突出。例如，近些年来，在农业生产中广泛采用的地膜技术，常用的软质PVC农膜多以钡/铬/锌体系为主稳定剂。现已有证据表明，其中的铬迁移到土壤中能被农作物所吸收，人们长期食用此类农作物制成的食品就会导致铬中毒。另外，含铬稳定剂对于生产者与使用者也有可能造成一定的危害。所以近些年来，含铬稳定剂在许多领域的使用已受到限制。例如，在日本已明令禁止在农膜中使用含铬稳定剂。预计在不久的将来含铬稳定剂将会被淘汰。

对于铅类稳定剂，尽管铅有毒，因其抽出性极小，使用时的安全性尚不成问题，但也存在着废物对环境的污染问题。在美国现已禁止PVC饮用水管使用含铅稳定剂，而代之以无毒的有机锡稳定剂。目前，在食品包装及相关工业中很少使用含铅稳定剂。由于含铅稳定剂优良的应用性能及低廉的生产成本，导致含铅稳定剂仍在大量使用，且短时间内找不到代用品。其发展趋势可能是通过与其他稳定剂或辅助稳定剂并用而达到低铅化的目的。

对于金属皂类稳定剂，随着高效的有机辅助稳定剂的开发，将逐渐从Ba/Zn体系转移向无毒的Ca/Zn体系。

总之，所有的用于工农业生产和民用制品方向的热稳定剂，必然向着低毒或无毒的趋势发展。估计低毒或无毒的有机锡化合物、有机稳定剂、有机辅助稳定剂、钙/锌系稳定剂，在不久的将来会有长足的发展。

目前，世界上用于食品包装或医疗器具方面的PVC无毒配方大致有以下三种类型。

① 异辛基锡盐为主体　即*S*,*S*′-双（巯基乙酸异辛酯）二正辛基锡与马来酸二正辛基锡的无毒配方。此配方具有优异的热稳定性和透明性，但成本较高。如日本三井有机公司的Stann OMF、ON2-41F以及辛辛那蒂-米拉克隆化学品公司的Advastab 188都属于此种类型。

② 以复合的钙/锌稳定剂为主　此配方成本低，无毒，但透明性差，易初期着色，持久热稳定性差，因此必须与有机辅助稳定剂并用。如费罗公司的Ferro 344，阿卡斯公司的Mark 2056、2016和Interstab公司的R-4089。

③ 非金属稳定剂　以β-氨基巴豆酸酯类、α-苯基吲哚、二苯基硫脲等有机化合物作为主体稳定剂与钙/锌稳定剂并用的无毒配方。其缺点是难以承受长时间或高温加工。

类似以上热稳定剂的无毒配方的研究极为活跃，有关的文献报道和专利极多。在 20 世纪 80 年代就已出现了将上述第一类与第二类无毒稳定剂复合使用的倾向。如日本的三井有机公司将 Stann ON2-38F 与硬脂酸钙并用，有显著的协同效应。Ferro 公司的商品 Ferro 814 也属于此种类型，据称其性能比昂贵的有机锡稳定剂性能还好，主要用于双螺杆挤出工艺方面。

近些年来，一些非钡、镉与铅的稳定剂商品已陆续地用于工农业生产。如克拉蒙化学公司出售的商品牌号为 CLT-710 和 CLT-711 的两种稳定剂是锶/锌复合物，在它们的配方中完全排除了钡和镉。CLT-710 用于 PVC 树脂精，CLT-711 则用于压延和挤出工艺。这两个品种均无压析和硫化污染现象。

综上所述，对于金属盐稳定剂来说，各种金属复合稳定剂无疑是趋向于无毒，而且该领域也是当前热稳定剂研究中最重要与最活跃的领域。

4.1.4.2　有机锡稳定剂的新进展

① 甲基锡稳定剂　很早以前人们就已经发现二甲基锡是良好的热稳定剂，但在合成过程中剧毒的三甲基锡的生成是难以避免的，这就限制了二甲基锡的工业化生产。直到 20 世纪 80 年代美国解决了这一难题，甲基锡稳定剂才得以问世。辛辛那蒂-米拉克隆化学品公司的 TM-387 与阿卡斯公司的 Mark 1910 都属于此类产品，而前者最近推出的 TM-692 据说性能更为优良。

甲基锡稳定剂具有极为优良的应用性能，它能改善 PVC 熔融及加工时的流动性，与 PVC 的相容性好。液体甲基锡稳定剂使用方便，能防止制品的初期着色，在挤出、注射或吹塑成型中均可使用。可以说甲基锡稳定剂的开发成功是有机锡稳定剂发展中的一个里程碑。

② 酯锡　这是一类由荷兰阿克苏公司开发的新型稳定剂。其透明性与热稳定性良好，臭味少，挥发性低，耐抽出性比商品辛基锡还高，其毒性比二甲锡化合物低，可作食品级无毒稳定剂使用。典型的商品有 Stannclere T-208 及其改性体 T-209，用于管材的 T-217，低锡含量的 T-250 SD，高锡含量的 T-222、T-638 与 T-649 等。

③ 锡替代产品锑稳定剂　由于锡的价格昂贵，人们一方面在研究开发低锡高效的热稳定剂，如上述的酯锡稳定剂；另一方面寻求性能类似的代用品。在 20 世纪 70 年代美国成功地开发了锑类稳定剂，作为锡类稳定剂的代用品，其价格低廉，应用性能良好。如三（硫代乙酸异辛酯）锑，其耐热性优良。Synthetic Products 公司的两个商品 Synpron 1034 与 Synpron 1027，均属液体的巯基酯锑，为无毒稳定剂，可用于饮水管材方面，具有很好的防止早期着色性和长期的热稳定性，在与硬脂酸钙并用时效果更为突出。Ferro 公司的 TC-154 与 1507，阿卡斯公司的 Mark 2115 与 2115A 均属于锑类稳定剂。由于锑类稳定剂的毒性低，生产成本低，所以是一种很有发展前途的有机锡类稳定剂的替代产品。

4.1.4.3　金属盐类稳定剂

金属盐类稳定剂的研究重点主要在三个方面：①不同的金属盐，尤其是无毒的轻金属盐；②不同的酸根离子及阴离子；③复合稳定剂的协同效应。对于阴离子的研究人们曾进行了大量的工作。除了对一般脂肪酸、芳族羧酸金属盐进行研究外，还相继开发了吡咯烷酮羧酸锌、哌嗪二酮双乙基羧酸锌以及α-氨基酸锌衍生物等。由于在它们的分子中存在着能与氯化锌起螯合作用的配位基，因此能抑制氯化锌对聚氯乙烯热老化的促进作用，从而表现出优良的热稳定性。上述锌盐与硬脂酸钡并用，效果良好，当加入亚磷酸酯后效果更为突出。

另外，N-硬脂酰基赖氨酸锌盐、γ-月桂酸-L-谷氨酸锌盐等单独使用或与其他稳定剂协同使用时，都显示出良好的热稳定性。

日本共同药品公司的行富等为了解决无铅、镉、钡稳定剂的要求，开发了一系列新型化合物。这些新型化合物具有极为优异的热稳定性、透明性、防止初期着色性，良好的相容性、润滑性与脱模性，耐候性与加工性则更为突出。

$$C_6H_5-OCH_2CH_2O-\underset{\underset{H_{35}C_{17}COO-Zn}{|}}{\underset{O}{\underset{|}{P}}}-OCH_2CH_2-N\langle(C=O)_3,\ N-CH_2CH_2OH,\ N-CH_2CH_2-O-\underset{\underset{Zn-OOCC_{17}H_{35}}{|}}{\underset{O}{\underset{|}{P}}}-OCH_2CH_2-C_6H_5\rangle$$

$$C_6H_5-O-(CH_2CH_2O)_4P-O-CH_2CH_2-C_6H_2(t\text{-}Bu)_2OH;\quad P-O-Zn-O\overset{O}{\overset{\|}{C}}-C_6H_4-C(CH_3)_3$$

$$SO_2-C_6H_4-O-P(OCH_2CH_2)OC_4H_9;\quad P-O-Zn-O-\overset{O}{\overset{\|}{C}}-C_{17}H_{35}$$

$$C_4H_9O-(CH_2CH_2O)-P-OCH_2CH_2-N\langle(C=O)_3,\ N-CH_2CH_2OH\rangle N-CH_2CH_2O-P-O-C_6H_5$$
$$P-O-Zn-O-\overset{O}{\overset{\|}{C}}-C_{17}H_{35};\quad P-O-Ca-O-\overset{O}{\overset{\|}{C}}-C_{17}H_{35}$$

4.1.4.4 有机辅助稳定剂

在PVC的稳定化过程中，为了抑制氯化锌的催化作用，加入螯合剂是一个极为有效的方法。日本皆川等研制了一系列的酰胺类化合物和含有哌嗪二酮基核的有机化合物，当与钡/锌或钙/锌稳定剂配合使用时表现突出的热稳定性。其结构式如下。

$$HOC_2H_4NH-\overset{O}{\overset{\|}{C}}-C_2H_4-S-C_2H_4-\overset{O}{\overset{\|}{C}}-NHC_2H_4OH$$

$$HO-C_6H_4-\overset{O}{\overset{\|}{C}}-NH-C_2H_4-O-P(O-C_6H_4-C_9H_{19})_2$$

$$C_8H_{17}OOC-C_2H_4-CH\langle\overset{O}{\overset{\|}{C}}-NH,\ NH-\underset{O}{\underset{\|}{C}}\rangle CH-C_2H_4-COOC_8H_{17}$$

据报道，用下列化合物与月桂酸锌和12-羟基硬脂酸钡并用，具有非常优异的热稳定性和防止初期着色的性能。

$$\text{C}_6\text{H}_5\text{—CH=N—NH—}\overset{\text{O}}{\overset{\|}{\text{C}}}\text{—C}_2\text{H}_4\text{—N}\langle\text{(C=O)}_3\text{N}_2\rangle\text{N—C}_2\text{H}_4\text{—}\underset{\text{O}}{\underset{\|}{\text{C}}}\text{—NH—N=CH—C}_6\text{H}_5,\quad \text{N—C}_2\text{H}_4\text{—}\overset{\text{O}}{\overset{\|}{\text{C}}}\text{—NH—N=CH—C}_6\text{H}_5$$

日本东都化成公司开发的硬质 PVC 稳定剂 Tohtlizer-101，可以看作是多元醇的改性体。它克服了一般多元醇所具有的吸湿、易升华、相容性差等缺点，具有优良的光热稳定性，与钙/锌复合稳定剂并用效果突出。其结构式如下。

$$(\text{HOH}_2\text{C})_3\text{C—CH}_2\text{OCH}_2\text{—}\underset{\text{OH}}{\underset{|}{\text{CH}}}\text{—CH}_2\text{—O—C}_6\text{H}_4\text{—}\underset{\text{CH}_3}{\overset{\text{CH}_3}{\text{C}}}\text{—C}_6\text{H}_4\text{—OCH}_2\text{—}\underset{\text{OH}}{\underset{|}{\text{CH}}}\text{—CH}_2\text{—O—C}_6\text{H}_4\text{—}$$

$$\text{—}\underset{\text{CH}_3}{\overset{\text{CH}_3}{\text{C}}}\text{—C}_6\text{H}_4\text{—OCH}_2\underset{\text{OH}}{\underset{|}{\text{CH}}}\text{—CH}_2\text{—O—CH}_2\text{—C(CH}_2\text{OH)}_3$$

总之，近些年来，在有机辅助稳定剂方面人们进行了大量的研究工作。这主要是因为钙/锌复合稳定剂的许多应用性能往往不能满足需要，而此类稳定剂又是最常用到的无毒稳定剂，所以人们一直在致力于研制高效的有机辅助稳定剂。当与钙/锌复合物并用时，不仅有抑制氯化锌催化脱氯化氢的功能，而且能大幅度地提高其光热稳定性与其他的应用性能。

4.2　光稳定剂

高分子材料长期暴露在日光或短期置于强荧光下，由于吸收了紫外线能量，引起了自动氧化反应，导致了聚合物的降解，使得制品变色、发脆、性能下降，以致无法再用。这一过程称为光氧老化或光老化。

光稳定剂能够防止高分子材料发生光老化，大大延长了它的使用寿命，效果十分显著。它的用量极少，通常仅需高分子材料质量的 0.01%～0.50%。目前，在农业塑料薄膜、军用器械、有机玻璃、采光材料、建筑材料、耐光涂料、医用塑料、防弹夹层玻璃、合成纤维、工业包装材料、橡胶制品等许多长期在户外或灯光下使用的高分子材料制品中，光稳定剂都是必不可少的添加组分。

光稳定剂品种繁多，一般按作用机理分类，可分为以下四类：①光屏蔽剂，包括炭黑、氧化锌和一些无机颜料；②紫外线吸收剂，包括水杨酸酯类、二苯甲酮类、苯并三唑类、取代丙烯腈类、三嗪类等有机化合物；③猝灭剂，主要是镍的有机配位化合物；④自由基捕获剂，主要是受阻胺类衍生物。

作为有工业价值的光稳定剂应具备下列几个条件：

① 能强烈吸收 290～400μm 波长范围的紫外线，或能有效地猝灭激发态分子的能量，或具有足够的捕获自由基的能力；

② 与聚合物及其他助剂的相容性好，在加工和使用过程中不喷霜、不渗出；

③ 具有光稳定性、热稳定性及化学稳定性，即在长期暴晒下不遭破坏，在加工和使用时不因受热而变化，热挥发损失小，不与材料中其他组分发生不利的反应；

④ 耐抽出，耐水解，无毒或低毒，不污染制品，价格低廉。

20世纪50年代初期，在塑料工业中使用光稳定剂。最初，是在醋酸纤维素制品中使用了水杨酸苯酯、间苯二酚单苯酯、二苯甲酮类。60年代初出现了苯并三唑类，其后又出现了猝灭型光稳定剂，如有机镍配位化合物类。70年代中期出现了受阻胺类光稳定剂，如苯甲酸-2,2′,6,6′-四甲基哌啶酯（商品牌号为Sanol LS-744）。它是一种新型的光稳定剂，其光稳定效果为传统的吸收型光稳定剂的2～4倍，因而发展尤为迅速。

国内光稳定剂的生产起始于20世纪50年代末，60年代开发了水杨酸酯类、二苯甲酮类、苯并三唑类和三嗪类，70年代末开发了有机镍配位化合物和受阻胺类光稳定剂。中国现有光稳定剂生产厂40多家。国内光稳定剂的生产始于20世纪50年代末，60年代开发了水杨酸酯类、二苯甲酮类、苯并三唑类和三嗪类，70年代末开发了有机镍配位化合物和受阻胺类光稳定剂。中国现有光稳定剂生产厂40多家，早在2000年，我国光稳定剂年生产能力已经达到了1500吨/年，预计到2010年将超过5000吨。产品30多种，以受阻胺类为主，占国内光稳定剂消费总量的60%，二苯甲酮和苯并三唑分别占消费总量的25%和15%左右。

4.2.1　光稳定剂原理

高分子材料的老化，是由于综合因素作用而发生的复杂过程。为了抑制这一过程的进行，添加光稳定剂是个简便而有效的方法。聚合物的光稳定过程必须从以下几个方面进行：①紫外线的屏蔽和吸收；②氢过氧化物的非自由基分解；③猝灭激发态分子；④钝化重金属离子；⑤捕获自由基。其中①～④为阻止光引发，⑤为切断链增长反应的措施。光稳定剂为抑制聚合物光氧化降解，至少必须具备上述一种功能。根据稳定机理的不同，光稳定剂大致分为四类。

4.2.1.1　光屏蔽剂

光屏蔽剂又称遮光剂，是一类能够吸收或反射紫外线的物质。它的存在像是在聚合物和光源之间设立了一道屏障，使光在达到聚合物的表面时就被吸收或反射，阻碍了紫外线深入聚合物内部，从而有效地抑制了制品的老化。应该说，光屏蔽剂构成了光稳定剂的第一道防线。

这类稳定剂主要有炭黑、二氧化钛、氧化锌、锌钡白等。炭黑是吸附剂，而氧化锌和二氧化钛稳定剂为白色颜料，可使光反射掉而呈现白色，其中效力最大的是炭黑。在聚丙烯中加入2%的炭黑，使用寿命可达30年以上，炭黑的结构如图4-3所示。

从图4-3中可以看出，在炭黑的结构中，具有苯醌结构及多核芳烃结构，它们具有光屏蔽作用。由于含有苯酚基团，故又具有抗氧化性。在橡胶中由于大量使用了炭黑（作补强剂），所以其光稳定性能比较好，没有必要再添加其他光稳定剂。

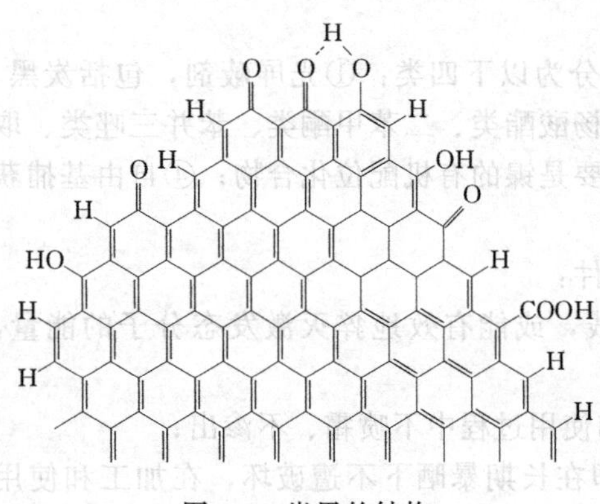

图4-3　炭黑的结构

4.2.1.2　紫外线吸收剂

紫外线吸收剂是目前应用最广的一类光稳定剂，它能强烈地、选择性地吸收高能量的紫外线，并以能量转换形式，将吸收的能量以热能或无害的低能辐射释放出来或消耗掉，从而防止聚合物中的发色团吸收紫外线能量随之发生激发。具有这种作用的物质称为紫外线吸收剂。紫外线吸收剂所包括的化合物类型比较广泛，但工业上应用最多的当属二苯甲酮类、水杨酸酯类和苯并三唑类。紫外线吸收剂的应用为塑料的光稳定化设置了第二道防线。

（1）二苯甲酮类

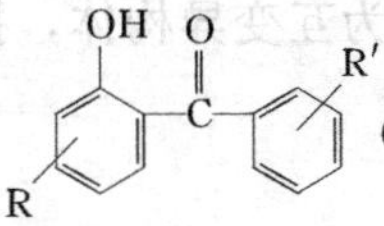

（R、R′为烷基、烷氧基等）是目前应用最广的一类紫外线吸收剂，它对整个紫外线区域几乎都有较弱的吸收作用；因其结构中存在分子内氢键，即由苯环上的羟基氢和相邻的羰基氧之间形成了分子内氢键，构成了一个螯合环，而当吸收紫外线能量后，分子发生热振动，氢键破坏，螯合环打开，这样就能把有害的紫外线变成无害的热能而释放出来。另外，二苯甲酮类吸收了紫外线后，不但氢键破坏，而且羰基会被激发，产生互变异构的现象，生成烯醇式结构，这也消耗了一部分能量。

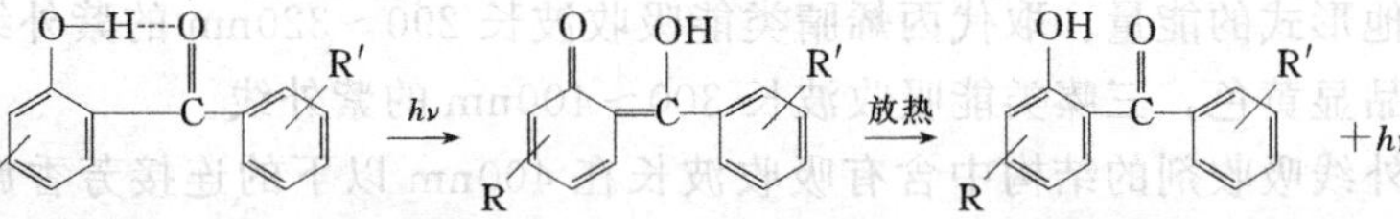

$$\xrightarrow{h\nu}\quad \xrightarrow{放热}\quad +h\nu'$$

在这类光稳定剂中，分子内氢键的强度与其光稳定的效果有关，氢键越强，破坏它所需的能量越大，吸收消耗去的紫外线能量就越多，效果就好；反之亦然。另外，稳定效果还与苯环上烷氧基链的长短有关。如果长，与聚合物相容性好，稳定效果就好。

二苯甲酮类紫外线吸收剂中，必须要有一个邻位的羟基，否则不能作为聚合物的光稳定剂。因含一个邻位羟基的品种，可吸收 290～380nm 的紫外线，几乎不吸收可见光，也不着色，而且与聚合物的相容性好，适用于浅色或透明制品；含两个邻位羟基的品种，吸收 300～400nm 的紫外线，并吸收部分可见光，因而易使制品显黄色，且与聚合物相容性差，用途少。在羰基邻位不含羟基的二苯甲酮类化合物，虽然也有吸收紫外线的能力，但它受到光照后会引起自身分解，故不适宜作紫外线吸收剂。

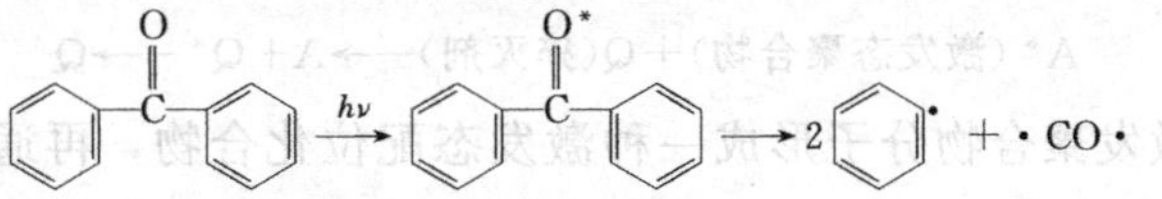

$$\xrightarrow{h\nu}\quad \longrightarrow 2\,\cdot + \cdot CO \cdot$$

（2）水杨酸酯类

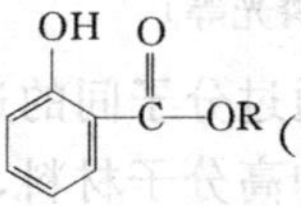

（R 为芳基或取代芳基等）是应用最早的一类紫外线吸收剂。它可在分子内形成氢键，其本身对紫外线吸收能力很低，而且吸收的波长范围极窄（小于 340nm），但在吸收一定能量后，由于发生分子重排，形成了吸收紫外线能力强的二苯甲酮结构，从而产生较强的光稳定作用。见下式。

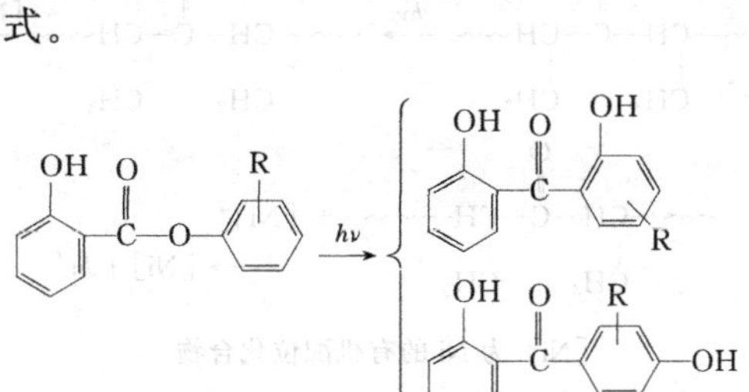

$$\xrightarrow{h\nu}$$

这类稳定剂又称为先驱型紫外线吸收剂。

（3）苯并三唑类

（苯并三唑结构式：含HO、N、R），苯并三唑类稳定机理与二苯甲酮类相似，其分子中也存在氢键螯合环，由羟基氧与三唑基上的氮所形成。当吸收紫外线后，氢键破坏或变为互变异构体，把有害的紫外线能变成无害的热能。

$$\xrightarrow{h\nu}\quad\xrightarrow{\text{放热}}\quad +h\nu'$$

苯并三唑类对紫外线的吸收范围较广，可吸收波长300～400nm的光，而对400nm以上的可见光几乎不吸收，因此制品不会着色。

此外，还有取代丙烯腈类、三嗪类等，其稳定机理据推测也是按顺-反异构化，使光能变成无害的其他形式的能量。取代丙烯腈类能吸收波长290～320nm的紫外线，不吸收可见光，不会使制品显黄色，三嗪类能吸收波长300～400nm的紫外线。

大多数紫外线吸收剂的结构中含有吸收波长在400nm以下的连接芳香族衍生物的发色团（C ═N、N ═N、N ═O、C ═O等基团）和助色团（—NH_2、—OH、—SO_3H、—COOH等基团）。

4.2.1.3 猝灭剂

猝灭剂又称减活剂或消光剂，或称激发态猝灭剂、能量猝灭剂。这类光稳定剂本身对紫外线的吸收能力很低（只有二苯甲酮类的1/20～1/10），在稳定过程中不发生较大的化学变化，但它能转移聚合物分子因吸收紫外线后所产生的激发态能，从而防止了聚合物因吸收紫外线而产生的游离基。这是光稳定化第三道防线。

猝灭剂转移能量的方式有两种。

① 猝灭剂接受激发聚合物分子的能量后，本身称为非反应性的激发态，然后再将能量以无害的形式散失掉。

$$A^{*}\text{(激发态聚合物)}+Q\text{(猝灭剂)}\longrightarrow A+Q^{*}\longrightarrow Q$$

② 猝灭剂与受激发聚合物分子形成一种激发态配位化合物，再通过光物理过程释放出能量。

$$A^{*}\text{(激发态聚合物)}+Q\text{(猝灭剂)}\longrightarrow[A+Q]^{*}\longrightarrow\text{光物理过程(产生荧光、磷光等)}$$

猝灭剂主要是金属配位化合物，如镍、钴、铁的有机配位化合物。它通过分子间的过程转移能量，迅速而有效地将激发态分子猝灭，使其回到基态，从而达到保护高分子材料，使其免受紫外线破坏的目的。见下式。

$$\sim\!CH(CH_3)\!-\!C(=O)\!-\!CH(CH_3)\!\sim\ \xrightarrow{h\nu}\ \sim\!CH(CH_3)\!-\!C(=O^{\bullet})\!-\!CH(CH_3)\!\sim\ \xrightarrow{[Ni]}$$

$$\sim\!CH(CH_3)\!-\!C(=O)\!-\!CH(CH_3)\!\sim\ +\ [Ni]^{*}\longrightarrow[Ni]+h\nu'$$

[Ni] 为 Ni 的有机配位化合物

有机镍配位化合物和受光激发的聚合物分子作用，并在光化学降解之前传递激发态的能量，使聚合物分子再回到稳定的基态。

猝灭剂很少用于塑料厚制品，大多用于薄膜和纤维。在实际应用中常和紫外线吸收剂并用，以起到协同作用。

猝灭剂与紫外线吸收剂的不同之处在于，紫外线吸收剂通过分子内结构的变化来消散能量，而猝灭剂则通过分子间能量的转移来消散能量。

4.2.1.4　自由基捕获剂

自由基捕获剂是近 20 年来新开发的一类具有空间位阻效应的哌啶衍生物类光稳定剂，简称为受阻胺类光稳定剂（HALS）。其结构式如下。

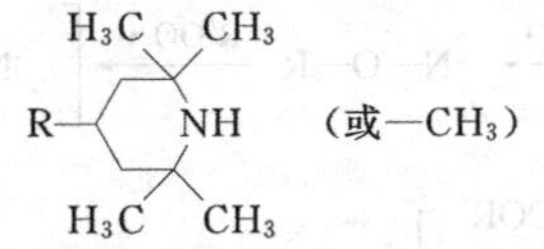

（2,2,6,6-四甲基哌啶结构式：4 位接 R，2、6 位各有 H_3C、CH_3，N 上为 NH（或—CH_3））

此类化合物几乎不吸收紫外线，但通过捕获自由基、分解过氧化物、传递激发态能量等多种途径，赋予聚合物以高度的稳定性。

光屏蔽剂、紫外线吸收剂和猝灭剂所构成的光稳定过程都是从阻止光引发的角度赋予聚合物光稳定性功能，而自由基捕获剂作为第四道防线则是以清除自由基、切断自动氧化链反应的方式实现光稳定目的。受阻胺光稳定剂是目前公认的高效光稳定剂。20 世纪 70 年代以来，有关其光稳定机理的研究异常活跃，相关论文不断发表。尽管迄今仍有许多观点未能取得一致，但受阻胺作为自由基捕获剂和氢过氧化物分解剂的功能毋庸置疑。

传统的 Denisou 稳定机理认为，受阻胺在聚合物稳定过程中首先被氧化成相应的氮氧自由基（$>N—O\cdot$），这种氮氧自由基极其稳定，能够有效地捕获聚合物自由基（R·）并生成烷氧基受阻胺化合物（$>N—OR$），这种化合物还能清除聚合物过氧自由基（R′OO·），得到二烷基过氧化物（ROOR′），并使氮氧自由基（$>N—O\cdot$）再生。

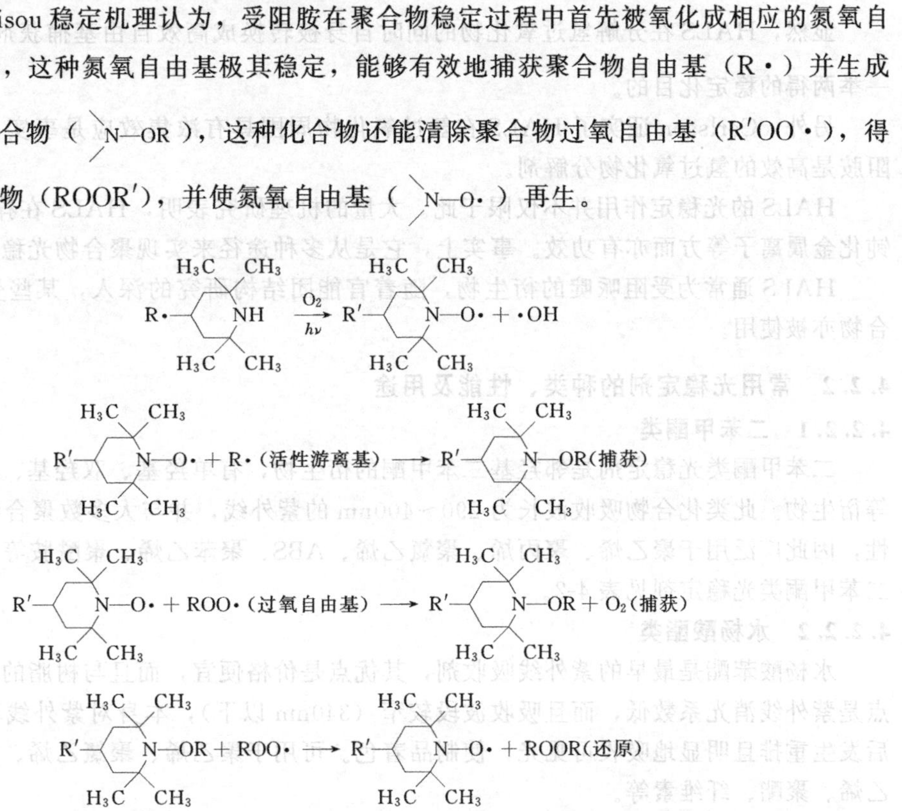

$$R\cdot-\text{(四甲基哌啶)}NH \xrightarrow[h\nu]{O_2} R'-\text{(四甲基哌啶)}N—O\cdot + \cdot OH$$

$$R'-\text{(四甲基哌啶)}N—O\cdot + R\cdot\text{(活性游离基)} \longrightarrow R'-\text{(四甲基哌啶)}N—OR\text{(捕获)}$$

$$R'-\text{(四甲基哌啶)}N—O\cdot + ROO\cdot\text{(过氧自由基)} \longrightarrow R'-\text{(四甲基哌啶)}N—OR + O_2\text{(捕获)}$$

$$R'-\text{(四甲基哌啶)}N—OR + ROO\cdot \longrightarrow R'-\text{(四甲基哌啶)}N—O\cdot + ROOR\text{(还原)}$$

在充分总结前人研究成果的基础上，有人最近对传统的 HALS 理论进行了修正和完善。与传统理论相比，修正后的 HALS 稳定机理主要体现在促使 HALS 氧化成氮氧自由基的氧化剂不同，及烷氧基受阻胺捕获过氧自由基后所生成的最终产物不同这两个方面的差异。首先，受阻胺的氧化是基于聚合物过氧酰基或过氧酰氢化合物转换成相应的酸或氢过氧化物。另外，烷氧基受阻胺与过氧自由基的反应产物不是二烷基过氧化物，而是一种不稳定的受阻季铵盐化合物，这种阳离子中间体分解后生成稳定的酮和醇类产物，并使氮氧自由基（$\rangle$N—O·）得以再生。反应过程如下。

$$\rangle NH \xrightarrow{R'C(=O)OO\cdot \text{或} R''COOH} \rangle NO\cdot + R''OOH$$

$$\rangle NO\cdot \xrightarrow{R\cdot} \rangle N—O—R \xrightarrow{R'OO\cdot} \left[\rangle \overset{+}{N}\langle {}^{OOR'}_{OR} \right]$$

$$\left[\rangle \overset{+}{N}\langle {}^{OOR'}_{OR} \right] \longrightarrow \rangle N—O\cdot + R'OH + R{=}O$$

显而易见，受阻胺氮氧自由基在HALS光稳定过程中具有举足轻重的地位，其再生性正是HALS高效的实质。

关于受阻胺分解氢过氧化物的功能，一般认为是通过下式进行的。

$$\rangle NH + 2ROOH \longrightarrow \rangle NO\cdot + 2ROH + H_2O$$

显然，HALS在分解氢过氧化物的同时自身被转换成高效自由基捕获剂 $\rangle$N—O·，达到一举两得的稳定化目的。

另外，Carlsson证实了HALS在氢过氧化物周围具有浓集效应是事实，这就意味着受阻胺是高效的氢过氧化物分解剂。

HALS的光稳定作用并不仅限于此。大量的机理研究表明，HALS在猝灭激发态分子、钝化金属离子等方面亦有功效。事实上，它是从多种途径来实现聚合物光稳定目的的。

HALS通常为受阻哌啶的衍生物，随着官能团结构研究的深入，某些受阻哌嗪酮类化合物亦被使用。

4.2.2 常用光稳定剂的种类、性能及用途

4.2.2.1 二苯甲酮类

二苯甲酮类光稳定剂是邻羟基二苯甲酮的衍生物，有单羟基、双羟基、三羟基、四羟基等衍生物。此类化合物吸收波长为290～400nm的紫外线，并与大多数聚合物有较好的相容性，因此广泛用于聚乙烯、聚丙烯、聚氯乙烯、ABS、聚苯乙烯、聚酰胺等材料中。常见的二苯甲酮类光稳定剂见表4-2。

4.2.2.2 水杨酸酯类

水杨酸苯酯是最早的紫外线吸收剂，其优点是价格便宜，而且与树脂的相容性较好。缺点是紫外线消光系数低，而且吸收波段较窄（340nm以下），本身对紫外线不甚稳定，光照后发生重排且明显地吸收可见光，使制品着色。可用于聚乙烯、聚氯乙烯、聚偏乙烯、聚苯乙烯、聚酯、纤维素等。

4.2.2.3 苯并三唑类

苯并三唑类光稳定剂是一类性能较二苯甲酮类优良的紫外线吸收剂，它能较强烈地吸收波长310～385nm的紫外线，几乎不吸收可见光，热稳定性优良，但价格较高，可用于氯乙烯、氯丙烯、聚苯乙烯、聚碳酸酯、聚酯、ABS等制品。常见的苯并三唑类紫外线吸收剂见表4-3。

表 4-2　常见的二苯甲酮类光稳定剂

化学名称	商品名称	最大吸收		外观	熔点/℃
		波长/nm	消光系数/[L/(mol·cm)]		
2,4-二羟基二苯甲酮	Uvinul 400	288	66.5	灰白色	140～142
2-羟基-4-甲氧基二苯甲酮	Cyasorb UV-9	287	68.0	淡黄色粉末	63～64
2-羟基-4-辛氧基二苯甲酮	Cyasorb UV-531	290	48.0	淡黄色粉末	48～49
2-羟基-4-癸氧基二苯甲酮	Uvinul-410	288	42.0	灰白色粉末	49～50
2-羟基-4-十二烷氧基二苯甲酮	Ryles D AM-320	325	28.0	淡黄色片状固体	43～44
2,2′-二羟基-4-甲氧基二苯甲酮	Cyasorb UV-24	285	46.0	淡黄色粉末	68～70
2-羟基-4-甲氧基-2′-羧基-二苯甲酮	Cyasorb UV-207	320①	34.8	白色粉末	166～168
2,2′-二羟基-4,4′-二甲氧基二苯甲酮	Uvinul D-49	288	45.5	黄色粉末	130
Uvinul D-49 与四取代二苯甲酮的混合物	Uvinul 490	288	46.0	黄色粉末	80
2,2′,4,4′-四羟基二苯甲酮	Uvinul D-50	286	48.8	黄色粉末	195
2-羟基-4-甲氧基-5-磺基二苯甲酮	Uvinul MS-40 Cyasorb UV-284	288	46.0	白色粉末	109～135
2,2′-二羟基-4,4′-二甲氧基-5-磺基二苯甲酮	Uvinul DS-49	333②	16.5	粉末	＞350
5-氯-2-羟基二苯甲酮	HCB	262	68.0	—	—

① 甲醇作溶剂。
② 甲苯作溶剂。
注：未注明者为氯仿作溶剂。

表 4-3　常见的苯并三唑类紫外线吸收剂

化学名称	商品名称	最大吸收		外观	熔点/℃
		波长/nm	消光系数/[L/(mol·cm)]		
2-(2′-羟基-5′-甲基苯基)苯并三唑	UV-P	298	61.0	灰白色粉末	128～132
2-(3′,5′-二叔丁基-2′-羟基苯基)苯并三唑	UV-320	340 305	70.0 50.0	淡黄色粉末	152～156
2-(3′-叔丁基-2′-羟基-5′-甲基苯基)-5-氯代苯并三唑	UV-326	345 313 350	49.0 46.0 50.0	淡黄色粉末	140
2-(3′,5′-二叔丁基-2′-羟基苯基)-5-氯代苯并三唑	UV-327	315	42.0	淡黄色粉末	151
2-(2′-羟基-3′,5′-二叔戊基)苯并三唑	UV-328	352 300 340	47.0 45.0 44.0	淡黄色粉末	81
2-(2′-羟基-5′-叔辛苯基)苯并三唑	UV-5411	345	—	白色粉末	＞102

UV-P 能吸收波长为 270～380nm 的紫外线，几乎不吸收可见光，初期着色性小，主要用于聚氯乙烯、聚苯乙烯、不饱和聚酯、聚碳酸酯、聚甲基丙烯酸甲酯、聚乙烯、ABS 等制品，特别适用于无色透明和浅色制品。用于薄制品一般添加量为 0.1～0.5 份，用于厚制品为 0.05～0.2 份，用于合成纤维中添加量达到 0.5～2 份才有明显的效果，但不耐皂洗，因为它能溶于碱性肥皂中，使纤维颜色变黄。

UV-326能有效地吸收波长为270～380nm的紫外线，稳定效果很好，对金属离子不敏感，挥发性小，有抗氧效果，初期易着色。主要用于聚烯烃、聚氯乙烯、不饱和聚酯、聚酰胺、环氧树脂、ABS、聚氨酯等制品。

UV-327能强烈地吸收波长为270～300nm的紫外线，化学稳定性好，挥发性小，毒性小，与聚烯烃相容性好，尤其适用于聚乙烯、聚丙烯，也适用于聚氯乙烯、聚甲基丙烯酸甲酯、聚甲醛、聚氨酯、ABS、环氧树脂等。

UV-5411吸收紫外线范围较广，最大吸收峰为345nm（在乙醇中），挥发性小，初期着色性也不大，广泛用于聚苯乙烯、聚甲基丙烯酸甲酯、不饱和聚酯、硬聚氯乙烯、聚碳酸酯、ABS等中。

Tinuvin 900的结构式如下。

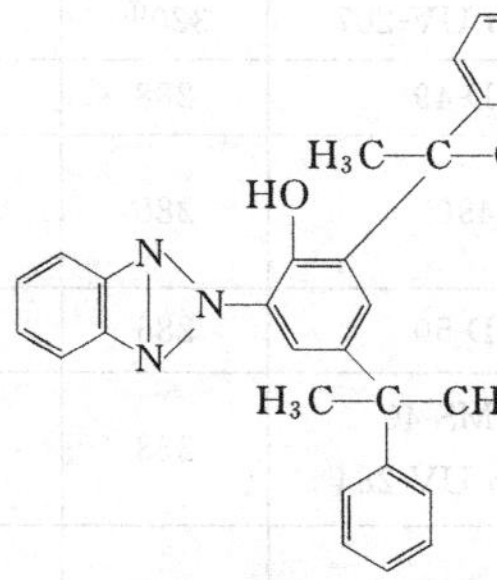

它是一种新型的羟基苯并三唑化合物，是Ciba-Geigy公司专为涂料而开发的一种紫外线吸收剂，特别适用于需要高温烘烤以及涂抹持久耐候性的漆料中，与受阻胺光稳定剂有协同作用，可以在许多类型的涂料中使用，提高漆膜的光稳定性。由于Tinuvin 900的低温高效能，在烘烤过程中的低挥发性、久持的耐候性，故特别适用于汽车涂料、绝缘涂料、粉末涂料。使用浓度为1.0%～1.5%（固体量），还可以与0.5%～2.0%受阻胺光稳定剂并用，赋予漆膜优良的抗蚀性、抗龟裂、抗剥离、抗变色性。

4.2.2.4 三嗪类

三嗪类光稳定剂是一类高效的吸收型光稳定剂，对波长280～380nm的紫外线有较高的吸收能力，较苯并三唑类稳定剂吸收能力强，它是2-羟基苯基三嗪衍生物。其特点是含有邻位羟基。其结构通式如下。

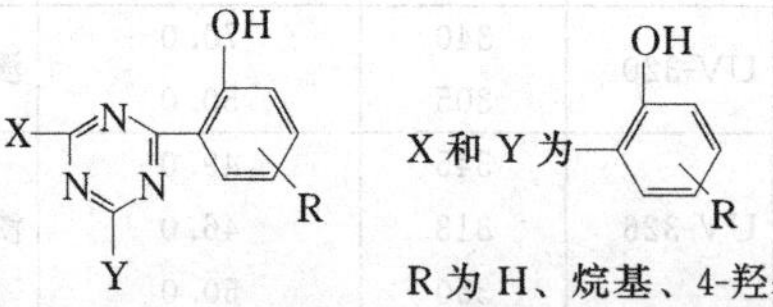

X和Y为

R为H、烷基、4-羟基、4-烷氧基、4-烯链的酯基

这类化合物吸收紫外线效果与邻羟基的个数有关，邻羟基个数越多，吸收紫外线的能力越强。不同取代基的引入，降低了均三嗪环的碱性，提高了化合物的耐光牢度，同时也提高了与树脂的相容性。下面是几个典型的三嗪类吸收剂的例子。

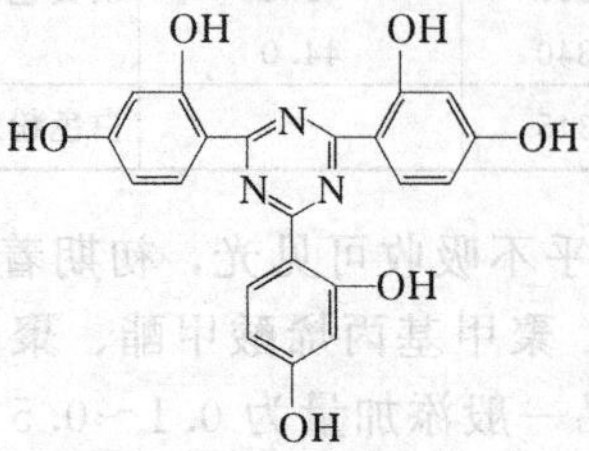

2,4,6-三(2′,4′-二羟基苯基)-1,3,5三嗪
(2-三嗪)

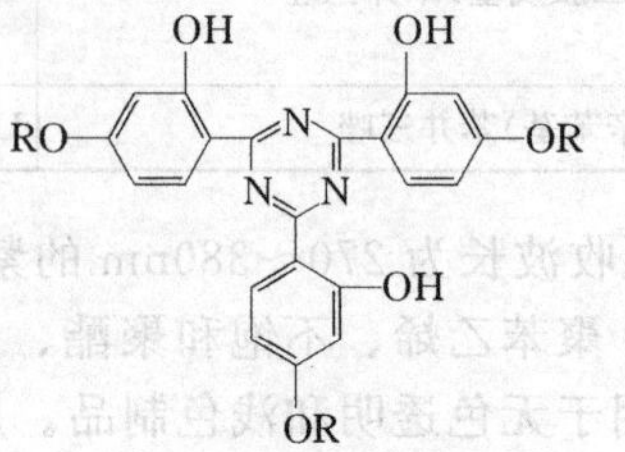

R为甲基、乙基、辛基
2,4,6-三(2′-羟基-4′-烷氧基苯基)-1,3,5-三嗪
(5-三嗪)

三嗪类光稳定剂的典型品种是5-三嗪，即2,4,6-三(2′-羟基-4′-正丁氧基苯基)-1,3,5-三嗪，其为三聚氯氰先与间苯二酚反应生成2,4,6-三(2′,4′-二羟基苯基)-1,3,5-三嗪，然后再与溴代正丁烷进行丁氧基化反应。其反应式如下。

$$\text{三聚氯氰} + 3\,\text{间苯二酚} \xrightarrow{AlCl_3} (\text{I}) + 3HCl$$

(Ⅰ)

$$(\text{I}) \xrightarrow{C_4H_9Br} (\text{II}) + (\text{III})$$

(Ⅱ)

(Ⅲ)

5-三嗪的工业品是由（Ⅰ）、（Ⅱ）、（Ⅲ）组成的混合物。它热稳定性、光稳定性优良，适用于多种聚合物，在聚氯乙烯农业薄膜中添加此品，能提高其使用寿命1～3倍，效果优于常用的紫外线吸收剂UV-9、UV-531、UV-327。在聚甲醛中不仅可以提高制品的耐候性和耐热性，而且有突出的冲击韧性。在氯化聚醚中有助于提高贮存和使用期限，也有利于加工。其缺点是与聚合物相容性差，且易使制品着色，影响外观。可用在清漆和色漆中。其添加量为0.1%～2.0%（固含量）。

4.2.2.5　取代丙烯腈类

取代丙烯腈类光稳定剂结构式如下。

R、X、Y、Z

R可为氢、甲氧基，X和Y为羧酸酯或氰基，Z为氢、烷基、芳基。此类化合物仅能吸收波长310～320nm范围内的紫外线，且消光系数较低；但取代丙烯腈类光稳定剂不含酚式羟基，具有良好的化学稳定性和与聚合物的相容性。可应用于丙烯酸树脂、环氧树脂、脲醛树脂、蜜胺树脂、聚酰胺、聚酯、聚烯烃、聚氯乙烯、聚氨酯等。常见的取代丙烯腈类光稳定剂品种见表4-4。

其典型品种为N-539和N-35。

表 4-4 常见的取代丙烯腈类光稳定剂

化学名称	商品名称	最大吸收		外观	熔点/℃
		波长/nm	消光系数/[L/(mol·cm)]		
2-氰基-3,3′-二苯基丙烯酸乙酯	N-35	303	46.0	粉末	96
2-氰基-3,3′-二苯基丙烯酸异辛酯	N-539	308	34.0	液体	10
2-氰基-3-甲基-3-(对甲氧基苯基)丙烯酸丁酯	UV-317	321	—	液体	—
2-氰基-3-甲基-3-(对甲氧基苯基)丙烯酸甲酯	UV-318	338	—	粉末	65～85
N-(*β*-氰基-*β*-丙烯酸甲酯基)-2-甲基吲哚啉	UV-340	338	129.6	黄色粉末	98
2-甲酯基-3-(对甲氧基苯基)丙烯酸甲酯	UV-1998	315	95.5	白色粉末	54～57

N-35 是由二苯基亚甲胺与氰乙酸乙酯反应制得的。反应式如下。

$$(C_6H_5)_2C{=}NH + H_2C(CN)C(=O)OC_2H_5 \longrightarrow (C_6H_5)_2C{=}C(CN)C(=O)OC_2H_5 + NH_3$$

N-35

N-53 强烈吸收波长为 270～350nm 的紫外线，耐碱性好，溶于甲苯、甲乙酮、乙酸乙酯等，微溶于乙醇、甲醇，不溶于水。它适用于聚氯乙烯、缩醛树脂、聚烯烃、环氧树脂、聚酰胺、丙烯酸树脂、聚氨酯、脲醛树脂和硝酸纤维素等，尤其适用于硬质和软质聚氯乙烯制品。用量一般为 0.1%～0.5%。

N-539 是由二苯基亚甲胺与氰乙酸-2-乙基己酯反应制得，为浅黄色液体，可溶于常见的有机溶剂，不溶于水。它与树脂相容性好，不着色，可赋予制品优良的光稳定性和热稳定性。它可用于各种合成材料，尤其适用于硬质和软质聚氯乙烯制品。

4.2.2.6 镍螯合物类

有机镍配位化合物是一类猝灭剂。由于它们对激发的单线态和激发的三线态有强烈的猝灭作用，其本身也是高效的氢过氧化物分解剂，不少有机镍配位化合物还兼有抗氧和抗臭氧的作用，因此广泛应用于聚烯烃纤维和极薄的薄膜中，其添加量比吸收型光稳定剂略低。

有机镍配位化合物主要有硫代双酚型、二硫代氨基甲酸镍盐和膦酸单酯镍型三种类型。

① 硫代双酚型 代表性品种有光稳定剂 AM-101，化学名称为硫代双（辛基苯酚）镍。其结构式如下。

t-C_8H_{17} ... OH / S→Ni← S ... O ... C_8H_{17}-t 或 t-C_8H_{17} ... O / S→Ni / O ... t-C_8H_{17}

t-C_8H_{17} 为 $CH_3-C(CH_3)_2-CH_2-C(CH_3)_2-$ （叔辛基）

AM-101

AM-101 的生产方法是由二异丁烯与苯酚在硫酸催化下生成对叔辛基苯酚，对叔辛基苯酚与二氯硫在四氯化碳中反应生成硫代双对叔辛基苯酚，后者在二甲苯中与乙酸镍反应而得到产品 AM-101。

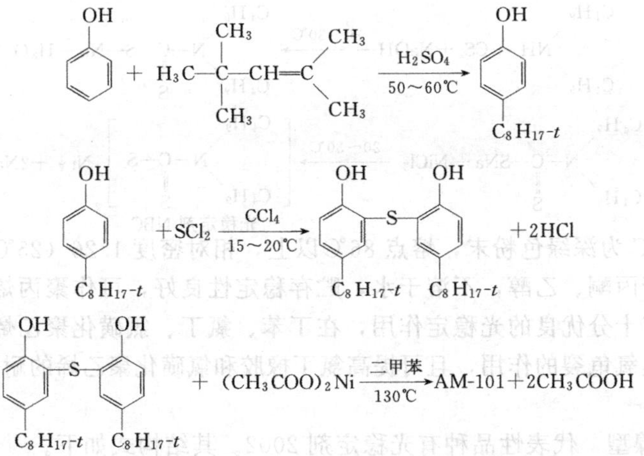

$$\text{苯酚 (OH)} + H_3C-C(CH_3)_2-CH=C(CH_3)_2 \xrightarrow[50\sim60℃]{H_2SO_4} \text{对叔辛基苯酚 } (C_8H_{17}\text{-}t)$$

$$\text{对叔辛基苯酚} + SCl_2 \xrightarrow[15\sim20℃]{CCl_4} \text{2,2'-硫代双(4-叔辛基苯酚)} + 2HCl$$

$$\text{2,2'-硫代双(4-叔辛基苯酚)} + (CH_3COO)_2Ni \xrightarrow[130℃]{\text{二甲苯}} \text{AM-101} + 2CH_3COOH$$

AM-101 为绿色粉末，最大吸收波长 290nm，对聚烯烃和纤维的光稳定非常有效，在溶剂中的溶解度极小，用于纤维的耐洗性优良并兼有助洗剂的功能，与紫外线吸收剂并用有良好的协同效应。但此品种有使制品着色的缺点，又因其分子中含有硫原子，高温加工有变黄倾向，因此不适用于透明制品。在塑料中用量为 0.1%～0.5%，在纤维中用量可达 1%。

类似的品种有光稳定剂 UV-1084，2,2-硫代（双叔辛基苯酚）镍-正丁胺配位化合物；UV-612，2,2′-硫代双（叔辛基酚氧基）镍-2-乙基己胺配位化合物。

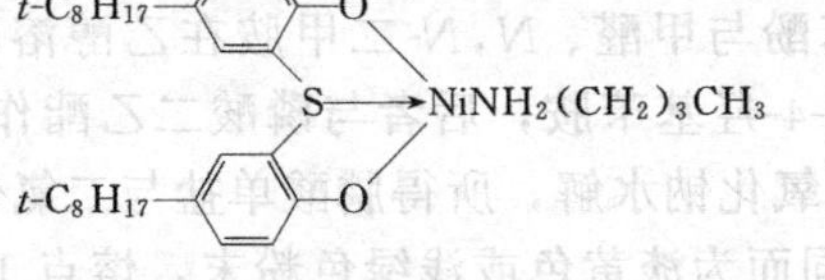

$$\text{(}t\text{-}C_8H_{17}\text{-苯氧基)}_2S \rightarrow NiNH_2(CH_2)_3CH_3 \quad \text{UV-1084}$$

$$\text{(}t\text{-}C_8H_{17}\text{-苯氧基)}_2S \rightarrow Ni \leftarrow NH_2C_8H_{17}\text{-}t \quad \text{UV-612}$$

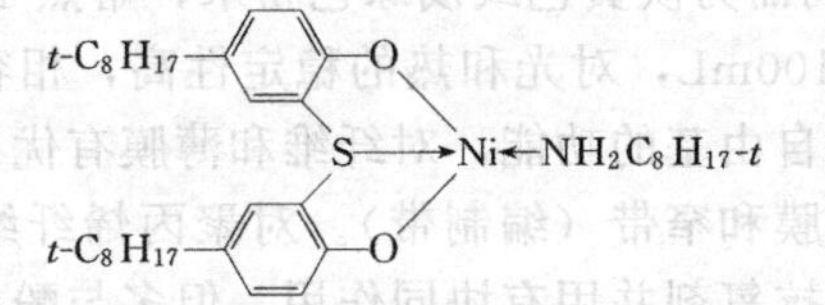

其生产方法与 AM-101 基本相同，只是最后一步反应是由硫代双叔辛基苯酚与胺和乙酸镍反应。如果与正丁胺反应得到 UV-1084，与 2-乙基己胺反应得到 UV-612。

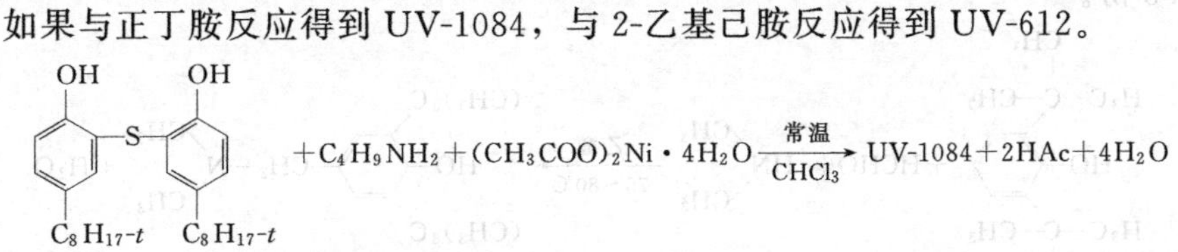

$$\text{2,2'-硫代双(4-叔辛基苯酚)} + C_4H_9NH_2 + (CH_3COO)_2Ni \cdot 4H_2O \xrightarrow[CHCl_3]{\text{常温}} \text{UV-1084} + 2HAc + 4H_2O$$

光稳定剂 UV-1084 为浅绿色粉末，熔点 261～285℃，相对密度 1.367（25℃），最大吸收波长 296nm（在 $CHCl_3$ 中），溶于甲苯、正庚烷和四氢呋喃，微溶于乙醇和甲乙酮，对制品的着色性小，光稳定效率高，同时兼有抗氧剂的功能，并对聚烯烃的染料有螯合作用，可改变其染色性。是聚丙烯和聚乙烯的优良稳定剂，对高温下使用的制品有特效。

② 二硫代氨基甲酸镍盐　代表性品种有光稳定剂 NBC。其结构式如下。

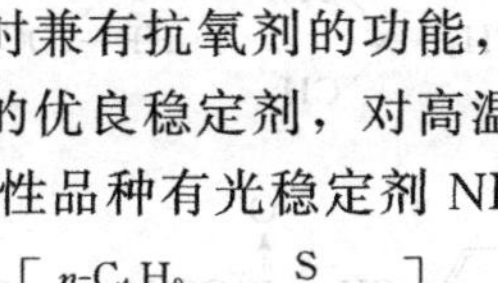

$$\left[(n\text{-}C_4H_9)_2N-C(=S)-S \right]_2 Ni$$

N,*N*-二正丁基二硫代氨基甲酸镍（NBC）

工业上的生产方法是由二丁胺、二硫化碳和烧碱生成二丁基二硫代氨基甲酸钠溶液，然后加入 40%～50%的氯化镍溶液，进行复分解反应，经水解、沉淀、干燥、粉碎得产品。

$$(C_4H_9)_2NH + CS_2 + NaOH \xrightarrow{20\sim30℃} (C_4H_9)_2N{-}C(=S){-}S{-}Na + H_2O$$

$$2\,(C_4H_9)_2N{-}C(=S){-}SNa + NiCl_2 \xrightarrow{20\sim30℃} [(C_4H_9)_2N{-}C(=S){-}S]_2Ni\downarrow + 2NaCl$$

光稳定剂 NBC

光稳定剂 NBC 为深绿色粉末，熔点 86℃以上，相对密度 1.26（25℃），溶于氯仿、苯、二硫化碳，微溶于丙酮、乙醇，不溶于水，贮存稳定性良好，可作聚丙烯纤维、薄膜和窄带的光稳定剂，具有十分优良的光稳定作用，在丁苯、氯丁、氯磺化聚乙烯等合成橡胶中有防止日光下龟裂、臭氧龟裂的作用，且可提高氯丁橡胶和氯磺化聚乙烯的耐热性，用量为 0.3～0.5 份。

③ 膦酸单酯镍型　代表性品种有光稳定剂 2002。其结构式如下。

$$\left[HO{-}C_6H_2(C(CH_3)_3)_2{-}CH_2{-}P(=O)(OC_2H_5){-}O^- \right]_2 Ni^{2+}\cdot xH_2O$$

双(3,5-二叔丁基-4-羟基苄基膦酸单乙酯）镍（2002）

工业上是用 2,6-二叔丁基苯酚与甲醛、*N*,*N*-二甲胺在乙醇溶液中进行氨甲基化反应，生成 *N*,*N*-二甲基-2,6-二叔丁基-4-羟基苄胺，后者与磷酸二乙酯作用生成 3,5-二叔丁基-4-羟基苄基膦酸二乙酯，产物经氢氧化钠水解，所得膦酸单盐与二氯化镍络合即可制得产品。

光稳定剂 2002 因含水量不同而为淡黄色或浅绿色粉末，熔点 180～200℃，易溶于常用的有机溶剂，水中溶解度为 5g/100mL，对光和热的稳定性高，相容性好，耐抽出，着色性小，具有猝灭激发态和捕获活性自由基的功能，对纤维和薄膜有优良的稳定作用。主要用于聚烯烃，特别是聚丙烯纤维、薄膜和窄带（编制带）。对聚丙烯纤维有助染作用，与紫外线吸收剂，亚磷酸酯和硫脂等辅助抗氧剂并用有协同作用，但多与酚类抗氧剂并用，最佳用量为 0.1～0.3 份。

$$HO{-}C_6H_3(C(CH_3)_3)_2 + HCHO + HN(CH_3)_2 \xrightarrow[75\sim80℃]{乙醇} HO{-}C_6H_2(C(CH_3)_3)_2{-}CH_2{-}N(CH_3)_2 + H_2O$$

$$HO{-}C_6H_2(C(CH_3)_3)_2{-}CH_2{-}N(CH_3)_2 + HP(\rightarrow O)(OC_2H_5)_2 \xrightarrow[110\sim130℃]{Na} HO{-}C_6H_2(C(CH_3)_3)_2{-}CH_2{-}P(\rightarrow O)(OC_2H_5)_2 + HN(CH_3)_2\uparrow$$

$$HO{-}C_6H_2(C(CH_3)_3)_2{-}CH_2{-}P(\rightarrow O){-}(OC_2H_5)_2 + NaOH \xrightarrow{125\sim135℃}$$

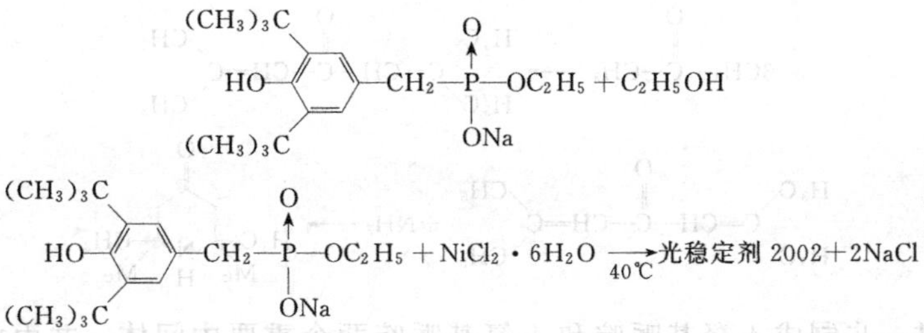

$$\text{HO}-\text{C}_6\text{H}_2[\text{C(CH}_3)_3]_2-\text{CH}_2-\overset{\overset{\text{O}}{\uparrow}}{\underset{\underset{\text{ONa}}{|}}{\text{P}}}-\text{OC}_2\text{H}_5+\text{C}_2\text{H}_5\text{OH}$$

$$\text{HO}-\text{C}_6\text{H}_2[\text{C(CH}_3)_3]_2-\text{CH}_2-\overset{\overset{\text{O}}{\uparrow}}{\underset{\underset{\text{ONa}}{|}}{\text{P}}}-\text{OC}_2\text{H}_5+\text{NiCl}_2\cdot 6\text{H}_2\text{O}\xrightarrow[40℃]{}\text{光稳定剂 2002}+2\text{NaCl}$$

4.2.2.7 受阻胺类

受阻胺类光稳定剂（HALS）是近 20 年来聚合物稳定化助剂开发研究领域的热门课题，产量和消耗量增长速度远远超过了其他助剂，性能优异、结构独特的功能化品种层出不穷。

受阻胺类光稳定剂都具有 2,2,6,6-四甲基哌啶基的基本结构，因而 2,2,6,6-四甲基哌啶-4-酮，通常称为三丙酮胺 TAA，是该类稳定剂最重要的中间体。

(1) 三丙酮胺及衍生物中间体的制备

三丙酮胺是由氨与丙酮缩合而成，要达到制造过程经济合理，则需要高度的技术，这正是受阻胺类光稳定剂成本竞争的焦点。

TAA 的典型合成路线为：丙酮与过量的氨以较高收率（可达 90%）获得丙酮宁（2,2,4,4,6-五甲基-1,3,5,5-四氢嘧啶），再与水在催化剂和丙酮存在下于 50℃反应，得到三丙酮胺，总收率一般 50%～60%。

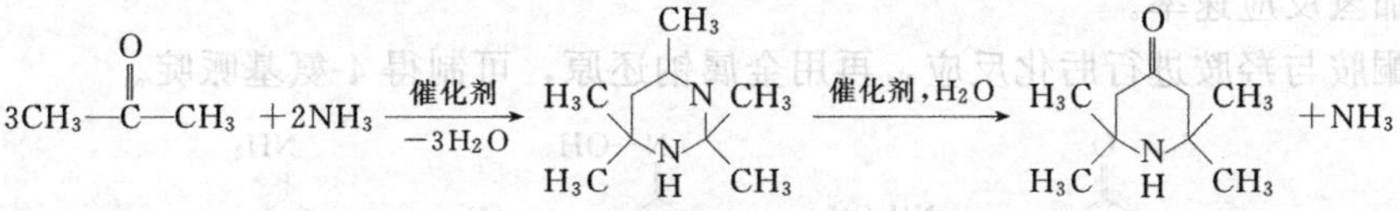

$$3\text{CH}_3-\overset{\overset{\text{O}}{\|}}{\text{C}}-\text{CH}_3+2\text{NH}_3\xrightarrow[-3\text{H}_2\text{O}]{\text{催化剂}}\text{丙酮宁}\xrightarrow{\text{催化剂},\text{H}_2\text{O}}\text{三丙酮胺 (TAA)}+\text{NH}_3$$

丙酮宁　　三丙酮胺（TAA）

反应的关键问题是催化剂的选择，该反应采用路易斯酸型催化剂，如氯化钙、氯化铵、氯化锌、三氟化硼、2,4,6-三硝基苯酚等，反应在常温下就能进行。为了提高反应收率，可以升温到 50℃进行。反应时间视所用催化剂不同而定。若选用 $CaCl_2$、$ZnCl_2$，反应时间稍长（10～20h），若选用 2,4,6-三硝基苯酚作催化剂，则反应在几分钟内即可完成。

也可以直接从丙酮与氨在氯化铵存在下合成三丙酮胺，采用回收丙酮的方法可使三丙酮胺收率提高到 70%～89%。通氨速度和通氨量直接影响三丙酮胺收率和质量。

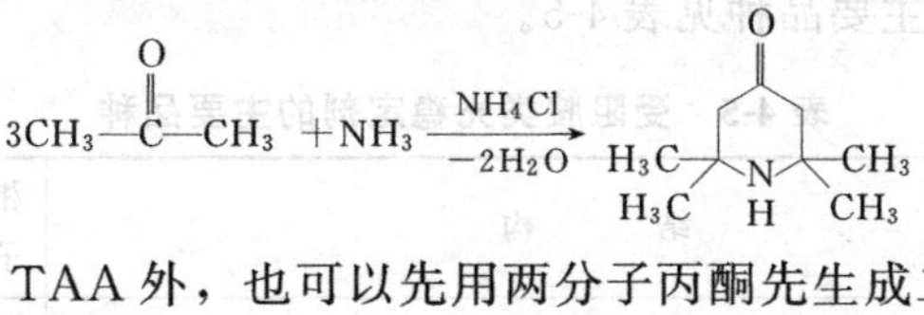

$$3\text{CH}_3-\overset{\overset{\text{O}}{\|}}{\text{C}}-\text{CH}_3+\text{NH}_3\xrightarrow[-2\text{H}_2\text{O}]{\text{NH}_4\text{Cl}}\text{2,2,6,6-四甲基哌啶-4-酮}$$

除上述两种途径制备 TAA 外，也可以先用两分子丙酮先生成二丙酮醇，在路易斯酸的催化作用下再与丙酮和氨作用获得三丙酮胺，其收率介于上述两种方法之间。

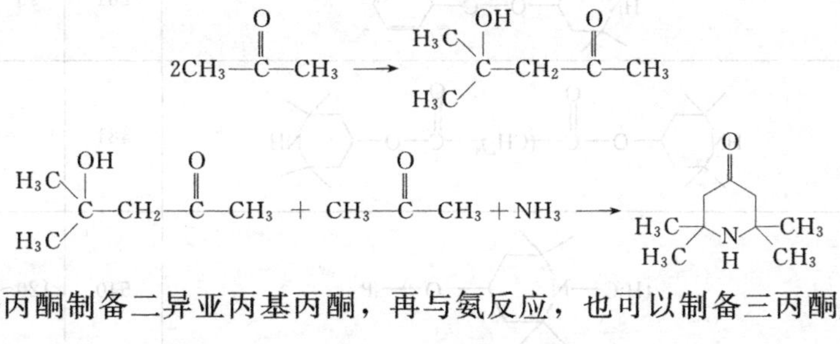

$$2\text{CH}_3-\overset{\overset{\text{O}}{\|}}{\text{C}}-\text{CH}_3\longrightarrow(\text{H}_3\text{C})_2\overset{\overset{\text{OH}}{|}}{\text{C}}-\text{CH}_2-\overset{\overset{\text{O}}{\|}}{\text{C}}-\text{CH}_3$$

$$(\text{H}_3\text{C})_2\overset{\overset{\text{OH}}{|}}{\text{C}}-\text{CH}_2-\overset{\overset{\text{O}}{\|}}{\text{C}}-\text{CH}_3+\text{CH}_3-\overset{\overset{\text{O}}{\|}}{\text{C}}-\text{CH}_3+\text{NH}_3\longrightarrow\text{2,2,6,6-四甲基哌啶-4-酮}$$

先用三分子丙酮制备二异亚丙基丙酮，再与氨反应，也可以制备三丙酮胺，但收率仅为 20%左右。

$$3CH_3-\overset{\overset{\displaystyle O}{\|}}{C}-CH_3 \longrightarrow \begin{matrix}H_3C\\ H_3C\end{matrix}\!\!>C=CH-\overset{\overset{\displaystyle O}{\|}}{C}-CH=C\!<\!\!\begin{matrix}CH_3\\ CH_3\end{matrix}$$

$$\begin{matrix}H_3C\\ H_3C\end{matrix}\!\!>C=CH-\overset{\overset{\displaystyle O}{\|}}{C}-CH=C\!<\!\!\begin{matrix}CH_3\\ CH_3\end{matrix} + NH_3 \longrightarrow \text{(2,2,6,6-四甲基-4-哌啶酮：}H_3C,\ CH_3,\ Me,\ Me,\ N-H\text{)}$$

三丙酮胺进一步制成4-羟基哌啶和4-氨基哌啶两个重要中间体，并由此衍生出为数众多的受阻胺类光稳定剂。

三丙酮胺经还原可得到4-羟基哌啶。

$$\text{三丙酮胺} \xrightarrow{[H]} \text{4-羟基哌啶}$$

4-羟基哌啶

还原可采用在催化剂下的加氢还原，或用NaOH作还原剂的化学还原法。

在实验室及工业生产上加氢催化剂广泛采用骨架镍催化剂，该类催化剂活性高，价格较Pt、Pd低，制备较简单迅速，导热性良好，活化容易，力学强度高。选用骨架镍作催化剂还原三丙酮胺，收率可达90%以上。在还原反应中，加入氢氧化钠或氢氧化锂等碱性物质，能够提高加氢反应速率。

三丙酮胺与羟胺进行肟化反应，再用金属钠还原，可制得4-氨基哌啶。

$$\text{三丙酮胺} \xrightarrow{NH_2OH} \text{(4-位 }C=N-OH\text{)} \xrightarrow[{[H]}]{Na} \text{(4-位 }NH_2\text{)}$$

4-氨基哌啶

(2) 受阻胺类光稳定剂典型品种介绍

受阻胺类光稳定剂最早工业化的品种是1973年由日本三菱公司开发的LS-744，即苯甲酸-2,2,6,6-四甲基哌啶酯，1974年瑞士Ciba-Geigy公司也合成了相同的产品，以后经过改进，先后开发了目前仍在使用的LS-770、Tinuvin 123、Chimassorb 944等一系列优秀品种。

受阻胺类光稳定剂的主要品种见表4-5。

表4-5　受阻胺类光稳定剂的主要品种

商品牌号	结构	相对分子质量	熔点/℃	应用范围
LS-744	2,2,6,6-四甲基哌啶(HN)-4-位—O—C(=O)—苯基	261	95～98	聚烯烃、ABS、聚氨酯
LS-770	HN(四甲基哌啶)—O—C(=O)—$(CH_2)_8$—C(=O)—O—(四甲基哌啶)NH	481	—	聚烯烃、ABS、聚氨酯、聚氯乙烯
GW-540	$(H_3C-N$(四甲基哌啶)—O$)_3P$	540	120～122	聚乙烯、聚丙烯

续表

商品牌号	结构	相对分子质量	熔点/℃	应用范围
PDS	$-(CH-CH_2)_m-(C(CH_3)(COO-C_5H_8N(CH_3)_4)-CH_2)_n-$	>2000	—	聚丙烯、聚乙烯、聚苯乙烯、涂料、橡胶
Tinuvin 123	$H_{17}C_8O-N$(哌啶)$-O-\overset{O}{C}-(CH_2)_8-\overset{O}{C}-O-$(哌啶)$N-OC_8H_{17}$	737	—	聚烯烃等
Chimassorb 944	[三嗪(NHC_8H_{17})–N(四甲基哌啶)$-(CH_2)_6-$N(四甲基哌啶)]$_n$	>2500	100～130	聚烯烃等
Cyasorb UV-3346	[三嗪(吗啉基)–N(四甲基哌啶)$-(CH_2)_6-$N(四甲基哌啶)]$_n$	>2000	110～130	聚烯烃等
Luchem HA-R100	HN(四甲基哌啶)$-NH-\overset{O}{C}-\overset{O}{C}NHNH_2$	242	—	聚烯烃等

国内主要品种有 LS-770、LS-744、GW-540、PDS 等。

① LS-744　其工业生产方法是由苯甲酰氯与哌啶醇进行酯化反应而成。

$$HO-C_5H_6(CH_3)_4NH + Cl-\overset{O}{C}-C_6H_5 \longrightarrow HN(CH_3)_4C_5H_6-O-\overset{O}{C}-C_6H_5 + HCl$$

LS-744

光稳定剂 LS-744 与聚合物有较好的相容性，不着色，耐水解，毒性低，无污染，耐热加工性良好，其光稳定效率为一般紫外线吸收剂的数倍。作为光稳定剂，适用于聚丙烯、聚乙烯、聚苯乙烯、聚氨酯、聚酰胺等多种树脂。

② LS-770 是由 2,2,6,6-四甲基-4-羟基哌啶与癸二酸二甲酸酯进行酯交换而成。

$$\text{(2,2,6,6-四甲基-4-哌啶醇)} + CH_3-O-\overset{O}{\overset{\|}{C}}-(CH_2)_8-\overset{O}{\overset{\|}{C}}-OCH_3 \longrightarrow \text{(2,2,6,6-四甲基-4-哌啶基)}-O-\overset{O}{\overset{\|}{C}}-(CH_2)_8-\overset{O}{\overset{\|}{C}}-O-\text{(2,2,6,6-四甲基-4-哌啶基)} + 2CH_3OH$$

癸二酸二甲酸酯是由癸二酸与甲醇酯化而成。

$$HO-\overset{O}{\overset{\|}{C}}-(CH_2)_8-\overset{O}{\overset{\|}{C}}-OH + 2CH_3OH \longrightarrow CH_3-O-\overset{O}{\overset{\|}{C}}-(CH_2)_8-\overset{O}{\overset{\|}{C}}-O-CH_3 + 2H_2O$$

LS-770 的光稳定效果优于目前常用的光稳定剂。它与抗氧剂并用，能提高耐热性能；与紫外线吸收剂并用，有协同作用，能进一步提高耐光效果；与颜料配合使用，不像紫外线吸收剂那样，不会降低耐光效果。广泛应用于聚丙烯、高密度聚乙烯、聚苯乙烯、ABS 等中。

③ GW-540　是国内开发的受阻胺类光稳定剂新品种，是由哌啶醇与甲醛进行 *N*-甲基化反应生成 *N*-甲基哌啶醇，再与三氯化磷作用而得到。

$$HO-\text{(2,2,6,6-四甲基哌啶, NH)} + 2HCHO \longrightarrow HO-\text{(2,2,6,6-四甲基哌啶, }N-CH_3\text{)} + HCOOH$$

2,2,6,6-四甲基-*N*-甲基哌啶醇

$$HO-\text{(2,2,6,6-四甲基哌啶, }N-CH_3\text{)} + PCl_3 \longrightarrow \left[H_3C-N\text{(2,2,6,6-四甲基哌啶)}-O\right]_3 P + 3HCl\uparrow$$

三(1,2,2,6,6-五甲基哌啶)亚磷酸酯(GW-540)

GW-540 的特点是与聚烯烃有良好的相容性，同时具有突出的光防护性能。由于分子中含有亚磷酸酯结构，具有过氧化物分解剂的基团，因而具有一定的抗热氧老化作用，易溶于丙酮、苯等有机溶剂，难溶于水，广泛应用于高压聚乙烯、聚丙烯等树脂中，用量一般为 0.3～0.5 份。

④ PDS　为聚合型受阻胺类光稳定剂，化学名称为苯乙烯-甲基丙烯酸(2,2,6,6-四甲基哌啶)共聚物。其结构式如下。

$$\left(\underset{C_6H_5}{CH}-CH_2\right)_m\left[\overset{CH_2}{\overset{|}{C}}(\overset{|}{C}{=}O\text{—}O\text{—2,2,6,6-四甲基-4-哌啶基(NH)})-CH_2\right]_n$$

PDS 为中科院化学所 1987 年开发的新品种，它与聚烯烃相容性好。由于分子量大，耐抽提性能好，厚度效应小，无毒、无味，可用作聚丙烯、聚乙烯、聚苯乙烯、涂料、橡胶的光稳定剂。

4.2.2.8　其他类型

(1) 炭黑、氧化锌、二氧化钛及某些颜料

① 炭黑　是效能最高的光屏蔽剂，由于炭黑结构中含有羟基芳酮结构，能够抑制自由基反应，使用炭黑时必须考虑到炭黑的粒度、添加量、在聚合物中的分散性及其与其他稳定剂的协同效应等。

炭黑的粒度以 15～25μm 为佳，粒度越小，光稳定效果越好。炭黑的添加量以 2%为宜，如

果用量大于 2%，光稳定效果并不明显增大，反而使耐寒性、电气性能下降。炭黑分散性的好坏显著地影响聚乙烯的老化性能，分散性越好，则耐候性越好。

炭黑与含硫稳定剂有突出的协同效应，可配合使用。但与胺类、酚类抗氧剂并用时有对抗作用，不能一同使用。

② 颜料　不同的颜料对聚合物的老化影响有很大的差别。例如，对于聚乙烯的紫外光老化，钛白有促进作用；而镉系颜料、铁红、酞菁蓝、酞菁绿对紫外光老化有抑制作用。使用颜料时，要考虑与光稳定剂、抗氧剂、炭黑等助剂的相互影响。

③ 氧化锌　是一种价廉、耐久、无毒的光稳定剂。最早在涂料中广泛应用，近年来才应用于塑料的防光老化，特别是应用在高密度聚乙烯、低密度聚乙烯、聚丙烯等方面。粒度为 0.11μm 的氧化锌效果最佳，实验证明，添加 3 份氧化锌的效果相当于 0.3 份有机型光稳定剂。

氧化锌与分子氧经光照后产生氧阴离子自由基，这种阴离子自由基与水反应形成过氧化氢自由基和羟基自由基。

$$ZnO + O_2 \longrightarrow (ZnO)^+ + O_2^- \cdot$$

$$O_2^- \cdot + H_2O \longrightarrow HO_2 \cdot + HO$$

$$2HO_2 \cdot \longrightarrow H_2O_2 + O_2$$

$$H_2O_2 \xrightarrow{(ZnO)^+} 2HO \cdot$$

这两种自由基都能进一步引发聚合物降解，可以说氧化锌又是一种光活化剂。因此采用氧化锌作光稳定剂时，必须与二乙基二硫代氨基甲酸锌、亚磷酸三(壬基苯酯)、硫代二丙酸二月桂酯等过氧化物分解剂并用，才能发挥优良的协同作用。特别是 2 份氧化锌与 1 份二乙基二硫代氨基甲酸锌并用，效果最突出。

(2) 草酰苯胺类衍生物

此品种是为了适应高温加工而开发的光稳定剂品种，它能够吸收波长 280～310nm 的紫外线，同时还兼有抗氧剂和金属离子钝化剂的功能。草酰苯胺类光稳定剂在 300℃依然稳定，在使用中不挥发、不着色、无毒，可用于高密度聚乙烯、低密度聚乙烯、聚丙烯、聚氨基甲酸酯、聚碳酸酯、聚氯乙烯、不饱和聚酯和聚苯乙烯等高分子材料中。

草酰苯胺类光稳定剂有 2-乙氧基-2′-乙基草酰苯胺、2-乙氧基-5-叔丁基-2′-乙基草酰苯胺、4,4′-二辛氧基草酰苯胺、2,2′-二辛氧基-5,5′-二叔丁基草酰苯胺。它们是由取代苯胺与草酸缩合而成。

如 2-乙氧基-2′-乙基草酰苯胺是由 2-乙氧基苯胺与草酸缩合制得。

$$\text{(2-}OC_2H_5\text{-C}_6H_4\text{-}NH_2) + HO-\overset{O}{\overset{\|}{C}}-\overset{O}{\overset{\|}{C}}-OH + \text{(}H_2N\text{-C}_6H_4\text{-2-}C_2H_5) \longrightarrow \text{(2-}OC_2H_5\text{-C}_6H_4)-NH-\overset{O}{\overset{\|}{C}}-\overset{O}{\overset{\|}{C}}-NH-\text{(C}_6H_4\text{-2-}C_2H_5) + 2H_2O$$

该产品为白色细小结晶，熔点 127℃，溶于甲苯、苯乙烯、丙酮、甲基丙烯酸甲酯，无污染性，作为紫外线吸收剂，可用于聚氯乙烯、不饱和聚酯、聚酰胺、乙基纤维素酯等。

2-乙氧基-5-叔丁基-2′-乙基草酰苯胺为浅灰色粉末，熔点 124℃，溶于甲苯、乙酸乙酯、甲基丙烯酸甲酯，可有效吸收波长为 280～310nm 的紫外线，对树脂不着色，挥发性极小，与有机镍配位化合物并用有协同效应，适用于聚乙烯、聚丙烯、聚氨酯、聚碳酸酯等高聚物。

4.2.3 典型应用实例及制备方法

(1) 光稳定剂应用效果的测定

光稳定剂应用效果的测试，即耐候性实验，一般采用两种方法：一是户外大气暴露（户外曝晒）；二是人工加速老化，定期测定试样，观察老化情况。两种方法的结果以户外曝晒较为可靠。户外曝晒的结果与曝晒场所、曝晒时间、曝晒架的方向和角度有关。曝晒场所一般选在日照比较强烈、气温比较高的地区，如中国的广州、美国的佛罗里达（湿热型气候）和亚利桑那（干热型气候）。为了便于比较不同曝晒场所的实验结果，往往采用相同的太阳辐射量为基准。太阳辐射量的单位是兰勒[1]（langley）。

由于户外曝晒所需时间较长，为了缩短实验周期，发展了人工加速老化的方法。人工加速老化的原理是基于用人工的方法产生在大气中引起聚合物以及有机材料老化的主要因素—紫外线，并以数倍于大气中紫外线的强度来进行照射，从而达到加速老化的目的。近年来，人工加速老化试验设备得到了重大改进，装有可变换的紫外光源以及温度、湿度、降水的调节系统，甚至可以产生各种不同的环境，比如 SO_2、CO_2 及其他工业烟雾污染的环境等。人工加速老化试验机的光源有汞弧灯、碳弧灯、氢灯、荧光灯等，其中氙灯光谱能量分布与太阳光到达地面时的能量分布较接近，模拟性较好，目前应用较多。

(2) 光稳定剂在聚氯乙烯中的应用

户外使用的聚氯乙烯制品包括管材、板材以及薄膜，都需要添加光稳定剂以达到光稳定化的目的。二苯甲酮类、苯并三唑类和取代丙烯腈类光稳定剂广泛应用于聚氯乙烯制品中。选用聚氯乙烯的光稳定剂应考虑它们与热稳定剂之间的相互影响。例如，5-三嗪用于聚氯乙烯农用薄膜中，有突出的防老化效果。

应用实例 1：

PVC	100份	BAD(水杨酸双酚A酯)	0.3份
DOP	50份	5-三嗪	0.3份
硬脂酸锌	0.2份	酞菁蓝	0.015份
液体钡镉	3.0份	细白炭黑(SiO_2)	适量

按此配方制得的农膜透明性好，粘尘少，耐候性良好，在中国的北京和广州用于蔬菜大棚能连续使用15个月以上。

(3) 光稳定剂在聚乙烯中的应用

从聚合物的光氧降解机理中知道，波长300nm的紫外线能够引发聚乙烯的光氧降解，导致形成羰基、羟基、乙烯基、极性基团的积累，使介电常数和表面电阻率发生变化，丧失其宝贵的电绝缘性能。户外使用的聚乙烯制品，广泛地采用添加光稳定剂的方法来提高其稳定性。2-羟基-4-烷氧基二苯甲酮类、苯并三唑类、有机镍配位化合物类是最常用的光稳定剂。当与受阻胺抗氧剂以及硫代二丙酸酯类抗氧剂并用时，效果更佳。有机镍配位化合物猝灭剂与紫外线吸收剂并用，也能发挥优良的防老化效果。受阻胺类自由基捕获剂与受阻酚抗氧剂并用，能赋予制品卓越的光稳定性。

应用实例 2：

聚乙烯	100份	抗氧剂1010	0.1份
GW-540	0.3份		

按此配方吹塑成型的薄膜（厚度0.12mm±0.02mm），在北京地区使用，经自然曝晒1年后，其伸长保留率纵向64.1%，横向78.2%，自然曝晒11个月后，羟基、羧基、氢过氧化物的浓度几乎没有什么变化，可见GW-540与抗氧剂1010并用，对聚乙烯薄膜的光老化有显著的稳定作用。同时由于GW-540分子中含有亚磷酸酯结构，能够分解氢过氧化物，因此能够减缓薄膜的氧化降解速率。

(4) 光稳定剂在聚丙烯中的应用

聚丙烯与聚乙烯一样具有优异的综合性能，因此成为广泛应用的高分子材料。由于聚丙

[1] 1kLy=1kcal/cm²=4.1840kJ/cm²。

烯分子结构中存在着叔碳原子，因此比聚乙烯更容易老化，聚丙烯经户外曝晒后产生羰基和其他降解产物，其物理力学性能随之发生变化，如熔融黏度下降，伸长率、冲击强度降低，而屈服强度则随结晶度的增大而上升。

为了抑制聚丙烯制品在使用过程中发生光氧老化，延长制品的使用寿命，常常加入的光稳定剂有二苯甲酮类如 UV-531、苯并三唑类 UV-326、UV-327 等紫外线吸收剂、有机镍配位化合物及受阻胺类光稳定剂。有机镍配位化合物能有效地猝灭激发态的羰基，使其回到稳定的基态，因此在聚丙烯制品中，特别是在纤维和薄膜等表面积与体积之比极大的制品中，有机镍配位化合物显示出十分优良的光稳定效果，而受阻胺光稳定剂与吸收型光稳定剂并用，显示出突出的稳定作用。

应用实例 3：

聚丙烯复丝	100 份	抗氧剂 1010	0.1 份
LS-770	0.5 份		

此聚丙烯复丝曝晒在氙灯光源的老化机中，测定其强度达到 50%时，空白试验的时间为 240h，而此聚丙烯复丝耐光性可达 3200h。

(5) 光稳定剂在其他通用塑料中的应用

① 在聚苯乙烯中的应用　聚苯乙烯受紫外线的作用，表面逐渐变黄，进而使其力学性能和电气性能下降。波长 318nm 的紫外线辐射最易引发聚苯乙烯的光降解。另一方面，聚苯乙烯中含有的残存聚乙烯单体，在紫外线区域 291.5nm 处有特征吸收，这些残存的杂质引发聚苯乙烯的光化学反应，是使聚苯乙烯老化着色的因素。聚苯乙烯中广泛地使用二苯甲酮类、苯并三唑类作为光稳定剂。

测定聚苯乙烯的变色有多种方法，其中之一是用色值来衡量变黄的程度。

$$\text{色值}=2T_{700\text{nm}}-T_{500\text{nm}}-T_{420\text{nm}}\ (T\ \text{为透过率})$$

应用实例 4：

聚苯乙烯	100 份	100 份	100 份
光稳定剂添加量	0.1 份	0.5 份	1 份
2-羟基-4-十二烷基二苯甲酮	0.1 份	0.5 份	1 份

用 0.254～0.508mm 厚的聚苯乙烯试片，暴露在天候老化机中，测定其色值，如图 4-4 所示，光稳定剂的添加量不同，其色值也不同，以 0.5 份为宜。

加入了 0.1～0.5 份的紫外线吸收剂（如 UV-P、UV-9）的聚苯乙烯，能在照明技术中作透明材料用。

② 在有机玻璃中的应用　有机玻璃在其单体聚合（100℃）、铸塑板回火（140℃）和压注成型（170～240℃）这几个最重要的工艺过程中，基本上是稳定的。所以在一般情况下不需要光稳定剂，但在某些情况下，可添加紫外线吸收剂来提高有机玻璃的耐光性，紫外线吸收剂可采用 UV-9、UV-P、水杨酸苯酯等。此外，某些荧光素对它也有很好的光防护效果。

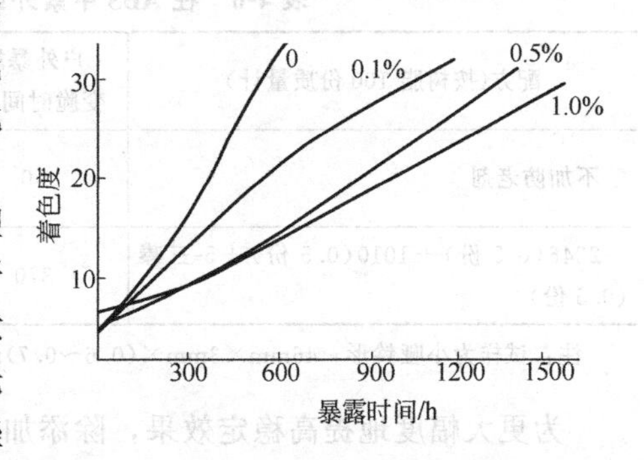

图 4-4　紫外线照射下聚苯乙烯的着色度

③ 在聚氨酯中的应用　聚氨酯不仅可用作塑料、橡胶、涂料、黏合剂等，还可以制得合成纤维，尤其是聚氨酯泡沫塑料更具有特别重要的意义，近年来得到很大的发展。为防护聚氨酯的老化，常常加入含氮的杂环化合物，如羟基苯并三唑衍生物 UV-P、UV-327 等已广泛采用，这些紫外

线吸收剂在与受阻胺酚类、亚磷酸酯类或硫脂类抗氧剂一起并用时，可获得较好的效果。用于聚氨酯光稳定化的其他杂环化合物中，用以下结构的三嗪衍生物为好。

NHR—C=O；Cl；NH—Ar—$(SO_3H)_n$

R为十六烷基

$Ar(SO_3H)_n$ 为 C_6H_{5-n}—$(SO_3H)_n$，$n=3\sim4$

或 2—CH=CH—$C_6H_4SO_2H$

或

O=C—CH_2CH_2—（3,5-二×-4-羟基苯基）—OH

HO—（3,5-二×苯基）—CH_2—CH_2—C(=O)—N（O）N—C(=O)—CH_2CH—（3,5-二×苯基）—OH

×为 —C(CH_3)(CH_3)—CH_3

这些化合物不仅是光稳定剂，同时又是抗氧剂和热稳定剂，像尿苷、胞苷、哌啶衍生物、脲和硫脲等含氮杂环化合物，也都可以提高聚氨酯的耐光性，并且它们与多烷基三嗪、双氰胺有协同效应。羟基二苯甲酮类紫外线吸收剂（如 UV-9、UV-531、UV-24 等）也常用于聚氨酯的光稳定化。含锡有机化合物的水杨酸酯、取代肉桂酸酯以及巴豆酸和巴豆酸丁酯，都可用作聚氨酯的紫外线吸收剂。后两种紫外线吸收剂能与高聚物很好相容，且具有较高的热稳定性。二烷基二硫代氨基甲酸的金属盐和二苯甲酮的有机镍配位化合物等元素有机化合物，也能作为聚氨酯的光稳定剂。受阻胺类光稳定剂应用于聚氨酯同样具有好的效果。

（6）在工程塑料中的应用

① 在 ABS 中的应用　ABS 是工程塑料中产量较大而老化问题又较为突出的一个品种。ABS 在户外暴露情况很不稳定，例如，中国生产的乳液共聚 ABS 在户外曝晒不到 1 个月，冲击强度便下降 80%。因此，未经稳定的 ABS 几乎不能在户外使用。

添加紫外线吸收剂或与抗氧剂并用，是提高塑料耐候性的常用方法，然而对 ABS 来说，单独添加紫外线吸收剂还不能达到良好的稳定效果。ABS 纯树脂薄片在户外曝晒半个月后变脆，而分别单独添加常用的羟基二苯甲酮类、苯并三唑类和三嗪类紫外线吸收剂（用量 0.5 份）的薄片，也只经 20 天便变脆。曾有文献报道，即使紫外线吸收剂在大用量（1 份）的情况下，对 ABS 也无多大防护作用。但若紫外线吸收剂与抗氧剂并用，就能提高稳定效果，见表 4-6。

表 4-6　在 ABS 中紫外线吸收剂与抗氧剂并用的稳定效果

配方（按树脂 100 份质量计）	户外暴露变脆时间/天	配方（按树脂 100 份质量计）	户外暴露变脆时间/天
不加防老剂	50	2246（0.2 份）+1010（0.2 份）+5-三嗪（0.6 份）	270
2246（0.5 份）+1010（0.5 份）+5-三嗪（0.5 份）	370	264（0.3 份）+5-三嗪（0.7 份）	270

注：试样为小哑铃形，46mm×3mm×（0.6～0.7）mm，脆性测试是将试样背阳面向 30°固定角弯曲 150°。

为更大幅度地提高稳定效果，除添加紫外线吸收剂之外，可添加镍系猝灭剂。例如，每 100 份 ABS 树脂，加入 0.5 份 UV-P 和 0.5 份 AM-101，可显著提高 ABS 树脂的光稳定性。

如果对制品的颜色不限制，那么添加炭黑效果最好，它能极为有效地提高 ABS 的耐候性。若炭黑与抗氧剂并用，效果更佳，见表 4-7。

表 4-7 在 ABS 中炭黑与抗氧剂并用的稳定效果

配方(按 100 份质量计)	户外暴露时间/月	冲击强度保留值(小试样)/(kg・cm/cm²)
不加防老剂	2～3	2.8
炭黑(2 份)	36	37.6
炭黑(2 份)＋2246(0.3 份)	36	59.3
	58	36.9

② 聚碳酸酯 聚碳酸酯的耐候性不好，特别是它的薄膜制品，应采用光稳定化措施，为了提高聚碳酸酯的耐光性，可添加紫外线吸收剂。二苯甲酮类常采用 UV-9、UV-24 等，苯并三唑类常采用 UV-P。此外，还可采用水杨酸酯类紫外线吸收剂。应当注意的是，在成型加工的高温情况下，一般的紫外线吸收剂很难与聚碳酸酯相容，而应在缩聚前或缩聚后，以粉末或者它们的二氯甲烷溶液的形式进行添加。

当制品不要求透明时，可采用炭黑。

③ 聚酰胺 聚酰胺在光作用下是不稳定的，会变黄、变脆，以及丧失力学强度。羟基二苯甲酮、苯并三唑和水杨酸酯类紫外线吸收剂如 UV-9、UV-P、TBS 都适用于聚酰胺。

能有效防护聚酰胺热老化的混合防老剂，碘化钾（0.1 份）＋乙酸铜（0.026 份）＋亚磷酸（0.15 份）的混合物也能防护聚酰胺的光老化。

此外，也可添加炭黑来使聚酰胺光稳定化。

④ 聚甲醛 为了改善聚甲醛的耐候性，可添加紫外线吸收剂，如羟基二苯甲酮、苯并三唑类和三嗪类紫外线吸收剂。户外使用的聚甲醛制品，采用游离基抑制剂＋甲醛受体＋紫外线吸收剂的并用体系，稳定效果显著。

应用实例 5：

聚甲醛	100 份	5-三嗪	1 份
2246	0.5 份	UV-9	0.3 份
丙烯酰胺	0.5 份		

此体系可使聚甲醛薄片经户外暴露 405 天仍不变脆，而不加防老剂的对比薄片只经 57 天就变脆了。

若对制品的色泽无要求，添加炭黑不仅效果好而且经济。例如，不加防老剂的聚甲醛经过 1 年的户外暴露，其冲击强度降低 83%，添加紫外线吸收剂的降低 30%，而添加炭黑的仅降低 8%。

(7) 光稳定剂在橡胶中的应用

对不透明制品采用炭黑（如槽法炭黑）对防护光老化有极好的效果，应用也很广泛。天然橡胶可用 NBC 等镍盐光稳定剂。UV-9、UV-P 等紫外线吸收剂可以防护大气的光老化。随着新型合成橡胶的发展、浅色橡胶制品的增多以及橡胶制品使用范围的日趋扩大，光稳定剂在橡胶制品中的使用量有逐渐增多的趋势。目前光稳定剂主要用在一些乳胶制品中。

应用实例 6：（乳胶配方）

天然胶乳	100 份	硫化促进剂 M	1 份
ZnO	5 份	硫磺	1 份
硫化促进剂 EDC	0.5 份	光稳定剂水分散液	2 份

注：光稳定剂水分散液组成为光稳定剂 50%；10%聚合型烷基萘磺酸钠 20%；10%干酪素 15%；水 15%。

将配制好的乳胶抽成0.25mm的橡胶丝，干燥加压（1.1MPa），硫化30min制成试片，在天候老化试验机中进行人工加速老化试验，硫化胶的紫外光老化见表4-8。

表4-8 硫化胶的紫外光老化

光稳定剂	原始样			6h			12h		
	M/MPa	*T*/MPa	*E*/%	*M*/MPa	*T*/MPa	*E*/%	*M*/MPa	*T*/MPa	*E*/%
空白	4.85	30.4	86.5	—	不能测定	—	—	不能测定	—
水杨酸苯酯	3.05	27.0	93.0	—	不能测定	—	—	不能测定	—
2,4-二羟基二苯甲酮	4.85	32.7	84.0	6.9	17.2	71.0	5.15	11.2	65.5
D-49	5.3	31.0	80.5	6.15	22.3	74.0	5.0	14.6	72.0
UV-P	3.4	26.8	90.0	2.35	2.5	65.5	—	—	—

注：*M*为500%定伸强度；*T*为拉伸强度；*E*为伸长率。

(8) 光稳定剂在涂料中的应用

工业涂料，特别是汽车面漆、桥梁漆、道路标志漆，对涂膜耐候性的要求很高，某些光稳定剂已获得广泛的应用。

应用实例7：（户外用醇酸树脂清漆组成）

树脂组分 50%　　溶剂组分 50%　　另加3%的紫外线吸收剂

许多颜料如氧化铁（Fe_2O_3 和 Fe_3O_4）、氧化铬（Cr_2O_3）、红丹（Pb_3O_4）、氧化锌（ZnO）、二氧化钛（TiO_2）等广泛应用于涂料工业中，各种类型的炭黑是涂料和油墨工业中使用最广的黑色颜料。

受阻胺类光稳定剂已在涂料工业中广泛应用，为了提高工业用涂料，特别是汽车用涂料涂膜的耐候性，在热固性丙烯酸酯涂料中加入1% Tinuvin 292，能使涂膜获得优良的耐候性。不同体系的光稳定剂，对于防止漆膜的光老化都是行之有效的，其中最常用的是属于紫外线吸收剂和受阻胺稳定剂。在实际应用中往往选择两种不同作用机理的光稳定剂并用，如选用紫外线吸收剂与自由基捕获剂或猝灭剂并用，均能获得较高的协同效应。

4.2.4 光稳定剂的发展方向

光稳定剂主要用于户外使用的塑料、合成橡胶、合成纤维和涂料等领域，如农用薄膜、人造草坪、建筑材料、汽车用塑料制品及涂料等。从节省资源的角度来看，今后光稳定剂的用途将会有更大扩展。仅以塑料为例，全世界塑料用光稳定剂每年消耗超过1万吨，其中美国用量最大。受阻胺类光稳定剂占50%，其次是苯并三唑和二苯甲酮类。由于近年来塑料、合成橡胶、合成纤维以及涂料的需求量大幅度增加，特别是使用场所的差异性，需要进一步提高产品的质量及附加价值。光稳定剂正向着高效能、复合型、多功能、高附加值的方向发展。开发反应型光稳定剂新品种也是光稳定剂发展的一大趋势。

(1) 高效紫外线吸收剂

吸收型光稳定剂是使用最早的一类有机光稳定剂，发展至今仍是世界上产量及消耗量最大的一类光稳定剂，紫外线吸收剂的发展趋势是开发与受阻胺光稳定剂有协同效应的品种，其次是降低成本，提高光稳定剂的效能。如紫外线吸收剂新品种 Civsorb UV-2（甲醚化合物），其结构式如下。

$$CH_3-CH_2-O-\overset{O}{\overset{\|}{C}}-C_6H_4-N{=}CH-N(CH_2CH_3)(C_6H_5)$$

化学名称为*N*-乙氧基羰基苯基-*N*′-乙基-*N*′-苯基甲醚，吸收波长290～320nm的紫外线，其消光系数是其他紫外线吸收剂的 2 倍，并有粉剂和水分散体系两种剂型，使用非常方便。可在 ABS 树脂、聚烯烃、丙烯酸酯、氨基甲酸酯和其他聚合物体系中使用，还可以与其他类型的稳定体系助剂协同并用。

(2) 复合型多功能光稳定剂

采用具有不同作用机理的光稳定剂配合使用，无论在塑料、涂料中均取得了良好的效果。如具有捕获自由基能力的受阻胺类光稳定剂与紫外线吸收剂并用，如把 Tinuvin 765 与 Tinuvin 326（苯并三唑）、乙基抗氧剂 Irganox 245（受阻酚）混合在非着色的聚氨酯材料中使用，获得优良的光稳定效果。同样，受阻胺也能与亚磷酸酯抗氧剂混合用于工程塑料中，其效果比单独使用时好。

(3) 反应型光稳定剂

提高耐久性是所有稳定剂的一项重要性能要求，尤其是对于作为服务性稳定剂使用的光稳定剂来说，更希望在加工时不逸散，在使用过程中能保留在聚合物中并保持其效果。提高光稳定剂的耐久性可以从几个方面入手，如增大光稳定剂的分子量，使光稳定剂带有反应型基团，在成型过程中或成型后与聚合物反应，或者在聚合阶段与单体共聚，键合到聚合物分子中。近年来，各类反应型光稳定剂的研究开发进展迅速，新的品种不断出现，同时反应型光稳定剂的应用技术也上了一个新的台阶。

(4) 高分子型光稳定剂

① 多功能光稳定剂　为了提高光稳定剂的紫外光稳定性能，并使其具有多效性，常常在一种稳定剂中引入其他官能性基团或金属离子。

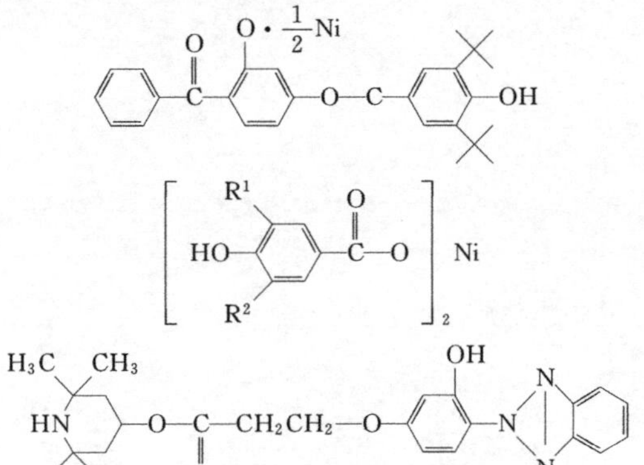

上述带有多官能团的化合物，其光稳定性能较常见老品种都有不同程度的提高，同时也改善了本身的热、氧稳定性，并提高了与树脂的相容性。

② 反应型光稳定剂　反应型光稳定剂主要包括两种类型：其一是利用反应型基团直接将光稳定官能团键合到被稳定聚合物的主链上，形成永久性光稳定聚合物；其二是先将反应型光稳定剂高浓度聚合，所得到的聚合物再作为光稳定剂使用。前者多用于涂料光稳定体系，近年来在塑料成型中亦广泛应用；后者倾向于树脂稳定化。尽管应用方式不同，但二者都能将光稳定活性基团牢牢地键合在聚合物的主链上，因而持久效果十分显著。

引入光稳定基团的方法多种多样，但利用自由基引发剂或光引发剂将光稳定基团接枝到聚合物主链上的技术最引人注目。最近，国外许多学者研究将紫外线吸收剂接枝到聚合物表面，取得了显著效果，标志着反应型紫外线吸收剂应用的新突破。Sandoz 化学公司开发了一种兼具迁移性和反应性的新型受阻胺光稳定剂。据报道，迁移性使之能有效地向制品表面扩散，而反应性则将到达表面的 HALS 通过光化学反应牢固地接枝到制品表面的聚合物主链上，最大限度地发挥光稳定作用。可以说，这一应用技术的开发，预示着反应型光稳定剂的应用已步入新的时代。

参考文献

1 辛忠. 合成材料添加剂化学. 上海：华东理工大学出版社，2003. 60～61
2 Rose A Ryntz. 塑料和涂层——耐久性、稳定化测试. 北京：化学工业出版社，2003
3 肖卫东，何本桥，何培新，黄珊. 聚合物材料用化学助剂. 北京：化学工业出版社，2003. 16
4 吕世光. 塑料助剂手册. 北京：轻工业出版社，1986. 281
5 CMC编辑部. 塑料橡胶用新型添加剂. 吕世光译. 北京：化学工业出版社，1989. 1～37
6 Sabaa M W，Abdel-Naby A S. Polymer Degradation and Stability，1999，64：185

第5章 促 进 剂

橡胶的硫化是利用硫化剂使橡胶的大分子进行交联。硫化剂则是开发最早且工业化最早的交联剂品种，在橡胶工业中占有极其重要的地位。在进行硫化时，特别是用硫磺进行硫化时，除硫化剂外，一般还要加入硫化促进剂和活性剂，才能很好地完成硫化。有时为了避免早期硫化，即焦烧，还要加入防焦剂。

硫化促进剂，可简称促进剂，在橡胶硫化时用以加快硫化速率，缩短硫化时间，降低硫化温度，减少硫化剂用量，同时还可以改善硫化胶的物理力学性能。活性剂则具有充分发挥促进剂的效力，从而对硫化反应起活化作用；同时可以提高硫化胶的交联度和耐热性。

5.1 橡胶的硫化

橡胶最初为人们所利用的时候，橡胶制品虽然有着不少宝贵的性能，但也存在着很多的缺点，如强度低、弹性小、冷则发黏、容易老化等。为了消除这些缺点人们进行了大量的努力。1839年和1843年，固特异（Goodyear）和汉考克（Hancock）先后发现，将天然橡胶与硫磺共热后，就会变成坚实有弹性的物质，不会再变黏，而且对热稳定。当时，将这一过程称为硫化，硫磺即硫化剂。硫化方法的发现极大地改进了生胶的性能，扩大了橡胶的应用范围，为橡胶的大规模生产打下了基础。直至现在，绝大多数橡胶还是采用硫磺硫化的工艺。

后来的研究证实，硫磺并非是唯一可用的硫化剂。1846年，帕克斯（Parkes）发现一氯化硫溶液或其蒸气可在室温下硫化橡胶。这就是所谓的“冷硫化法”，这一方法曾被广泛地用于薄型橡胶制品的硫化。1915年，奥斯特洛梅斯连斯基（Octpombicjehckhh）发现有机过氧化物和芳香族硝基化合物具有硫化效果。1939年，列瓦伊（Levi）研究了用重氮化合物使橡胶硫化的方法。随着合成橡胶品种的增加及其制品的发展，硫化方法和硫化剂的研究不断深入，发现了许多化合物具有硫化效果。因此，现在所称的硫化只是一个具有象征意义的工业术语，其实质就是使线型的橡胶分子交联形成立体网状结构，而一切具有这种作用的物质均可称为硫化剂。

目前，作为商品生产的硫化剂约有70余种，从化学结构上可分为以下8类：①硫、硒、碲等元素；②含硫化合物（或称硫磺给予体）；③有机过氧化物；④醌类化合物；⑤金属氧化物；⑥胺类化合物；⑦树脂类；⑧其他特殊的硫化剂。

按所使用的硫化剂来分，橡胶的硫化大体分为含硫硫化和非硫硫化两大类。硫化机理目前说法不一，原因是硫化为一个很复杂的过程，有些问题至今还未弄清。另外，随着生胶品种和硫化剂种类不同，硫化过程中的反应亦各异，不能一概而论。以后各节中介绍的各类硫化剂的硫化机理是目前比较公认的机理。

5.1.1 硫化中的特性变化和正硫化

硫化工艺的基本目的在于通过橡胶分子的交联提高橡胶的物理力学性能。橡胶在硫化过程中各种物理力学性能随硫化时间的变化如图5-1所示。

由图5-1可以看出，硫化过程中各种性能变化的一个重要特点是都按照出现最高值

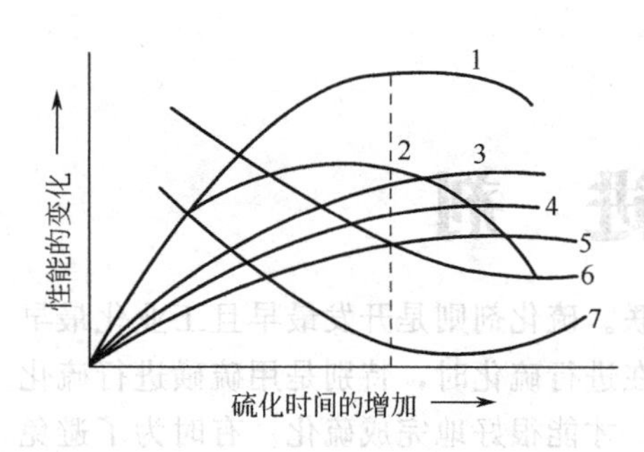

图 5-1　各种物理力学性能随硫化时间的变化

1—拉伸强度；2—撕裂强度；3—回弹性；4—硬度；5—300%定伸强度；6—伸长率；7—永久变形

或最低值的动力学曲线而变化。某一性能达到最高值时的硫化称为该性能的正硫化（或最宜硫化点）。确定正硫化条件在橡胶制品的制造过程中有着非常重要的意义。

硫化胶达到正硫化所需要的时间，主要取决于生胶的性质、硫化条件、配合剂尤其是硫化体系的性质及其用量。

硫化过程中各项性能的变化速度是不同的，在同一硫化条件下不可能所有的性能都在同一时刻达到最佳值。以往橡胶工业中多将拉伸强度达到最大值的点作为正硫化点，这是很不全面的。特别是在多种合成橡胶出现的今天，有些合成橡胶的拉伸强度在正硫化过程中并不显示最高值，而且有些胶种过硫化后对其老化性能并无太大的影响。因此，正硫化点的确定是一个很复杂的问题，没有一个统一的标准，在实际生产中应根据橡胶的特点、制品的种类及其应用目的加以确定。

5.1.2　硫化的过程

研究硫化的过程对于研究硫化配合剂和正确掌握配合技术极有裨益。说明硫化过程最简便的方法一般是利用各种硫化仪作出硫化曲线。如图 5-2 所示为天然橡胶胎面胶配合的硫化曲线。硫化曲线可将硫化反应过程分为诱导期（或称焦烧时间）、硫化反应期和过硫化期三个阶段。

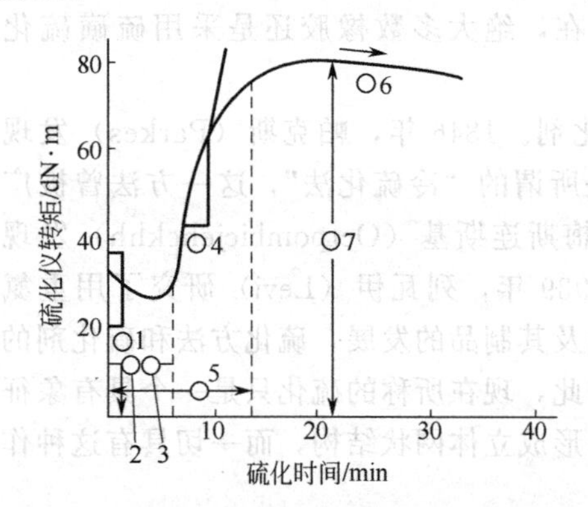

图 5-2　天然橡胶胎面胶配合的硫化曲线

1—初期黏度；2—诱导期；3—焦烧时间；4—硫化速率；5—正硫化时间；6—过硫化；7—硫化度

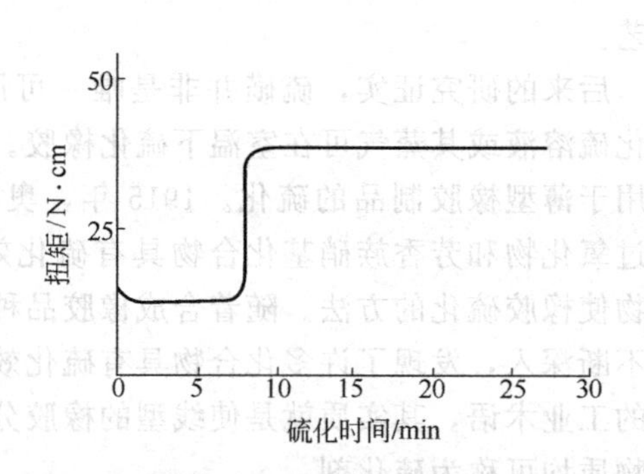

图 5-3　理想的硫化曲线

诱导期是指正式硫化开始前的时间。即胶料放入模腔内随着温度的上升开始变软，黏度下降，而后达到一个最低值。由于继续受热，胶料将开始硫化。从胶料放入模腔内至出现轻度硫化整个过程所需要的时间称为诱导期，通常称为焦烧时间。这段时间的长短是衡量胶料在硫化前的各加工过程，如混炼、压延、压出或注射等过程中，受热的作用发生早期硫化（即焦烧）难易的尺度，该时间越长，越不容易发生焦烧，胶料的操作安全性越好。

硫化反应期是指正式硫化进行的过程，在此阶段特性随硫化时间而上升，以致达到正硫化。这段时间的长短是衡量硫化速率快慢的尺度，从理论上说该时间越短越好。

过硫化期是指达到正硫化后，如果继续硫化，硫化胶物性反而下降的过程。过硫化时，有的硫化胶变硬，有的则变软，后者通常称为硫化还原。从达到硫化到出现过硫化所经过的时间称为平坦硫化时间，在这段时间里硫化胶仍然保持良好的物性。平坦硫化时间越长，过硫化的危险性愈小，即硫化操作愈安全。

理想的硫化过程应如图 5-3 所示，诱导期或焦烧时间较长，硫化速率快，平坦硫化时间较长。

要实现理想的硫化过程，除选择最佳的硫化条件外，硫化配合剂的选择，特别是促进剂的选择具有决定性的意义。

5.2　硫化促进剂

有机硫化促进剂是在 1910 年前后开发的。在此之前，天然橡胶一直使用大量硫磺和无机促进剂（如氧化锌、氧化镁等）并用，以及高温长时间硫化。当时橡胶制品全部为黑色，且效能低，物理力学性能差。

1906 年，奥恩斯拉格（Oenslager）发现苯胺具有硫化促进作用，之后为数众多的促进剂经研究开发出现。现已有不少品种工业化，并逐步取代了金属氧化物，成为橡胶工业的重要促进剂品种，它的应用在橡胶助剂中约占 35%～40%。促进剂的产品类别及发展如图 5-4 所示。

5.2.1　促进剂的分类

促进剂的种类非常多，分类相当困难，最初按促进剂效率的大小分为以下类别：

① 超超促进剂（Super ultra accelerator）；

② 超促进剂（Ultra accelerator）；

③ 准（中）超促进剂（Semi-Ultra accelerator）；

④ 中等促进剂（Medium-fast accelerator）；

⑤ 弱促进剂（Slow accelerator）。

这种分类方法是以促进剂 MBT（准超促进剂）为基准划分的，现已成为最常用的分类方法。由于这种分类以硫化天然橡胶为主，因而在应用于其他橡胶时，会造成效能上的差异。因此，现在一般按照化学结构进行分类，硫化促进剂的结构及分类见表 5-1。

表 5-1　硫化促进剂的结构及分类

名　称	代表性结构	名　称	代表性结构
胍类	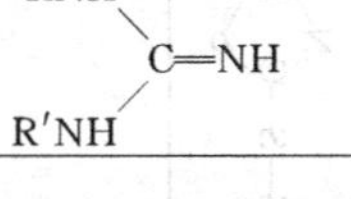 (RNH)(R′NH)C=NH	二硫代氨基甲酸盐类	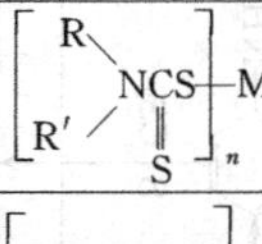 $[(R)(R')N-C(=S)-S]_n$—M（M 为金属离子）
噻唑类	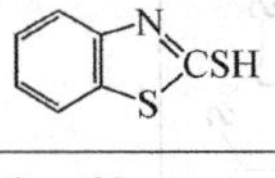 苯并噻唑—C(=N)(S)—SH（CSH）	烷基黄原酸盐类	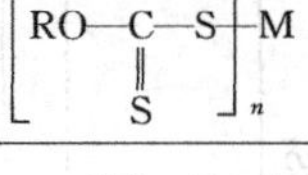 $[RO-C(=S)-S]_n$—M（M 为金属离子）
次磺酰胺类	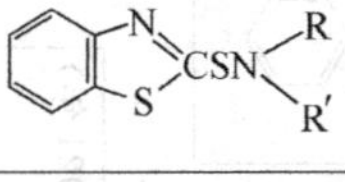 苯并噻唑—CSN(R)(R′)	烷基黄原酸酯类	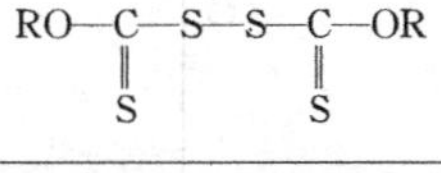 RO—C(=S)—S—S—C(=S)—OR
秋兰姆类	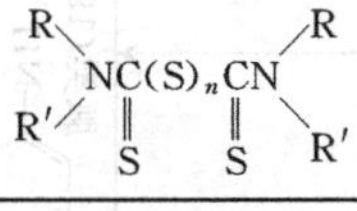 $(R)(R')N-C(=S)-(S)_n-C(=S)-N(R)(R')$	醛胺类	脂肪醛和氨或胺类的缩合物
		硫脲类	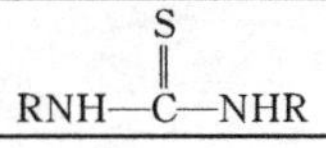 RNH—C(=S)—NHR

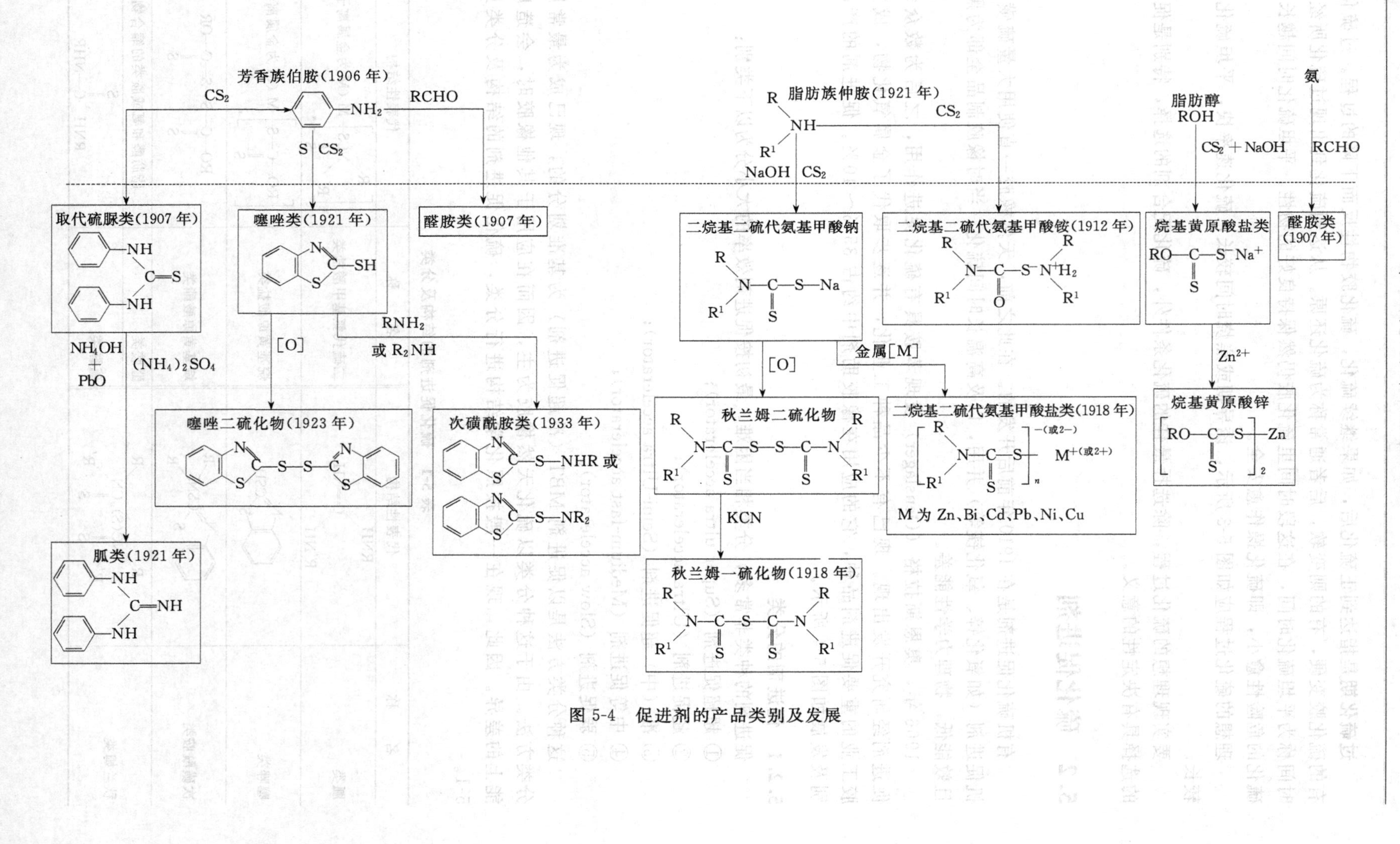

图5-4 促进剂的产品类别及发展

按上述两种分类方法，对天然胶和多数通用合成橡胶（如丁苯橡胶、顺丁橡胶、异戊二烯橡胶）来讲，一般二硫代氨基甲酸盐、黄原酸和秋兰姆类属于超促进剂；噻唑类、次磺酰胺类和一部分醛胺属于中等促进剂；弱促进剂则有胺和一部分醛胺化合物。

5.2.2　促进剂的作用机理

用硫磺使橡胶分子硫化时，其反应过程非常复杂。促进剂的作用机理虽然早有许多研究，但直到目前仍不十分清楚。而且使用促进剂不同，其反应机理亦有区别。科伦提出的促进剂 MBT（N C—SH S）的硫化促进机理如图 5-5 所示。

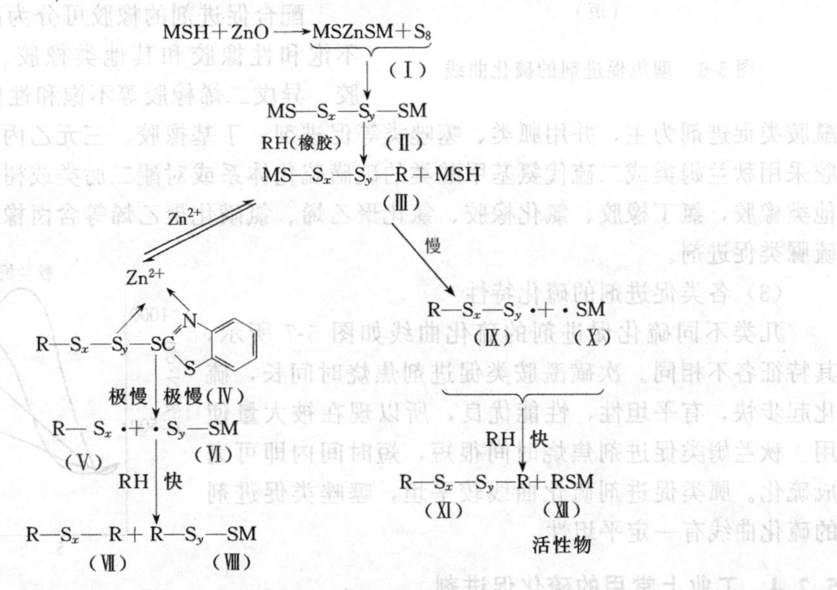

图 5-5　MBT 的硫化促进机理

在此硫化反应中，前两步反应所生成的中间体（Ⅲ）、（Ⅷ）是非交联型多硫化物，其末端带有促进剂基，这种结构是活性硫化反应的前体，能进一步导致硫化反应。这种多硫化型硫化剂结构已在许多硫化促进剂体系中发现。

由中间产物（Ⅱ）分解可以产生促进剂多硫基，这些自由基都可以引发橡胶分子产生自由基。由于橡胶分子中 α 亚甲基上的氢原子比较活跃，所以反应主要发生在 α 亚甲基上。

作为中间产物的（Ⅲ）和（Ⅷ），则采用如下反应进一步诱导硫化，进行交联，并保证链反应进行下去。

$$\text{MS—S}_x\text{S}_y\text{—R} \longrightarrow \text{MS—S}_x\cdot + \text{R—S}_y\cdot$$

$$\text{R—S}_y\cdot + \text{RH} \longrightarrow \text{R—S}_y\text{—R} + \text{H}\cdot$$

$$\text{R—S}_x\cdot + \text{H}\cdot \longrightarrow \text{R—S}_x\text{H}$$

5.2.3　促进剂的功能和选择

（1）促进剂应具备的功能

理想促进剂的硫化曲线如图 5-6 所示。理想的促进剂应具备以下功能：

① 焦烧时间长，即硫化之前的加工安全性高；

② 硫化时间短，即硫化起步快，生产效率高；

③ 硫化曲线平坦，即平坦硫化时间长，无硫化还原；

④ 无毒，无污染性。

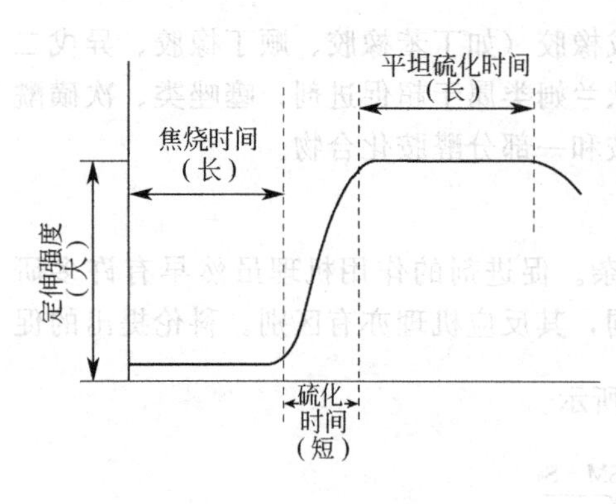

图5-6　理想促进剂的硫化曲线

在实际生产中，将促进剂与其他硫化体系助剂一起加入橡胶中，在硫化之前混炼、挤出等一系列加工过程中应绝对不发生焦烧，在硫化过程中则应在尽可能短的时间内完成交联，此外不论硫化时间延长多久，硫化胶物性都不应下降。但是目前尚未找到全部满足上述条件的促进剂品种，只有次磺酰胺类促进剂比较理想。

（2）不同橡胶选用的促进剂

配合促进剂的橡胶可分为高不饱和性橡胶、低不饱和性橡胶和其他类橡胶。天然橡胶、丁苯橡胶、异戊二烯橡胶等不饱和性橡胶一般以使用次磺酰胺类促进剂为主，并用胍类、噻唑类等促进剂。丁基橡胶、三元乙丙橡胶等低不饱和性橡胶采用秋兰姆类或二硫代氨基甲酸类的硫磺硫化体系或对醌二肟类或树脂类硫化体系。对其他类橡胶，氯丁橡胶、氯化橡胶、氯化聚乙烯、氯磺化聚乙烯等含卤橡胶可使用咪唑啉类或硫脲类促进剂。

（3）各类促进剂的硫化特性

几类不同硫化促进剂的硫化曲线如图5-7所示，其特征各不相同。次磺酰胺类促进剂焦烧时间长，硫化起步快，有平坦性，性能优良，所以现在被大量使用。秋兰姆类促进剂焦烧时间很短，短时间内即可完成硫化。胍类促进剂硫化曲线较平坦，噻唑类促进剂的硫化曲线有一定平坦性。

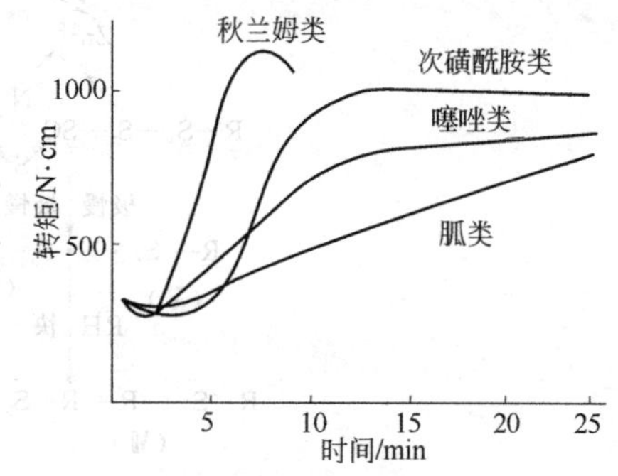

图5-7　几种不同硫化促进剂的硫化曲线

5.2.4　工业上常用的硫化促进剂

（1）二硫代氨基甲酸盐类

二硫代氨基甲酸可以看作是甲酸分子中碳上的氢原子被氨基所取代，同时羧基中的两个氧原子被两个硫原子所取代的化合物。其结构式如下。

$$\underset{\text{甲酸}}{H-\overset{\overset{\displaystyle O}{\|}}{C}-OH}\qquad \underset{\text{氨基甲酸}}{H_2N-\overset{\overset{\displaystyle O}{\|}}{C}-OH}\qquad \underset{\text{二硫代氨基甲酸}}{H_2N-\overset{\overset{\displaystyle S}{\|}}{C}-SH}$$

二硫代氨基甲酸盐主要是其氨基上的氢原子被取代的衍生物。其结构通式如下。

$$\left[\begin{matrix}R\diagdown \\ \quad N-\overset{\overset{\displaystyle S}{\|}}{C}-S- \\ R^1\diagup\end{matrix}\right]_n Me \qquad \begin{matrix}R、R^1\text{为烷基、芳基}\\ Me\text{为金属离子、铵离子}\end{matrix}$$

其中，R为甲基、乙基、丁基、苯基，即为通常各种商品促进剂。盐类中锌盐应用最广，其次为铅盐，再次为铜盐、铋盐、镍盐。至于钾盐、钠盐则多用于胶乳中。

这种促进剂通常是在碱性溶液中，由仲胺与二硫化碳作用制备的。其反应式如下。

$$\begin{matrix}R\diagdown \\ \quad N-H \\ R\diagup\end{matrix} + \overset{\overset{\displaystyle S}{\|}}{C}{=}S + NaOH \longrightarrow \begin{matrix}R\diagdown \\ \quad N-\overset{\overset{\displaystyle S}{\|}}{C}-SNa \\ R\diagup\end{matrix} + H_2O$$

$$2\begin{matrix}R\diagdown \\ \quad N-\overset{\overset{\displaystyle S}{\|}}{C}-SNa \\ R\diagup\end{matrix} + ZnCl_2 \longrightarrow \left[\begin{matrix}R\diagdown \\ \quad N-\overset{\overset{\displaystyle S}{\|}}{C}-S- \\ R\diagup\end{matrix}\right]_2 Zn + 2NaCl$$

几种常见的二硫代氨基甲酸盐见表5-2。

表 5-2　几种常用的二硫代氨基甲酸盐

名　　称	结 构 式	性　状
二甲基二硫代氨基甲基锌(促进剂 PZ)	$\left[(H_3C)_2N-\overset{S}{\overset{\Vert}{C}}-S\right]_2Zn$	白色粉末 熔点 240～255℃
二乙基二硫代氨基甲基锌(促进剂 EZ)	$\left[(C_2H_5)_2N-\overset{S}{\overset{\Vert}{C}}-S\right]_2Zn$	白色粉末 熔点 175℃
二丁基二硫代氨基甲基锌(促进剂 BZ)	$\left[(C_4H_9)_2N-C-S\right]_2Zn$	白色或浅黄色粉末 熔点 104℃以上
乙基苯基二硫代氨基甲基锌(促进剂 PX)	$\left[(C_6H_5)(C_2H_5)N-\overset{S}{\overset{\Vert}{C}}-S\right]_2Zn$	白色或黄色粉末 熔点 205℃

这类促进剂属超促进剂类，因焦烧时间太短，一般用于胶乳。适当复配防焦剂也可用于干胶中。在其结构中金属离子不同，则促进效果各异，Mn 盐、Co 盐、Ni 盐就无促进效能，以锌盐为标准，Cd 盐、Fe 盐、Se 盐等则具有超硫化促进效能，可作为三元乙丙橡胶等不饱和性橡胶的硫化促进剂。

（2）秋兰姆类

秋兰姆类化合物既可作硫化剂，又可作促进剂。其结构通式如下。

$$R_2N-\overset{S}{\overset{\Vert}{C}}-S_x-\overset{S}{\overset{\Vert}{C}}-NR_2$$

R为甲基、乙基、丁基、苯基等基团

秋兰姆一般由二硫代氨基甲酸衍生而来，所以也可以看成是二硫代氨基甲酸的衍生物。其最新的合成方法是电解氧化法，产率可高达 99%～100%，产品纯度亦好。电解方程式如下。

阳极　$$2\,(CH_3)_2N-\overset{S}{\overset{\Vert}{C}}-S \longrightarrow (CH_3)_2N-\overset{S}{\overset{\Vert}{C}}-S-S-\overset{S}{\overset{\Vert}{C}}-N(CH_3)_2$$

阴极　$$2Na+2H_2O+2e \longrightarrow 2NaOH+H_2\uparrow$$

秋兰姆类促进剂常用品种见表 5-3。

表 5-3　秋兰姆类促进剂常用品种

名　　称	结 构 式	性　　状
二硫代四甲基秋兰姆 (促进剂 TMTD 或 TT)	$(H_3C)_2N-\overset{S}{\overset{\Vert}{C}}-S-S-\overset{S}{\overset{\Vert}{C}}-N(CH_3)_2$	白色粉末 熔点 155～156℃
二硫代四乙基秋兰姆 (促进剂 TETD)	$(C_2H_5)_2N-\overset{S}{\overset{\Vert}{C}}-S-S-\overset{S}{\overset{\Vert}{C}}-N(C_2H_5)_2$	白色粉末 熔点 73℃
一硫代四甲基秋兰姆 (促进剂 TMTM)	$(H_3C)_2N-\overset{S}{\overset{\Vert}{C}}-S-\overset{S}{\overset{\Vert}{C}}-N(CH_3)_2$	黄色或淡黄色结晶粉末 熔点 110℃
四硫代四甲基秋兰姆 (促进剂 TMTT)	$(H_3C)_2N-\overset{S}{\overset{\Vert}{C}}-S-S-S-S-\overset{S}{\overset{\Vert}{C}}-N(CH_3)_2$	灰黄色粉末 熔点不低于 90℃

该类促进剂也属超促进剂型，但活性偏低，故可用于干胶中。在硫化温度不太高时，硫化平坦性较宽，可减少过硫危险。它可作为二烯类橡胶的无硫硫化剂，三元乙丙橡胶、丁基橡胶等低不饱和性橡胶的主硫化促进剂。

(3) 噻唑类

几种常用的噻唑类促进剂见表 5-4。

表 5-4 几种常用的噻唑类促进剂

名 称	结 构 式	性 状
2-硫醇基苯丙噻唑(促进剂 M)	N, S, SH	淡黄色粉末，有特殊苦味 熔点 180～181℃
2-硫醇基苯丙噻唑盐(促进剂 MZ)	N, S—Zn—S, N, S, S	淡黄色粉末，无毒 熔点 300℃(分解)
二硫化二苯并噻唑(促进剂 DM)	N, S—S, N, S, S	白色至淡黄色粉末，无毒，稍有苦味 熔点 180℃

促进剂 M 的工业生产有高压法和常压法两种。高压法是用苯胺、二硫化碳和硫磺在 250～260℃和 8～10MPa 的条件下进行反应制备。

$$C_6H_5NH_2 + CS_2 + S \xrightarrow[8\sim10MPa]{250\sim260℃} \text{(N, S, SH)} + H_2S$$

常压法是用邻硝基氯苯、多硫化钠和二硫化碳在 110～130℃和低于 0.34MPa 的条件下进行反应，制得钠盐，再经酸化而得，该工艺已被淘汰。

$$\text{(NO}_2\text{, Cl)} + 2Na_2S_x + CS_2 + 2H_2O \xrightarrow[<0.34MPa]{110\sim130℃} \text{(N, S, SNa)} + 2H_2S\uparrow + Na_2S_2O_3 + NaCl + 2(x-2)S\downarrow$$

$$\text{(N, S, SNa)} + H_2SO_4 \longrightarrow \text{(N, S, SH)} + Na_2SO_4$$

由于二硫化碳易燃、有毒，也可以采用 *N*-甲基苯胺和硫磺直接反应合成促进剂 M。其反应式如下。

$$C_6H_5NHCH_3 + 4S \xrightarrow[6.75MPa]{265℃} \text{(N, S, SH)} + 2H_2S$$

而其他噻唑类促进剂则大多用促进剂 M 衍生制备，如促进剂 MZ。

$$\text{(N, S, SH)} + NaOH \longrightarrow \text{(N, S, SNa)} + H_2O$$

$$\text{(N, S, SNa)} + ZnCl_2 \longrightarrow \text{促进剂 MZ}$$

促进剂 DM 的合成路线如下。

$$2\,\text{(N, S, SH)} + [O] \longrightarrow \text{(N, S, S—S, N, S)} + H_2O$$

$$\text{或}\ \text{(N, S, SNa)} + 2H^+ + [O] \longrightarrow DM + H_2O$$

噻唑类促进剂属酸性中超促进剂，可为碱性物质所活化。在一般温度范围内，能使橡胶快速硫化，硫化曲线平坦，物理性能优良，是 40 年来重要的通用促进剂。缺点是焦烧性能不如次磺酰胺促进剂，硫化胶带苦味，不适于制备与食品接触的橡胶制品。常用的有促进剂 M、DM 和 MZ，其中 DM 用量最大，M 次之。主要用于制造轮胎、内胎、胶带、胶鞋和工业制品等。

该类促进剂硫化特性较好，硫化胶性能优良，故在橡胶工业中迄今仍然是最大面广的品种。但活性不如二硫代氨基甲酸盐类如秋兰姆类，但抗焦烧性能较好。

(4) 次磺酰胺类促进剂

次磺酰胺的结构通式如下。

其中，R^1、R^2 可以是烷基、芳基或者环己基，也可为氢原子。可以看出，它的结构亦属于噻唑类衍生物，但因其独特的后效性而得到迅速发展，使其在促进剂中占有极其重要的地位，其主要品种见表 5-5。

表 5-5 主要次磺酰胺类促进剂品种

名 称	结 构 式	性 状
N,*N*-二异丙基-2-苯丙噻唑次磺酰胺（促进剂 DIBS）	苯并噻唑-S—N(CH(CH$_3$)$_2$)$_2$	浅黄色粉末 熔点 55～60℃
N-叔丁基-2-苯丙噻唑次磺酰胺（促进剂 NS）	苯并噻唑-S—NH—C(CH$_3$)$_3$	浅黄色粉末 熔点 104℃以上
N-环己基-2-苯丙噻唑次磺酰胺（促进剂 CZ）	苯并噻唑-S—NH—环己基	白色至浅灰色粉末 熔点 98～100℃
N,*N*-二环己基-2-苯丙噻唑次磺酰胺（促进剂 DZ）	苯并噻唑-S—N(环己基)$_2$	浅黄色粉末 熔点 104℃
N,*O*-二(1,2-亚乙基)-2-苯丙噻唑次磺酰胺（促进剂 NOBS）	苯并噻唑-S—N(CH$_2$CH$_2$)$_2$O	较纯的工业品为淡黄色粉末 熔点 80～90℃

次磺酰胺促进剂主要由 2-硫醇苯并噻唑与胺作用，再经氧化缩合而成。如促进剂 CZ 的合成。

除采用次氯酸钠作氧化剂外，可采用铜盐（如乙酸铜、氯化亚铜）作催化剂，用氧直接氧化。

这类促进剂的特点是良好的后效性，在硫化温度下活性高，但不易焦烧。用它来制造硫化橡胶，硫化程度比较高，物理力学性能优良；而且还有比较宽的硫化曲线平坦性和相当好的防老化性能。可用于轮胎、输送带、缓冲橡胶制品和工业制品等方面，亦可在模压胶鞋、鞋底、鞋跟以及连续硫化电线方面获得应用。

(5) 黄原酸盐与黄原酸酯

这类促进剂主要有以下两种类型。

$$[R-O-\overset{S}{\overset{\|}{C}}-S]_x Me \qquad R-O-\overset{S}{\overset{\|}{C}}-S-S-\overset{S}{\overset{\|}{C}}-O-R$$

黄原酸盐　　　　黄原酸二硫化物

前者当R为异丙基、金属离子为锌时即为促进剂ZIP；若R为正丁基，则是促进剂ZBX。后者当R为正丁基时，即为促进剂CPB。

黄原酸盐一般通过醇与二硫化碳在KOH与NaOH溶液中反应制备。其反应式如下。

$$(H_3C)_2C-OH + CS_2 + KOH \longrightarrow (H_3C)_2C-O-\overset{S}{\overset{\|}{C}}-SK + H_2O$$

$$2\,(H_3C)_2C-O-\overset{S}{\overset{\|}{C}}-SK + ZnCl_2 \longrightarrow \left[(H_3C)_2CH-O-\overset{S}{\overset{\|}{C}}-S\right]_2 Zn$$

促进剂ZIP

黄原酸二硫化物可通过氧化其黄原酸盐制备。其反应式如下。

$$2n\text{-}C_4H_9O-\overset{S}{\overset{|}{C}}-SK + K_2S_2O_8 \longrightarrow n\text{-}C_4H_9O-\overset{S}{\overset{\|}{C}}-S-S-\overset{S}{\overset{\|}{C}}-OC_4H_9\text{-}n + K_2SO_4 + Na_2SO_4$$

这类促进剂为超速低温促进剂，临界温度低，在常温时即能发挥其作用。常用于室温硫化，但焦烧倾向大，所以只有在特殊情况下才用于干胶胶料，一般只用于自然硫化胶布和自然硫化胶浆。

(6) 胍类促进剂

胍类其促进作用小，是中等或者弱促进剂，代表品种如下：

① 二苯胍　$(C_6H_5NH)_2C=NH$（促进剂D）；

② 二邻甲苯胍　$(CH_3C_6H_4NH)_2C=NH$（促进剂DOTG）；

③ 邻甲苯基二胍　$CH_3C_6H_4NH\underset{NH}{\underset{\|}{C}}NH\underset{NH}{\underset{\|}{C}}-NH_2$（促进剂OTBG）；

④ 三苯胍　$(C_6H_5NH)_2C=NC_6H_5$。

该类产品可用相应的硫脲制备。其反应式如下。

$$(C_6H_5NH)_2C=S + NH_4OH + O_2 \xrightarrow{Cu(Ac)_2} (C_6H_5NH)_2C=NH + (NH_4)_2SO_4 + H_2O$$

尽管其促进作用弱，但有很好的操作安全性和贮存稳定性，适用于厚制品的硫化，可单独使用。耐老化性不好，必须配防老剂。目前一般用作第二促进剂。

(7) 硫脲类促进剂

硫脲类促进剂主要以硫脲衍生物为主。其结构通式如下。

$$R-NH-\overset{S}{\overset{\|}{C}}-NH-R \quad R\text{为烷基和芳基}$$

硫脲类促进剂主要品种有：

$$\begin{matrix}CH_2-NH\\ |\\ CH_2-NH\end{matrix}\!\!>C=S \qquad n\text{-}C_4H_9NH\overset{S}{\overset{\|}{C}}-NHC_4H_9\text{-}n \qquad C_6H_5-NH-\overset{S}{\overset{\|}{C}}-NH-C_6H_5$$

1,2-亚乙基硫脲（促进剂NA-22）　　*N*,*N*-二正丁基硫脲（促进剂DBTU）　　二苯基硫脲（促进剂CA）

硫脲类促进剂的促进作用比较弱，抗焦烧性比较差，在一般胶料中已不常用，但对氯丁橡胶却是优良的促进剂。

硫脲类化合物一般是由胺类与二硫化碳或者硫酰氯（硫光气）作用而成。其反应式如下。

$$NH_2CH_2CH_2NH_2 + CS_2 \xrightarrow{80\sim95℃} \begin{matrix} CH_2-NH \\ | \\ CH_2-NH \end{matrix} C{=}S + H_2S\uparrow$$

$$2n\text{-}C_4H_9NH_2 + CS_2 \longrightarrow \begin{matrix} C_4H_9NH \\ C_4H_9NH \end{matrix} C{=}S + H_2S\uparrow$$

(8) 醛胺类促进剂

醛胺类促进剂主要是由脂肪族醛与胺或者氨缩合制备而成，如促进剂 H（乌洛托品）及促进剂 808。

$N=CHCH_2CH_2CH_3$

丁醛苯胺缩合物（促进剂 808）

前者单独使用时易焦烧，但硫化速率慢，硫化还原倾向强，是弱促进剂，几乎很少单独使用，用作副促进剂有相当强的活性作用，无污染性，可用在浅色或者透明橡胶制品中。后者亦常用作第二促进剂用于厚壁制品中。

5.2.5 促进剂的选择标准

选择促进剂时要考虑以下诸因素。

① 橡胶类型　不同橡胶采用不同的硫化体系，其中包括促进剂的选择与匹配；

② 焦烧性能　促进剂对胶料的焦烧时间起决定性作用，因此选择时必须保证胶料在普通加工（如混炼、压延、压出）中不至于过早硫化，但时间不宜过长；

③ 硫化胶的性能　保证硫化后具有好的力学性能及耐老化性能；

④ 硫化速率　关系到胶料所需硫化时间，也是选择促进剂的另一重要因素；

⑤ 硫化胶耐硫化还原性及促进剂在胶料中的分散性、污染性、着色性、毒性以及其他配合剂等问题均是需要考虑的问题。

为此，可确定促进剂的选择标准如下。

(1) 加工条件

① 焦烧时间长，加工安全性好；

② 硫化时间短，可提高生产效率；

③ 硫化曲线的平坦性好（无硫化还原），硫化胶制品均匀稳定。

(2) 硫化橡胶的物性

① 硫化胶具有优异的拉伸强度、定伸强度及其他各种所要求的物性；

② 硫化胶的耐老化性好；

③ 无污染、不喷霜、不渗移。

(3) 其他

① 分散性好、不飞扬（形状、形态）；

② 无毒、无嗅、无苦味；

③ 价格低廉、供应稳定。

5.2.6 促进剂的发展

回顾促进剂发展的历史可以看出，硫化促进剂所追求的目标：一是不断提高硫化促进效能（缩短硫化时间，改善硫化胶特性），一是致力于改善焦烧性能。就像硫化方法被偶然发现一样，硫化促进剂的发展也几度借助于偶然性。这些偶然性的发现对促进剂的发展有重要的意义。奥恩思莱首先发现了苯胺，后来为改善其毒性，又将其与二硫化碳反应，衍生出二苯基硫脲。这些对硫化促进剂的发展产生了很大影响。从苯胺认识到有机碱，具有促进硫化机能，从这一概念出发，发展到各种有机胺类。为改善性能，又发展了二硫代氨基甲酸盐等硫化促进剂。

在芳香族胺类促进剂的发展中，为了改善二苯基硫脲的焦烧性，一方面开发了二苯胍类衍生物，另一方面又研究出苯并噻唑。这是促进剂发展的一大飞跃。

促进剂亦随着不同时期对橡胶制品的需求而变化，随着性能要求的提高，新型硫化促进剂不断涌现，主要有以下三类。

（1）新化合物

① 用于高不饱和性二烯类聚合物的促进剂　包括二硫化物型、二硫代甲酸酯型、次磺酰胺型、二硫代氨基甲酸型及其他类型。

② 含卤素聚合物用的硫化促进剂　其化合物的结构式如下。

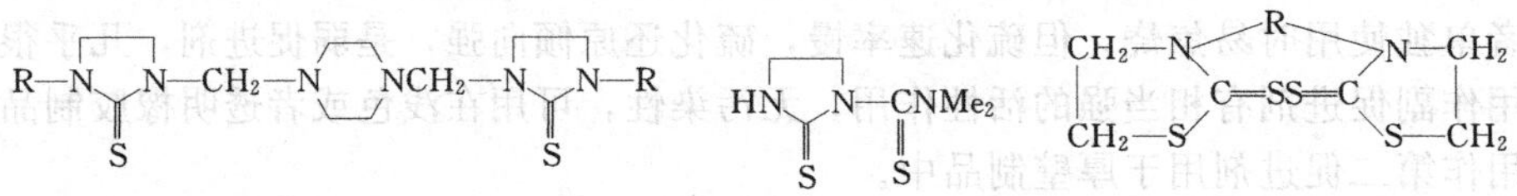

R—N⌒N—CH_2—N⌒NCH$_2$—N⌒N—R（两端环上C=S）　　HN⌒N—C(=S)NMe$_2$（环上C=S）　　CH_2—N(R)—CH_2，CH_2—S—C=SS=C—S—CH_2

除此之外，硫醇型促进剂有硫代磷酸三胺酯以及巯基乙酸酯与多元醇并用体系，和巯基乙酸的反应物与受阻胺的并用体系等。另外，还有用于聚氯乙烯及氯丁橡胶的三嗪硫醇化合物等。

（2）复合型体系

① 二烷基二硫代磷酸锌＋含硫硫化胺＋噻唑类促进剂；

② 二硫代氨基甲酸盐；

③ 二烷基二硫代磷酸铜＋M，秋兰姆等。

（3）新剂型

① 颗粒状；

② 液状。

5.3　促进剂的最新发展

为了进一步适应橡胶工业的需要，近年来促进剂主要向着无毒、无污染和高性能的方向发展。在生产技术方面，着重发展清洁生产工艺，从生产的源头消除污染；在产品剂型方面，通过造粒、充油等表面处理、预分散体来减少粉尘污染，改善操作环境，方便橡胶企业加料和称量等操作，并能使促进剂在胶料中最大限度地发挥作用；在新产品开发方面，重点是开发无毒品种，并扩大现有无毒品种的应用范围。

虽然亚硝胺毒性问题对促进剂行业造成了很大的影响，但没有致命的打击。通过促进剂行业和橡胶加工行业密切配合，调整促进剂的产品结构，并开发安全的新品种，使橡胶生产未受太大的影响。预计安全促进剂的生产和应用研究还会持续下去。

5.3.1　催化氧化工艺

胍类、秋兰姆类和次磺酰胺类促进剂均采用氧化工艺合成，近年来国外开发成功催化氧气氧化工艺，生产过程中几乎不直接产生废料，并免除了使用亚硝酸钠、次氯酸钠等氧化剂的弊端，符合清洁生产的发展趋势。

(1) 合成二苯胍

传统的合成工艺有氧化铅氧化法和氯化氰为原料的两条路线，反应式在胍类促进剂中已有介绍。这两条路线所用原料都有毒性问题，且后处理工序烦琐。

催化氧化工艺是以二苯基硫脲与氧气或含氧气体和氨催化反应，得到二苯胍，副产物为硫酸铵。其反应式如下。

$$(C_6H_5NH)_2C{=}S + 3NH_3 + 2O_2 \xrightarrow{\text{催化剂}} (C_6H_5NH)_2C{=}NH + (NH_4)_2SO_4$$

生产工艺如下：将二苯基硫脲、氨水和催化剂加入高压釜内，于50～80℃和0.2～0.8MPa条件下缓慢通入氧气，约4～6h。用乙酸铅检测，无黑色沉淀说明反应完全。然后将反应产物输入蒸馏釜内，减压蒸氨。然后水洗，离心脱水，真空干燥，粉碎，过筛得成品。此工艺三废几乎没有，成本比传统工艺低，后处理比较简单，中国多家工厂已投入工业化生产。

(2) 合成秋兰姆二硫化物

传统工业采用亚硝酸钠或次氯酸钠等氧化剂，氧化二硫代氨基甲酸钠，制得秋兰姆二硫化物。催化氧气氧化工艺由荷兰AKZO公司开发，具体反应是在氧气或含氧气体和催化剂存在下，加入仲胺和二硫化碳在溶剂中反应，制得秋兰姆二硫化物促进剂。可用二甲胺、二乙胺、二丁胺和二苄胺等原料分别制得促进剂TMTD、TETD、TBTD和TBzTD。催化剂可选用铜、锰、铈等金属盐。

TMTD的合成实例如下：将13.5g二甲胺和43.5g$Ce(NO_3)_3 \cdot 6H_2O$加入装有100g异丙醇的高压反应釜内。加热，同时加入25.1g二硫化碳，然后将得到的淡黄色透明溶液加热至50℃，强烈搅拌并通入氧气。随着产品析出反应液变得浑浊。15min后，不再吸收氧气。将白色结晶沉淀过滤，洗涤，干燥，得到35.7g产品，母液中含有0.24g产品。以二甲胺为基准计算，收率99.8%。

与传统工艺相比，催化氧气氧化工艺无需使用次氯酸钠等辅助原料，使用的催化剂，可循环使用，所以成本较低。AKZO公司于1990年在德国科隆采用催化氧气氧化工艺建成1.28万吨/年生产秋兰姆促进剂的新装置，生产1吨TMTD仅用水75kg，而传统工艺用水1.83吨。中国山西省采用催化氧化工艺生产TMTD和TETD。

5.3.2 造粒

促进剂大多为粉末，粉末有以下危害：①在生产和使用过程中产生粉尘，既污染环境又影响工人健康，还造成质量损失；②粉状助剂流动性差，不利于自动称量；③粉末在流动中易产生静电，如促进剂M就有这一问题。为此，现在一般将促进剂造粒或进行表面处理。促进剂的造粒方法有挤出造粒法、流动床造粒法、喷雾造粒法和熔融冷凝造粒法。

(1) 挤出造粒法

工业中常采用挤出造粒法。其原理是利用物料在高压下自身黏结的特性将物料挤压成特定形状。为了增强颗粒的强度，减少破碎，在造粒过程中也经常加入黏合剂。

促进剂M造粒生产流程如下：将促进剂M生产中离心机分离出来的含水约25%～30%的促进剂M加入定量料斗内，再进入捏合机中进行粗造粒，挤出的颗粒进入主造粒机中，挤出直径为2～4mm的圆柱状湿颗粒。然后进入液化床干燥机进行一级干燥，再进入圆盘干燥机进行二级干燥，最后出料包装。

(2) 流动床造粒法

用气流将含有一定水分的促进剂带入流动床中，用黏合剂处理，使其成粒，然后干燥，得成品。

(3) 喷雾造粒法

利用喷雾干燥机将促进剂的悬浊液喷雾干燥，得到无尘的球状产品，水含量也能达到要求，不超标。

(4) 熔融冷凝造粒法

此方法是将促进剂熔融，然后冷却造粒。可以通过液相冷却，也可以通过冷却输运带冷却。例如，将熔融的促进剂和水同时加入冷水中，得到粒状产物。也可将促进剂和熔点较低的黏合剂混合物加热至熔融，滴到冷却输送带上，得到半球状粒子。

5.3.3 表面处理技术和微胶囊化技术

表面处理是用表面活性剂等对促进剂表面处理，避免产生粉尘，表面活性剂等处理剂的添加量可以根据需要调节。例如，镇江化工二厂采用高分子聚合物为基体的表面活性剂，对氧化后的 TMTD 浆液进行处理，所得产品的粉尘飞扬大大减少，满足了用户的需求。

微胶囊技术是指促进剂的微胶囊化，将促进剂微粒包裹在囊壁材料中，做成颗粒。囊壁材料应不与促进剂起反应，也不应与橡胶料中的成分起反应，不影响橡胶制品的性能，并能在特定条件下释放出促进剂。聚酰胺和聚氨酯都可以作囊壁材料。囊壁在混炼过程中不破碎，促进剂就不起作用，能有效地保证混炼安全、不焦烧；在硫化温度下，囊壁能完全破坏，使囊内包的促进剂充分发挥效能。例如，将促进剂 PZ 充分洗净后于 100℃干燥，将干燥的 PZ 与丁苯橡胶胶乳掺混，再加入常用的助剂使丁苯橡胶固化。所得到的微胶囊化促进剂在 150℃下是稳定的，但当加热到 200℃时，3min 左右即可硫化。由于微胶囊化技术成本偏高，目前还停留在研究阶段。

5.3.4 预分散体

促进剂的预分散体是指预分散促进剂的母胶粒。以定量聚合物为载体（一般占 15%～25%），通过混合将促进剂（一般占 75%～85%）预分散到聚合物中，得到高浓度的均匀预分散体，然后造粒。聚合物载体一般采用三元乙丙橡胶和乙烯-乙酸乙烯共聚物。

促进剂预分散体的优点如下：①保证产品性能稳定，不受贮存条件（如水分）的影响；②在胶料中能快速分散和融合，减少了混炼的能量消耗；③降低粉尘，保持环境清洁，减少用户接触促进剂时带来的毒害。由于预分散体的诸多优点，已在西欧和美国大量使用。

在制备预分散体时，一般还加入少量分散剂、润滑剂和颜料，使不同品种表现出不同的颜色，便于用户辨认。制备方法举例：在 40℃下将促进剂 CZ 1.6 质量份、三元乙丙橡胶 0.38 质量份、硬脂酸锌 0.02 质量份掺和在一起，并切成 4～5mm 宽的条状料，然后在 35℃经挤出造粒机制得互相不黏着的可流动粒子。

5.3.5 对人类安全的促进剂

有关促进剂的毒性，一些国家已有法规对毒性分类并制定了防范措施，这些法规对促进剂的发展动向起着“指挥棒”的作用，影响着促进剂的发展方向。

(1) 亚硝胺的生成以及有关法规

在橡胶的硫化过程中，仲胺结构的促进剂分解后产生仲胺，这些仲胺与环境中的氮氧化物反应，产生亚硝胺。伯胺与氮氧化物不能生成稳定的亚硝胺，叔胺与氮氧化物不反应。所以伯胺和叔胺不存在亚硝胺问题。

据报道，理金斯卡曾将二甲基亚硝胺吗啉喂食大白鼠，结果 100%的大白鼠患了肝癌。为此，德国于 1982 年对婴儿用奶嘴制定了有关的国家标准，规定能抽出亚硝胺的最大值为 10～30μg/kg，可亚硝胺化类的化合物最大值为 200μg/kg。其后，瑞士、荷兰、丹麦、澳大利亚、加拿大和英国也都制定了类似的法规。

1988 年，德国颁布了特定危险物质技术法规 TRG S 552：对人体有害的 N-亚硝胺质量浓度，在作业场所规定在 2.5μg/m^3 以下，1991 年起这一质量浓度规定为 1μg/m^3 以下；已有充足的证据表明，二苄胺和二环己胺的 N-亚硝胺化合物没有致癌性，所以，二苄胺和二环己胺的衍生物是安全的化合物；当进一步的研究排除了可能的致癌作用后，其他 N-亚硝胺也可以认为是安全的；法规仍然容许 N-亚硝胺类化合物在那些技术条款要求不可取代的场合中使用。法规较长，上面内容只是对法规作了最简短的说明。法国、英国等对环境中的亚硝胺进行过调查，但是，除德国之外，其他国家尚未制定有关 N-亚硝胺的法规。

可能产生令人不安的亚硝胺的促进剂如下：二硫代氨基甲酸盐类的 PZ、EZ、BZ；秋兰姆类的 TMTM、TMTD、TETD、TBTD；次磺酰类的 NOBS、DIBS、DEBS、OTOS 等。另外还包括硫化剂 DTDM。

(2) 亚硝胺问题的对策

尽管只有德国制定了有关亚硝胺的法规，但其进口商也遵守这一法规，所以对其他国家也产生了影响。再加上各大公司环境保护意识的增强，全球经济一体化进程的加快，欧洲、美国和日本的橡胶和助剂企业都自觉地采取措施，以符合法规的要求，树立良好的企业形象。可以采取的对策包括以下三个方面：第一，加强橡胶加工企业的排风；第二，添加亚硝胺抑制剂；第三，以安全的促进剂代替有亚硝胺促进剂品种。以第三种措施最为有效。

亚硝胺抑制剂就是抑制亚硝胺生成的助剂。这些抑制剂与氮氧化物或仲胺反应，从而抑制亚硝胺的生成。有此抑制作用的助剂包括钝化氮氧化物的 α-生育酚、二氨基二异氰酸锌、同仲胺反应的聚甲醛。氧化钙、氢氧化钙和氢氧化钡也能减少亚硝胺的生成。

(3) 用安全促进剂替代不安全的促进剂

用符合法规的安全促进剂替代有亚硝胺的不安全的促进剂，就能完全解决亚硝胺问题。从现有的促进剂中选出安全的促进剂品种，通过调整应用配方来适应用户的需求。

次磺酰胺类促进剂中的 NOBS 曾经用于轮胎工业，现在欧美用促进剂 NS 和 CZ 替代了 NOBS。北京橡胶工业研究设计院剖析国外子午胎的色谱分析数据表明，在欧美的轮胎中捕捉不到吗啉残基的痕迹量，这也表明这些轮胎中未添加 NOBS。与仲胺结构的 NOBS 相比，伯胺结构的 NS 和 CZ 焦烧时间较短，可使用防焦剂 CTP 调整。含 NS 或 CZ 的胶料比含 NOBS 的硫化速率快，可以提高生产效率。促进剂 NS 替代 NOBS 的硫化体系配方见表 5-6。促进剂 DZ 虽然是仲胺结构，但法规确定是安全的，可以继续使用。DZ 是轮胎黏合配方中的重要组分，也用于胶带等制品。DZ 的焦烧时间比 NOBS、NS、CZ 和 DIBS 都长，对需要操作加工期比较长的胶料也可用 DZ 代替 NOBS。

表 5-6 促进剂 NS 替代 NOBS 的硫化体系配方 单位：质量份

橡 胶	NOBS 硫化体系		替代体系		
	S	NOBS	S	NS	CTP
NR	2.5	0.6	2.5	0.6	0.05
NR	1.5	1.5	1.5	1.5	0.15
SBR	2.0	1.2	2.0	1.2	0.35
SBR	1.2	2.5	1.2	2.5	0.25
50/50 NR/SBR	2.3	0.9	2.3	0.9	0.25
50/50 NR/SBR	1.4	2.0	1.4	2.0	0.30
60/40 NR/SBR	2.3	0.85	2.3	0.85	0.15
60/40 NR/SBR	1.4	1.9	1.4	1.9	0.20

对于秋兰姆类的TMTD等品种、二硫代氨基甲酸盐类的PZ等品种，都有亚硝胺问题，需要替代品。在现有的促进剂中可以考虑用促进剂D、DOTG和M替代它们。然而，通常在等量配合的情况下，硫化速率慢，硫化胶的定伸应力比较低，还需要开发适用的新品种。

(4) 新型安全促进剂的研究开发

近年来有关无亚硝胺毒性问题的安全新品种的研究开发工作非常活跃，以下主要介绍已经上市的新品种。

在次磺酰胺类促进剂中，安全新品种是孟山都公司上市的Santocure TBSI，其化学名称为*N*-叔丁基双苯并噻唑次磺酰亚胺。在促进剂NS的叔丁胺上增加一个硫醇基苯并噻唑取代基就成为TBSI，通过结构上的这一改变，TBSI就具有与仲胺结构次磺酰胺同样长的焦烧时间，并能使胶料抗硫化还原性优良。TBSI能替代NOBS和DIBS，性能比原有的安全品种NS更加优良，只是价格更高。促进剂TBSI、NOBS、DIBS、DZ在天然橡胶中的硫化特性和物理性能见表5-7。

表5-7 促进剂TBSI、NOBS、DIBS、DZ在天然橡胶中的硫化特性和物理性能

项　　目	NOBS硫化	DIBS硫化	DZ硫化	TBSI硫化
NOBS/质量份	0.8	—	—	—
DIBS/质量份	—	0.9	—	—
DZ/质量份	—	—	1.1	—
TBSI/质量份	—	—	—	0.7
门尼焦烧时间(121℃)/min	35.0	37.2	34.5	36.1
t_5	45.5	27.0	30.4	41.0
t_{35}	50.6	33.4	37.4	52.0
流变仪(150℃)/min				
t_2	7.2	5.8	6.2	7.3
t_{90}	15.8	17	17.2	17.8
拉伸试验(硫化,150℃)				
硫化时间/min	19	20	20	21
100%定伸应力/MPa	3.54	3.41	3.28	3.33
300%定伸应力/MPa	9.83	9.13	8.84	9.09
硬度(邵氏A)	66	68	67	66

秋兰姆类的安全新品种是TBzTD，即四苄基秋兰姆二硫化物。其制法与TMTD一样，将二苄胺和二硫化碳在溶剂中经过催化氧化反应而制得。TBzTD可以替代TMTD用于天然橡胶、三元乙丙橡胶等。在天然橡胶的NS作促进剂硫化体系中加入少量助促进剂TBzTD，既可改善硫化效果，焦烧安全性好，还可使硫化橡胶抗硫化还原性提高，热稳定性得到提高，而不影响挠曲性能。在三元乙丙橡胶中，使用TBzTD仅比使用TMTD的硫化速率慢，硫化胶的物理性能几乎一样。

二硫代氨基甲酸盐类的安全新品种是ZBEC，化学名称为二苄基二硫代氨基甲酸锌。这一品种和TBzTD以前也有销售，但因价格高，很少有人使用。现在法规认为二苄胺衍生物安全无害，所以一些公司将这两个品种作为安全新品种推向市场，取代有亚硝胺问题的促进剂，ZBEC是天然橡胶、合成橡胶和胶乳的超促进剂，可单独使用，也可与其他促进剂并用。TMTM是次磺酰胺类促进剂的优秀助促进剂。在天然橡胶中用ZBEC代替TMTM，结果表明，ZBEC与TMTM的硫化特性几乎一致，焦烧时间比较长，正硫化时间短，硫化胶物理性能几乎一致。

英国 Robinson Brothers 公司开发并生产了 Robac AC 100，化学名称为异丙基黄原酸多硫化物，分子式中没有氮，绝无亚硝胺问题。在天然橡胶和丁苯橡胶中，将 AS 100 与 TBzTD 并用可替代 TMTD，焦烧安全性和硫化曲线相当好。

二硫代磷酸盐的促进剂功能在 20 世纪 60 年代末已为人所知，但没有受到重视。近年来因二硫代磷酸盐既不会形成有毒的亚硝胺，又能改善天然橡胶的抗硫化还原性，引起了人们的重视，生产厂家也多了起来。这类促进剂的主要品种有氨基二硫代磷酸锌（ZADP）、二丁基二硫代磷酸锌（ZKBP）、二丁基二硫代磷酸铜（CuDBP）等。二硫代磷酸锌盐类促进剂很适合三元乙丙橡胶使用，部分取代二硫代氨基甲酸盐可明显降低喷霜倾向。单独使用 ZADP 或使用 ZADP/ZKBP 并用体系都具有迟效性促进剂的作用。

混合型促进剂也作为安全新品种被推向市场。例如，英国 D. O. G. 公司的促进剂 BG 187 是噻唑类、二硫代磷酸盐类和碱性促进剂的混合物，适用于三元乙丙橡胶，与 ZBEC 或 TBzTD 并用效果良好。莱茵化学公司推出了 Rhencure AP 系列混合促进剂，都是不会产生亚硝胺的安全促进剂。其 AP1 是次磺酰胺和二硫代磷酸盐促进剂的混合物，适用于天然橡胶、丁腈橡胶和三元乙丙橡胶；AP2、AP3 和 AP4 都是次磺酰胺、噻唑和二硫代磷酸盐促进剂的混合物，特别适用于三元乙丙橡胶；AP5 是噻唑和二硫代磷酸盐促进剂的混合物，为通用型品种；AP6 是给硫体、噻唑和二硫代磷酸盐促进剂的混合物，适用于三元乙丙橡胶和丁腈橡胶，硫化速率快。

上面介绍的新型安全促进剂的结构式见表 5-8。

表 5-8 新型安全促进剂的结构式

简　称	结 构 式
TBSI	(苯并噻唑-2-基)—S—N(—C(CH_3)$_3$)—S—(苯并噻唑-2-基)
TBzTD	$(C_6H_5CH_2)_2N—C(=S)—S—S—C(=S)—N(CH_2C_6H_5)_2$
ZBEC	$(C_6H_5CH_2)_2N—C(=S)—S—Zn—S—C(=S)—N(CH_2C_6H_5)_2$
Robac AS 100	$R—O—C(=S)—S_x—C(=S)—O—R$
ZDBP	$H_9C_4—O—P(=S)(OC_4H_9)—S—Zn—S—P(=S)(OC_4H_9)—O—C_4H_9$

(5) 其他促进剂的毒性问题和防范

日本劳动省劳动安全卫生法将促进剂 TMTD 定为变异性的物质，因此在使用时要尽可能避免吸入或与皮肤接触等。应穿戴好防护面罩、工作服、手套等，并保持操作场所空气流通。

人们已有一段时间担心促进剂NA-22的致癌问题，但尚未见明确的结论。日本化审法（化学物质的审查）将NA-22判定为“指定的化学物质”而限制其使用。但因没有其他更理想的品种，仍准许在氯丁橡胶中使用。有关NA-22的代用品的研究很多，新品种不断出现，但绝大多数没有工业化价值。目前，市场上的品种以拜耳公司的Vulkacit CRV/LG效果较好。CRV/LG化学组成是3-甲基噻唑烷-2-硫酮，用于氯丁橡胶制作电缆绝缘材料和护套、胶布等制品。

5.3.6　多功能促进剂

近年来也开发了一些多功能性的促进剂，这类促进剂还具有其他助剂的功能。以下简介重要品种。

B. F. Goodrich公司开发的一硫化四异丁基秋兰姆（TiBTM）是次磺酰类促进剂的助促进剂，同时兼具防焦剂的功能。

多功能添加剂SAPA是表面活性剂、促进剂、操作助剂，化学通式为$[R^{-}NH_2(CH_2)_3NH_3]^{2+}\cdot 2[C_{17}H_{33}COO]^{-}$。其制备实例如下：将2mol油酸加入反应器内，滴加1mol 1,2-丙二胺液体，同时持续搅拌反应混合物，冷却，最后得到产品。其反应式如下。

$$\underset{\text{1,2-丙二胺}}{H_2N-CH_2\underset{|}{\underset{NH_2}{CH}}-CH_3} + \underset{\text{油酸}}{2C_{17}H_{33}COOH} \longrightarrow \underset{\text{1,2-丙二胺二油酸盐}}{[CH_3-\underset{NH_3}{\underset{|}{CH}}-CH_2-NH_3]^{2+}\cdot 2[C_{17}H_{33}COO]^{-}}$$

可以分别以1,2-丙二胺或1,3-丙二胺作碱性原料，以油酸或硬脂酸作酸性原料，二者以1∶1（摩尔比）或1∶2（摩尔比）反应，制得单盐或双盐，都是表面活性剂。这些助剂能用作硫磺硫化的促进剂，不必加硬脂酸和氧化锌。在加热条件下这类助剂分解产生胺，胺和硫反应生成硫化氢，硫化氢和S_8反应使S_8开环，形成$H—S—S_x—S$链，这些链活性大，引起橡胶硫化反应快速进行。除具有促进剂功能外，硫化之前这些助剂能降低未硫化胶料的黏度，提高流动性，湿润和分散填料，减少对操作设备的黏着，提高润滑性，降低混炼生热，缩短混炼时间。另外，加有这些助剂的硫化橡胶具有良好的耐磨性。在氯丁橡胶中，这些助剂与氧化镁和氧化锌组合起来用作硫化剂。

Tapan Kumar Khanna等开发出1-(*N*-氧二亚乙基硫代氨基甲酰基)-2-(*N*-氧二亚乙基硫代)苯并咪唑（MBSPT），兼具有促进剂和防老剂的功效。在硫磺硫化和各种二烯类橡胶中，MBSPT的促进剂作用优于或与促进剂CZ功效相同，MBSPT的防老化作用可与防老剂4010NA相媲美，优于防老剂MB。加有MBSPT的硫化胶拉伸性能都比加MB或4010NA的硫化胶低，然而老化后其性能却优于后者，这一性能归功于MBSPT有助于增加交联密度。

参考文献

1　И П Масноъа. 聚合物材料助剂手册. 谢世杰，曾坚行、文联等译. 上海：上海科学技术出版社，1986
2　中国化工学会橡胶专业委员会. 橡胶助剂手册. 北京：化学工业出版社，2000
3　Colvin H，Bull C. Rubber Chemistry and Technology，1995，68（5）：746～755
4　田上朝朗等. 于占昌译. 橡胶译丛，1997，（5）：25
5　唐坤明. 橡胶工业，1999，46（10）：595
6　邓本诚，纪奎江. 橡胶工艺原理. 北京：化学工业出版社，1984
7　王效书. 橡胶助剂的精加工技术. 见：橡胶助剂行业会资料汇编. 牡丹江：化工部橡胶助剂信息站，1998. 46
8　王福坤编译. 世界橡胶工业，2000，27（3）：11～15
9　渡边隆，刘红梅. 化学世界，1996，（5）：230

10　Hepburn C 等. 刘忠英译. 橡胶译丛，1992，(6)：17～27
11　林锡勋. 世界橡胶工业，2000，27 (5)：2～3
12　林锡勋. 世界橡胶工业，2000，27 (6)：2～12
13　Sullivan A B等. 李刚译. 橡胶参考资料，1987，(12)：36
14　Datta R N，Helt W F. Rubber World，1997，216 (5)：24～27
15　Shotman A H M，Van Haeren P J C，et al. Rubber Chemistry and Technoligy，1996，69 (3)：728～730
16　Dtta R N. Kaut Gummi Kunst，1999，52 (5)：322～328

第6章 润 滑 剂

润滑剂是为了改善塑料在成型加工时的流动性和脱模性，从而提高制品性能的一种成型加工助剂。高分子材料在成型加工时，存在着熔融聚合物分子间的摩擦和聚合物熔体与加工设备表面间的摩擦，前者称为内摩擦，后者称为外摩擦。内摩擦会增大聚合物的熔融流动黏度，降低其流动性，严重时会导致材料的过热、老化；外摩擦则使聚合物熔体与加工设备及其他接触材料表面间发生黏附，随着温度升高，摩擦系数显著增大。当制品从模具中脱出后，表面粗糙，当金属表面粗糙时这种现象更明显，且因粗糙使得表面无光泽。为了减少这两类摩擦，在加工中需加入润滑剂。若材料本身具有自润滑作用，如聚乙烯、聚四氟乙烯等，加工时可以不加润滑剂；而聚氯乙烯，特别是硬质聚氯乙烯、聚丙烯、聚苯乙烯、甲酰胺、ABS树脂等，则必须加入润滑剂才能很好加工。根据摩擦类型的不同，所需的润滑又分为内润滑和外润滑两种。内润滑是在塑料加工前的配料中，加入与聚合物有一定相容性的润滑剂，并使其均匀地分散到材料中而起润滑作用。外润滑有两种方法：一是高分子材料成型加工时，将润滑剂涂布在加工设备的表面上，让其在加工温度下熔化，并在金属表面形成“薄膜层”，将塑料熔体与加工设备隔离开来，不至于黏附在设备上，易于脱模或离辊；二是将与聚合物相容性很小，在加工过程中很容易从聚合物内部迁移到表面上，从而形成隔离层的物质，在加工前配料时加入，使其分散到塑料中，而在加工过程中迁移到表面，起到润滑作用。外润滑与内润滑是相对而言的，实际上，大多数的润滑剂兼具两种作用，只是相对强弱不同。就一种润滑剂而言，它的作用可能随聚合物种类、加工设备和加工条件，以及其他助剂的种类和用量的不同而发生变化，故很难确定它属于哪一类。

由于聚合物的加工一般是在加热条件下进行的，加工过程中还配合有其他多种助剂，因此，除相容性外，还应该考虑润滑剂在使用时的热稳定性和化学惰性，要求其具有良好的耐老化性能，不腐蚀模型表面，在模具表面不残留分解物，并能赋予制品良好的外观，不影响制品的色泽和其他性能，不产生气味，无毒。关于高分子材料加工用润滑剂的结构对应用性能影响的研究还比较少，往往依靠经验选择添加剂，因此制约了生产发展，并影响到产品性能。今后随着高分子材料加工向高速化、自动化的方向发展，被加工的材料在加工过程中，将会受到更多的剪切和摩擦作用，从而润滑剂的作用将会显得更加突出，故十分有必要开发更多的高效、价廉的新型润滑剂，同时还应深入研究润滑剂在聚合物中的行为。

6.1 高分子材料加工用润滑剂作用机理

由于塑料加工过程中的影响因素很多，关于润滑剂的作用机理尚存在着各种不同的解释，比较为人们所接受的是塑化机理、界面润滑和涂布隔离机理。

6.1.1 塑化机理

为了降低聚合物分子之间的摩擦，即减小内摩擦，需加入一种或数种与聚合物有一定相容性的润滑剂，称之为内润滑剂。其结构及其在聚合物中的形态类似于增塑剂，所不同的是润滑剂分子中，一般碳链较长、极性较低。以聚氯乙烯为例，润滑剂和材料的相容性较增塑剂低很多，因而仅有少量的润滑剂分子能像增塑剂一样，穿插于聚氯乙烯分子链之间，略微削弱分子间的相互吸引力。于是在聚合物变形时，分子链间能够相互滑移和旋转，使分子间的内摩擦减小，熔体黏度降低，流动性增加，易于塑化。但润滑剂不会过分降低聚合物的玻璃化温度 T_g 和强度等，这是与增塑剂作用的不同之处。

6.1.2 界面润滑机理

界面润滑也称外润滑。与内润滑剂相比，外润滑剂与聚合物相容性更小，故在加工过程中，润滑剂分子很容易从聚合物的内部迁移至表面，并在界面处定向排列。极性基团与金属通过物理吸附或化学键合而结合，附着在熔融聚合物表面的润滑剂则是疏水端与聚合物结合。这种在熔融聚合物和加工设备模具间形成的润滑剂分子层所形成的润滑界面，对聚合物熔体和加工设备起到隔离作用，故减少了两者之间的摩擦，使材料不黏附在设备上。润滑界面膜的黏度大小，会影响它在金属加工设备和聚合物上的附着力。适当大的黏度，可产生较大的附着力，形成的界面膜好，隔离效果和润滑效率高。润滑界面膜的黏度和润滑效率，取决于润滑剂的熔点和加工温度。一般来说，润滑剂的分子链愈长，愈能使两个摩擦面远离，润滑效果愈大，润滑效率愈高。

6.1.3 涂布隔离机理

对加工模具和被加工材料完全保持化学惰性的物质称为脱模剂。将其涂布在加工设备的表面上，在一定条件下使其均匀流布分散在模具表面，当其中加入待成型聚合物时，脱模剂便在模具与聚合物的表面间形成连续的薄膜，从而达到完全隔离的目的，由此减少了聚合物熔体与加工设备之间的摩擦，避免聚合物熔体对加工设备的黏附，而易于脱模、离辊，从而可提高加工效率和保证质量。

一种好的脱模剂应该满足以下要求：

① 表面张力小，易于在被隔离材料的表面均匀铺展；

② 热稳定性好，不会因温度升高而失去防粘性质；

③ 挥发性小，沸点高，不会在较高温度下因挥发而失去作用；

④ 黏度要尽可能高，涂布一次可用于多次脱模；同时在脱模后较多黏附在模具上而不是在制品上。

6.2 材料加工用润滑剂

通常润滑剂按其化学成分和结构，分为无机润滑剂和有机润滑剂。无机润滑剂是由滑石粉、云母粉、陶土、白黏土等为主要组分配制而成的复合物，它们主要用作橡胶加工中胶片和半成品防粘用的隔离剂。在实际生产中，广泛使用有机润滑剂，它们按化学结构可分为烃类、脂肪酸、脂肪酸酯、脂肪酸酰胺、脂肪醇和有机硅化合物等。

6.2.1 烃类润滑剂

用作润滑剂的烃类是一些相对分子质量在 350 以上的脂肪烃，包括石蜡、合成石蜡、微晶石蜡和低分子量聚乙烯蜡等。烃类润滑剂具有优良的外润滑性，但由于与聚合物相容性差，内润滑性不显著。

① 石蜡　主要成分为直链烷烃，仅含少量支链，广泛用作各种塑料的润滑剂和脱模剂，外润滑作用强，能使制品表面具有光泽。在硬质聚氯乙烯挤出制品中使用最多，因其用量对制品强度有影响，故为了保证制品强度，推荐用量为 0.5～1.5 份(质量)/100 份物料。石蜡的缺点是与聚氯乙烯的相容性差，热稳定性低，且易影响制品的透明度。

② 微晶石蜡　主要由支链烃、环烷烃和一些直链烷烃组成，相对分子质量大约为 500～

1000，即为 C_{35}～C_{70} 烷烃。可作为聚氯乙烯等塑料的外润滑剂，润滑效果和热稳定性优于一般石蜡，无毒。其缺点是凝胶速度慢，分散性差，影响制品的透明性。

③ 液体石蜡　也称白油，不同凝固点的产品适用于不同用途。作为润滑剂使用的液体石蜡凝固点在－15～35℃之间，适用于聚氯乙烯、聚苯乙烯等的内润滑剂，润滑效果较高，热稳定性好，无毒，适用于注射、挤出成型等。但与聚合物的相容性差，故用量不宜过多。

④ 聚乙烯蜡　相对分子质量为1500～5000的低分子量聚乙烯或部分氧化的低分子量聚乙烯，可作为聚氯乙烯等的润滑剂，比其他烃类润滑剂的内润滑作用强。适用于挤出和压延成型，能提高加工效率，防止薄膜等粘连，且有利于填料或颜料在聚合物基质中的分散。

6.2.2　脂肪酸酰胺类润滑剂

用作材料加工用润滑剂的脂肪酸酰胺主要有脂肪单酰胺和亚烷基脂肪双酰胺。材料加工用脂肪酸酰胺类润滑剂结构式和物理性质见表6-1。

表6-1　材料加工用脂肪酸酰胺类润滑剂

名　称	结构式	外　观	熔点/℃
硬脂酰胺	$CH_3(CH_2)_{16}C(=O)—NH_2$	白色片状结晶	108～109
油酰胺	$CH_3(CH_2)_7CH═CH(CH_2)_7C(=O)—NH_2$	白色结晶	75～76
乙二胺双硬脂酰胺	$C_{17}H_{35}—C(=O)—NHCH_2CH_2NHC(=O)—C_{17}H_{35}$	白色粒状	141～142

酰胺类润滑剂由脂肪酸与氨直接反应制备，反应式如下。

$$R—COOH+NH_3 \xrightarrow[-H_2O]{\triangle} R—CONH_2 \qquad R为C_{18}饱和或不饱和直链烷基$$

产物大多同时具有外部和内部润滑作用，其中硬脂酰胺、油酰胺的外部润滑性质优良，多用作聚乙烯、聚丙烯、聚氯乙烯等的润滑剂和脱模剂，以及聚烯烃的爽滑剂和薄膜抗粘剂。乙二胺双硬脂酰胺在多种热塑性和热固性塑料以及橡胶加工中，作为润滑剂和脱模剂使用。

6.2.3　脂肪酸酯类润滑剂

作为润滑剂的酯类主要是高级脂肪酸的一元醇酯和多元醇单酯。材料加工用脂肪酸酯润滑剂的结构式和物理性质见表6-2。

表6-2　材料加工用脂肪酸酯润滑剂

名　称	结构式	外　观	沸(熔)点/℃
硬脂酸丁酯	$CH_3(CH_2)_{16}COOC_4H_9$	浅黄色液体	195～220(533.3Pa)
硬脂酸甘油酯	$CH_3(CH_2)_{16}COOCH_2—CH(OH)—CH_2OH$	无色油状液体	—
油酸甘油酯	$CH_3(CH_2)_7CH—CH(CH_2)_7C(=O)—O—CH_2—CH(OH)—CH_2(OH)$	淡黄色油状液体	—
聚乙二醇油酸酯	$CH_3(CH_2)_7CH—CH(CH_2)_7C(=O)—(OCH_2CH_2)_8—OH$	浅琥珀色油状液体	—

这类润滑剂可由脂肪酸与醇直接反应，或油脂与醇进行酯交换反应而得，以硬脂酸丁酯和硬脂酸甘油酯为例，反应式如下。

$$CH_3(CH_2)_{16}COOH + \underset{OH}{CH_2}-\underset{OH}{CH}-\underset{OH}{CH_2} \xrightarrow[-H_2O]{H^+} CH_3(CH_2)_{16}COO-CH_2-\underset{OH}{CH}\underset{OH}{CH_2}$$

$$\begin{array}{l} CH_2OC(O)-(CH_2)_{16}CH_3 \\ | \\ CHOC(O)-(CH_2)_{16}CH_3 \\ | \\ CH_2OC(O)-(CH_2)_{16}CH_3 \end{array} + 3C_4H_9OH \xrightarrow{\triangle} 3(CH_3-CH_2)_{16}C(O)-O-C_4H_9 + \begin{array}{l} CH_2-OH \\ | \\ CH-OH \\ | \\ CH_2-OH \end{array}$$

多数脂肪酸酯兼具润滑剂和增塑剂性质，如硬脂酸丁酯便是氯丁橡胶的增塑剂。若合成脂肪酸单酯的醇是支链醇，产品除在压延硬质或半硬质片材、半硬质电线和电缆混料中用作润滑剂之外，还可用作酚醛注模混料和尼龙树脂的中间润滑剂，适用于透明材料。脂肪酸的多元醇单酯是高效的内润滑剂，可用于硬质聚氯乙烯、压延的硬质片材、注塑制品及型材加工中，特别适合在半硬质聚氯乙烯挤压电线和电缆中用作内润滑剂。此外，还具有抗静电、抗积垢作用。脂肪酸酯多与其他润滑剂并用或制成复合润滑剂使用。

6.2.4　脂肪酸及其金属皂

直链脂肪酸及其相应的金属盐具有多种功能，其中硬脂酸［$CH_3-(CH_2)_{16}-COOH$］和月桂酸［$CH_3-(CH_2)_{10}-COOH$］常作为润滑剂使用，它们均为白色固体，无毒，主要由油脂水解而得；除用作润滑剂外，还兼具软化剂和硫化活性剂等多种功能。由于其对金属导线有腐蚀作用，一般不用于电缆等塑料制品。

常用作软化剂的脂肪酸金属皂主要是硬脂酸盐，包括硬脂酸锌、硬脂酸钙、硬脂酸铅和硬脂酸钠等。前三个品种均是由硬脂酸钠与相应的金属盐发生复分解反应而制得的。硬脂酸锌呈白色粉末状，是兼具内润滑性和外润滑性的软化剂，可保持透明聚氯乙烯制品的透明度和初始色泽；在橡胶中兼具硫化活性剂、润滑剂、脱模剂和软化剂等功能。硬脂酸钙可用于硬质和软质聚氯乙烯混料的挤塑、压延和注塑加工，在聚丙烯生产中，作为软化剂和金属清除剂使用。硬脂酸铅经常与硬脂酸钙复合使用，作为硬质聚氯乙烯混料的润滑剂和共稳定剂。但因铅盐有毒，近年来用量在逐渐减少。硬脂酸钙与硬脂酸锌的复合物在聚乙烯、聚丙烯挤压和模塑加工中作润滑剂和脱模剂，还适用于不饱和树脂的预制整体模塑料和片状成型料。硬脂酸钠则用作高抗冲聚苯乙烯、聚丙烯和聚碳酸酯塑料的润滑剂，具有优良的耐热褪色性能，且软化点较高。

6.2.5　脂肪醇

作为润滑剂使用的醇类，主要是含有 16 个碳原子以上的饱和脂肪醇，如硬脂醇（$C_{18}H_{37}OH$）和软脂醇（$C_{16}H_{33}OH$）等。高级脂肪醇具有初期和中期润滑性效果，与其他润滑剂混合性良好，能改善其他润滑剂的分散性，故经常作为复合润滑剂的基本组成之一。高级醇与聚氯乙烯相容性好，具有良好的内部润滑作用；与金属皂类、硫醇类及有机锡稳定剂并用效果良好；此外，由于高级醇类透明性好，故也作为聚苯乙烯的润滑剂。

6.2.6　有机硅氧烷

有机硅氧烷俗称硅油，是低分子量含硅聚合物，因其很低的表面张力，较高的沸点和对加工模具及材料的惰性，常作为脱模剂使用。

① 聚二甲基硅氧烷　亦称二甲基硅油或硅油，为无色、无味的透明黏稠液体，不挥发，无毒。它是由二甲基二氯硅烷水解成相应的醇，同时加入少量的三烷基硅醇作为封闭剂，一起进行缩聚而成的。反应式如下。

$$(CH_3)_2SiCl_2+2H_2O \longrightarrow HO-\overset{\displaystyle CH_3}{\underset{\displaystyle CH_3}{\overset{|}{\underset{|}{Si}}}}-OH+2HCl$$

二甲基二氯硅烷　　二甲基硅二醇

$$(CH_3)_3SiCl+H_2O \longrightarrow H_3C-\overset{\displaystyle CH_3}{\underset{\displaystyle CH_3}{\overset{|}{\underset{|}{Si}}}}-OH+HCl$$

三甲基氯硅烷　　三甲基硅醇

$$2H_3C-\overset{\displaystyle CH_3}{\underset{\displaystyle CH_3}{\overset{|}{\underset{|}{Si}}}}-OH+nHO-\overset{\displaystyle CH_3}{\underset{\displaystyle CH_3}{\overset{|}{\underset{|}{Si}}}}-OH \xrightarrow{-nH_2O} H_3C-\overset{\displaystyle CH_3}{\underset{\displaystyle CH_3}{\overset{|}{\underset{|}{Si}}}}-(O-\overset{\displaystyle CH_3}{\underset{\displaystyle CH_3}{\overset{|}{\underset{|}{Si}}}})_n-O-\overset{\displaystyle CH_3}{\underset{\displaystyle CH_3}{\overset{|}{\underset{|}{Si}}}}-CH_3$$

聚二甲基硅烷具有优良的耐高、低温性能，透光性能，电性能，防水、防潮性和化学稳定性，广泛用作塑料等多种材料的脱模剂，特别适用于酚醛、不饱和聚酯等大规模的脱模。

② 聚甲基苯基硅氧烷　亦称为甲基苯基硅油，为无色或微黄色透明黏稠液体，不挥发。合成反应同聚二甲基硅氧烷的制备，只是将原料二甲基二氯硅烷改为甲基苯基二氯硅烷即可。产品的结构式如下。

$$H_3C-\overset{\displaystyle CH_3}{\underset{\displaystyle CH_3}{\overset{|}{\underset{|}{Si}}}}-\left[O-\overset{\displaystyle CH_3}{\underset{\displaystyle C_6H_5}{\overset{|}{\underset{|}{Si}}}}\right]_n-O-\overset{\displaystyle CH_3}{\underset{\displaystyle CH_3}{\overset{|}{\underset{|}{Si}}}}-CH_3$$

6.2.7 聚四氟乙烯

聚四氟乙烯由四氟乙烯经氧化还原聚合而得。在搪瓷或不锈钢聚合釜中，以水为介质，过硫酸钾为引发剂，加入少量分散剂全氟羧酸铵盐和稳定剂氟碳化合物。四氟乙烯单体以气相进入聚合釜，调节釜内温度至25℃，然后加入一定量的活化剂（偏重亚硫酸钠），通过氧化还原体系进行引发聚合。聚合过程中不断补加单体，保持聚合压力0.49～0.78MPa，聚合后所得到的分散液用水稀释至一定浓度，并调节到15～20℃，以机械搅拌凝聚后，经水洗、干燥，即得到细粒状树脂。

聚四氟乙烯是一种适用于各种介质的通用型润滑性粉末，可快速涂抹形成干膜，以用作石墨、钼和其他无机润滑剂的代用品，适于热塑性和热固性聚合物的脱模剂，承载能力优良，此外在弹性体和橡胶工业中也广泛使用。

6.3 润滑剂发展趋势

目前，塑料加工用润滑剂日益向精细、多功能、适用于高速高温加工的复合型润滑剂方向发展。美国 Syhthetic Products Co. 有四种粉末硬脂酸盐供应市场。据称，该产品在称量混合时容易流动、分散，用于PP、HDPE、LLDPE，除了润滑功能外，还有清除残余催化剂作用；用于硬型材可以减少压析现象。另外，美国 Custon Compounding Inc. 生产的聚四氟乙烯用润滑剂为白色粉末，无污染，在接近300℃时熔融，耐高温，尤其适用于聚酰胺、聚酰亚胺等工程塑料的加工。

除了高温润滑剂之外，复合润滑剂亦发展较快。复合润滑剂使用方便，内、外润滑平衡，加工中初期、中期、后期润滑效果亦平衡。如美国 Hoechst 公司生产的酯蜡复合物用于PVC硬管加工，其内、外润滑作用平衡，可用于单螺杆或多螺杆挤出机中；其酯蜡/金属皂复合物则用于多螺杆挤出加工中。

工程塑料一般分子量高，极性较大，加工温度高。若仅是将 PVC 用内部润滑剂用于工程塑料的加工未必能满足其加工要求。例如，高温加工时硬脂酸钙容易分解生成硬脂酮和烃，具有初期着色性。对此，一些公司相继推出新型润滑剂以适应工程塑料的高温加工性。如赫司特公司推出的长链烷基褐煤酸金属皂，耐热性可达 260℃以上。

因此，为了满足塑料高速高温加工操作以及多功能条件，应考虑开拓掺有多种润滑剂、稳定剂的复合润滑剂体系，提高这些复合物的内在质量，研究它们与 PVC、PS 等通用工程塑料的相容性及有效性，以最大限度地发挥复合物的润滑、稳定、抗静电、脱模等功能。

参 考 文 献

1 吕世光. 塑料橡胶助剂手册. 北京：中国轻工业出版社，1995
2 吕百龄. 实用工业助剂手册. 北京：化学工业出版社，2001
3 Clariant. Lubricants for Plastics Processing. 1998
4 Clariant. Licomont General Survey. 2000
5 Clariant. Montan Waxes for Plastics Processing. 1999
6 Fahey T E，Falther J A. Rosen M. J Vinyl Technol，1988，10 (1)：41
7 Maties Marius I，Coserin Carolina. Mater Plat (Bucharest)，1985，22 (1)：46
8 王克智. 江苏化工，1992，(3)

第3篇 物理改性剂

第7章 增塑剂

增塑剂是一种加入到聚合物中能增加其可塑性、柔韧性或膨胀性的物质。一些常用的热塑性高分子聚合物具有高于室温的玻璃化温度（T_g），在此温度以下，聚合物处于脆性状态；在此温度以上，高分子聚合物呈现较大的回弹性、柔韧性和冲击强度。为了使高分子聚合物具有实用价值，就必须使其玻璃化温度降到使用温度以下，增塑剂的加入就起到了这种作用。

增塑剂的主要作用是削弱聚合物分子间的次价键，即范德华力，从而增加了聚合物分子链的移动性，降低了聚合物分子链的结晶性，即增加了聚合物的塑性，表现为聚合物的硬度、模量、转化温度和软化温度的下降，以及伸长率、挠曲性和柔韧性的提高。

增塑剂产量的80%以上是用于聚氯乙烯（PVC）的增塑，其余则主要用于纤维素树脂、乙酸乙烯酯树脂、ABS树脂以及橡胶。所以本章重点是介绍PVC用增塑剂的类型及发展状况。

7.1 增塑机理

7.1.1 增塑作用的表观理论

关于增塑剂的作用机理已经争论了近半个世纪。其比较经典的理论主要有润滑理论、凝胶理论、自由体积理论。

7.1.1.1 润滑理论

Brron、Clark和Debell等提出润滑理论，该理论认为增塑剂是起界面润滑剂的作用，聚合物能抵抗形变而具有刚性，是因为聚合物大分子间具有摩擦力（作用力）。增塑剂的加入能促进聚合物大分子间或链段间的运动，甚至当大分子的某些部分缔结成凝胶网状时，增塑剂也能起润滑作用而降低分子间的“摩擦力”，使大分子链能相互滑移。换言之，增塑剂产生了“内部润滑作用”。这个理论能解释增塑剂的加入使聚合物黏度减小，流动性增加，易于成型加工，以及聚合物的性质不会明显改变的原因。但单纯的润滑理论，还不能说明增塑过程的复杂机理，而且还可能与塑料的润滑作用原理相混淆。润滑作用原理的示意如图7-1所示。

7.1.1.2 凝胶理论

1927～1947年，Busse、Doolittle和Spurlin经过20年的研究，提出了凝胶理论。该理论认为聚合物（主要指无定形聚合物）的增塑过程是力图使组成聚合物的大分子分开，而大分子之间的吸引力又尽量使其重新聚集在一起的“时开时集”动态平衡的过程。在一定温度和浓度下，聚合物大分子间的“时开时集”，造成分子间存在若干物理“连接点”，这些“连接点”在聚合物中不是固定的，而是彼此不断接触“连接”，又不断分开。增塑剂的作用是有选择地在这些“连接点”处使聚合物溶剂化，拆散或隔断物理“连接点”，并把使大分子

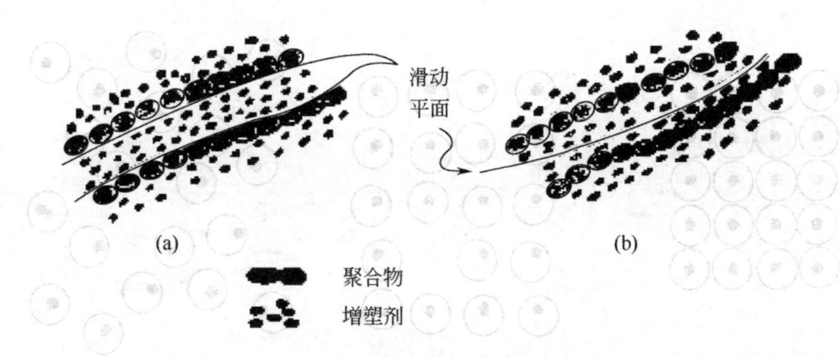

图 7-1　润滑作用原理的示意

链聚拢在一起的作用力中心遮蔽起来，导致大分子间的分开。这一理论更适用于增塑剂用量大的极性聚合物的增塑。而对于非极性聚合物的增塑，由于大分子间的作用力较小，认为增塑剂的加入，只不过是减少了聚合物大分子“连接点”的数目而已。凝胶作用示意如图 7-2 所示。

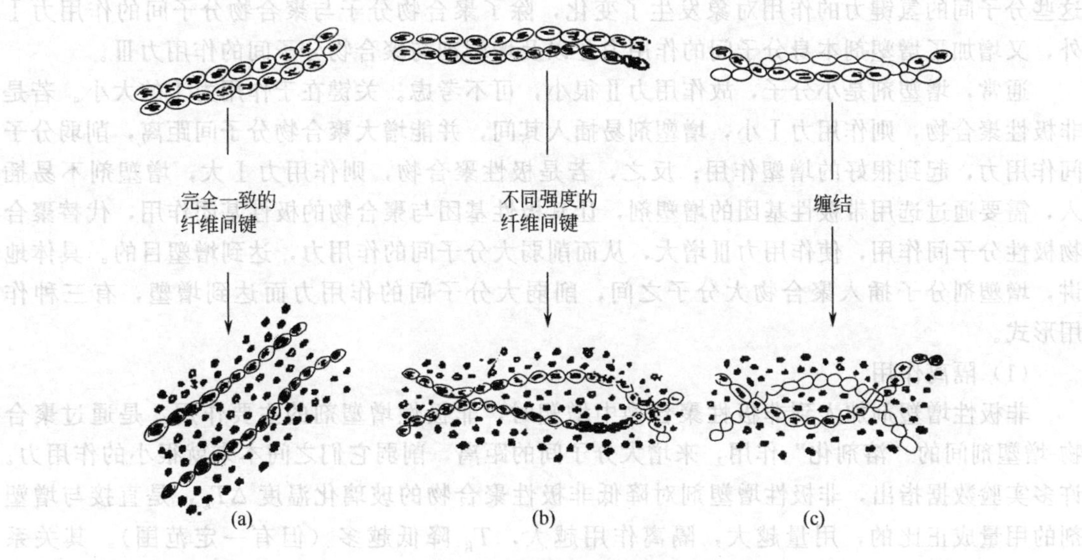

图 7-2　凝胶作用示意

7.1.1.3　自由体积理论

自由体积理论则认为，增塑剂加入后会增加聚合物的自由体积（自由体积指晶体、玻璃态和液体的自由空间，是它们在绝对零度时的体积同一温度下所测得的实际体积之差。主要由链段的移动、侧链的移动以及主链的移动决定；末端功能基增多、侧链增加、长度增加等都会使自由体积增大）。聚合物在玻璃化温度 T_g 时的自由体积是一定的，而增塑剂的加入，使大分子间距离增大，体系的自由体积增加，聚合物的黏度和 T_g 下降，塑性加大。显然，增塑的效果与加入增塑剂的体积成正比。但它不能解释许多聚合物在增塑剂剂量低时所发生的反增塑现象。聚合物自由体积示意如图 7-3 所示。

总之，高分子材料的增塑是由于材料中共聚物分子链间聚集作用的削弱而造成的。增塑剂插入到聚合物分子链之间，削弱了聚合物分子链间的引力，结果增加了聚合物分子链的移动性，降低了聚合物分子链的结晶度，从而使聚合物塑性增加。

7.1.2　增塑作用的微观机理

微观机理认为，聚合物分子中主要是因为范德华力、氢键等作用使得其具有抵抗外界形

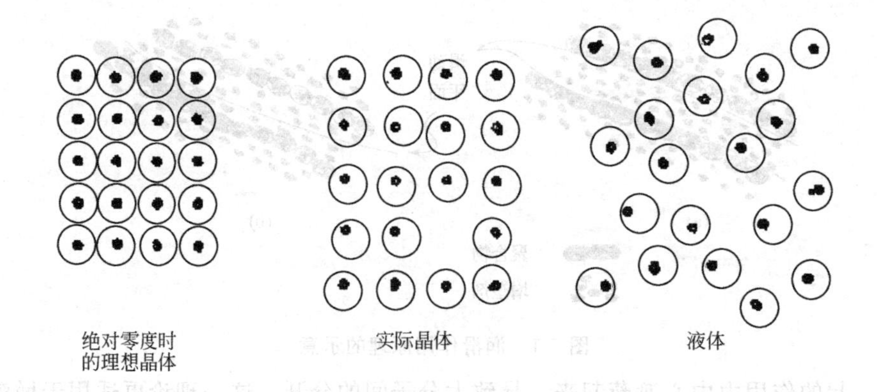

图 7-3 聚合物自由体积示意

变的能力，当聚合物中加入增塑剂时，在聚合物-增塑剂体系中，其相互作用力发生了变化，这些分子间的氢键力的作用对象发生了变化，除了聚合物分子与聚合物分子间的作用力Ⅰ外，又增加了增塑剂本身分子间的作用力Ⅱ以及增塑剂与聚合物分子间的作用力Ⅲ。

通常，增塑剂是小分子，故作用力Ⅱ很小，可不考虑。关键在于作用力Ⅰ的大小。若是非极性聚合物，则作用力Ⅰ小，增塑剂易插入其间，并能增大聚合物分子间距离，削弱分子间作用力，起到很好的增塑作用；反之，若是极性聚合物，则作用力Ⅰ大，增塑剂不易插入，需要通过选用带极性基团的增塑剂，让其极性基团与聚合物的极性基团作用，代替聚合物极性分子间作用，使作用力Ⅲ增大，从而削弱大分子间的作用力，达到增塑目的。具体地讲，增塑剂分子插入聚合物大分子之间，削弱大分子间的作用力而达到增塑，有三种作用形式。

(1) 隔离作用

非极性增塑剂加入到非极性聚合物中增塑时，非极性增塑剂的主要作用，是通过聚合物-增塑剂间的“溶剂化”作用，来增大分子间的距离，削弱它们之间本来就很小的作用力。许多实验数据指出，非极性增塑剂对降低非极性聚合物的玻璃化温度 ΔT_g，是直接与增塑剂的用量成正比的，用量越大，隔离作用越大，T_g 降低越多（但有一定范围）。其关系式如下。

$$\Delta T_g = BV$$

式中，B 为比例常数；V 为增塑剂的体积分数。

由于增塑剂是小分子，其活动较大分子容易，大分子链在其中的热运动也较容易，故聚合物的黏度减低，柔软性等增加。

(2) 相互作用

极性增塑剂加入到极性聚合物中增塑时，增塑剂分子的极性基团与聚合物分子的极性基团相互作用，破坏了原聚合物分子间的极性连接，减少了连接点，削弱了分子间的作用力，增大了塑性。其增塑效率与增塑剂的摩尔数成正比：

$$\Delta T_g = Kn$$

式中，K 为比例常数；n 为增塑剂的摩尔数。

(3) 遮蔽作用

非极性增塑剂加到极性聚合物中增塑时，非极性的增塑剂分子遮蔽了聚合物的极性基团，使相邻聚合物分子的极性基不发生或很少发生作用，从而削弱聚合物分子间作用力，达到增塑目的。

上述三种增塑作用不可能截然划分，事实上在一种增塑过程中，可能同时存在着几种作用。例如，以 DOP（见图 7-4）增塑 PVC 为例，在升高温度时，DOP 分子插入到 PVC 分子链间，一方面 DOP 的极性酯基与 PVC 的极性基相互作用，彼此能很好互溶，不相排斥，从而使 PVC 大分子间作用力减小，塑性增加；另一方面 DOP 的非极性亚甲基夹在 PVC 分子链间，把 PVC 的极性基遮蔽起来，也减少了 PVC 分子链间的作用力。这样在加工变形时，链的移动就容易了。DOP 的结构式如图 7-4 所示。

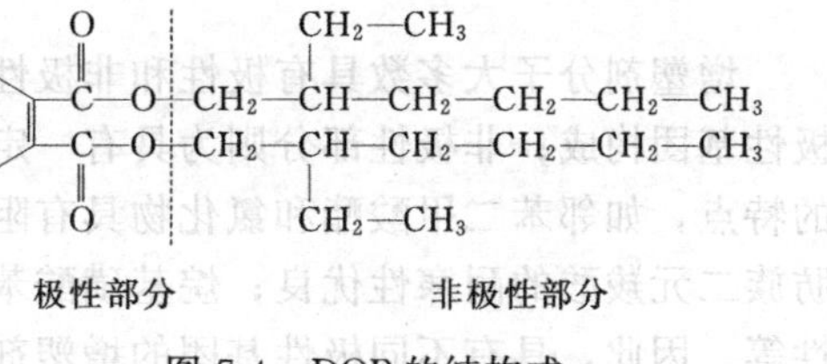

$CH_2—CH_3$

$C(=O)—O—CH_2—CH—CH_2—CH_2—CH_2—CH_3$

$C(=O)—O—CH_2—CH—CH_2—CH_2—CH_2—CH_3$

$CH_2—CH_3$

极性部分　非极性部分

图 7-4　DOP 的结构式

7.1.3　反增塑

当增塑剂加入聚合物中增塑时，在正常的情况下，由于分子间的作用力降低，因此弹性模量、拉伸强度等也相应降低，但伸长率和冲击强度等却随之增加（见图 7-5)，这种情况是正增塑。然而当增塑剂用量比较少时，很多增塑剂却对一些聚合物起到反增塑作用，即聚合物的拉伸强度、硬度增加，伸长率和冲击强度下降（见图 7-6)。产生反增塑的原因是由于少量增塑剂加入到聚合物中，产生了较多的自由体积，增加了大分子移动的机会，无定形物质中的大量流体部分生成新的结晶，因此许多树脂变得很有序列，而且排列得更紧密。此时，因为只有少量的增塑剂分子，它们以各种力（包括氢键）与树脂连接，几乎全部被固定了，需要吸收机械能，从而使少量的聚合物分子的自由移动受到限制，结果树脂与原来相比变得更硬，拉伸强度和模量都增大，但耐冲击性能变差、伸长率减小。反增塑有的是无定形的，有的是高度结晶的。氢键、范德华力、位阻和局部增大的分子有序排列，都限制了分子链的自由移动。

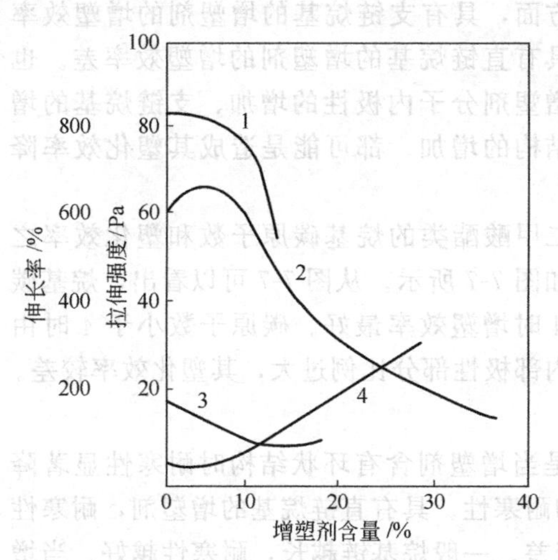

图 7-5　增塑剂（DOP）含量对 PVC 力学强度的影响

1—模量；2—拉伸强度；3—冲击强度；4—伸长度

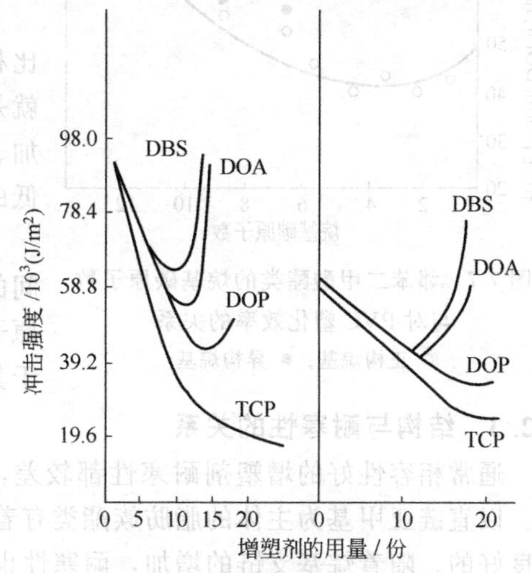

图 7-6　增塑剂的用量对聚氯乙烯冲击强度的影响

为了克服初始易产生的反增塑作用，对增塑效果差的增塑剂，加入量不妨大些；但增塑效果良好的增塑剂，如在 PVC 中添加很少量的邻苯二甲酸二辛酯，就可变反增塑为正增塑。

7.2 增塑剂的结构与增塑性能的关系

增塑剂分子大多数具有极性和非极性两个部分：极性部分常由酯基、氯原子、环氧基等极性基团构成；非极性部分则为具有一定长度的烷基。含有不同极性基团的化合物具有不同的特点，如邻苯二甲酸酯和氯化物具有阻燃性；环氧化物、双季戊四醇酯的耐热性能好；脂肪族二元羧酸的耐寒性优良；烷基磺酸苯酯耐候性好；柠檬酸酯及乙酰柠檬酸酯类具有抗菌性等。因此，具有不同极性基团的增塑剂具有不同的性质。当然，除极性基团外，增塑剂分子中其他部分的结构对增塑性能也有很大影响。

7.2.1 结构与相容性的关系

增塑剂与树脂的相容性跟增塑剂本身的极性及其二者的结构相似性有关。通常，极性相近且结构相似的增塑剂与被增塑树脂相容性好。

作为PVC的主增塑剂其烷基多含有4～10个碳原子，随着烷基碳原子数的进一步增加，其与PVC的相容性急速下降，因而目前工业上使用的邻苯二甲酸酯类的增塑剂的烷基碳原子数都不超过13个。不同结构的烷基其相容性顺序为：芳环＞脂环族＞脂肪族（如邻苯二甲酸二辛酯＞四氢化邻苯二甲酸二辛酯＞癸二酸二辛酯）。

环氧化合物、脂肪族二羧酸酯、聚酯和氯化石蜡与PVC的相容性差，多为辅助增塑剂。

7.2.2 结构与增塑效率的关系

从化学结构上看，低分子量的增塑剂较高分子量的增塑剂对PVC的增塑效率高，而随着增塑剂分子极性增加，烷基支链化强度提高和芳环结构增多，都会使增塑效率明显下降，在烷基碳原子数和结构相同的情况下，其增塑效率为己二酸酯＞邻苯二甲酸酯＞偏苯三酸酯。

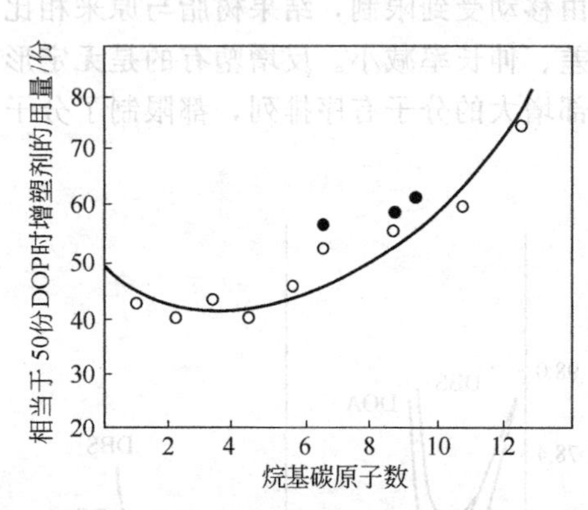

图7-7　邻苯二甲酸酯类的烷基碳原子数与对PVC塑化效率的关系
○ 正构烷基；● 异构烷基

另一方面，具有支链烷基的增塑剂的增塑效率比相应的具有直链烷基的增塑剂的增塑效率差。也就是说，增塑剂分子内极性的增加、支链烷基的增加、环状结构的增加，都可能是造成其塑化效率降低的原因。

邻苯二甲酸酯类的烷基碳原子数和塑化效率之间的关系如图7-7所示。从图7-7可以看出，烷基碳原子数为4时增塑效率最好。碳原子数小于4时由于其分子内部极性部分比例过大，其塑化效率较差。

7.2.3 结构与耐寒性的关系

通常相容性好的增塑剂耐寒性都较差，特别是当增塑剂含有环状结构时耐寒性显著降低。以直链亚甲基为主体的脂肪族酯类有着良好的耐寒性。具有直链烷基的增塑剂，耐寒性是良好的。随着烷基支链的增加，耐寒性也相应变差。一般烷基链越长，耐寒性越好。当增塑剂具有环状结构或烷基具有支链结构时，由于低温下环状结构或支链结构在聚合物分子链中的运动困难其耐寒性较差。不同结构酯类增塑剂其耐寒性顺序为：芳环＜脂环族＜脂肪族（如邻苯二甲酸二辛酯＜四氢化邻苯二甲酸二辛酯＜癸二酸二辛酯）。

目前，作为耐寒性增塑剂使用的主要是脂肪族二元酸酯，直链醇的邻苯二甲酸酯、二元醇的脂肪酸以及环氧脂肪酸单酯等都具有良好的低温性能。据报道，*N*,*N*-二取代脂肪族酰胺、环烷二羧酸酯以及氯甲基脂肪酸酯等的低温性能也非常好。

7.2.4 结构与耐老化性的关系

塑化物的耐老化性与增塑剂有很大关系。塑化物在200℃左右的加工温度下，一般酯类增塑剂会发生如下的热分解。

$$\begin{matrix} R & & H\leftarrow O & & \\ & \diagdown C & & \diagdown C-R' \\ H & & CH_2-O & \end{matrix} \longrightarrow R-CH=CH_2 + HO-\underset{\underset{O}{\|}}{C}-R'$$

单从上式来看，似乎β-碳原子上氢原子少的醇，其热稳定性好。但实际上热稳定性顺序为：邻苯二甲酸二正辛酯>邻苯二甲酸二辛酯（2-乙基己醇）。这是因为叔氢原子更容易受羰基吸引而氧化分解，换言之，烷基支链多的增塑剂，耐热性就相对差些；具有支链醇酯增塑剂的耐热性比相应的正构醇酯差。

在增塑剂中加入抗氧剂可显著改善其热稳定性。

具有R^1R^2RCH碳链结构的增塑剂，易生成叔丁基游离基，耐热性、耐氧化性差，但具有$R^3R^2R^1RC$碳链结构的增塑剂，则对热、氧都稳定，这是因为季碳原子上没有氢的缘故。

环氧增塑剂不仅可以防止制品加工时的着色，而且还能使制品具有良好的耐候性。因此环氧增塑剂又可以作为稳定剂使用。

7.2.5 结构与耐久性的关系

增塑剂的耐久性与增塑剂本身的分子量及分子结构有密切的关系。要得到良好的耐久性，增塑剂相对分子质量在350以上是必要的，相对分子质量在1000以上的聚酯类和苯多酸酯类（如偏苯三酸酯）增塑剂都有良好的耐久性。它们多用在电线、电缆、汽车内制品等一些耐久性的制品上。耐久性包括耐挥发性、耐抽出性和耐迁移性。

(1) 结构与耐挥发性的关系

分子量小的增塑剂挥发性大，同时，一般与PVC树脂相容性好的增塑剂其挥发性较大；分子内具有体积较大的基团的增塑剂，由于它们在塑化物内扩散比较困难，所以挥发性较小。聚合型增塑剂（如聚酯类）由于分子量较大，所以耐挥发性良好。如果仅从耐挥发性来考虑，增塑剂的相对分子质量最好在500以上。

在常用的邻苯二甲酸酯中DBP挥发性最大，DIDP、DTDP挥发性较小；同时正构醇的邻苯二甲酸酯的挥发性比相应的支链醇酯的挥发性要小。在环氧类中，环氧化油类的挥发性最小，环氧四氢邻苯二甲酸酯类次之，而环氧脂肪酸单酯的挥发性较大。在常用的脂肪族二元酸酯中，DOS的挥发性最小，DIDA、DOA次之，而DOA的挥发性较大。

聚酯类、环氧化油类、DTDP、偏苯三酸酯和双季戊四醇酯类等低挥发性的耐热增塑剂，多用在电线、电缆、汽车内制品等需要耐高温的地方。

(2) 结构与耐抽出性的关系

耐抽出性包括耐油性、耐溶剂性、耐水性和耐肥皂水性等。

在增塑剂分子结构中，其烷基相对比例大些的，则被汽油或油类溶剂抽出的倾向大一些；相反，苯基、酯基多的极性增塑剂和烷基支链多的增塑剂就难被油抽出，这是因为增塑剂分子在塑化物中扩散更困难的缘故。例如在单体型增塑剂中，像DBP、NDP、TCP等是耐油性较好的增塑剂；相反，分子中烷基比例大的，耐水性和耐肥皂水性更良好。大部分的增塑剂都难于被水抽出，所以用普通的增塑剂生产的经常与水接触的或常用水洗涤的PVC软制品，可以比较长期地使用。但是在常与油类接触的情况下，由于一般增塑剂易被油类抽出，所以必须使用耐油性优良的聚酯类增塑剂。

聚酯类增塑剂的性质随着所用原料（二元酸、二元醇）的不同以及端基的不同而有所不同，但对其性能影响最大的仍然是分子量。高分子量的聚酯耐挥发性、耐抽出性和耐迁移性良好，但耐寒性和塑化效率较差。相对分子质量在1000左右的聚酯类增塑剂的耐油性较差，所以不能无视其耐抽出性。聚酯的端基为长链醇或脂肪酸等时，耐油性略有降低。尽管如此，一般来讲，聚酯类增塑剂是耐久性优良的增塑剂，多用于需要耐油和耐热的制品中。

（3）结构与耐迁移性的关系

增塑剂分子量大的，具有支链结构或环状结构的增塑剂是较难迁移的，如DNP、TCP及聚酯类增塑剂。

7.2.6 结构与毒性的关系

一般的增塑剂（除少数品种外）或多或少都是有一定毒性的。例如，邻苯二甲酸酯类能引起所谓肺部休克现象。允许用于食品包装的邻苯二甲酸酯类品种，各国有不同的标准。

脂肪族二元酸酯是毒性很低的一类增塑剂。如DBS用于食品包装薄膜，对人基本上没有潜在的危险，据称是对皮肤无刺激的无毒增塑剂。

含氯增塑剂中氯化石蜡基本上无毒，但氯化芳香烃比氯化脂肪烃的毒性要强得多，氯化萘损害肝脏，氯化联苯类毒性更强，中毒后引起肝脏严重病变。

环氧增塑剂是毒性较低的一类增塑剂。

柠檬酸酯类增塑剂是无毒增塑剂。

磷酸酯是毒性较强的增塑剂，只有磷酸二苯-2-乙基己酯（DPO）是美国食品及药物管理局（FDA）允许用于食品包装的唯一磷酸酯类增塑剂。

7.3 增塑剂的种类、合成及性质

7.3.1 增塑剂的种类

由于增塑剂的种类繁多，性能、用途各异，常用的分类方法有以下几种。

（1）按化学结构分类

① 有机酸酯类　邻苯二甲酸酯类、苯多羧酸酯类、柠檬酸酯类、苯甲酸酯。

② 磷酸酯类　脂肪族二元酸酯类。

③ 聚酯类　己二酸丙二醇类聚酯、壬二酸类聚酯。

④ 环氧酯类　环氧化油、环氧脂肪酸酯和环氧四氢邻苯二甲酸酯等。

⑤ 含氯化合物类　各种含氯的氯化石蜡产品。

⑥ 其他增塑剂　如间苯二甲酸酯和对苯二甲酸酯、硬脂酸酯等。

（2）按应用性能分类

① 通用型　普遍可以采用但无特效性能的增塑剂。

② 特殊增塑剂　除增塑作用外尚有其他功能的增塑剂，如脂肪族二元酸酯，因具有良好的低温柔曲性能称为耐寒增塑剂；磷酸酯有阻燃性能称为阻燃增塑剂；其他尚有耐热性增塑剂、稳定性增塑剂以及无毒、防雾、耐污染等各种专用增塑剂。

（3）按作用方式分类

① 外增塑剂　指在配料加工过程中加入的增塑剂。

② 内增塑剂　有时为了获得某些性质可对起始的聚合物进行化学改性，或利用化学方法合成具有柔软或优良低温性能的有关聚合物而添加的增塑剂就称为内增塑剂。

7.3.2 有机酸酯类

7.3.2.1 邻苯二甲酸酯

这类增塑剂是目前应用最广泛的一类主增塑剂。它具有色浅、低毒、多品种、电性能好、挥发性小、耐低温等特点，具有比较全面的性能，其生产量占增塑剂总产量的80%左右。结构式如下。

$$\mathrm{C_6H_4(COOR^1)(COOR^2)}$$

其中，R^1、R^2 是 C_1～C_{13}的烷基、环烷基、苯基、苄基等。

R^1、R^2 为 C_5 以下的低碳醇酯常作为PVC增塑剂，如邻苯二甲酸二丁酯是分子量最小的增塑剂，因为它的挥发度太大，耐久性差，近年来在PVC工业中已逐渐被淘汰，而转向于黏合剂和乳胶漆中用作增塑剂。

在高碳醇酯方面，最重要的代表是邻苯二甲酸二(2-乙基)己酯，通常也称为二辛酯(DOP)。它是一种带有支链的醇酯，用量及产量也最大。在中国，DOP占增塑剂总量的45%；在美国约占25%；在日本占55%。

常用的邻苯二甲酸酯类增塑剂见表7-1。

表7-1 常用的邻苯二甲酸酯类增塑剂

化学名称	商品名称	相对分子质量	外观	沸点/℃	凝固点/℃	闪点/℃
邻苯二甲酸二丁酯	DBP	278	无色透明液体	340(760mmHg)	−35	170
邻苯二甲酸二庚酯	DHP	362	无色透明油状液体	235～240(10mmHg)	−46	193
邻苯二甲酸二辛酯	DOP	390	无色油状液体	387(760mmHg)	−55	218
邻苯二甲酸二正辛酯	DNOP	390	无色油状液体	390(760mmHg)	−40	219
邻苯二甲酸二异辛酯	DIOP	391	无色黏稠液体	229(5mmHg)	−45	221
邻苯二甲酸二壬酯	DNP	439	透明液体	230～239(5mmHg)	−25	219
邻苯二甲酸二异癸酯	DIDP	446	无色油状液体	420(760mmHg)	−35	225
邻苯二甲酸丁辛酯	BOP	334	油状液体	340(740mmHg)	−50	188
邻苯二甲酸丁苄酯	BBP	312	无色油状液体	370(760mmHg)	−35	199
邻苯二甲酸二环己酯	DCHP	330	白色结晶状粉末	220～228(760mmHg)	−65	207
邻苯二甲酸二仲辛酯	DCP	391	无色黏稠液体	235(5mmHg)	−60	201
邻苯二甲酸二(十三烷基)酯	DTDP	531	黏稠液体	280～290(4mmHg)	−35	243
丁基邻苯二甲酰基乙醇酸丁酯	BPBG	336	无色油状液体	219(5mmHg)	−35	199

注：1mmHg=133.322Pa。

邻苯二甲酸酯的制备，一般是由邻苯二甲酸酐与一元醇直接酯化而成。

$$\text{邻苯二甲酸酐} + 2\mathrm{ROH} \xrightleftharpoons{\mathrm{H^+}} \mathrm{C_6H_4(COOR)_2}\ (\text{邻苯二甲酸酯}) + \mathrm{H_2O}$$

邻苯二甲酸酐　一元醇　　　邻苯二甲酸酯

采用不同的一元醇，可以制得各种不同的邻苯二甲酸酯。

邻苯二甲酸酐酯化，一般有两种方法，即酸催化和非酸催化。酸催化中常用的酸有硫酸、对甲苯磺酸、磷酸等。但酸性催化剂比较容易引起副反应，致使所制得的增塑剂着色。国外20世纪60年代研究开发了一系列非酸催化剂，主要有英国B. F. Goodrich公司开发的钛酸酯，由德国Hols公司最早使用的氧化铝，含水 Al_2O_3 + NaOH 等两性催化剂，碱土金属化合物等。

7.3.2.2 脂肪族二元酸酯

此类增塑剂的低温性能优于DOP，是一种优良的耐寒性增塑剂。在商品化品种中，耐寒性最佳的应属DOS。后者塑化效率大于DOP，黏度低且配制塑料糊的稳定性好；但其相容性差，耐油性差，电绝缘性能、耐霉菌性、γ射线稳定性均不及DOP，价格也较贵，因此目前主要用作改进低温性能的辅助增塑剂。常见的脂肪族二元酸酯增塑剂见表7-2。

表7-2 常见的脂肪族二元酸酯增塑剂

化学名称	商品名称	相对分子质量	外观	沸点/℃	凝固点/℃	闪点/℃
己二酸二辛酯	DOA	370	无色油状液体	210(5mmHg)	−60	193
己二酸二异癸酯	DIDA	427	无色油状液体	245(5mmHg)	−66	227
壬二酸二辛酯	DOZ	422	无色液体	376(760mmHg)	−65	213
癸二酸二丁酯	DBS	314	无色液体	349(760mmHg)	−11	202
癸二酸二辛酯	DOS	427	无色油状液体	270(4mmHg)	—	241
己二酸610酯	—	378	无色液体	240(5mmHg)	—	204
己二酸810酯	—	400	无色液体	260(5mmHg)	—	—
己二酸二(丁氧基乙氧基)乙酯	—	435	无色液体	350(4mmHg)	—	—
马来酸二辛酯	DOM	341	无色液体	203(5mmHg)	−50	180

注：1mmHg=133.322Pa。

近几年出现了一种十二烷二羧酸酯，可以经过十二烷二羧酸与醇进行酯化反应来制备。这种增塑剂原料来源丰富，低温性能又好，是一种有前途的耐寒增塑剂。但由于相容性、价格及综合平衡各方面性能等因素，所以至今尚未大量使用，只能作为改进耐寒性能的辅助增塑剂。

7.3.2.3 多元醇酯

多元醇酯主要指由二元醇、多缩二元醇、三元醇、四元醇与饱和脂肪一元羧酸或苯甲酸生成的酯类。常用的结构类型如下。

(1) 季戊四醇酯和双季戊四醇酯

季戊四醇酯和双季戊四醇酯是性能独特的多元醇酯，特别是双季戊四醇酯是具有优良的耐热性、耐老化性及耐抽出性的增塑剂，其电性能也很好，可作为耐热增塑剂，用于高温电绝缘材料配方中。

双季戊四醇酯比季戊四醇酯的实用意义更大，这是因为双季戊四醇酯的增塑性能优于季戊四醇酯，其耐热性、耐老化性、耐抽出性及电性能均很优良，挥发性低，加工性能也好。然而由于价格较贵，至今主要用于高温电绝缘材料。工业化商品有日本的ADK Cizer K-2，英国Bisoflex PCB及美国Hercoflex 707、Hercoflex 660等。美国BP Chemicals，美国Hercules及Pacific Vegetalbe Oil和Teknor Apex等均大量生产。

双季戊四醇酯包括醚型和酯型两大类。

① 醚型 其结构式如下。

$$RCOOCH_2-\underset{CH_2OOCR}{\overset{CH_2OOCR}{\underset{|}{\overset{|}{C}}}}-CH_2-O-\left[CH_2-\underset{CH_2OOCR}{\overset{CH_2OOCR}{\underset{|}{\overset{|}{C}}}}-CH_2-O\right]_n-OCR$$

$n=1\sim2$，R为$C_4H_9\sim C_9H_{19}$ 平均相对分子质量$\overline{M}=842$

② 酯型 其结构式如下。

$$RCOOCH_2-\underset{CH_2OOCR}{\overset{CH_2OOCR}{C}}-CH_2-O-\overset{O}{\overset{\|}{C}}-(CH_2)_n-\overset{O}{\overset{\|}{C}}-O-CH_2-\underset{CH_2OOCR}{\overset{CH_2OOCR}{C}}-CH_2OOCR$$

$n=4\sim10$，R为$C_4H_9\sim C_9H_{19}$　　平均相对分子质量$\overline{M}=622$

双季戊四醇酯的醚型结构增塑剂是由双季戊四醇与脂肪酸酯化而成，双季戊四醇酯的酯型结构增塑剂是由2mol季戊四醇与1mol $C_4\sim C_{10}$饱和脂肪二元酸、6mol $C_4\sim C_9$脂肪酸经酯化而得到。采用不同的脂肪酸、不同的饱和脂肪二元酸以及不同的配料比时，所得到的成品性质也有差异。

(2) 多元醇苯甲酸酯

多元醇苯甲酸酯类增塑剂主要是二元醇（多缩二元醇）的苯甲酸酯，它们是性能优良的耐污染性增塑剂，特别是一缩二（1,2-丙二醇）二苯甲酸酯及2,2,4-三甲基-1,3-戊二醇异丁酸苯甲酸酯的耐污染性很好，通常与PVC树脂相容性好。分子中含有苯环及支链结构的增塑剂，其迁移性小，这样就可以防止由增塑剂迁移造成的污染，可作为PVC的主增塑剂。

多元醇苯甲酸酯的制备是由乙二醇及多缩二元醇与苯甲酸直接酯化而得。以乙二醇（多缩乙二醇）为例，其反应式如下。

$$2C_6H_5COOH+HO-(CH_2CH_2O)_n-H\longrightarrow C_6H_5COO-(CH_2CH_2O)_n-OCC_6H_5+2H_2O$$

反应可用对甲苯磺酸及甲酸和硫酸的混合物为催化剂，但是这些催化剂会腐蚀设备，产物不易提纯，且需用碱水洗涤，后处理复杂。利用分子筛为催化剂，酯化收率可达90%以上，且产物纯度高。

(3) 甘油三乙酸酯

甘油三乙酸酯也称丙三醇三乙酸酯，是一种无毒增塑剂。它具有广泛的用途，最大的用途是作为卷烟的过滤嘴——二醋酯纤维的增塑剂。可用于醋酸纤维、硝酸纤维等的增塑剂。

7.3.2.4 柠檬酸酯

柠檬酸酯类增塑剂主要包括柠檬酸酯及乙酰化柠檬酸酯，为无毒增塑剂，可用于食品包装、医疗器具、儿童玩具以及个人卫生用品等方面。

柠檬酸酯类增塑剂的主要品种有柠檬酸的三乙酯、三正丁酯、三己酯及乙酰柠檬酸的三乙酯、三正丁酯及三己酯。其制备方法是由柠檬酸与醇类在浓H_2SO_4存在下酯化，得到相应的柠檬酸三烷基酯，收率85%～95%。

柠檬酸三烷基酯的羟基可用醋酐进行乙酰化，得乙酰柠檬酸三烷基酯。其反应式如下。

$$HO-\underset{CH_2COOR}{\overset{CH_2COOR}{C}}-COOR+\begin{matrix}CH_3CO\\ \quad\ O\\ CH_3CO\end{matrix}\longrightarrow CH_3COO-\underset{CH_2COOR}{\overset{CH_2COOR}{C}}-COOR+CH_3COOH$$

柠檬酸乙酯及乙酰柠檬酸乙酯对各种纤维素都有极好的相容性，对某些天然树脂也有很好的溶解能力，可作为乙酸乙烯酯及其他各种纤维素衍生物的溶剂型增塑剂。另外，由于对油类的溶解度很低，因此可在耐油脂的配方中使用。乙酰基柠檬酸三乙酯主要用作乙基纤维素的增塑剂。醋酸纤维经其增塑后，很少挠曲，对光稳定。柠檬酸三丁酯可作为乙烯基树脂及纤维素的增塑剂，毒性很低，对含蛋白质的溶液有消泡性能；用于树脂中能防霉菌的生长；用于醋酸纤维素能提高光稳定性。FDA认为，乙酰基柠檬酸三丁酯是最安全的增塑剂之一。在无毒增塑剂中，柠檬酸酯类从价格和效果上来看，还算是一种比较经济的增塑剂。由于无气味，因此可用于较敏感的乳制品包装、饮料的瓶塞、瓶装食品的密封圈等；从安全角度看，更适用于软性儿童玩具。柠檬酸酯对多数树脂具有稳定作用，所以除具有无毒的性能外，也可以作为一种良好的通用型增塑剂。

7.3.2.5 苯多酸酯

苯多酸酯主要包括偏苯三酸酯和均苯四酸酯。苯多酸酯挥发性低，耐抽出性、耐迁移性好，具有类似聚酯增塑剂的优点；同时苯多酸酯的相容性、加工性、低温性能等又类似于单体型的邻苯二甲酸酯，所以它们兼具单体型增塑剂和聚酯增塑剂两者的优点。

偏苯三酸酯中消耗量最大的是1,2,4-偏苯三酸三异辛酯（TIOTM），其次是1,2,4-偏苯三酸三(2-乙基)己酯，通常称为偏苯三酸三辛酯（TOTM），1,2,4-偏苯三酸三异癸酯(TIMID)和偏苯三酸三(正辛正癸)酯(NODTM)。

偏苯三酸酯一般由1,2,4-偏苯三甲酸酐与醇在 H_2SO_4 催化下酯化而成。其反应式如下。

$$\text{HOOC-}C_6H_3(CO)_2O + 3C_8H_{17}OH \xrightarrow{H_2SO_4} H_{17}C_8OOC\text{-}C_6H_3(COOC_8H_{17})_2 + 2H_2O$$

偏苯三酸酯的生产工艺过程基本上和邻苯二酸酯的生产工艺过程相似。偏苯三甲酸酐是以芳构化（即铂重整）技术所提供的偏三甲苯为原料，经氧化生成1,2,4-苯三酸，再脱水生产出偏苯三酸酐。

$$H_3C\text{-}C_6H_3(CH_3)_2 \xrightarrow{[O]} \text{HOOC-}C_6H_3(COOH)_2 \xrightarrow{-H_2O} \text{HOOC-}C_6H_3(CO)_2O$$

偏苯三酸酐为聚氯乙烯的耐热和耐久增塑剂，与聚氯乙烯有较好的相容性，可作主增塑剂。它兼具聚酯增塑剂和单体型增塑剂的优点，其相容性、塑化性能、低温性能、耐迁移性、耐水抽出性、热稳定性均较聚酯增塑剂优良，只有耐油性不及聚酯增塑剂，仅适用于耐热电线和电缆料、高级人造革、增塑糊和涂料等中。

7.3.3 磷酸酯

磷酸酯是发展较早的一类增塑剂，它们与高分子材料的相容性好，可作主增塑剂使用。磷酸酯除具有增塑作用外，尚有阻燃作用，是一种多功能的主增塑剂。这也是引起塑料加工工业重视的主要原因。

磷酸酯有四种类型，即磷酸三烷基酯、磷酸三芳基酯、磷酸烷基芳基酯和含卤磷酸酯。

芳香族磷酸酯的低温性能很差，脂肪族磷酸酯的许多性能均与芳香族磷酸酯相似，但低温性能却有很大改善，在磷酸酯中三甲苯酯的产量很大，磷酸二苯酯次之，磷酸三苯酯居第三位。它们多用在需要具有难燃性的场合。

磷酸酯的工业生产方法可采用三氯氧化磷法和三氯化磷法，以磷酸二苯基异辛酯(DPOP)为例，其制备反应式如下。

$$POCl_3 + C_8H_{17}OH \longrightarrow PO(OC_8H_{17})Cl_2 + HCl$$

$$C_6H_5OH + NaOH \longrightarrow C_6H_5ONa + H_2O$$

$$PO(OC_8H_{17})Cl_2 + 2C_6H_5ONa \longrightarrow PO(OC_8H_{17})(OC_6H_5)_2 + 2NaCl$$

磷酸二苯基异辛酯（DPOP），几乎能与所有的主要工业用树脂和橡胶相容，与聚氯乙烯的相容性尤其好，可作主增塑剂用。具有阻燃性、低挥发性、耐寒性、耐候性、耐光性、耐热稳定性等特点，无毒，可改善制品的耐磨性、耐水性和电气性能，可作为聚氯乙烯的主增塑剂，但价格昂贵，使用受到限制，常用于聚氯乙烯薄膜、薄板，挤出和模型制品以及塑性溶胶，与DOP并用时能提高制品的耐候性。

含卤磷酸酯几乎全部作为阻燃剂使用。

7.3.4　聚酯

聚酯增塑剂为聚合型增塑剂中一种主要类型。聚酯增塑剂相对分子质量高（通常为2000～3000），耐久性、高温性能都优于单体型增塑剂，可用于高温绝缘材料、内部装饰材料等。聚酯增塑剂是由二元酸与二元醇经酯化、缩聚而得，其性能取决于分子量高低、分子链结构及封端剂种类。其中二元酸主要有己二酸、壬二酸、癸二酸和戊二酸；二元醇多为丙二醇、丁二醇、一缩二乙二醇等。相对分子质量在800～8000之间，结构式如下。

$$H{-}\!\!\left[OR{-}O{-}\overset{\displaystyle O}{\overset{\|}{C}}{-}R'{-}CO\right]_n\!OH$$

其中，R和R′分别代表原料二元醇和二元酸的烃基。这一结构是端基不封闭的聚酯，但大量商品聚酯增塑剂均用一元醇或一元酸封闭端基。如以一元醇封闭时，其结构式如下。

$$R''{-}O{-}\!\left[\overset{\displaystyle O}{\overset{\|}{C}}{-}R'{-}\overset{\displaystyle O}{\overset{\|}{C}}{-}OR{-}O\right]_n\!\overset{\displaystyle O}{\overset{\|}{C}}{-}R'{-}\overset{\displaystyle O}{\overset{\|}{C}}{-}OR''$$

其中，R″代表一元醇的烃基。若用一元酸封闭端基，其结构式如下。

$$R'''{-}\overset{\displaystyle O}{\overset{\|}{C}}{-}\!\left[ORO{-}\overset{\displaystyle O}{\overset{\|}{C}}{-}R'{-}\overset{\displaystyle O}{\overset{\|}{C}}\right]_n\!ORO{-}\overset{\displaystyle O}{\overset{\|}{C}}{-}R'''$$

其中，R‴代表一元酸的烃基。

聚酯增塑剂一般是按所用的二元酸分类，大致可分为己二酸类、壬二酸类、戊二酸类和癸二酸类等。在实际使用上，以己二酸类品种最多，重要的代表是己二酸丙二醇类聚酯。

7.3.5　环氧化物

环氧增塑剂是含有三元环氧基的化合物，20世纪40年代末应用于聚氯乙烯树脂加工业。它不仅对PVC有增塑作用，而且可使PVC链上的活泼氯原子得到稳定，可以迅速吸收因热和光降解出来的HCl。

$$HCl + \;{-}\underset{\diagdown\, O \,\diagup}{CH{-}CH}{-} \longrightarrow {-}\underset{OH}{\underset{|}{CH}}{-}\underset{Cl}{\underset{|}{CH}}{-}$$

这就大大减少了不稳定的氯代烯丙基共轭双键的形成，从而阻滞了PVC的连续分解，起到稳定剂的作用。所以说环氧化合物是一类对PVC等有增塑和稳定双重作用的增塑剂，它耐候性好，但与聚合物的相容性差，通常只作辅助增塑剂。

常用的环氧增塑剂有环氧化油、环氧脂肪酸单酯和环氧四氢邻苯二甲酸酯。

7.3.6　其他类型的增塑剂

除以上介绍的种类外，还有含氯化合物如氯化石蜡、五氯硬脂酸甲酯等。它们与PVC的相容性较差，一般热稳定性也不好，但有良好的电绝缘性，耐燃性好，成本低廉，因此常用在电线、电缆配方中，石油脂等也可作为低成本辅助增塑剂应用。

7.4 增塑剂的应用

7.4.1 增塑剂的性能要求及选用

作为一种优良的增塑剂，应具有许多优良的特性。

① 增塑剂与树脂良好的相容性是其发挥良好的增塑作用的先决条件。其相容性由溶度参数（SP值）决定。增塑剂的SP值与树脂的SP值越接近，相容性越好。表7-3给出了各种树脂的SP值。

表7-3 树脂的SP值

树脂名称	SP值	树脂名称	SP值	树脂名称	SP值
PVC	9.5	PS	9.1	丁腈橡胶	9.4～9.5
PE	7.9	PC	9.8	ABS	9.9
天然橡胶	7.9	PMMA	9.0～9.5	聚氨酯	10.0
聚异丁烯	8.4～8.6	聚乙酸乙烯酯	9.4	聚丙烯腈	14.5

② 作为一种增塑剂，应当是一种高沸点、低挥发性的化合物，这样能使制品在高温加工或升温过程中不致损失。

③ 增塑剂应当是一种具有稳定结构的不活泼化合物，对光、热和紫外线稳定性好，在高温下能保存于制品内，具有耐各种化学品萃取的能力。

④ 增塑剂还应具有耐污染、抗菌性好、电绝缘性好和黏度稳定性好等优点。

⑤ 增塑剂应具有无色、无味、无毒的特点。

增塑剂的另一个重要特点就是还应具有原料成本低、使用效率高的优点。实际上，要求一种增塑剂具备以上全部条件是不可能的。因此在大多数情况下，是把两种或两种以上增塑剂混合使用；或者是根据制品的需要、增塑剂商品的性能和市场情况，选择合适的增塑剂单独使用。

要选择一个综合性能良好的增塑剂，不仅要使塑料制品表现为弹性模量、玻璃化温度、脆化温度的下降，以及伸长率、挠曲性和柔软性提高，还要考虑气味小，光、氧稳定性良好，塑化效率高，加工性好以及成本低等因素。因此，选择应用增塑剂绝非一件易事，必须全面了解增塑剂的性能和市场情况（包括商品质量、供求情况、价格等）以及制品的性能要求，以便进行评比选择。另外，增塑剂的价格因素常常是选择时的关键性条件，所以要综合评价价格和性能的关系，来确定选用的增塑剂。各种增塑剂的重要性能优劣顺序见表7-4。

表7-4 各种增塑剂的重要性能优劣顺序

性能	优劣	顺序	性能	优劣	顺序
相容性	好	DBP>DOP>TCP>DOA>氯化石蜡	电磁性	好	TCP>氯化石蜡>DOP>DOA>DBP
挥发性	小	TCP>氯化石蜡>DOP>DOA>DBP	水抽出性	小	氯化石蜡>TCP>DOP>DOA>DBP
硬度	较大	DBP>DOA>DOP>TCP>氯化石蜡	石油抽出性	小	氯化石蜡>TCP>DBP>DOP>DOA
拉伸强度	高	TCP>DOP>DBP>氯化石蜡>DOS>DOA	燃烧性	小	氯化石蜡>TCP>DBP>DOP>DOA
耐寒性	好	DOA>DOS>DOP>DBP>氯化石蜡>TCP	耐热性	好	DOP>TCP>氯化石蜡>DOA>DBP

7.4.2 PVC中增塑剂的选用

到目前为止，邻苯二甲酸二（2-乙基）己酯（DOP）因其综合性能好，无特殊缺点，价格适中，生产技术成熟，产量较多等特点而占据着PVC用增塑剂的主导地位。无特殊性能要求的增塑制品均可采用 DOP 作为主增塑剂。

DOP 在 PVC 中的用量主要根据对 PVC 制品使用性能的要求来确定，此外还要考虑加工性能要求。DOP 添加比例越大，制品越柔软，PVC 软化点下降越多，流动性也越好，但过多添加会导致增塑剂渗出。

配方中其他组分对增塑剂恰当用量是不容忽视的。其中填料的影响最突出，无机填料大多具有显著的吸收增塑剂的性能，当配方中含有这类填料时，增塑剂用量必须比无填料的配方适当增加。表 7-5 列出了某些填料每一份吸收的增塑剂的量。

表 7-5　每一份填料吸收的增塑剂的量（以 DOP 计）

填料种类	轻质 $CaCO_3$	重质 $CaCO_3$	黏土	硅酸盐	二氧化硅	炭黑
相对吸收量	0.15	0.10	0.30	0.40	0.55	0.65

在选用其他种类增塑剂时，往往以 DOP 为标准增塑剂品种，以此为基础设计新的配方。在选用某种增塑剂部分或全部取代 DOP 时，必须注意以下几点。

① 新选用的增塑剂与 PVC 的相容性是决定其可能取代 DOP 比例的一个重要因素。与 PVC 相容性好的，有可能多取代，甚至全部取代；反之则只能少量取代。用溶度参数来判断各种增塑剂与 PVC 的相容性最为方便。

② 切勿简单地用新选用的增塑剂去等份数地取代 DOP。这是因为各种增塑剂的增塑效率不同，因而应根据相对效率比值进行换算。

相对效率是以 DOP 为标准效率值（为 1）计算的，常用的各种增塑剂对 PVC 塑化效率的相对效率比值见表 7-6。

表 7-6　常用的各种增塑剂对 PVC 塑化效率的相对效率比值

增塑剂名称	简称	相对效率比值	增塑剂名称	简称	相对效率比值
邻苯二甲酸二(2-乙基)己酯	DOP	1.00	癸二酸异丁酯	—	0.85
邻苯二甲酸二丁酯	DBP	0.81	癸二酸二环己酯	—	0.98
邻苯二甲酸二异丁酯	DIBP	0.87	己二酸二(2-乙基)己酯	DOA	0.91
邻苯二甲酸二异辛酯	DIOP	1.03	己二酸二丁氧基乙酯	DBEA	0.80
邻苯二甲酸二仲辛酯	DCP	1.03	磷酸三甲苯酯	TCP	1.12
邻苯二甲酸二庚酯	DHP	1.03	磷酸三(二甲苯酯)	TXP	1.08
邻苯二甲酸二壬酯	DNP	1.12	磷酸三(丁氧基乙酯)	—	0.92
邻苯二甲酸正辛正癸酯	DNOP	0.98	环氧硬脂酸辛酯	—	0.91
邻苯二甲酸异辛异癸酯	DIODP	1.02	环氧硬脂酸丁酯	—	0.89
邻苯二甲酸二异癸酯	DIDP	1.07	环氧乙酰蓖麻酸丁酯	—	1.03
癸二酸二丁酯	DBS	0.79	氯化石蜡(Cl,40%)	—	1.80～2.20
癸二酸二(2-乙基)己酯	DOS	0.93	烷基磺酸苯酯	M-50	1.04

③ 新选用的增塑剂不仅在主要性能上要满足制品的要求，而且最好不使其他性能下降，否则应采取弥补措施。例如，将多种增塑剂配合使用，使制品综合性能良好的同时，实现某些性能的优化。

④ 增塑剂的选用受多方面的制约，变动后的配方还需要经过各项性能的综合测试才可以最后确定。

7.4.3　其他热塑性塑料中增塑剂的选用

其他热塑性塑料中增塑剂的选用，同样要考虑相容性、增塑效率、应用性能、价格等因素。

① 聚碳酸酯　与多种增塑剂都具有较好的相容性，其中包括已二酸酯类、苯甲酸酯类、

邻苯二甲酸酯类、磷酸酯类、均苯四甲酸酯类、癸二酸芳族酯类等。最常用的是邻苯二甲酸酯类、己二酸酯和磷酸酯。具有中等极性的增塑剂效果较好，但聚碳酸酯加入增塑剂的量不能太多，因为在温度升高时，树脂分子的活动性提高可导致结晶，这样会发生增塑剂的析出。另外，聚碳酸酯对于某些增塑剂（如邻苯二甲酸二苄酯）会发生反增塑作用，应该加以注意。

② 聚烯烃树脂　聚烯烃树脂中最重要的是聚乙烯和聚丙烯。聚乙烯是非极性且具有较高结晶度的聚合物，熔体流动性较好，成型容易，因此通常是不用增塑的。与聚乙烯相比，聚丙烯在低于室温下是脆性材料，为了提高聚丙烯塑料的韧性，改善低温脆性，某些制品必须考虑增塑。

高等规度的聚丙烯可选用沸点在200℃以上、溶度参数为7.0～9.5的多种增塑剂，其中包括氯代烃、酯类等，在加入量达到50份时也可相容。为了降低聚丙烯的脆折温度和提高断裂伸长率，加入10～15份的壬酸酯具有明显的效果。由于壬二酸二己酯和己二酸-2-乙基己酯具有良好的低温性能以及符合卫生标准，可用作聚丙烯的增塑剂以生产食品包装材料。

③ 聚乙烯醇及其衍生物　主要包括聚乙烯醇及聚乙烯醇缩醛。

聚乙烯醇主要用于做黏合剂、乳化剂、织物或纸张涂层以及塑料薄膜等。作为塑料用的聚乙烯醇一般都须经过增塑处理，工业上使用最普遍的增塑剂有磷酸、乙二醇、丙三醇和其他多元醇，也可使用少量的磷酸烷基芳基酯类。聚乙烯醇制品的物理力学性能，在很大程度上取决于增塑剂的加入量，当加入量多时为弹性材料，加入量少的可制得类似皮革的塑料。

聚乙烯醇薄膜在室温下的断裂伸长率仅为5%，而加入50%增塑剂后其断裂伸长率可达300%。聚乙烯醇缩丁醛与很多增塑剂都有良好的相容性。其中2-乙基丁二酸三甘醇酯不仅有良好的相容性，而且有很好的黏着性、好的耐老化性以及优良的低温柔曲性。此外，癸二酸二丁酯、癸二酸二辛酯、邻苯二甲酸二丁酯、二辛酯、磷酸三甲酯、三丁酯、甘油三乙酸酯及氯化石蜡等也可作增塑剂。聚乙烯醇缩丁醛与增塑剂的相容性随缩醛化程度增加而提高。目前，国内生产聚乙烯醇缩丁醛薄膜最常用的增塑剂是癸二酸二丁酯。

除此之外，纤维素衍生物、聚酰胺、聚酯、丙烯酸类树脂、聚苯乙烯、氟塑料等热塑性塑料在加工过程中，要根据各自的特性来选用所需的增塑剂。

7.5 增塑剂的发展趋势

提高增塑剂的耐久性、卫生性，寻求廉价原料以及开发功能性增塑剂是该领域今后发展的方向。

(1) 提高增塑剂的耐久性

近年来，人们愈来愈重视提高增塑剂的耐久性，使之能够在各种环境条件下长期使用。提高增塑剂耐久性的主要方法是提高增塑剂的分子量。

增塑剂的分子量与其性能如耐抽出性、防雾性、耐迁移性、耐挥发性等密切相关。分子量大，则耐抽出性低、耐迁移性小、耐挥发性低，但相容性差，而且合成相对困难。近年来，聚酯类增塑剂发展很快。

聚酯类增塑剂是目前增塑剂研究开发领域颇为活泼的研究课题。这是由于一些特殊的应用领域对PVC软制品的性能要求更加苛刻，传统的单体型增塑剂品种无法满足这些耐热性、耐久性和耐候性要求。提高分子量无疑是解决这些技术难题的关键，也符合塑料助剂品种开发的总体趋势。

(2) 开发功能性增塑剂

功能性增塑剂包括抗静电增塑剂、耐热型增塑剂、阻燃增塑剂、耐污染增塑剂等，除具有增塑性能外，同时又是具有某一特殊功能的助剂。

① 抗静电增塑剂　PVC是良好的电绝缘体，但容易出现静电积累，静电的存在往往给许多应用带来麻烦甚至灾害。消除静电的一般方法是在其配方中添加抗静电剂，而在增塑剂分子内引入抗静电基团不失为积极举措。

② 耐热型增塑剂　20世纪80年代以后，家用电器、办公设备迅速普及并逐步追求轻量化、安全化和高性能，其中使用电线及其他软制品材料的耐热性显得相当重要，因此，耐热型增塑剂的市场进一步扩大。除偏苯三酸酯类增塑剂、耐热聚酯增塑剂外，以均苯四甲酸酯为代表的苯多酸酯类增塑剂也已上市。这些苯多酸酯类增塑剂无论在耐热性、非迁移性和耐候性方面都优于偏苯三酸酯。另外，环戊烷四羧酸C_4～C_{13}醇酯、联苯四羧酸C_8～C_{18}醇酯以及二苯砜、四羧酸酯都具有卓越的耐热性能，解决这些原料的工业化问题将是今后努力的方向。

③ 阻燃增塑剂　PVC树脂具有自燃性，而多数制品由于加入大量的可燃性增塑剂而使其阻燃性显著下降。阻燃增塑剂兼具阻燃和增塑两种功能，赋予制品良好的阻燃、增塑效果。一般来说，阻燃增塑剂的分子内含有P、Cl、Br等阻燃性元素。

④ 耐污染增塑剂　耐污染性是高填充PVC地板料和挤塑制品对增塑剂的基本要求。在耐污染方面，苯甲酸酯类增塑剂也显示了独特的性能。

参 考 文 献

1 万聪，盛承祥．增塑剂．北京：化学工业出版社，1989
2 杨国文．塑料助剂手册．成都：四川大学出版社，1991
3 曾人泉．塑料加工助剂．北京：中国物资出版社，1997
4 冯亚青，王利军等．高等学校教学用书．助剂化学及工艺学．北京：化学工业出版社，1997
5 张旭琴．聚合物与助剂，2004
6 钱伯章．我国塑料助剂发展现状．塑料助剂，2003
7 吕世光．塑料橡胶助剂手册．北京：中国轻工业出版社，1995
8 ［德］R 根赫特，H 米勒．塑料添加剂手册．成国祥，姚康德等译．北京：化学工业出版社，2000

第8章 成核改性剂

成核改性剂是一种用来改变结晶型聚合物的结晶度，加快其结晶速率以改善其性能的加工改性助剂。结晶型聚合物树脂的结晶形态及尺寸大小直接影响到制品的加工和应用性能。例如，相对分子质量为10万的聚乙烯，当结晶度低于60%时制品的力学强度很差，低结晶度的聚丙烯的熔点、硬度、刚性同样较低。成核剂通过提供晶核促进树脂结晶，使晶粒的尺寸细微化，从而提高制品的刚度、热变形温度、尺寸稳定性、透明度和表面光泽度。

一种良好的成核剂必须具备以下特征：①在聚合结晶过程中先于聚合物结晶形成晶核，以提供结晶平台利于聚合物结晶；②在聚合物中能均匀分散；③本身无毒或低毒。可作为成核剂的物质较多，尤其是近年来随着对聚合物加工制品性能要求的日益严格，成核剂的开发和应用受到了世界各国的普遍关注。

8.1 聚合物成核结晶机理

8.1.1 聚合物成核结晶机理

结晶型高聚物有多种结晶形态，在不同的结晶条件下可形成单晶、球晶、树枝状晶、纤维状晶和串晶等。结晶型聚合物在加工过程中一般生成球晶极其不完整，它是高聚物结晶的最常见的特征形态，是由一个晶核开始，以相同生长速率同时向各个方向放射生长形成的，聚合物熔体冷却过程中，分子链排列成有规结构，处于熔融状态的大分子链的运动是无规的，但在某些区域会出现几个链段聚集在一起呈现有序的结晶，一旦有序区尺寸达到了临界值，便稳定存在而形成晶核。晶核的形成可分为均相成核和异相成核，一般聚合物同时存在这两种成核机理。均相成核是因热的变化依靠熔体中分子链段所形成的局部有序，在时集时散的过程中，某些超过临界尺寸的有序区稳定下来所形成的晶核，由于它在较高温度下易被分子链的热运动破坏，所以这种均相成核只有在较低温度下才可保持。从均相形成一个半径为r的球晶所需的自由能可用下式描述。

$$\Delta F=\frac{4}{3}\pi r^3\Delta f_v+4\pi r^2\gamma$$

式中，Δf_v为单位体积的结晶自由能；γ为单位面积的表面活化能。其函数关系如图8-1所示，图中r^*为晶核的临界半径。

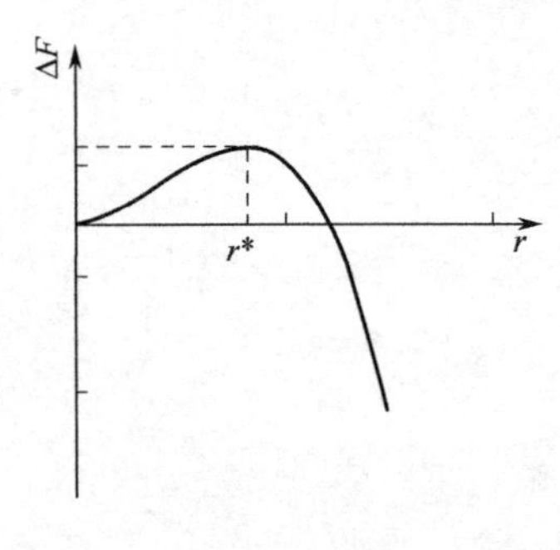

图8-1 自由能与球晶半径的函数关系

异相成核是借助于外来物质的加入，聚合物分子链依附于外来物质或残留在熔体中的各种物质提供的粗糙表面上的有序排列，由于在物质与熔体之间产生某些化学结合力（如氢键）的情况下所生成的有序排列就更加快速稳定，它们在较高温度下即能成核结晶。聚合物异相及均相结晶随温度变化的过程示意如图8-2所示。

成核剂的作用是通过往聚合物熔体中加入某些结晶物质，使熔体在较高温度下异相成核，提高结晶速率，同时使聚合物在高温下因结晶易固化脱模，从而缩短加工周期，并提高产品质量。

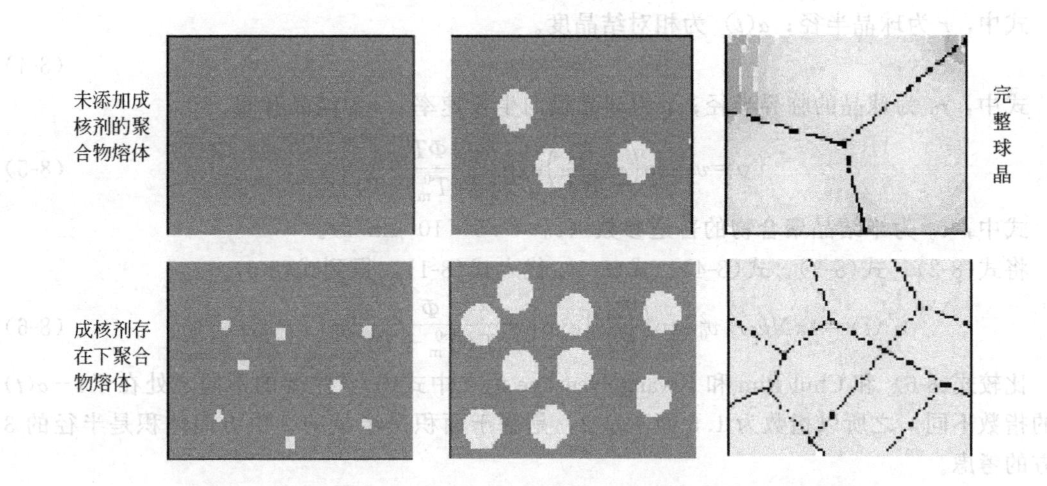

图 8-2　聚合物异相及均相结晶随温度变化的过程（温度由高到低）

8.1.2　异相成核结晶动力学

描述聚合物结晶动力学一般应用阿夫拉米方程（Avrami equation），其数学表达式如下。

$$1-X=\exp(-Kt^n)$$

式中，K 为结晶常数；n 为 Avrami 指数；t 为时间；X 为相对结晶度。

成核机理与 n、K 值的关系见表 8-1。

表 8-1　成核机理与 n、K 值的关系

生长方式	均相成核		异相成核	
	n	K	n	K
三次元(球状)	4	$\frac{1}{3}\pi G^3 I$	3	$\frac{4}{3}\pi G^3 I'$
二次元(平面状)	3	$\frac{1}{3}\pi G^2 I$	2	$\pi G^2 I'$
一次元(纤维状)	2	$\frac{1}{4}\pi d^2 GI$	1	$\frac{1}{2}\pi d^2 GI'$

注：d 为纤维直径。

但由于阿夫拉米方程是在假设球晶不相互碰撞的基础上推导的，实验数据也证实，在结晶度高于 30%时，阿夫拉米方程得出的数据与实验数据不能吻合。为了解决这一问题，Tobin 等提出了相转移理论来描述聚合物的结晶过程。该理论认为，聚合物结晶过程可以看成相变过程。球晶的生长被认为是固相向液相不断扩展。在此基础上，他得出了非线性 Volterra 积分方程。

对于异相结晶，方程推导如下。

$$\alpha'(t)=kNA \tag{8-1}$$

式中，$\alpha'(t)$ 为相对结晶速率；k 为只依赖于温度的常数；A 为球晶和液态聚合物的接触面积；N 为单位体积内的成核数。

$$k=k_0\exp\left(\frac{E_d}{RT}\right)\exp\left[\frac{\Phi}{T(T_m^0-T)}\right] \tag{8-2}$$

式中，k_0 为与温度无关的常数；E_d 为相界面活化能；Φ 为与临界晶核相关的一个常数；T_m^0 为聚合物的平衡熔点；T 为温度。

$$A=4\pi r^2[1-\alpha(t)]^{3/2} \tag{8-3}$$

式中，r 为球晶半径；$\alpha(t)$ 为相对结晶度。

$$r=r_0 vt \tag{8-4}$$

式中，r_0 为球晶的临界半径；v 为球晶径向生长速率；t 为结晶时间。

$$v=v_0 \exp\left(-\frac{E_d}{RT}\right)\exp\left[\frac{\Phi T_m^0}{T(T_m^0-T)}\right] \tag{8-5}$$

式中，v_0 为半结晶聚合物的普适参数（$v_0 \approx 7.5\times10^8 \mu m/s$）。

将式(8-2)、式(8-3)、式(8-4)、式(8-5) 代入式(8-1)，得到式(8-6)。

$$\alpha'(t)=4\pi N k_0 r_0^2 v_0^2 \exp\left(\frac{E_d}{RT}\right)\exp\left[-\frac{\Phi}{T(T_m^0-T)}\right]t^2[1-\alpha(t)]^{3/2} \tag{8-6}$$

比较式(8-6) 和 Chul Rim 和 Kwang Hee Lee 论文中式(9)，主要的不同之处在于$1-\alpha(t)$上的指数不同，之所以指数为 1.5 而不是 2，是基于面积是半径的 2 次方而体积是半径的 3 次方的考虑。

另外，方程只考虑异相结晶而忽略均相结晶，是由于：①空白聚丙烯中残留的催化剂起了晶核的作用，其成核密度为 10^8 个/cm^3，其结晶速率在较慢的降温速率（$<$5℃/min）下远大于均相结晶速率；②成核聚丙烯中大量晶核的存在也使均相结晶可以忽略。

无论均相成核还是异相成核，都是一个无规大分子链段重排进入晶格，由无序到有序的松弛过程，分子重排需要一定的能量。从热力学角度来看，聚合物的结晶行为是建立在高分子内聚能与热运动相互统一的基础上的，因此聚合物的结晶过程与自身结构有一定关系，一般分子链的对称结构有助于结晶，分子量较低可增强分子的运动也有利于结晶，而侧链较长，对称性不好，呈无规排列时会妨碍聚合物的结晶。这样，不同聚合物就会有不同的球晶增长速率，且差别较大。例如，PET 的结晶速率很慢，由于它的分子中有刚性的苯环结构，阻碍了分子链的运动，使它需要在较高温度下才能运动排列成有序结构（约 130～150℃），这样高的温度给加工带来困难，因此在 PET 塑料的加工过程中需加入增塑剂等以提高分子链的运动性，同时还需加入成核剂（如苯甲酸钠等）以加快其结晶速率。

成核剂在聚合物加工过程中的应用，增大了异相成核发生的概率，改善了加工性能，同时提高了制品的应用性能（见表 8-2）。

表 8-2 成核剂对聚合物加工应用性能的影响

性　能	优　点	缺　点
加工性能	缩短成型周期，扩大加工条件范围，制品表面光滑性增强，溢料减少	收缩率增大
应用性能	刚性提高，透明性改善，提高表面光泽度及耐热变形性	韧性降低

某些聚合物加工时若不加成核剂则聚合物熔体冷却时会形成较大的球晶，球晶之间存在明显的界面，在这些界面上存在着由于分子链排布不同引起的内应力，当受到外力冲击时沿球晶界面易产生裂纹而破碎。相反，体系中若有成核剂存在，熔体冷却时生成的球晶小而多，相应所产生的内应力也就小而分散，从而改善制品的应用性能。

8.2 聚丙烯用成核剂的种类及性能

到目前为止，聚烯烃的成核剂已有数十种之多，由早期的己二酸、苯甲酸及其碱金属盐等发展到结构复杂的山梨醇衍生物、磷酸酯衍生物酰亚胺等。无机类成核剂用得较多的仍是价格便宜的滑石粉类。由于聚丙烯的结构特点及其作为塑料的广泛应用，利用成核剂来改性聚丙烯塑料制品是最简单和有效的方法之一。

一般认为，聚丙烯树脂的结晶形态包括 α 晶型、β 晶型和 γ 晶型。其中 α 晶型最为稳定；β 晶型次之，只有在特定的结晶条件下或在 β 晶型成核剂的诱发下才能获得；γ 晶型最不稳定，目前尚无有效的获得方法和明确的实用价值。

就结晶形态而言，α 晶型为单斜晶系，β 晶型属六方晶系。在不同晶型结构中，聚丙烯的分子链构象基本上都呈三重螺旋结构，但球晶形态及其晶片之间的相互排列有很大的差异，所以不同晶型的聚丙烯将具有不同的结晶参数和加工与应用性能。图 8-3 为 α 晶型和 β 晶型聚丙烯的球晶形态和晶胞参数。

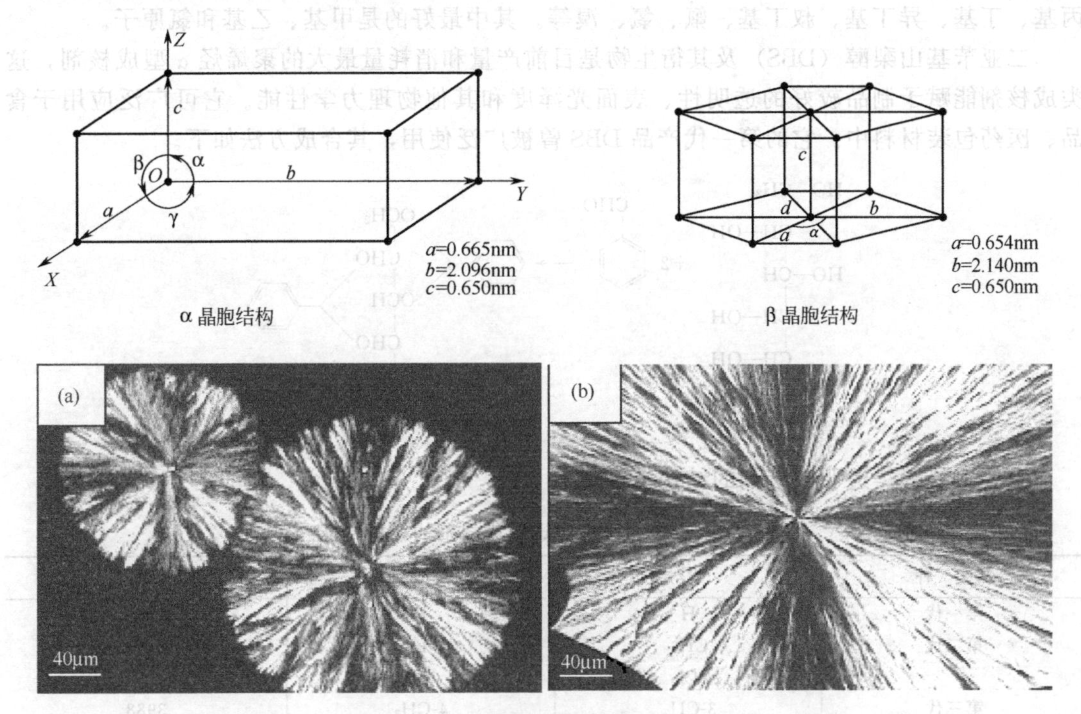

图 8-3　α 晶型聚丙烯和 β 晶型聚丙烯的球晶形态和晶胞参数

(a) α 晶型聚丙烯；(b) β 晶型聚丙烯

成核剂在聚丙烯结晶中是以异相成核剂的方式改善结晶性的。根据成核剂诱导聚丙烯结晶形态的不同，一般分为 α 型成核剂和 β 型成核剂。

聚合物成核剂按其分子组成大致可分为三大类，即无机成核剂、有机成核剂、高分子成核剂。

无机类成核剂有氮化硼（BN）、碳酸钾、碳酸钠、明矾、滑石粉、二氧化钛、二氧化硅、硅酸盐、氧化镁、碳酸镁、玻璃粉、炭黑等，无机成核剂粒径一般在 0.01～1μm 左右，用量 1%左右。这类成核剂的使用效果一般较差，赋予制品的透明性相对较差。本节不作讨论，重点介绍有机成核剂系列，最主要有以下几种。

8.2.1　α 晶型成核剂

能够引导聚丙烯形成 α 晶型聚丙烯的成核剂称为 α 型成核剂，这类成核剂到目前为止有以下几种。

8.2.1.1　二亚苄基山梨醇及其衍生物类成核剂

20 世纪 70 年代，日本人 Hamada 发现，在 PP 中添加二亚苄基山梨醇（DBS）可提高 PP 的透明性和光泽度，提高 PP 的热变形温度、刚性，PP 的结晶速率加快，成型加工周期缩短。从此，这一 PP 改性技术在世界范围内得到普遍采用，并于 20 世纪 80 年代初实现了透明 PP 的商业化。

山梨醇缩醛成核剂的结构通式如下。

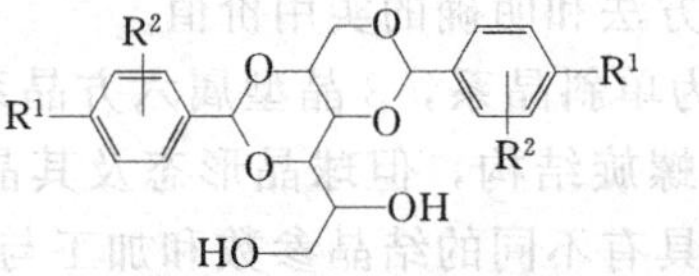

其中 R^1、R^2 可以分别为 H、1～4 个碳的烷基、烷氧基或卤素，如甲基、乙基、丙基、异丙基、丁基、异丁基、叔丁基、氟、氯、溴等。其中最好的是甲基、乙基和氯原子。

二亚苄基山梨醇（DBS）及其衍生物是目前产量和消耗量最大的聚烯烃 α 型成核剂，这类成核剂能赋予制品较好的透明性、表面光泽度和其他物理力学性能。它可广泛应用于食品、医药包装材料中。它的第一代产品 DBS 曾被广泛使用，其合成方法如下。

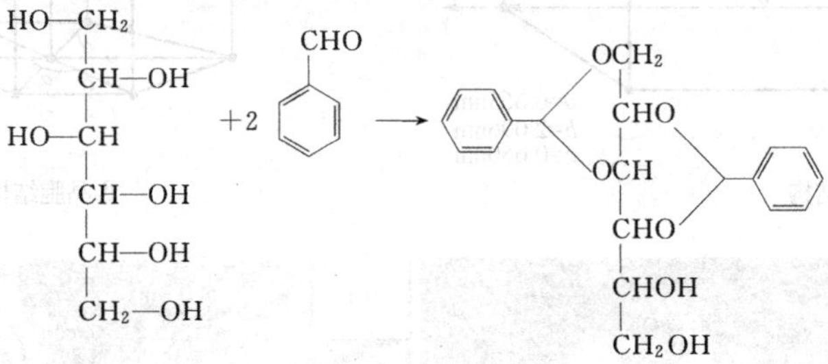

主要山梨醇类透明成核剂的结构特征见表 8-3。

表 8-3 主要山梨醇类透明成核剂的结构特征

品　种	R^1	R^2	商品代号
第一代	H	H	DBS
第二代	CH_3	H	MDBS
	Cl	H	
第三代	3-CH_3	4-CH_3	3988

但第一代产品增透效率不高，加工条件苛刻。为了满足市场的需求，20 世纪 80 年代中后期通过加入取代基、引入侧链杂原子等方法，开发了第二代透明成核剂。其取代基可以是烷基、烷氧基、卤素等；取代基数目可以是 1 个、2 个和 3 个；取代基也可以含硫、氧等。一般来说，随着取代基数目的增加，增透性略有提高。第二代产品的性能较第一代有较大的提高，使透明性进一步改善，加工工艺条件适应性也更广，但对人类有刺激，使用过程中存在气泡较多、气味较大的问题，在一些塑料制品中使用受到限制，极大地阻碍了在实际生产中的应用。第二代产品所带的气味主要是在山梨醇缩醛生产过程中的残留醛和树脂加工过程中所产生的醛引起的。为此，在对产品后处理进行大量研究的基础上，有关专家提出了一些解决办法，如对山梨醇进一步纯化以除去游离醛；加入除味添加剂，消除游离醛产生的异味；加入稳定剂如胺类，防止游离醛的进一步产生。这些方法虽然取得了一定的效果并在实际生产中得到了应用，如采用长链脂肪酸（如二十二烷酸的乳液）包覆 p-Me-DBS 或用环糊精（α、β、γ）与 p-Me-DBS 等掺混后加入到 PP 中均能达到较好的消除气味的效果，但试用规律性差。近年来又开发了第三代产品 Millad 3988，该产品和以前的二亚苄基山梨醇类成核剂相比较，产品在透明度、成核能力和气味方面都达到了优良水平。能广泛用于各种加工过程如注塑、吹塑、挤出薄膜，赋予产品高质量、高性能和优美的外观，将成为生产透明聚丙烯的最佳选择。

自 20 世纪 70 年代二亚苄基山梨醇的合成专利问世以来，由于它具有使晶核形成和被溶剂触变凝胶化的特性，被广泛用作塑料、涂料、黏合剂、日用和医用品等行业的添加剂，合成技术得到了较大发展，所采用的方法有间接法、连续法和逆向催化法，反应多以硫酸、对甲基苯磺酸作脱水剂，以甲醇、环己烷或正庚烷等作反应介质，用山梨醇、苯甲醛或取代苯甲醛为原料，在反应介质回流温度下反应 5～7h，加入碱性溶液中和并蒸馏回收反应介质，产物经精制得到二亚苄基或取代二亚苄基山梨醇类产品。该反应的机理为：在催化剂作用下，采用疏水性或亲水性有机溶剂为反应介质，山梨醇分子上的 1,3 位碳原子和 2,4 位碳原子上的羟基各与 1 分子苯甲醛或取代苯甲醛缩合反应制得。

据美国 Millken 化学公司介绍，二亚苄基山梨醇类成核改性剂可以溶解在熔融的聚丙烯中，当聚丙烯冷却时，就形成纤维状网络，这个网络的表面即成为结晶成核中心，网络不仅分散均匀且直径仅有 10nm，小于可见光的波长，这个机理说明了二亚苄基山梨醇能够成为聚丙烯有效的透明成核剂的原因。这样的成核机理使山梨醇类成核剂与其他成核剂相比具有以下特点：①纤维状网络具有极大的表面积，可提供更多的成核中心；②纤维的直径与 PP 片厚度相匹配，有利于促进成核过程；③由于纤维很细，不能散射可见光，有利于提高透明度。

8.2.1.2　有机磷酸（酯）盐类成核剂

有机杂环磷酸（酯）盐是近年来广泛用于高结晶度聚烯烃配方中的新型成核剂，它主要包括了有机杂环磷酸酯、有机杂环磷酸酯金属盐和有机杂环磷酸酯碱式金属盐及其复配物等种类。该类成核剂可分为四大类，其结构通式如下。

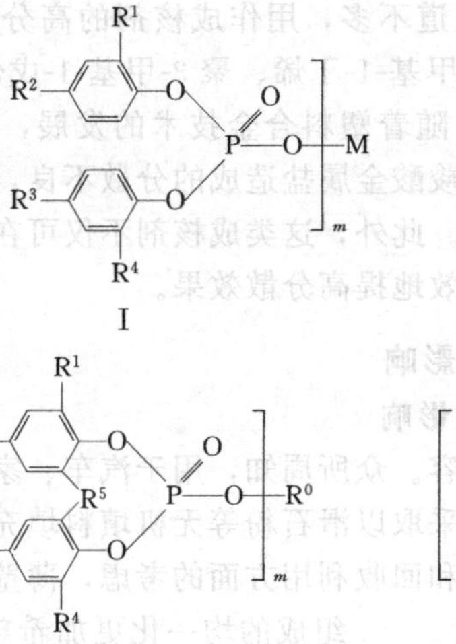

Ⅰ 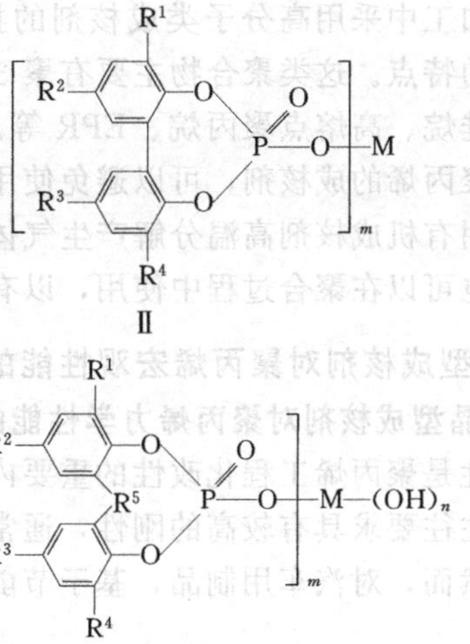　Ⅱ

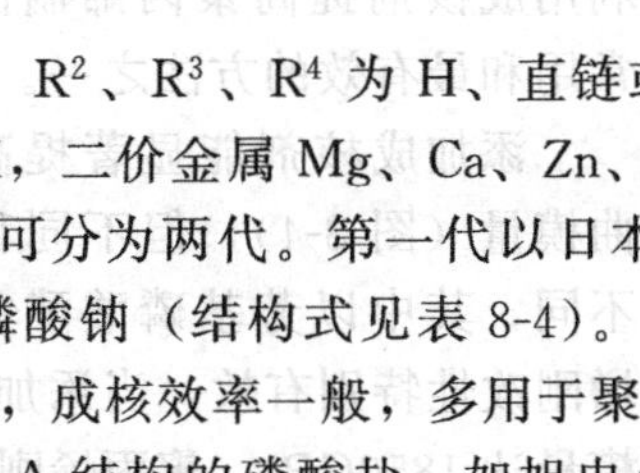

Ⅲ 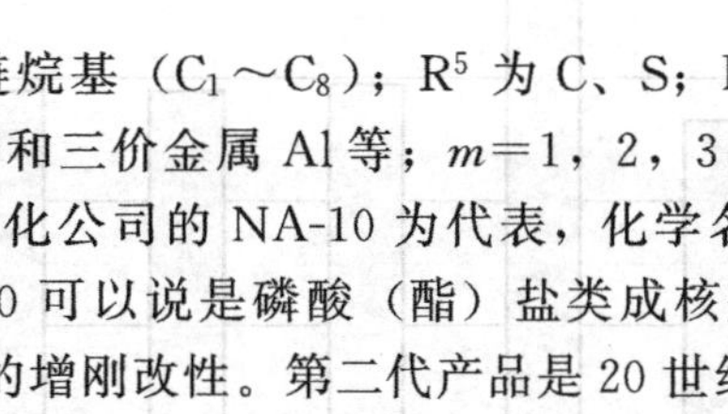　Ⅳ

其中 R^0、R^1、R^2、R^3、R^4 为 H、直链或支链烷基（C_1～C_8）；R^5 为 C、S；M 为一价金属 Li、Na、K，二价金属 Mg、Ca、Zn、Ba 等和三价金属 Al 等；m=1，2，3；n=0，1。

该类产品可分为两代。第一代以日本旭电化公司的 NA-10 为代表，化学名称为双(4-叔丁基苯基)磷酸钠（结构式见表 8-4）。NA-10 可以说是磷酸（酯）盐类成核剂的基本品种，成本低廉，成核效率一般，多用于聚丙烯的增刚改性。第二代产品是 20 世纪 80 年代中期推出的双酚 A 结构的磷酸盐，如旭电化公司的 NA-11（结构式见表 8-4）；与 NA-10 相比，NA-11 的成核效率进一步提高，尤其在低浓度下（0.1%），增透效果甚至超过 DBS 类成核透明剂品种。然而，由于 NA-11 的熔点较高（超过 400℃），在聚丙烯树脂中的分散性差，一度给应用带来一定的不便。第二代产品还有近年来研制的 NA-21，化学名称为亚甲基双(2,4-二叔丁基苯基)磷酸酯羟基铝盐，该产品熔点低，成核效率高，易分散。NA-10、NA-11均得到美国FDA认可，在世界范围内被广泛批准用于与食品接触的包装容器中。

表 8-4　有机杂环磷酸（酯）盐成核剂的主要品种

品　种	结　构　式
第一代	O　O　P—O—Na　O
第二代	O　O　P—O—Na　O [O　O　P—O—Al—OH　O]$_2$

8.2.1.3　高分子类成核剂

聚烯烃加工中采用高分子类成核剂的报道不多，用作成核剂的高分子一般具有分子量高、熔点高的特点。这类聚合物主要有聚3-甲基-1-丁烯、聚3-甲基-1-戊烯、聚乙烯基环烷、聚乙烯基环硅烷、高熔点聚丙烷、EPR等。随着塑料合金技术的发展，发现高熔点的聚合物也可用作聚丙烯的成核剂，可以避免使用羧酸金属盐造成的分散不良，影响产品外观的问题，避免使用有机成核剂高温分解产生气体。此外，这类成核剂不仅可在加工过程中作为添加剂使用，也可以在聚合过程中使用，以有效地提高分散效果。

8.2.2　α晶型成核剂对聚丙烯宏观性能的影响

8.2.2.1　α晶型成核剂对聚丙烯力学性能的影响

增加刚性是聚丙烯工程化改性的重要内容。众所周知，用于汽车、家电、办公设备等领域的聚丙烯往往要求具有较高的刚性，通常采取以滑石粉等无机填料填充改性的方法增加制品的刚性。然而，对汽车用制品，基于节能和回收利用方面的考虑，薄壁化、轻量化和材料组成的均一化更加希望少加或不加填料。利用成核剂提高聚丙烯制品的刚性是最常用和最有效的方法之一。

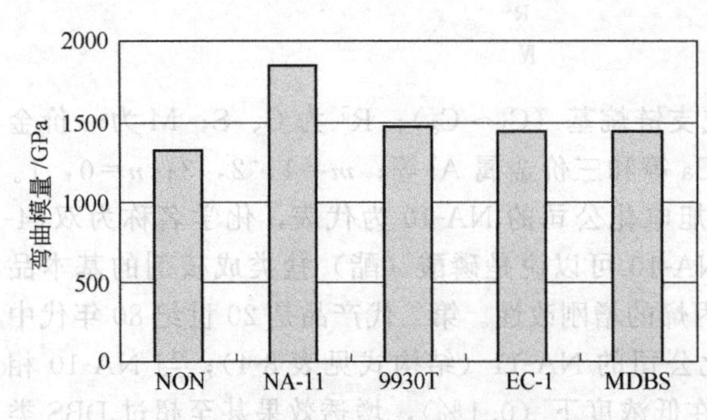

图 8-4　不同成核剂对聚丙烯弯曲模量的影响

添加成核剂能显著提高聚丙烯的弯曲模量（图8-4），但不同种类提高幅度不同，其中以芳基磷酸酯盐类成核剂的增刚改性特别有效，当添加0.3%时，其模量达1850GPa。聚丙烯刚性随添加浓度的增加，模量提高幅度也加大（图8-5），当添加量达到0.3%，模量可提高近30%，浓度高达0.4%趋于饱和，过量添加会使成本升高，且性能并没有随比例提高。

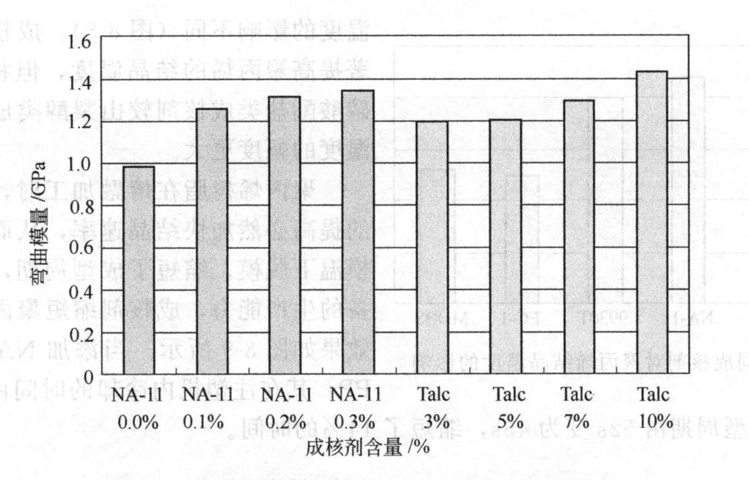

图 8-5　不同成核剂含量对聚丙烯弯曲模量的影响

8.2.2.2　α 晶型成核剂对聚丙烯雾度的影响

聚丙烯是一种半透明的高分子材料，其雾度为 80%左右（2mm 片），当加入成核剂后，可以显著改善透明度，但各种成核剂改变聚丙烯透明度的情况各不相同（图 8-6），以山梨醇二缩醛类成核剂（DBS、MDBS 等）的效果最佳。有机磷酸（酯）盐类成核剂 NA-45 随着加入量的提高，聚丙烯的雾度一直在下降，但仍不如山梨醇类成核剂的透明效果好。

8.2.2.3　α 晶型成核剂对聚丙烯热变形温度的影响

基于聚丙烯塑料在包装、工程等领域的应用不断扩大，微波加热容器、电饭煲外壳、蓄电池外壳等制品要求具有较高的热变形温度。对此，提高制品的热变形温度已经成为聚丙烯改性的重要内容。一般来说，α 晶型成核剂都具有提高聚丙烯制品热变形温度的能力，但不同成核剂提高热变形温度的程度不同（图 8-7）。芳基磷酸酯盐类成核剂（NA-11）和二苯甲基山梨醇类成核剂对均聚聚丙烯热变形温度的影响，其中芳基磷酸酯盐类成核剂最为显著，可使聚丙烯的热变形温度由 109℃提高到 135℃。由于 PP 热变形温度的提高，使其拓展到在耐高温领域应用成为现实。

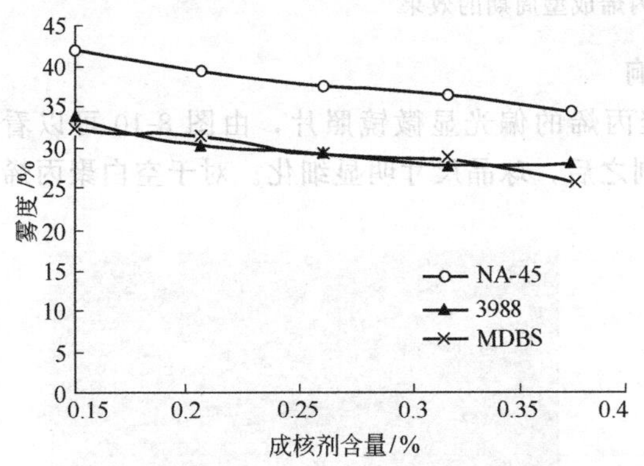

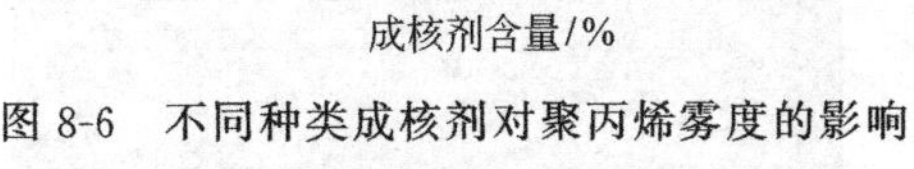

图 8-6　不同种类成核剂对聚丙烯雾度的影响

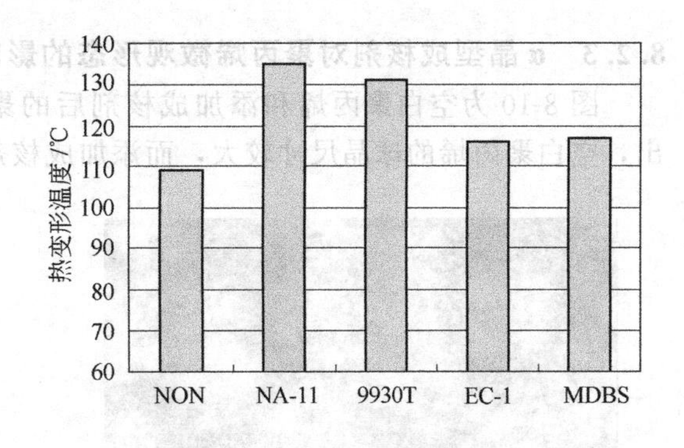

图 8-7　不同成核剂对聚丙烯热变形温度的影响

8.2.2.4　α 晶型成核剂对聚丙烯结晶温度和成型周期的影响

在成核剂存在的聚丙烯的冷却结晶过程属异相成核结晶过程，异相成核结晶的速率取决于成核剂对聚丙烯分子链的吸附作用以及分子链段向晶核扩散和规整堆积的速率，成核剂的吸附作用越强，越有利于聚丙烯分子链扩散到晶核表面堆砌生长，同时，聚丙烯分子链向晶核移动的速率就越快，结晶速率越快，结晶温度就越高，不同类型成核剂对均聚聚丙烯结晶

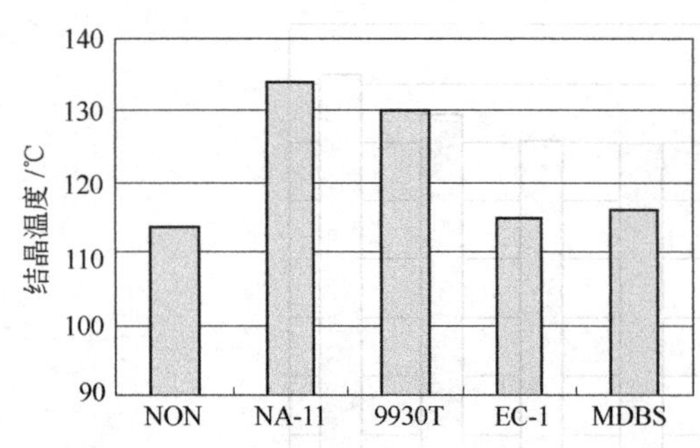

图 8-8 不同成核剂对聚丙烯结晶温度的影响

温度的影响不同（图 8-8)。成核剂的加入可显著提高聚丙烯的结晶温度，但相比之下，芳基磷酸酯盐类成核剂较山梨醇类成核剂提高结晶温度的幅度更大。

聚丙烯树脂在熔融加工时，随着结晶温度的提高必然加快结晶速率，从而保证了在较高模温下脱模，缩短了成型周期，提高了加工设备的生产能力，成核剂缩短聚丙烯成型周期的效果如图 8-9 所示。当添加 NA-11 为 0.3%的 PP，其在注塑机内冷却的时间由必需的 30s 缩短到 23s，成型周期由 52s 变为 45s，缩短了 14%的时间。

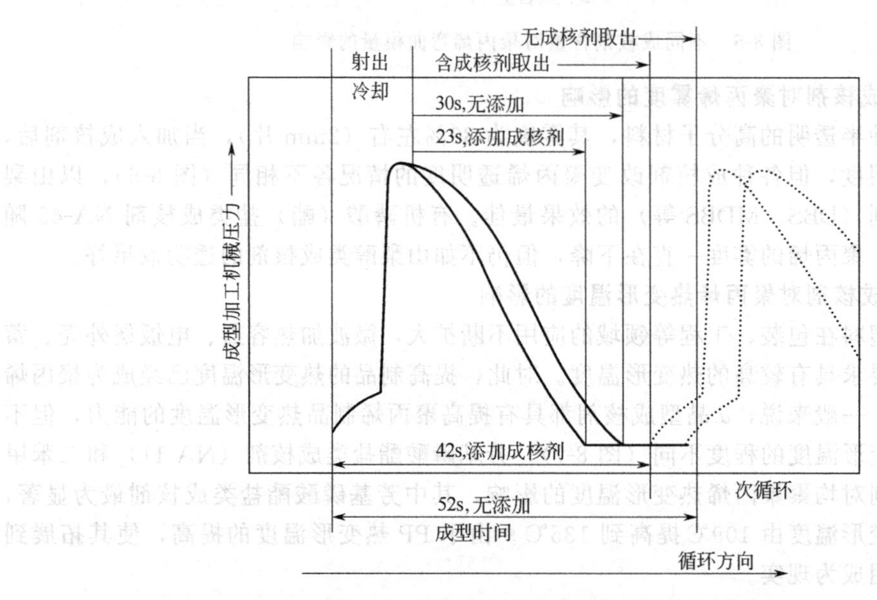

图 8-9 成核剂缩短聚丙烯成型周期的效果

8.2.3 α晶型成核剂对聚丙烯微观形态的影响

图 8-10 为空白聚丙烯和添加成核剂后的聚丙烯的偏光显微镜照片，由图 8-10 可以看出，空白聚丙烯的球晶尺寸较大，而添加成核剂之后，球晶尺寸明显细化。对于空白聚丙烯

(a) 空白聚丙烯的偏光显微镜照片

(b) 成核聚丙烯的偏光显微镜照片

图 8-10 成核剂对聚丙烯微观形态的影响

而言，结晶往往以首先形成的球晶为晶核，并随着熔体冷却而不断增长。由于基体中构成晶核的数目较少，因此结晶速率较慢，可形成较完善的球晶，球晶尺寸较大，制品的光学性质、物理力学性能较差。但是添加成核剂之后，这些成核剂颗粒在聚丙烯熔体中形成大量的晶核，加快了聚丙烯的结晶速率，减小了球晶的尺寸，提高了制品的结晶密度和结晶均匀性，并最终达到改善制品光学性质和物理力学性能的目的。

8.2.4　β晶型成核剂

众所周知，聚丙烯的全同立构等规结构有同质多晶现象，PP 可形成α、β、γ、δ四种晶型，通常条件下以最稳定的α晶型为主，通过加入成核剂和改进加工条件可得到β晶型为主的聚丙烯。聚丙烯球晶的形态如图 8-11、图 8-12 所示。

图 8-11　α聚丙烯的偏光显微镜照片

图 8-12　β聚丙烯的偏光显微镜照片

从图 8-11 可以看到 PP 的球晶形态较大，在偏光显微镜下 Maltese 黑十字清晰可见，当加入一级红补色器，球晶的交叉相为红色和蓝色，表现为α球晶的形貌。从图 8-12 可见，加入β型成核剂后，球晶的尺寸明显地变小，球晶细化，在偏光下观察，呈彩色，并有黑色消光环，表现为β球晶的形貌特征。

一般认为具有六方晶型或准六方晶型结构的化合物成核剂有助于形成β晶型 PP，但成核剂晶体结构参数必须达到一定数值，其晶胞要足够大，如 ZnO 虽有六方结构，但其晶胞参数 $a=0.324\text{nm}$，$c=0.520\text{nm}$，比β晶型聚丙烯晶胞 $a=1.908\text{nm}$，$c=0.649\text{nm}$ 要小，因此不能作为β晶型成核剂。目前，有效的β晶型成核剂的种类还不是很多，依结构的不同可分为无机类和有机类两大类（见表 8-5）。无机类主要有无机盐类、无机氧化物以及一些低熔点金属粉末。有机类主要有稠环芳烃类（染料、颜料类）、有机酸及其盐类以及酰胺类。

表 8-5　不同种类β晶型成核剂的特点

类别		特点	典型代表
无机类		可以一定程度上改善 PP 的韧性，但是影响其透明性	超微氧化钇和 $CaCO_3$
有机类	有机酸及其盐类	熔点高，耐热性好；但是粒子较大，不能很好地分散于共混体系中	辛二酸钙、庚二酸钙、对苯二甲酸钙
	染料类	有较好的成核效果，但是有颜色	喹吖啶酮、溶靛素棕、汽巴橙
	酰胺类	成核效果较好，与 PP 相容性较好	NJ Star NU-100

8.2.4.1　无机化合物β晶型成核剂

常用的无机类成核剂有低熔点金属粉末（锡粉、锡铅合金粉）、金属氧化物（超微氧化钇)、无机盐类（$CaCO_3$、$NaNO_3$）等。其缺点主要是容易和聚丙烯产生两相，缺乏亲和力，导致PP性能降低，影响透明性，使PP的应用受到了限制。加之许多常见无机化合物易潮解、吸湿或加热时易升华、分解，这使它们不适宜作成核剂。

无机类成核剂中研究较多的是碳酸钙。廖凯荣等研究发现，轻质$CaCO_3$可以在一定程度上引导某些PP生成β晶，K_x值（聚丙烯中β晶型的相对含量）可达91%。同时发现β晶成核结晶与PP的来源和L-$CaCO_3$在共混物中的含量有关，分析认为共混物中PP的β晶成核结晶现象是PP中存在的某些杂质（主要是催化剂残余物）与L-$CaCO_3$组成的复合成核剂作用的结果。黄美荣等用$CaCO_3$作成核剂时，其K_x值仅为15%，他们认为是所用的$CaCO_3$不是六方晶，因而不能诱导高含量的β晶。而任显诚、白兰英和王贵恒却发现，经适当表面处理的纳米$CaCO_3$粒子通过熔融共混法能均匀分散在聚丙烯中，粒子与基体界面结合良好，基体能够保持其拉伸强度和刚度。DSC熔融曲线的分析结果表明，$CaCO_3$对聚丙烯的β晶结晶过程有明显的诱导作用，从而提高了β晶含量，增加了PP基材的韧性。其他学者的研究同样证实了这一点。

8.2.4.2 有机类β晶型成核剂

(1) 稠环芳烃类（染料、颜料类）

稠环芳烃类物质中一般是含有一个或几个苯环的化合物，结构较复杂。主要有喹吖啶酮颜料如喹吖啶酮红E3B和一些还原染料如溶靛素棕IRRD、溶靛素紫红IRH、汽巴橙HR、溶靛素桃红IR、汽巴蓝2B、溶靛素金黄IGK和溶靛素灰IBL等都是效果较好的β晶型成核剂。该类成核剂成核性能很好，但缺点是带有颜色，并且与PP混合时要求特定的仪器和操作。

由Leugering引入的第一个被广泛使用的高活性β晶型成核剂是线型喹吖啶酮的γ晶(γ-TLQ)，即商用红色颜料（Permanentrot E3B）。之后Filho和Oliverina也发现，它的多态晶型（除α相外）都具有β晶型成核能力。其中TLQ的δ晶具有最高的活性。

黄美荣等在研究成核剂的分子结构与诱导β晶能力关系时，也发现溶靛素金黄IGK、溶靛素灰IBL、溶靛素棕IRRD、溶靛素紫红IRH、汽巴红F2B等都可以诱导β晶型。尤其是溶靛素灰IBL作成核剂时，所得样品几乎是纯β晶。

H S N C C C C OSO_3Na OSO_3Na

溶靛素灰IBL

NaO_3SO OSO_3Na C C C C S S

溶靛素棕IRRD

(2) 有机羧酸及其盐类

据文献报道，辛二酸、辛二酸钙、硬脂酸钙、庚二酸等长链烷烃酸及其盐和一些有机酸的稀土金属盐类均可用作β晶型成核剂。类似地，具有相似结构的长链烷烃亦可作为β晶型成核剂，如四氧螺［5.5］十一烷及其衍生物。但是这类成核剂熔点较高、粒子较大，不能很好地分散于共混体系中，并且该类成核剂价格昂贵，使用成本高。

Varga研究发现，脂肪族二元羧酸的钙盐有很好的成核效果，当存在辛二酸钙时，纯β-PP在T_C=140℃就可以形成。Varga还深入地研究了该类成核剂的稳定性和β-PP的微观结构，结果发现该类成核剂热稳定性很高，辛二酸钙的成核效果优于庚二酸钙的成核效果。此外，冯嘉春等还发现硬脂酸镧与硬脂酸的复合物能明显提高PP的结晶速率，并诱导大量β晶型的生成。

(3) 酰胺类成核剂

酰胺类成核剂是一种新型的β晶型成核剂。该类成核剂成核性能较好，与PP的相容性较其他类成核剂好，而且解决了染料类成核剂带有颜色的问题。酰胺类成核剂本身是结晶性物质，其结晶温度高于PP的结晶温度。这样一来，在冷却过程中，成核剂先于PP结晶，起到成核作用。

辛忠等在研究β晶型成核剂的结构时发现，同为酰胺型的成核剂，但是其结构的对称与否，酰胺的方向对诱导β晶都有很大的影响（见表8-6），如PBC和CHB，DPT和PB作为成核剂诱导聚丙烯时，其β晶型聚丙烯的相对含量分别为0.84%和0.42%，0.87%和0.05%。而 ⬡—HN—C(=O)—萘—C(=O)—NH—⬡ 和 萘-(C(=O)—NH—⬡)₂ 分别作为成核剂引导聚丙烯结晶时，其β晶型聚丙烯的相对含量分别为89.62%和0。可见，化合物分子结构的差异和取代基位置的不同对于成核效果有着显著影响，但是目前此种现象的规律和形成原因尚不清楚。目前，正对这样的原因进行进一步深入的研究，力图解释成核剂的化学结构与成核剂的成核效果之间的关系（见表8-6）。

表 8-6　几种酰胺类成核剂的成核效果

缩写	名　称	结 构 式	成核效果/%
PBC	*N*,*N*′-二环己酰基对苯二胺	⬡—CONH—C₆H₄—NHCO—⬡	0.84
CHB	*N*-环己基-4-(*N*-环己酰基)苯甲酰胺	⬡—CONH—C₆H₄—CONH—⬡	0.42
DPT	*N*,*N*′-二苯基对苯二甲酰胺	C₆H₅—NHCO—C₆H₄—CONH—C₆H₅	0.87
PB	*N*,*N*′-二苯酰基对苯二胺	C₆H₅—C(=O)—NH—C₆H₄—NH—C(=O)—C₆H₅	0.05
DPH	*N*,*N*′-二苯基己二酰胺	C₆H₅—NHCO—$(CH_2)_4$—CONH—C₆H₅	0.91
DPP	*N*,*N*′-二苯基戊二酰胺	C₆H₅—NHCO—$(CH_2)_3$—CONH—C₆H₅	0.03

8.3 聚酯用成核剂

聚酯（PET）具有抗皱、防溶剂、抗疲劳、高韧性等优良性能。广泛用于餐具、轮胎、纺织等行业。由于分子中存在苯环结构而使其运动性较差，加工时一般需加入增塑剂降低其玻璃化温度，增加流动性，同时加入成核剂以增快其结晶速率，从而改善PET的加工条件，扩大应用范围。

增塑剂（如磷酸苯酯类化合物）对PET的结晶有促进作用，对PET适用的成核剂有高熔点的PET（比一般PET熔点高20℃以上的高黏度PET）、聚酰胺、聚酰肼、聚环氧乙烷等高聚物，苯甲酸钠、对苯酚磺酸钠、羧酸钠等有机金属盐以及滑石粉、云母、碳酸钙、碳酸镁、二氧化钛等无机粉末。经玻璃纤维增强的PET同样需要加入成核剂来降低其注塑生产的模温，改善加工性能（见图8-13、图8-14）。

在PET成核剂的研究开发工作中，偏重于有机类和高分子类成核剂的研究。苯甲酸钠是一种较为有效的成核剂，在PET的模塑加工中应用较多。研究表明，将苯甲酸钠与蓖麻油混合用作成核剂效果尤佳，对玻璃态和熔融态都有增强作用，改善结晶性能。Gilmer等研究发现，采用丙烯酸单体和4-乙烯基苯酚钠的无规共聚物作成核剂，其应用性能比苯甲酸钠盐要好。

含有十二烷基的丙烯酸部分在加工中起到增塑剂的作用，使得塑化后的PET比未塑化的PET冷却结晶温度低8℃。采用聚4-乙烯基苯酚钠作为成核剂时模塑加工冷却结晶温度为216℃。

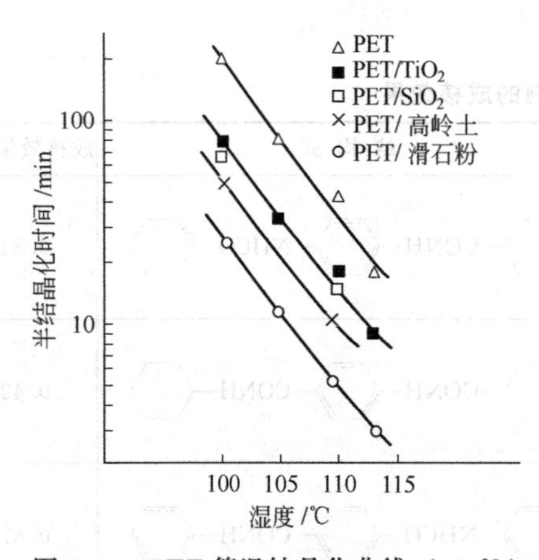

图8-13　PET等温结晶化曲线（100℃）

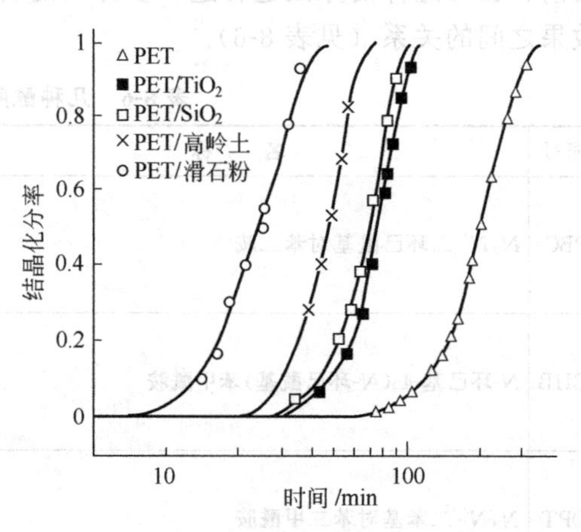

图8-14　PET半结晶化时间温度依存性

聚四氟乙烯（PTFE）也是PET的一种较好的成核剂，在制造泡沫塑料时应用较多。加工片状PET塑料时用它作成核剂结晶度约达40%，体系中PTFE同时能起热稳定剂的作用，这是PTFE的另一特色。另外2,2-苯甲酸二环已基酰胺也是一种较好的成核剂。

PET的成核剂分子中一般有较长链，或含有原子数目较多，因此与PET链段间有较强的作用力，促使PET分子链在其表面作定向排列而改变聚合物的结晶过程。所以开发聚合物盐类成核剂将是一个重要的发展方向。

8.4　聚甲醛用成核剂

聚甲醛（POM）是继尼龙之后于20世纪60年代开发成功的新型工程塑料，是一种无支链的线型高结晶型聚合物，具有均衡的综合性能。POM的结晶度可达60%以上，使得制品的缺口敏感性大，成型收缩率大，难于精密成型，因此需要改性以满足一些零部件对性能的高要求。另一方面，用注射和模压制成的POM厚制品由于内外层冷却速率不一致，会形成大小不同的球晶，影响其力学性能。在 POM 树脂中加入成核剂改善其结晶性能，从而改变其力学性能，扩大制品的应用范围，提高应用效果。

常用于聚甲醛的成核剂品种有氮化硼、高级环氧烷、高级醇酯、草酸二酰胺、偶氮二羧酸酰胺、羟苯甲基-酰脲-*S*-三嗪，它的用量一般在 0.2%～3.0%左右，无机类用量小于有机类的成核剂用量。

8.5 聚酰胺（尼龙）用成核剂

尼龙的主要品种有尼龙 6 和尼龙 1010，是一类优良的工程塑料，具有很好的力学强度、耐磨性、自润滑性和耐腐蚀性等优良性能，广泛应用于汽车、运输、机械零件、电器、日用品等行业。

尼龙树脂的结晶度为中等水平，结晶速率亦不够快，这一特性影响了尼龙塑料的应用；其模塑制品的结晶不完全，制品模塑周期长，制品的尺寸稳定性、初始熔融温度等均受到影响，加工体系中添加成核剂后，则可促进尼龙大分子的结晶过程，提高结晶度，改善微观尺寸和形态，同时提高制品的拉伸屈服强度、弯曲模量等物理力学性能。

尼龙体系中最常用的成核剂有氧化硅、胶体石墨、LiF、BN、硼酸铝和某些聚合物等，用量一般在 0.1%～1.0%之间，近年来出现的插层蒙脱土纳米改性尼龙实际上也有成核剂改性作用。除此之外，近年来 Clariant 公司颜料和助剂部兼并德国原 Hoechst 公司后，推出其牌号为 Licomont CAV102 和 Licomont NAV101 的褐煤蜡酸皂类聚酰胺用成核剂，对于增强尼龙，成核剂用量不宜过大，否则会导致材料的韧性下降，添加成核剂后，尼龙制品的物理性能明显改善。加入成核剂的尼龙熔体在冷却过程中，由于成核剂的存在，初始结晶温度明显提高，结晶的过冷现象有所改善，使结晶能在较高温度下进行，结晶较完全，提高了材料的耐熔蚀性，使之能在短期内在更高温度下使用，同时，半晶期缩短使制品的模塑周期相应缩短，制品在脱模过程中产生的变形以及后收缩引起的变形均会减少。

在尼龙的实际加工中一般加入适量纤维增强，改善制品的应用性能，这样得到的制品结晶结构更加有序，有组织性。目前，人们较多地研究利用成核剂来改性经纤维增强的尼龙，提高其应用性能，扩大应用范围，开发用于尼龙体系的性能更优良的高分子成核剂是一个较好的研究发展方向。

8.6 聚烯烃用成核剂发展方向

随着中国对高透明聚烯烃树脂需求量的迅速增加，山梨醇类第二代、第三代产品将成为国内工业化发展的重点项目。2009 年，我国聚烯烃成核剂消费估计有 1000～1500t，而国内总产量不到 500 吨，进口成核剂占有相当的市场份额。

近几年来，多组分复合是现代聚合物助剂开发的重要趋势，成核剂也不例外。目前成核剂领域研究得较多的是透明成核剂。复合透明剂研究十分活跃，就组成而言，为了降低透明剂熔点或改善其分散性，从而达到提高 PP 透明性的目的，占主导地位的仍是采用加入山梨醇衍生物及其附属成分协同提高 PP 的透明度；加入山梨醇衍生物及其他功能性添加剂，如有机磷抗氧剂、脂肪酸及其酯类等物质，获得综合性能好的透明 PP，如复合型透明剂 Clarifexy 800，它是由酯、酸、盐及其他有机化合物经加工而成，已经过 FDA 认可；还有用二十二烷酸的乳液包覆 p-Me-DBS，制成脂肪酸与透明剂质量比为 4∶6 或 3∶7 的混合物，不但有明显消除异味的效果，而且当该混合物和纯透明剂添加量相同时，PP 透明性相近。但复合透明剂的开发并不局限于几类物质的简单混合，而是对透明剂分子进行设计，兼具其他功能的产品正在涌现。如对山梨醇衍生物两个亚苄基上至少有几个存在含硫等取代基的改进，其最佳添加剂为每个环上含有一个低烷基硫代基等，从而使其具有高效透明性并兼具有抗氧化降解性等。

采用各种复合透明剂进一步改善 PP 的透明性，提高拉伸强度、低温冲击强度、耐辐射和耐热性能等已成为 PP 增透改性的发展趋势。透明剂正在向试用范围广、效率高、多功能、复合型方向发展。

参 考 文 献

1 Leo Mandelkern. Crystallization of polymer. MeGraw-Hill Book Company，1974
2 M C Tobin. J. Polym. Sci. Phys. Ed.，1976，14：2253
3 Young Chul Kim，Chung Yup Kim. Polymer Engineering and Science，1991，31 (14)：1009～1010
4 Yash P Khanna. Macromolecules，1993，26：3639～3643
5 黄珍珍，林志丹，蔡泽伟等. 中山大学学报（自然科学版），2003，42 (6)：40～43
6 林志丹，黄珍珍，张宇. 功能高分子学报，2003，16 (3)：337～342
7 Jozserf Varga. Journal of Macromolecular，2002，41：1121～1171
8 申书逢. 聚丙烯用酰胺类 β 晶型成核剂的设计合成及应用研究：[硕士学位论文]. 上海：华东理工大学，2004
9 冯嘉春，陈鸣才，黄志镗. 高等学校化学学报，2000，22 (1)：154～156
10 桂权德，辛忠. 高分子材料科学与工程，2003，19 (4)：117～120
11 张跃飞，辛忠. 中国塑料，2002，16 (10)：11～15
12 张跃飞，辛忠. 石油化工，2004，13 (6)：585～589
13 Guangping Zhang，Jianyong Yu，Zhong Xin. Journal of Macromolecular Science-Physics，2003，Volume B42，No. 3&4：663～675
14 Guangping Zhang，Zhong Xin，Jianyong Yu. Journal of Macromolecular Science-Physics，2003，Volume B42，No. 3&4：467～478
15 郑实. 聚丙烯用酰胺型 β 成核剂的设计合成、作用机理及应用研究：[博士学位论文]. 上海：华东理工大学，2005
16 张跃飞. 新型成核剂的创制合成及应用研究：[硕士学位论文]. 上海：华东理工大学，2003
17 Quande Gui，Zhong Xin，Weiping Zhu，et al. Journal of Applied Polymer Science，2003，88 (2)：297～301

第9章 抗冲改性剂

大多数塑料在室温、低温下因为受到外力冲击使内部产生严重的银纹和剪切带而导致破碎。这种现象说明不少合成材料在室温、低温下呈脆性，即冲击强度低。抗冲改性剂是一类能赋予塑料更好的韧性的助剂，也称增韧剂。

抗冲改性对于提高塑料的冲击性能、延长使用寿命、扩大应用领域、提高使用价值效果十分显著。抗冲改性剂的添加量为5～15质量份。目前在建筑型材、管材、管件、汽车制造、电器制造、航天工业、包装材料等领域使用的塑料制品中，抗冲改性剂是不可缺少的添加组分。随着塑料应用领域的日益扩大，人们对塑料制品质量的要求越来越高，抗冲改性剂的作用及地位愈发显得重要。

9.1 抗冲改性剂的抗冲机理

抗冲改性剂的增韧机理是1956年Merz在研究橡胶粒子增韧聚苯乙烯时提出的能量吸收理论的增韧机理。抗冲改性剂增韧机理的发展过程如下。

(1) 能量直接吸收理论

能量直接吸收理论是1956年Merz等首次提出橡胶粒子增韧塑料的机理。他们在研究高抗冲聚苯乙烯的拉伸强度时，发现了体积膨胀和应力发白现象。Merz等认为，细微裂纹是造成上述现象的主要原因。当试样受到冲击时会产生裂纹，这时橡胶颗粒跨越裂纹两边，裂纹要发展就必须拉伸橡胶颗粒，因而吸收大量的能量，提高了材料的冲击强度。该理论不能全部解释塑料增韧现象。

(2) 裂纹核心理论

裂纹核心理论是1960年由Schmitt提出的。Schmitt认为橡胶颗粒充作应力集中点，产生了大量小裂纹而不是少数大裂纹。扩展大量的小裂纹比扩展少数大裂纹需要较多的能量。同时，大量小裂纹的应力场相互干扰，减弱了裂纹发展的前沿应力，从而会导致裂纹的终止。Schmitt还认为，应力发白现象就是由于形成大量小裂纹的原因。

剪切屈服理论尽管只强调了橡胶颗粒诱发小裂纹的作用而没有充分考虑橡胶颗粒终止裂纹的作用，同时该理论也忽视了基体树脂的影响，但该理论关于应力集中和诱发小裂纹这一思想对增韧理论的发展具有推动和启发作用。

(3) 多重银纹理论

1965年，Bucknall和Smith在Schmitt理论的基础上，提出多重银纹理论。他们认为由于共混物中橡胶粒子数目极多，大量的应力集中体引发大量银纹，由此耗散大量的能量。Kato和Matsuo为此提供了实验证据。此后，Bucknall和Kramer又分别对此理论进行了补充，进一步提出了橡胶粒子还是银纹的终止剂，以及小粒子不能终止银纹的思想。

(4) 剪切屈服理论

剪切屈服理论是由屈服膨胀理论衍生而来。该理论是由Newman等对ABS进行拉伸时，诱导连续相剪切屈服，使ABS强度有明显改进而提出的。Newman等认为，橡胶增韧塑料的高冲击强度主要是橡胶粒子在其周围的基体树脂相中产生了三维静张力，由此引起屈服形变。而且引起体积膨胀，使基体的自由体积增加，从而使基体的玻璃化温度下降，使基体能发生塑性形变，提高材料的冲击强度。他们还推测尽管空洞比橡胶粒子应力集中强，但橡胶粒子可以终止裂纹，因而橡胶增韧比空洞增韧更有效。但该理论没有解释剪切屈服时常伴随的应力发白现象。屈服膨胀理论中关于橡胶粒子的作用曾引起很大争议，认为橡胶颗粒的应力集中作用以及橡胶颗粒与基体热膨胀系数的差别在于材料内部产生三维静张力。但这种三维静张力的作用不能使材料产生如此大的屈服形变。三维静张力可能对基体的形变产生一定程度的活化作用。但并不是增韧的主要机理。另外，硬性颗粒如二氧化钛 TiO_2 以及气泡等会产生更大的膨胀效应，按此理论应有更大的增韧作用，这显然与事实不符。该理论主要缺点是把注意力集中到橡胶相，忽视了连续相的作用。

(5) 银纹-剪切带理论

银纹-剪切带理论是由 Bucknall 等在 20 世纪 70 年代提出的，该理论认为橡胶增韧塑料的韧性不但与橡胶颗粒有关，而且与树脂连续相的特性有关。增韧的主要原因是银纹或剪切带的大量产生和银纹与剪切带的相互作用。按照 Bucknall 等的观点，弹性体抗冲改性剂颗粒在塑料制品中的第一个重要作用就是充作应力集中中心，当材料受力时，在改性剂颗粒的赤道面上会诱发大量银纹。弹性体抗冲改性剂的添加量较大时，由于应力场的相互干扰和重叠，在非赤道面上也能诱发大量银纹。弹性体抗冲改性剂的微粒还能诱发剪切带，这是消耗能量的另一个因素。银纹和剪切带所占的比例和基体性能有关，基体的韧性越大，剪切带所占的比例越高。银纹和剪切带所占的比例和形变速率也有很大关系，形变速率增加时，银纹化所占的比例提高。弹性体抗冲改性剂的微粒还可以控制银纹的发展并使银纹及时终止而不致发展成破坏性的裂纹。由于弹性体抗冲改性剂的作用，当材料受到外力冲击时，材料具有显著的冲击强度。

银纹-剪切带理论的特点，既考虑了橡胶颗粒的作用，也考虑了树脂连续相性能的影响。同时考虑了抗冲改性剂微粒既能引发银纹和剪切带作用，又能终止银纹发展的效能。同时又指出了银纹的双重功能：一方面银纹的产生和发展消耗大量能量从而提高材料的破裂能；另一方面，银纹又能产生裂纹并导致材料破坏。这一理论能合理地解释剪切弹性体抗冲改性剂增韧塑料配合物的一系列现象，因而被普遍认可。

(6) 银纹支化理论

银纹-剪切带理论虽然被普遍认可，但仍有不足之处，比如，它未能提供银纹终止作用的详细机理，对橡胶颗粒引发多重银纹的问题也缺乏严格的数学处理。为此，1971 年 Bragaw 提出了银纹支化理论。Bragaw 指出，按 Gooder 方法计算橡胶颗粒周围实际分布，结果表明，银纹应有强烈的方向性，这和事实不符。为此，Bragaw 提出，大量银纹的产生是银纹动力学支化的结果。据 Yoff 和 Griffith 裂纹动力学理论，裂纹产生后缓慢发展，其长度达到临界值（Briffth 裂纹长度）后，急剧加速，最后达到极限速率。达到极限速率后裂纹迅速支化和转向。

Bragaw 将上述理论直接应用于银纹的情况。两相结构的弹性体抗冲改性剂提高塑料的冲击强度，在基体中银纹迅速扩展，在达到最大速率之前进入弹性体抗冲改性剂微粒，而在微粒中升速较小，因而立即发生强烈支化。大大增加了银纹的数目，同时降低了每条银纹的前沿应力而导致银纹的终止。

(7) 空穴化理论

空穴化理论是指在低温或高速形变过程中，在三维静张力作用下，发生在橡胶粒子内部或橡胶粒子与基体界面间的空穴化现象。该理论的中心思想是：橡胶改性的塑料在外力作用下，分散相橡胶粒子由于应力集中而使基体的界面间和自身产生空间，橡胶粒子一旦被空穴化，橡胶周围的静张力被释放，空洞之间薄的基体韧带的应力状态从三轴转变为单轴，并将平面应变转化为平面应力，而这种新的应力状态有利于剪切带的形成。由此可见，空穴化本身不能构成材料的脆韧转变，它只是导致材料应力状态的转变，从而引发剪切屈服，阻止裂纹进一步扩展，消耗大量能量，使材料的韧性得以提高。该观点是 Yee 等在研究弹性体改性环氧树脂时提出的。发生空穴化的基体均具有高的缠结密度，在这些基体中以剪切带形变为主，但是这并不意味着橡胶空穴化只发生在高缠结密度的基体中。最近，Okamoto 等在 HIPS 中也发现了橡胶空穴化的现象。他们认为橡胶粒子的空穴化发生在 PS 银纹化之后，与高缠结密度的基体所不同的是 HIPS 中的空穴化未发展为剪切形变。而对于高缠结密度的基体（即韧性基体），橡胶空穴化是个必要的过程，只有橡胶空穴化才能促进剪切屈服。李强等在研究 PP/三元乙丙橡胶（EPDM）共混体系时发现，其破坏方式是由银纹、空穴化再转变为剪切屈服的。

(8) Wu 氏增强论

Wu 氏增韧理论是 1988 年美国 Du Pont 公司 Wu S. 在研究改性 EPDM 增韧 PA66 中提出的，他们对热塑性聚合物基体进行了科学分类，建立了塑料增韧的脆韧转变的逾渗模型。将传统的增韧理论由定性分析推向了定量的高度。该理论推动了增韧机理走向成熟。

增韧过程是一个极其复杂的过程，橡胶增韧塑料和刚性粒子增韧塑料是一个问题的两个方面，即随着分散相模量的从小到大（从软到硬），基体将经历从以橡胶增韧到以刚性粒子增韧的整个增韧过程变化及两个过程的极端。

9.2 抗冲改性剂的类型与特征

抗冲改性剂所涉及的化学组成范围比较广泛，按结构来分主要包括弹性材料（如氯化聚乙烯、乙烯-乙酸乙烯共聚物、三元乙丙橡胶 EPDM 等）、丙烯腈-丁二烯-苯乙烯三元共聚物和核-壳多层聚合物（如甲基丙烯酸甲酯-丁二烯-苯乙烯共聚物、甲基丙烯酸甲酯-丙烯腈-丁二烯-苯乙烯共聚物、丙烯酸酯类聚合物和改性丙烯酸酯类聚合物等）。另外，近年来某些超细无机填料也开始作为抗冲改性剂使用。尽管化学组成不同的改性剂抗冲机理未必相同，但作为基本条件，所有的抗冲改性剂必须与基体树脂具有适度的相容性和黏结性，缺乏黏结性的改性剂一般不具备抗冲击性。例如，SBR、腈基橡胶和其他“纯橡胶”对 PVC 无抗冲效果。

按照 Lutz 的观点，现代有机抗冲改性剂可以分成以下三类。

(1) 预定弹性体型（PDE）抗冲改性剂

预定弹性体型抗冲改性剂的微粒尺寸和形状预先已被设计好并通过乳液聚合过程确定下来，即使在后来的共混配合中也不会改变。有文献亦称之为离散粒子改性剂（DPM）。

从结构和组成上看，预定弹性体型抗冲改性剂属核-壳结构的聚合物，其核为柔软的弹性体，赋予制品抗冲击性能，包围核的壳具有高玻璃化温度，主要功能是使改性剂微粒之间相互隔离，形成可以自由流动的细粉微粒，改善操作性；促进抗冲改性剂在聚合物基体中的分散以及增强抗冲改性剂和基础树脂之间的相互作用，使抗冲改性剂分子能够偶联到基础树脂上。核-壳型抗冲改性剂的结构如图 9-1 所示。

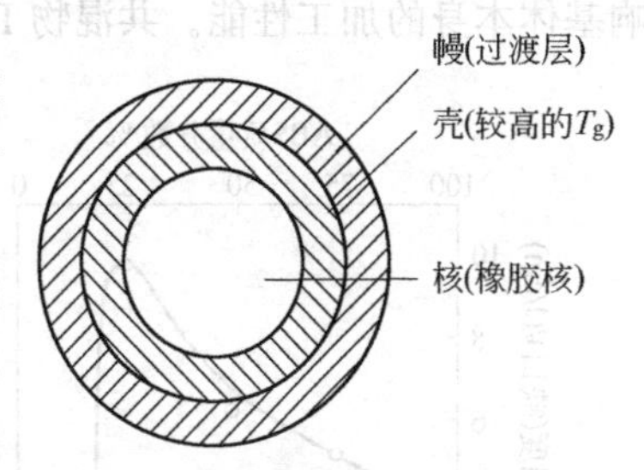

图 9-1　核-壳型抗冲改性剂的结构

核-壳型抗冲改性剂对塑料的抗冲改性，尤其在硬质 PVC 抗冲改性中占有重要的地位。由于在乳液聚合阶段常常加入一定量的交联单体进行交联，因而其微粒结构受加工条件影响较小，抗冲性相对平稳。大量的实验证明，核-壳型抗冲改性剂的核壳比、壳与基础树脂间的相互作用、微粒尺寸、粒径分布、折射率及橡胶成分和结构直接影响改性制品的抗冲性、加工性和光学性能。通过选择适当的制备方法能够得到满足不同领域物理力学性能平衡性好的产品。就化学组成而言，核-壳型抗冲改性剂主要包括MBS、MABS、ACR和MACR。

(2) 非预定弹性体型（NPDE）抗冲改性剂

非预定弹性体型（NPDE）抗冲改性剂也称为网状聚合物（NP）。具体是对其在PVC熔体中作用模式的恰当描述，而与本身结构无关。CPE和EVA是此类抗冲改性剂的典型代表，它们原本与PVC树脂并不相容，只有通过提高CPE中的氯含量和EVA中的乙酸乙烯酯含量才能显著改善与PVC的相容性。大量的研究结果证实，NPDE型抗冲改性剂是以溶剂化作用（增塑作用）实现对PVC树脂抗冲改性目的的。为了获得理想的冲击强度，NPDE必须形成一个包覆PVC初级微粒的网状结构。而高于200℃时，PVC初级粒子完全熔融，致使NPDE的弹性体网络转变成球体分散在PVC基料中，上述两种情况都得不到理想的抗冲改性效果，因此，使用NPDE型抗冲改性剂获得最佳物理力学性能的加工范围相对较窄，冲击强度随配合物混炼加工条件的变化较为敏感，同时拉伸强度和模量以及热变形温度（HDT）的下降幅度较大。

(3) 过渡型抗冲改性剂

过渡型抗冲改性剂是指介于预定弹性体型和非预定弹性体型抗冲改性剂之间的抗冲改性剂。过渡型抗冲改性剂中含有一定限度的交联弹性体，并且在PVC熔体加工中保持了其大部分形状，但对于加工条件仍表现出敏感性。ABS三元共聚物被认为是此类改性剂的代表。调整ABS中各种单体的比例可以制得不同性能的抗冲改性剂品种，对PVC制品赋予较宽范围的抗冲击性、模量和透明度。

9.3 影响抗冲改性剂增韧性能的因素

9.3.1 基体树脂特性的影响

(1) 基体树脂分子量及分子量分布对冲击强度的影响

基体的化学结构、分子量大小及分子量分布是决定冲击强度的重要因素。当基体的分子量 $\overline{M}<10^5$ 时，塑料的冲击强度、拉伸强度等急剧下降。Wagner等报道，基体中的低分子部分对HIPS冲击强度有严重的破坏。但一般不用增加基体分子量的办法提高韧性。分子量过大，影响基体本身的加工性能。共混物PVC/ABS的冲击强度与基体组成的关系如图9-2所示。

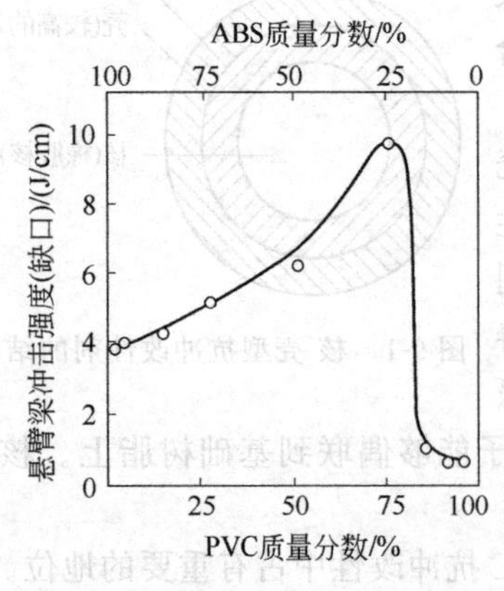

图9-2 共混物PVC/ABS的冲击强度与基体组成的关系

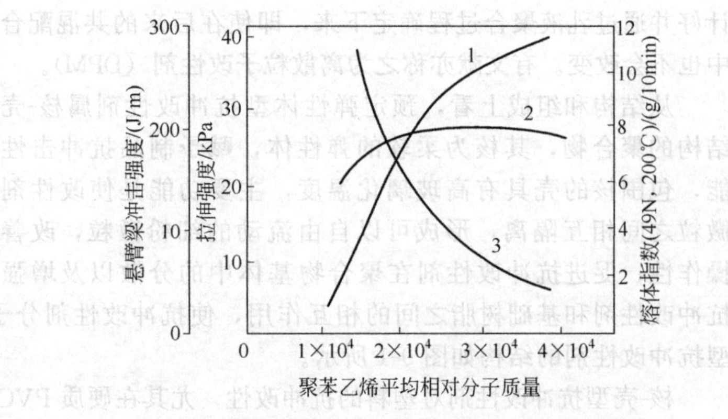

图9-3 聚苯乙烯分子量对物理力学性能的影响

1—冲击强度；2—拉伸强度；3—流动性

（2）基体树脂组成及特性的影响

在其他条件相同时，基体的延展性越大，制得的产物冲击强度越高。基体韧性较大的橡胶增韧塑料，在发生蠕变试验时几乎无银纹产生，但在高速形变，如冲击试验中，剪切形变受到抑制而主要表现为银纹化。这种基体的增韧主要表现为剪切形变，这就避免了因银纹而产生的应变损伤。而在高速负荷下，剪切屈服受到抑制，而多重银纹机理开始起作用，从而可免于脆性破坏。聚苯乙烯分子量对物理力学性能的影响如图 9-3 所示。

9.3.2 橡胶相的影响

（1）橡胶含量的影响

实验证明，随着橡胶含量的增加，银纹的引发、支化及终止速率亦增加，共混体系的冲击强度随之提高。按 Bragaw 的银纹动力学支化理论，冲击强度近似地与 2^N 成正比，N 为橡胶的颗粒数，与橡胶含量成正比。但有些事实和 Bragaw 理论不相符。例如，HIPS 在 6%～8%的橡胶含量范围内，随着橡胶含量的增加，冲击强度显著提高；超过 8%，冲击强度的提高减缓。在工业化生产中并不能用大量增加橡胶含量的办法来提高冲击强度，因为随着橡胶含量的增加，拉伸强度、弯曲强度以及表面硬度等指标下降，且共混体的加工性能下降。一般情况，橡胶的用量是根据各种因素的综合平衡来决定的。

（2）橡胶粒径的影响

由于形成裂纹的厚度不同，不同的品种，橡胶粒径的最佳范围也不同。

Cigna 等指出，HIPS 中橡胶粒径最佳范围值为 0.8～1.3μm；ABS 中橡胶粒径为 0.3μm 左右；而对用 PVC 改性的 ABS，最佳粒径为 0.1μm 左右。

橡胶颗粒粒径的分布亦有很大影响。从银纹终止和支化的角度，有人认为橡胶颗粒粒径分布较均匀者为好。但大量实验证明，大小不同的粒子以适当比例混合起来的效果较好。这是由于大粒径的橡胶颗粒对引发银纹有利，小粒径颗粒对诱发剪切带较为有利。在 ABS 中，橡胶颗粒以大小不同的粒径适当配合，其性能见表 9-1。

表 9-1 大小粒径混合的 ABS 性能

性能	指标				
本体悬浮法 ABS(1～10μm)/质量份	100	75	50	25	0
乳液接枝法 ABS(0.05～0.30μm)/质量份	0	25	50	75	100
冲击强度(缺口)/(kJ/m²)	0.228	0.440	0.471	0.424	0.27
熔体指数/(g/10min)	0.6	1.0	2.1	2.9	0.8

由表 9-1 可知，大小粒径以适当比例混合后，混合材料的综合性能较好。这是银纹和剪切带同时起作用的结果。

Sudduth 以统计的方法进行计算，得出的结论是粒径的大小应当用面均直径 D_s 表示，而面均直径的最佳值为接枝层厚度 T 的 6 倍。Sudduth 提出，橡胶相的基体混溶性较好，橡胶粒径很小时，增加接枝层厚度反而不利于冲击强度的提高。若两相混溶性很差，则必须有足够的接枝层厚度以增加两相的黏合力，这时接枝层的厚度就决定了胶粒的最佳粒径值。

（3）橡胶相玻璃化温度的影响

由于在冲击试验这样高速负载的条件下，橡胶相的 T_g 会有显著的提高，所以橡胶相的玻璃化温度 T_g 越低，增韧效果越好，见表 9-2。Bragaw 估计，在 ABS 中裂纹的增长速率约为 620m/s，一个半径为 100nm 的裂纹相当于 10^9 Hz 作用频率所产生的影响。橡胶相在作用频率时，T_g 比 0.1Hz 时约高 60℃，因此增韧塑料橡胶相的 T_g 应比室温低 60℃。

Bucknall 提出橡胶相 T_g 应降至－40℃左右，T_g 越低越有利于低温韧性。一般在－40℃以下为好。

表 9-2　ABS 冲击强度与橡胶 T_g 的关系

样品号	组成		橡胶相 T_g/℃	沙尔皮冲击强度/(kJ/m²)
	丁二烯	苯乙烯		
1	35	65	40	0.74
2	55	45	－20	17.64
3	65	35	－35	29.4
4	100	0	－85	39.4

(4) 橡胶相的包藏和交联的影响

弹性体抗冲改性剂的橡胶相的包藏和交联对它的模量有较大影响。在橡胶相含量不变时为了更好地发挥橡胶相的作用，增加弹性体包藏使橡胶相的有效体积增加。在较低弹性体含量下（一般为 6%～8%）可达到较高冲击强度，但如果包藏太多，弹性体的 T_g 提高太多，接近刚性球，就失去了增韧的功能。Wangner 等研究了弹性体体积分数对 HIPS 性能的影响，见表 9-3。

表 9-3　HIPS 弹性体体积分数对 HIPS 性能的影响

弹性体体积分数/%	拉伸模量/MPa	冲击强度/(kJ/m²)	断裂伸长率/%
6	2.76	0.27	3
12	2.41	1.23	20
22	1.93	7.47	45
30	1.03	3.31	34
78	0.55	0.80	8

由表 9-3 可知，包藏约为橡胶量的 3 倍左右较为适宜，但最近也有人认为在 1～2μm 橡胶粒径的 HIPS 中，低包藏 PS 使橡胶相柔软，诱发更多的银纹和更有效地终止裂纹。

橡胶相的交联程序一般以溶胀指数来衡量。溶胀指数太小，橡胶的模量太高，就失去了橡胶的性能。溶胀指数太大，加工时受剪切作用使橡胶相形态易变坏。

Cigna 研究了 HIPS 中聚丁二烯的溶胀指数、凝胶质量分数与冲击强度的关系如图 9-4 所示。

(5) 橡胶与基体树脂相容性的影响

作为一个优良的抗冲改性剂和基体树脂有适当的相容性。这种相容性应该满足能在两相间提供必要的黏合力，但不应大到使橡胶分散相的粒子直径降到小于 0.01μm。混溶性太大或太小都不好。混溶性太小时，弹性体抗冲改性剂在基体树脂中不能得到很好的分散。混溶性太大时，抗冲改性剂的颗粒太小，甚至形成均相体系，不能产生很好的抗冲效果。

9.3.3　橡胶相与基体树脂之间黏合力的影响

抗冲改性剂与基体之间的黏合力也是影响抗冲改性剂改进基体抗冲击性能的重要因素。只有抗冲改性剂与基体之间有良好的黏合力时，抗冲改性剂颗粒才能有效地引发、终止银纹并分担施加的负荷。黏合力弱则不能很好地发挥引发、终止银纹的功能。因而冲击强度就低。为了增加两相之间的黏合力可采用接枝共聚或嵌段共聚或加入相容剂的方法，可大大提高冲击强度。

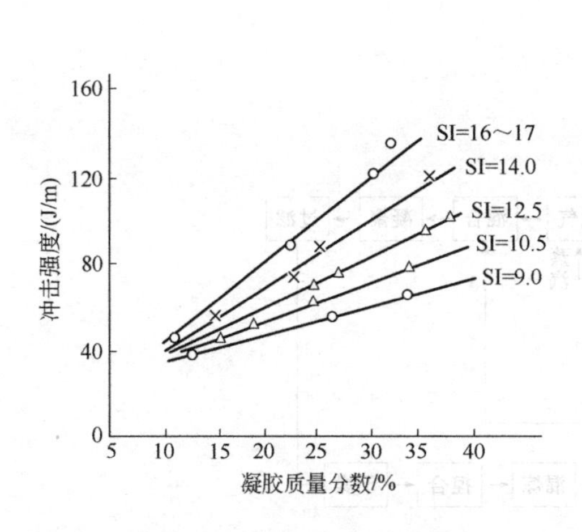

图 9-4 HIPS 中聚丁二烯的溶胀指数、凝胶质量分数与冲击强度的关系

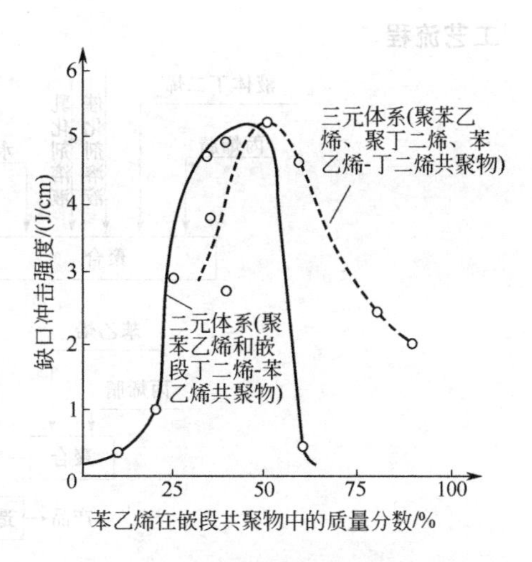

图 9-5 冲击强度与嵌段共聚物中苯乙烯质量分数的关系
(丁二烯聚合物总量均为 20%)

图 9-5 为聚苯乙烯和苯乙烯-丁二烯嵌段共聚物共混物以及聚苯乙烯、聚丁二烯、苯乙烯-丁二烯嵌段共聚物三元共混物的冲击强度与嵌段共聚物中苯乙烯含量的关系。两种情况下，丁二烯的总体含量不变，皆为 20%。在二元共混物的情况下，嵌段共聚物中苯乙烯含量少时，苯乙烯嵌段构成的相畴太小，橡胶相与连续相的黏合力小，冲击强度低。随着苯乙烯含量的增加，苯乙烯嵌段的长度增加，冲击强度迅速上升。组成为 50∶50 时，冲击强度达到最大值。再增加苯乙烯含量，冲击强度反而急剧下降。这是由于丁二烯含量下降，丁二烯链段缩短，在组成达 50∶50 之后若继续使丁二烯链段缩短，则橡胶颗粒减小到增韧临界值以下，因而增韧的效果急剧下降。

如图 9-5 所示，由于加入聚丁二烯（丁二烯总体含量仍为 20%），使橡胶颗粒增大，曲线向右移。和实线相比，曲线后半段强度下降也较缓。这种情况对配方设计有很大的启示。

9.4 抗冲改性剂实例

9.4.1 丙烯腈-丁二烯-苯乙烯共聚物

ABS 树脂是丙烯腈-丁二烯-苯乙烯共聚物。ABS 树脂是在树脂的连续相中，分散着橡胶相的聚合物，因此不单纯是这 3 种单体的共聚物或混合物。ABS 树脂有极好的冲击强度且在低温下也不迅速下降。它的抗冲性能与树脂中所含橡胶的多少、粒子大小、接枝率和分散程度有关。

9.4.1.1 ABS 树脂的制备

ABS 树脂最初的生产方法是机械共混法，随后开发成功了接枝共聚-共混法。接枝共聚-共混法包括本体法、本体-悬浮法、乳液接枝法、乳液接枝共混法。近年来出现了将接枝共聚和机械共混相结合的新趋势。即乳液接枝-乳液共混法及乳液接枝-树脂共混法。

(1) 机械共混法生产 ABS

机械共混法生产的 ABS 在国外简称 B 型 ABS，其主要包括丁腈胶乳的制备，苯乙烯-丙烯腈共聚树脂（AS 树脂）乳液的制备，以上两组分共混三个步骤。

工艺流程

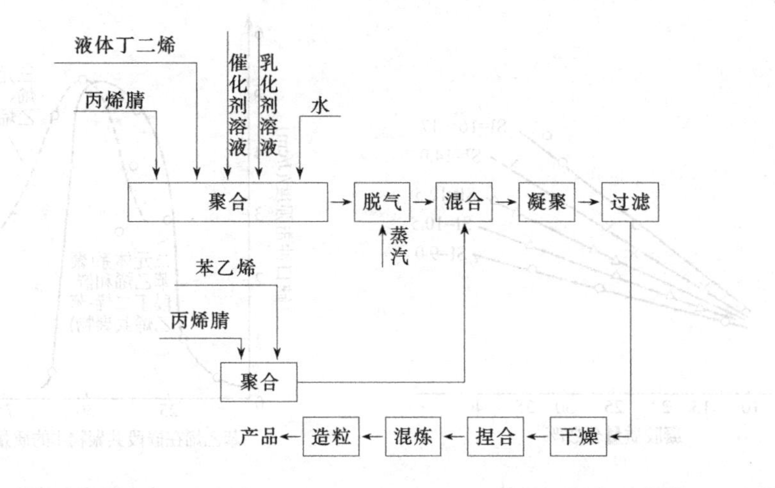

操作方法

① AS制备　将丙烯腈（AN）和苯乙烯（ST）在混合器中混合后，加入聚合反应器，加入皂类或表面活性剂等乳化剂和过硫酸钾催化剂于27～94℃聚合4～6h，即得AS共聚物。

② BA制备　将丙烯腈单体和液态丁二烯（BD）投入聚合反应器，加入过氧化氢异丙基苯之类催化剂及皂类乳化剂，在41℃反应17h后，加反应终止剂，经气提后即得丁腈胶乳（BA），可供混炼用。

③ 乳液共混法生产ABS树脂　将上述制备的丁腈胶乳和共聚树脂乳液共混后，共同凝聚，再经分离、水洗、过滤、干燥和挤出造粒。必要的情况下，挤出造粒前可以加入各种配合剂，经混炼后再挤出造粒。

④ 干粉共混法生产ABS树脂　将上述制备的AS树脂乳液、丁苯胶乳分别干燥后，将65质量份的AS树脂放在橡胶混炼机上，滚筒温度为149～205℃，使它呈塑性，然后加入35质量份BA，继续混炼20min得到均匀的混合物。不用BA也可用丁苯橡胶（BS），但与AS的相容性以BA为佳。

(2) 化学接枝法生产ABS树脂

① 乳液接枝法制备ABS树脂

工艺流程

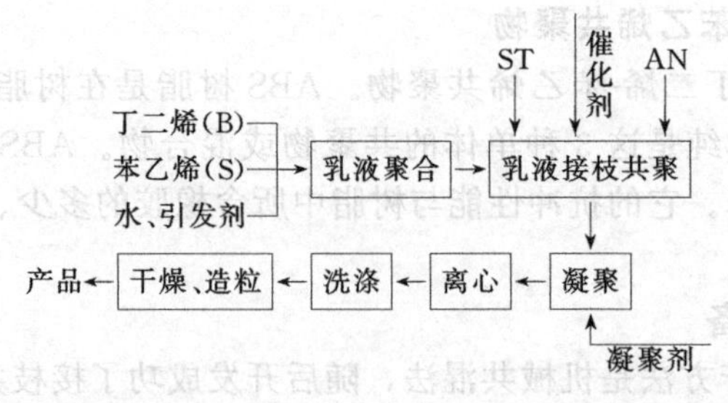

操作方法　将丁二烯（或苯乙烯）加入釜中，以合成脂肪酸钾为乳化剂，有机过氧化物为引发剂，在5～20℃下进行乳液聚合，制得丁苯胶乳或聚丁二烯胶乳。之后，再将苯乙烯、丙烯腈、适量的催化剂加入接枝釜中，在65～75℃下进行乳液接枝共聚，得到ABS接枝乳胶，经凝聚、离心、洗涤、干燥、造粒而得产品。

② 乳液接枝共混

工艺流程

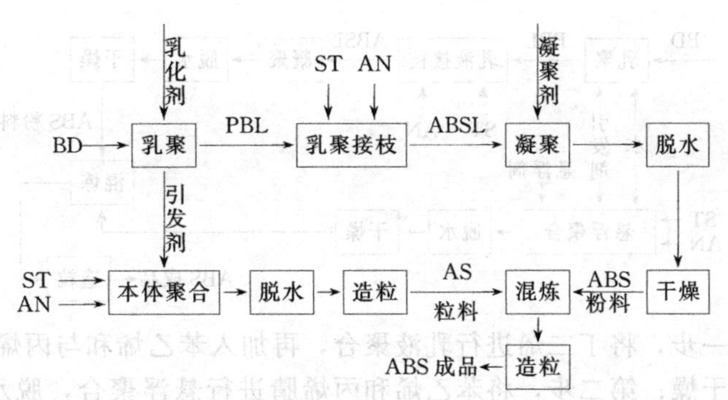

操作方法　第一步，将丁二烯进行乳液聚合，然后加入苯乙烯和丙烯腈进行乳液接枝共聚，凝聚、脱水后干燥得 ABS 粉料。第二步，将苯乙烯和丙烯腈进行本体聚合，然后进行脱水、造粒，制备成 SAN 粒料。将第一步生产的 ABS 粉料和第二步生产的 AS 粒料共同混炼，然后造粒得 ABS 树脂。

优点是橡胶用量不受限制，便于生产高抗冲产品；接枝率易控制，产品性能稳定；产品质量较经典乳液接枝产品纯净；调节 ABS 粒料与 AS 粒料混合比例可以进行多牌号产品生产，生产 AS 能耗低。

③ 乳液接枝-乳液 AS 掺混

工艺流程

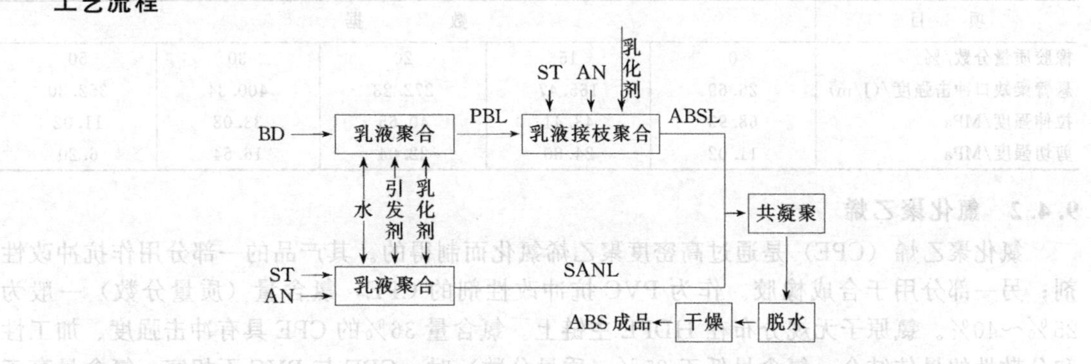

操作方法　第一步，将丁二烯进行乳液聚合后，再加入苯乙烯和与丙烯腈进行乳液接枝共聚，制成 ABS 胶乳；第二步，将苯乙烯和丙烯腈进行乳液聚合，制成 AS 胶乳；将第一步及第二步生产的胶乳进行共同凝聚，然后脱水、干燥得 ABS 成品。

优点是接枝率容易控制，可以进行多品种生产。

④ 连续本体聚合工艺

工艺流程

操作方法　将聚丁二烯橡胶溶解在部分苯乙烯中，再和苯乙烯、丙烯腈进行本体聚合，然后造粒得 ABS 产品。

优点是生产连续化，工艺过程简单，流程短，适应性强，设备少，投资省，化学品用量少，“三废”少，能耗低，生产成本低；产品品种切换方便，产品质量高，容易操作，并能兼产 HIPS、AS 等。

⑤ 乳液接枝-悬浮 AS 掺混工艺

工艺流程

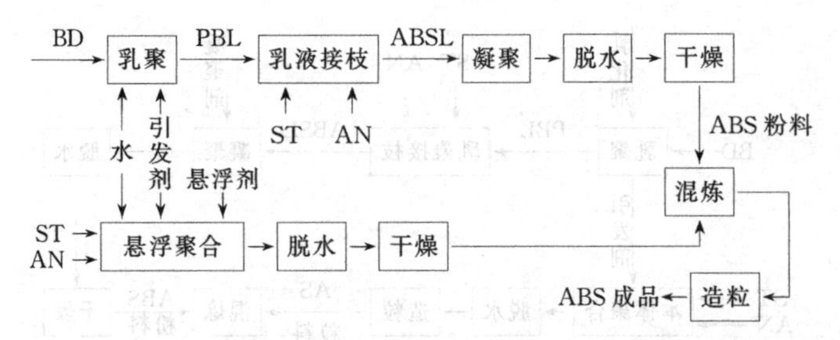

操作方法　第一步，将丁二烯进行乳液聚合，再加入苯乙烯和与丙烯腈进行乳液接枝共聚，凝聚、脱水、干燥；第二步，将苯乙烯和丙烯腈进行悬浮聚合，脱水、干燥；第三步，将第一步制备的ABS粉料、第二步制备的AS粉料共混混炼，然后造粒得ABS成品。

优点是橡胶用量不受限制，便于生产高抗冲产品；接枝率容易控制，产品性能稳定；产品质量较经典乳液接枝产品纯净；调节ABS粒料混合比例可以进行多牌号产品的生产；采用悬浮聚合法生产AS能耗低。

9.4.1.2　ABS树脂的性能

构成ABS树脂的三种组分各显其能，使ABS具有卓越的综合性能。ABS的力学性能见表9-4。

表9-4　ABS的力学性能

项　目	数	据			
橡胶质量分数/%	0	15	20	30	50
悬臂梁缺口冲击强度/(J/m)	26.69	165.47	272.23	400.34	352.30
拉伸强度/MPa	68.93	43.41	40.65	33.08	11.02
剪切强度/MPa	11.02	24.80	22.04	16.54	6.20

9.4.2　氯化聚乙烯

氯化聚乙烯（CPE）是通过高密度聚乙烯氯化而制得的。其产品的一部分用作抗冲改性剂；另一部分用于合成橡胶。作为PVC抗冲改性剂的CPE，氯含量（质量分数）一般为25%～40%。氯原子无规分布在HDPE主链上。氯含量36%的CPE具有冲击强度、加工性和分散性的最佳结合；氯含量低于25%（质量分数）时，CPE与PVC不相容；氯含量高于48%（质量分数）时，CPE则起增塑剂作用。

CPE抗冲改性剂能赋予PVC硬制品良好的抗冲击性、低温冲击性、耐化学品性、能量吸收性和热光稳定性，可用于与食品接触的制品中。CPE改性PVC制品的缺陷是透明性差、拉伸强度低。CPE主要用在需要良好的耐候性和不透明性的PVC制品中。这些制品包括壁板、窗户、异型材、雨水槽等。选择好稳定体系和着色体系，就能使制品在长期天候老化后保持颜色和抗冲击性。CPE也可与氯乙烯单体接枝，制得抗冲PVC。

9.4.2.1　CPE的制备

氯化聚乙烯（CPE）是聚乙烯氯化反应后的产物，用光或自由基引发剂作催化剂，先使Cl_2解离成Cl·，攻击聚乙烯分子中的C—H成C—Cl而完成氯化反应。其反应式如下。

$$Cl_2 \xrightarrow{h\nu} 2Cl\cdot \qquad \sim\!\sim CH_2-CH_2-CH_2-CH_2\sim\!\sim + Cl\cdot \longrightarrow \sim\!\sim CH_2-\dot{C}H-CH_2-CH_2\sim\!\sim + HCl$$

$$\xrightarrow{+Cl_2} \sim\!\sim CH_2-CHCl-CH_2-CH_2\sim\!\sim + Cl\cdot$$

氯化反应以碘、氯化铝、氯化铁、有机过氧化物作催化剂，在暗处反应缓慢，微量的氧起催化作用，而大量的氧呈抑制作用。

(1) 溶液氯化法制备 CPE

工艺流程

PE、CCl_4（或 $CHCl_3$）→ 溶解 → 氯化反应 → 沸水凝结 → 切碎 → 干燥 → 产品

操作方法 取密度 0.961g/cm^3、熔体指数 0.54g/10min 的 PE 0.953kg 和 CCl_4 22.7kg。加入到 22.75dm^3 的带搅拌器并衬以玻璃的反应器中，充 N_2 以驱除空气，加热该混合物至 118～121℃，保持 1.5h 溶解聚乙烯，由充入的氮气来维持反应器内的压力达表压 283kPa，再以恒等速率在 4h 内加入 0.922kg 的液氯后用紫外线照射，在加氯期间温度降至 71℃，氯化后的反应物送入 pH 值为 9 的沸水中处理以凝结 CPE 及蒸发 CCl_4，再把结块的 CPE 切碎并在 66℃空气炉中干燥 16h。这样制得的 CPE 氯含量达 23.6%（质量分数）。

(2) 悬浮氯化法制备 CPE

工艺流程

PE、HCl 水溶液、H_2O → 悬浮氯化 → 第二次氯化 → 分离 → 干燥 → 产品

操作方法 将 450g 聚乙烯放入内有 3000mL 的 6mol/L HCl 及 4.5g 二甲基苄基十二烷基氯化铵的反应器内，以 4.13mol Cl_2/(h·kgPE) 的速率通入 Cl_2，在 110℃氯化 40min，可得到氯含量质量分数为 14.6% 的 CPE，把得到的 CPE 加热到 135℃，继续以 4.84mol Cl_2/kgPE 的通氯量氯化 3h，就得到氯含量为 36.4%、粒径 2mm 的白色 CPE。

(3) 嵌段氯化（溶液氯化和悬浮氯化相结合）法制备 CPE 根据氯化时的温度在聚乙烯的熔点以上还是以下，可得到不同构型的嵌段 CPE，有下列四种形式。

① 在 PE 熔点以上进行溶液氯化或悬浮氯化，则 Cl 在 PE 分子中的排列成无规构型。

② 在 PE 熔点以下悬浮氯化如下。

高氯化链段　低氯化链段

③ 先在 PE 熔点以下悬浮氯化，然后在熔点以上氯化如下。

高氯化链段　低氯化链段

④ 先在 PE 熔点以上溶液氯化，再在熔点以下氯化，以降低结晶度。

高氯化链段　少量未氯化结晶链段　高氯化链段

由于氯化工艺不同，尽管氯含量相同，但 CPE 的性能不同。嵌段 CPE 和无规 CPE 性能比较见表 9-5。

表 9-5 嵌段 CPE 和无规 CPE 性能比较

性能	无规 CPE(氯含量 34.4%)	嵌段 CPE(氯含量 31.5%)	基体聚乙烯
弯曲温度/℃	−32	太脆	—
相对密度	1.232	1.169	0.951
软化温度/℃	室温下太软	116	120
伸长率/%	1600	约 1	—
特性黏度/(dL/g)	0.393	0.391	0.615
拉伸强度/MPa	1.10	7.27	13.78
苯中可溶性	溶解	不溶	不溶

9.4.2.2 氯化聚乙烯的性能及特性

作为抗冲改性剂的氯化聚乙烯是一种白色粒状弹性体，能溶于芳烃和卤代烃，不溶于脂肪烃。在 170℃以上发生分解，释放出 HCl 气体。在 −30℃仍保持柔软性，脆化温度在 −70℃以下。由于其饱和的分子链结构和较高的氯含量，CPE 具有优良的耐热、耐天候、耐臭氧、耐化学性和难燃性。

CPE 分子结构中无不饱和双键，所以具有优良的耐候性、耐化学药品性能。

使用低分子 HDPE 原料所制得的 CPE 加工流动性好，而用高分子 HDPE 原料所制得的 CPE 加工制品强度高，通常 CPE 氯含量 30%～40%（质量分数）左右，氯含量低者性能接近 PE，氯含量高者性能接近 PVC，非结晶 CPE 具有弹性橡胶性能，适度结晶的 CPE 则具有软质塑料性能。

CPE 另有一特别突出的特性是能填充大量的填料，100 质量份树脂可填充 400 质量份 TiO_2 或 300 质量份皂土或炭黑，即在性能许可的情况下可尽量添加填料以降低制品成本。

CPE 弹性体能与大多数橡胶和塑料相容而可以并用，对于相容性较差的聚合物共混体系可采用 CPE 作增容剂。常和 CPE 并用的橡胶有 NR（天然橡胶）、EPDM（乙丙橡胶）以及 NBR、PU、CR、CSR 等；和 CPE 并用的塑料有 PVC、PE、EVA、PA 等。

氯化聚乙烯的特性随原料聚乙烯的分子量、分子量分布、分子支化程度及氯化聚乙烯氯含量、氯原子在大分子链上的分布以及剩余结晶度等各种因素而不同。各种类型氯化聚乙烯的性能及用途见表 9-6。

表 9-6 各种类型氯化聚乙烯的性能及用途

PE 分子量	低分子量 PE			较高分子量 PE			高分子量 PE	
	$<5\times10^4$			$(5\sim10)\times10^4$			$>10\times10^4$	
CPE 氯含量/%	35	35	35	40	30	30	35	40
结晶度/%	2～10	2～10	2～10	≥10	>10	≥10	非晶	非晶
形状	微粒	微粒	微粒	微粒	粉末	微粒	微粒	微粒
相对密度	1.20	1.20	1.20	1.24	1.14	1.15	1.13	1.24
特征	高抗冲，高拉伸	流动性好	流动性很好	—	透明性优	透明性良	高抗冲	超高分子量
主要用途	硬 PVC 管，挤出用	硬 PVC、半硬 PVC	软 PVC 革、膜	提高 PE、PP 的耐燃性	透明 PVC 板、膜	—	硬 PVC 板、管	橡胶制品

9.4.3 乙烯-乙酸乙烯共聚物

乙烯-乙酸乙烯共聚物（ethylene-vinylacetate copolymer）主要是用于包装、电线和电缆绝缘、涂覆和共混改性料以及作为色母料的载体树脂。

乙烯和乙酸乙烯共聚的性能和共聚物中 VAc 的含量密切相关。通常可按 VAc 含量比例将其分为下列三类。

① EVA 树脂　VAc 含量低于 40%（质量分数）的乙烯-乙酸乙烯共聚物。可用高压聚乙烯装置进行生产，主要用于聚乙烯（PE）改性，制造电线料、电缆料、薄膜以及其他成型制品和共混改性料等。

② EVA 弹性体　VAc 含量为 40%～70%（质量分数）的乙烯-乙酸乙烯共聚物。具有很好的柔韧性，富有橡胶特性，刚性模量和拉伸强度较小，伸长率大，多数采用中等压力下的溶液聚合工艺制造，主要用于橡胶弹性体、聚氯乙烯（PVC）改性剂及汽车零部件等。

③ EVA 乳液　VAc 含量为 70%～95%（质量分数）的乙烯-乙酸乙烯共聚物。一般采用乳液聚合法生产，产品为乳液状态，主要用作黏合剂及涂料。

9.4.3.1　EVA 的制备

EVA 的生产方法有高压法、溶液法和乳液法。

(1) 高压法生产 EVA 树脂

工艺流程

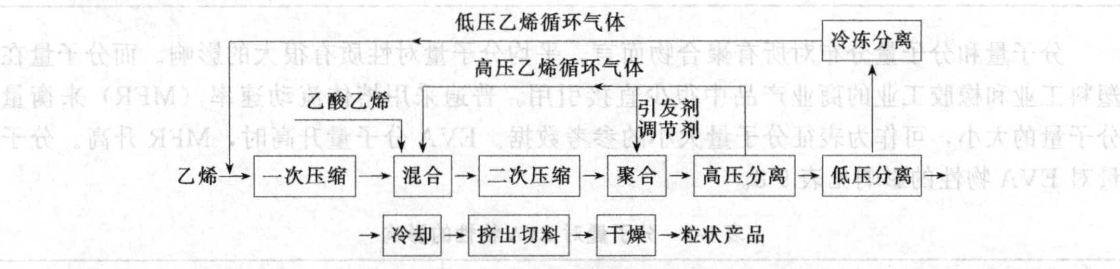

操作方法　将乙烯、乙酸乙烯、有机过氧化物或偶氮化合物等引发剂，按比例加入高压反应釜中。在压力为 100MPa、温度为 200℃以上进行聚合反应。制得乙酸乙烯含量为 10%～40%（质量分数）的共聚物，相对分子质量 $(2\sim50)\times10^4$。

(2) 溶液法制备 EVA 树脂

工艺流程

叔丁醇　引发剂

乙烯、乙酸乙烯 → 溶液 → 聚合 → 干燥 → 产品

5～7MPa
30～50℃

(3) 乳液法生产 EVA 树脂

工艺流程

乙烯

乙酸乙烯、$K_2S_2O_8$ 或 $(NH_4)_2S_2O_8$ → 乳液介质 → 聚合 → 冷却 → 成品

1～10MPa
10～95℃

9.4.3.2　EVA 树脂的性能

EVA 是由无极性、结晶的乙烯单体与强极性、非结晶的乙酸乙烯单体共聚而成的热塑性树脂，是一种支化度高的无规共聚物。它具有优良的柔韧性、耐冲击性、弹性、光学透明性、耐化学药品性、热封性以及填料、色料的相容性。

EVA 的性能主要取决于 VAc 含量、分子量及分子量分布。VAc 含量对 EVA 性能的影

响主要有两方面。第一，破坏了由聚乙烯链段形成的结晶区。一般情况下，高压本体聚合法生产的低密度聚乙烯及中密度聚乙烯结晶度为40%～60%。随着VAc含量的增加，结晶度逐渐降低，当VAc含量继续增大到40%～50%（质量分数）时，共聚物成为完全的无定形EVA的结晶度极为重要。在EVA的应用过程中，根据一些特殊用途，通过改变VAc含量来控制半结晶化EVA的结晶度极为重要。也正是因为VAc含量不同，才使VAc有了极广泛的用途。EVA结晶度降低对物性的影响见表9-7。第二，由于乙酰氧基的极性，VAc含量增加，共聚物的极性增加。尽管极性变化不如结晶度的变化明显，但极性增加同样使共聚物的许多重要性质发生变化，增大了EVA的介质损耗角正切，极性树脂和增塑剂的相容性、黏结性、可印刷性等随极性增大而增大。

表9-7 EVA结晶度降低对物性的影响

性 能	结 果
模量、表面硬度 、软化点、耐化学品性	随结晶度降低而降低
低温冲击强度、透明性、透气性、耐环境应力开裂、摩擦系数、高填充纤维后力学性能保留率与其他聚合物相容性	随结晶度降低而升高

分子量和分子量分布对所有聚合物而言，平均分子量对性质有很大的影响。而分子量在塑料工业和橡胶工业的商业产品中很少直接引用。普遍采用熔体流动速率（MFR）来衡量分子量的大小，可作为表征分子量大小的参考数据。EVA分子量升高时，MFR升高。分子量对EVA物性的影响见表9-8。

表9-8 分子量对EVA物性的影响

物 性	结 果
黏度、软化点、耐环境应力开裂、冲击强度、模量、耐化学品性	随分子量的增大而增大或升高
可溶性、加工性	随分子量的增大而降低或变差

VAc含量升高使链转移反应增多，导致分子量分布变宽。和其他聚合物一样，分子量分布变宽主要影响熔体的流动性。

9.4.4 甲基丙烯酸甲酯-丁二烯-苯乙烯共聚物

MBS是聚丁二烯（PB）或丁苯橡胶（SBR）大分子链上接枝甲基丙烯酸甲酯（MMA）和苯乙烯（ST）的接枝共聚物。其亚微观形态具有典型的核-壳结构，核是直径为0.01～0.10μm的聚丁二烯或丁苯橡胶（SBR）相球状核，外部是由苯乙烯（ST）和甲基丙烯酸甲酯（MMA）组成的壳层，壳层可以与PVC相容，两者形成均匀相。壳层在PVC树脂和橡胶粒子间起界面黏结剂的作用，而橡胶相则以粒子状态分布于PVC连续介质中，由此可提高共混物的冲击强度。

MBS可赋予PVC制品高冲击强度和低温冲击性，在清晰度、热稳定性和耐候性方面，MBS都比ABS略高。所以MBS可以用于ABS改性的PVC制品中，由于MBS中有丁二烯组分，使其在户外制品中的应用受到限制。

9.4.4.1 MBS制备

MBS是甲基丙烯酸甲酯-丁二烯-苯乙烯共聚物。MBS的结构式如下。

$$\left[CH_2-\underset{COOCH_3}{\overset{CH_3}{\underset{|}{\overset{|}{C}}}}- \right]_a \left[CH_2-CH=CH-CH_2 \right]_b \left[\underset{C_6H_5}{\underset{|}{CH}}-CH_2 \right]_c$$

MBS聚合过程基本上与ABS相同，只不过用甲基丙烯酸甲酯代替丙烯腈。在乳液聚合法中，橡胶粒子的大小是一个重要问题，粒子小则透明度好。但粒子过小则产品的冲击强度也要减小。采用乳液聚合法制备MBS。

工艺流程

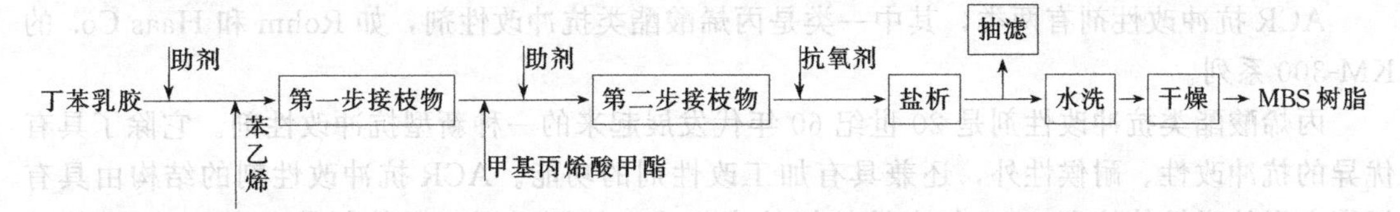

操作方法　先将丁苯胶乳、乳化剂、蒸馏水加入反应釜中。开动搅拌，充入氮气。然后加入苯乙烯等助剂，调节pH值≥8。升温至60℃，渗透1h，以扩大粒径，加入引发剂等助剂，进行第一步接枝。反应2h后，加入甲基丙烯酸甲酯等助剂，进行第二步接枝，再反应2h，待反应结束前15min加入抗氧剂。

将反应完成的乳液用5%硫酸镁水溶液，在温度50℃左右进行盐析。然后用温水洗涤数遍并抽滤，置于60℃干燥即得粉状产品。

9.4.4.2　MBS抗冲改性剂的性能

MBS抗冲改性剂的性能受许多因素影响，主要有SBR的制造方法、丁二烯与苯乙烯的比例、SBR在MBS中的含量等。不同的MBS对PVC的改性效果亦产生显著的差异。MBS制备方法对PVC/MBS性能的影响见表9-9。

表 9-9　MBS制备方法对PVC/MBS性能的影响

项　目	制备方法②	A	B	C
MBS①	所用SBR粒径	小	小	大
	平均粒径/nm	70	70	260
	凝聚剂	有	无	无
	接枝后平均粒径/nm	230	90	270
PVC/MBS性能	悬臂梁冲击强度/(J/m)			
	低温加工③	58.8	58.8	58.8
	高温加工④	58.8	7.35	18.8
	拉伸强度/MPa	50.3	51.0	40.3
	瓶半数破裂高度/cm	240	50	190
	透光率/%	83	83	40

① MBS组分比例：SBR∶MMA∶ST＝40∶30∶30。

② 制备方法中，A是以小粒径SBR为原料，接枝共聚的同时加入凝聚剂所得MBS，具有簇状结构，粒径显著增大；B是以小粒径SBR为原料；C是以大粒径SBR为原料。后两种情况都不加凝聚剂。

③ 低温加工条件：160℃混炼；170℃制样。

④ 高温加工条件：180℃混炼；190℃制样。

由表9-9可知，A条件下所制得的MBS组成的PVC/MBS共混物韧性最大，透光率高。具有簇状结构的MBS大颗粒是由SBR小胶粒通过支链互相联结而成，由于小颗粒间是化学黏合，因而在与PVC进行共混时，即使是混炼温度较高，粒径也不会变小，故共混物仍然保持高度的韧性。同时簇状结构MBS大颗粒不影响光线的透过。这是因为MBS接枝聚合物的支链部分与PVC相容，并且具有相同的折射率。光线可绕过SBR小胶粒，从小胶粒之间穿透过去。MBS中SBR的含量对其增韧效果的影响较大。当MBS中SBR含量由50%（质量分数）上升到60%～70%（质量分数）时，PVC/MBS共混物的冲击强度逐步提高。

9.4.5 丙烯酸酯聚合物

ACR是丙烯酸酯类聚合物的简称。ACR是由甲基丙烯酸甲酯、丙烯酸丁酯、丙烯酸2-乙基己基酯组成的，是将甲基丙烯酸甲酯、苯乙烯接枝在丙烯酸烷基酯弹性体上制得的。实际上是丙烯酸酯类共聚物。具有典型的核-壳结构。

ACR抗冲改性剂有两类，其中一类是丙烯酸酯类抗冲改性剂，如Rohm和Haas Co. 的KM-300系列。

丙烯酸酯类抗冲改性剂是20世纪60年代发展起来的一种新型抗冲改性剂。它除了具有优异的抗冲改性、耐候性外，还兼具有加工改性剂的功能。ACR抗冲改性剂的结构由具有轻度交联的弹性体核和PVC相容性较好的壳组成。特别适用于户外制品。由于ACR抗冲改性剂具有良好的综合性能，因而越来越受到人们的重视。

9.4.5.1 ACR抗冲改性剂的制备

ACR抗冲改性剂是以丙烯酸酯、甲基丙烯酸甲酯、苯乙烯为主要原料进行乳液聚合，形成具有多层结构的核-壳聚合物。

(1) 乳液聚合法制备ACR

工艺流程

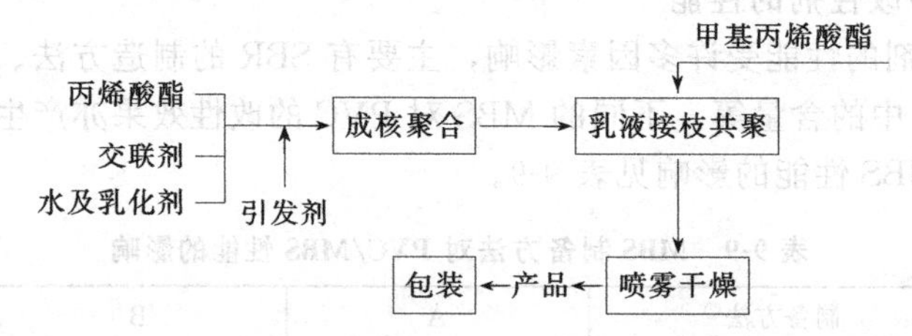

操作方法 将去离子水、乳化剂、丙烯酸酯（加入交联剂）一同加入到聚合釜中，通N_2、搅拌、升温至40～90℃反应，进行乳液聚合。形成带有轻度交联的弹性体核。然后再加入甲基丙烯酸酯进行接枝共聚，形成具有核-壳结构的乳液，然后进行喷雾干燥。最后得到白色自由流动粉末。

(2) 抗冲改性剂的微成团制备方法

工艺流程

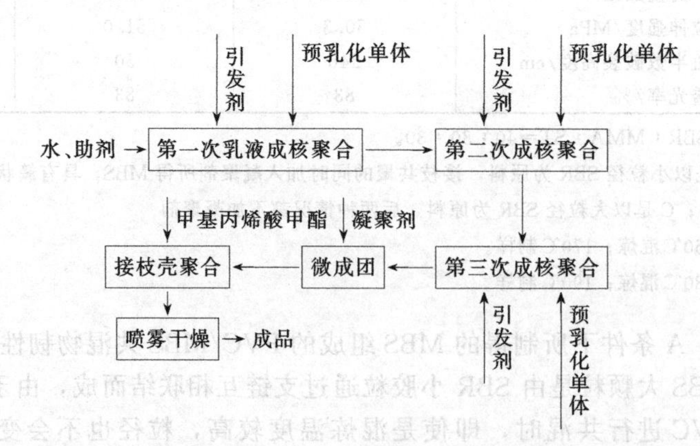

操作方法 单体预乳化。将水、乳化剂、单体进行预乳化。乳化好后备用。

将水、助剂加入聚合反应釜中，通N_2、搅拌后升温，当温度升至40～90℃时，加入一部分预乳化单体进行乳液聚合，然后再加入一部分预乳化单体进行第二次成核聚合，接着依次进行第三次成核聚合、微成团化，最后进行接枝壳聚合及喷雾干燥得成品。

(3) 高弹性体含量抗冲改性剂的制备

工艺流程

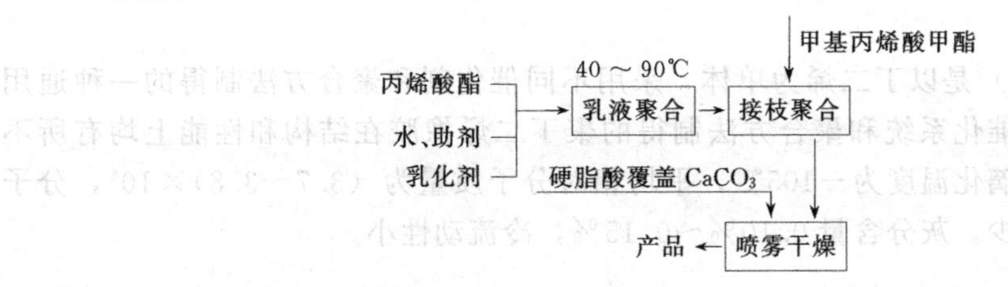

9.4.5.2　ACR 抗冲改性剂的性能

ACR 系列抗冲改性剂赋予塑料良好的光稳定性、耐热性、高冲击强度和良好的耐候性。广泛应用于 PU、聚烯烃及工程塑料。ACR 抗冲改性剂属于核-壳结构共聚物。由于其具有特殊的结构，且具有优异的抗冲性能，添加少量（5～10 质量份）即可得到很高的冲击强度。各类改性剂对 UPVC 冲击性能的影响见表 9-10。

表 9-10　各类改性剂对 UPVC 冲击性能的影响

改性剂	冲击性能	添加剂用量/质量份			
		6	7	8	10
CPE	冲击强度/(kJ/m^2)	—	—	24	34
ACR KM-334	冲击强度/(kJ/m^2)	12	15	27	
ACR KM-355	冲击强度/(kJ/m^2)	21	30	38	—

注：1. 样条为 V 形缺口（沙尔皮冲击试验）；2. 测试方法 DIN 53153。

9.4.6　其他抗冲改性剂

（1）乙丙橡胶

乙丙橡胶（EPR）是乙烯和丙烯在有机金属作用下，于溶液状态共聚而成的无定形聚合物。乙丙橡胶可分为二元共聚物和三元共聚物。一般情况下，丙烯的含量约为 40%～60%（质量分数），第三单体的含量约为 2%～5%（质量分数），平均相对分子质量 25 万以上，且分布较宽。乙丙橡胶中由于引入了丙烯以无定形排列，破坏了原来的聚乙烯结晶性，就成为不规整共聚非结晶橡胶，同时又保留了聚乙烯的某些特性。二元乙丙橡胶在分子链上没有双键，成为饱和状态，因而构成了该橡胶的独特性能。三元乙丙橡胶虽然引进了少量不饱和基团，但双键处于侧链上，因此基本性能无多大差异。

乙丙橡胶基本上是一种饱和的高分子化合物，且分子内没有极性取代基，链节比较柔顺。它的抗臭氧性、耐候性、耐老化性在通用橡胶中是最好的，并具有较好的电绝缘性、耐化学品性和抗冲击性。

（2）丁腈橡胶

常用的丁腈橡胶（NBR）是由 1,3-丁二烯和丙烯腈共聚而成的，也包括添加第三单体的改性品种。丁腈橡胶具有对汽油和脂肪烃油类耐溶胀性优良的特点。其耐油性随丙烯腈含量增加而提高。丁腈橡胶的低温性能较差，脆化温度为－20～－10℃，玻璃化温度与丙烯腈含量有密切关系。丙烯腈含量越多玻璃化温度也越高。丁腈橡胶的耐热性较好，可在 120℃下连续使用，电绝缘性一般。

（3）丁苯橡胶

丁苯橡胶是以丁二烯与苯乙烯为单体，在乳液或溶液中用催化剂催化共聚而成的高分子弹性体，相对密度 0.98，玻璃化温度－52℃。

一般的乳聚丁苯橡胶中含有 23.5%的苯乙烯，其中相对分子质量随聚合情况而异，一般为10万～150万。聚合物的微结构随聚合条件的变化也有很大差异。

(4) 聚丁二烯橡胶

聚丁二烯橡胶（BR）是以丁二烯为单体，采用不同催化剂和聚合方法制得的一种通用型合成橡胶。采用不同催化系统和聚合方法制得的聚丁二烯橡胶在结构和性能上均有所不同。聚丁二烯橡胶的玻璃化温度为－105℃，平均相对分子质量为（3.7～3.8）×10^4，分子量分布较窄，支化也较少。灰分含量0.10％～0.15％，冷流动性小。

9.5 抗冲改性剂的应用

许多塑料冲击强度低是一大弱点。如聚氯乙烯、聚苯乙烯、聚丙烯、环氧树脂、PC等由于冲击强度低限制了它们的应用，尤其在低温下更差。为此，需要在塑料中添加增韧剂来提高其冲击强度，从而扩大塑料的应用领域。

9.5.1 抗冲改性剂改性聚氯乙烯

聚氯乙烯（PVC）是最早工业化的塑料品种之一，也是产品较大的五种通用塑料之一，目前产量仅次于聚乙烯，位居第二位。PVC是一种综合性能良好、用途极广的聚合物，但其韧性差是一大缺点。一般情况下，是通过添加抗冲改性剂来提高其韧性。在PVC树脂中添加EVA能提高其长效增塑，提高冲击强度，改善耐寒性、透气性及加工性等；PVC和丁腈橡胶、氯化聚乙烯、ABS树脂共混均显著增加韧性；PVC与MBS共混不仅提高冲击强度，而且具有良好的透明性、加工性；PVC和ACR共混物不仅提高抗冲击性能，而且具有良好的耐候性和加工性。

9.5.1.1 ABS抗冲改性剂改性PVC

ABS树脂的发展为PVC的共混改性提供了一种性能较好的新型增韧材料。PVC/ABS共混物具有冲击强度高、热稳定性好、加工性优良的特点，其透光性超过其他橡胶增韧PVC。用于PVC改性剂的ABS树脂，根据其拉伸模量粗略地分为三种。高拉伸模量（＞300GPa）的聚合物，一般用作PVC的加工助剂，这类ABS树脂对PVC性能的影响最小。中等拉伸模量（200～300GPa）的聚合物，用于要求热强度、压花持久性的PVC制品，或要求塑性与冲击强度之间极度均衡的PVC制品。低拉伸模量（＜200GPa）的聚合物，能有效提高PVC/ABS共混物的抗冲性能，通常作为PVC的抗冲改性剂。

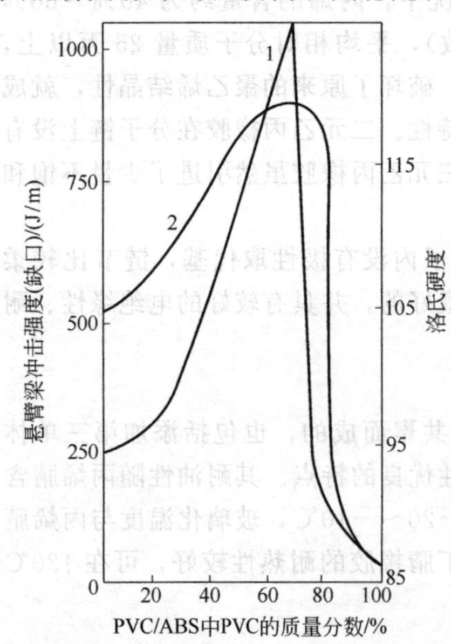

图9-6 ABS树脂类型对PVC/ABS冲击强度与硬度的影响

1—含标准ABS；2—含高丁二烯ABS

作为PVC抗冲改性剂的ABS树脂，按其中丁二烯的含量可以划分为两种：标准ABS树脂；高丁二烯ABS树脂。标准的ABS树脂的组成比例为丁二烯：丙烯腈：苯乙烯＝30：25：15；高丁二烯ABS树脂的组成比例为丁二烯：丙烯腈：苯乙烯＝50：18：32。高丁二烯ABS抗冲改性剂的增韧效果优于标准ABS抗冲改性剂。通常情况下采用高丁二烯ABS作为PVC抗冲改性剂。ABS树脂类型对PVC/ABS的冲击强度与硬度的影响如图9-6所示。

由图9-6可知，PVC/ABS共混物的抗冲性能与组分的关系有两个特点：①共混物的冲击强度比ABS、PVC的冲击强度提高；②当PVC∶ABS=70∶30时，此共混物的冲击强度达到极值。

9.5.1.2 CPE对PVC的改性

作为PVC抗冲改性剂的CPE，其最佳氯含量为36%。要使PVC/CPE共混物具有较高的抗冲性能，就要求PVC、CPE有良好的相容性。

PVC/CPE共混物的混合方法均为机械共混法。一般情况下，先进行干粉初混，所用设备为Z型捏合机或高速捏合机。操作方法：将PVC粉加入混合设备中，升温至94℃左右；边搅拌边加入稳定剂，使稳定剂分散均匀；加入填料、颜料及CPE等物料，并搅拌使分散均匀；最后加入润滑剂，升温至122～127℃，充分搅拌混合；把上述共混物粉末进行冷却捏合，尽快冷却至48℃以下，出料。经初混后再使用通常的双辊混炼机、密炼机或挤出机以熔融共混法制得PVC/CPE共混物。不同的混炼方法对PVC的性能影响不同，其结果见表9-11。

表9-11 PVC/CPE冲击强度与混炼设备的关系

CPE规格($a/b/c$)①	CPE掺入量(每100质量份PVC)	PVC/CPE冲击强度/(kJ/m^2)	
		双辊混炼产物	挤出混炼产物
36/5/15	12.5	7.94	92.61
36/5/21	12.5	105.84	119.07
36/5/24	12.5	111.13	18.52
42/5/28	12.5	13.23	3.70

① $a/b/c$中，a为CPE的氯含量（%），b为CPE的结晶度（%），c为熔融黏度（1×10^4Pa·s）。

9.5.1.3 EVA改性PVC

EVA是PVC重要的抗冲改性剂。当把EVA（VAc含量为45%）加入到PVC中时，体系具有非常好的缺口冲击强度，如图9-7所示。PVC/EVA共混物可采用机械共混法（主要为熔融共混）和接枝共聚-共混法制备。

机械共混法制取PVC/EVA共混物应用两段操作法进行，先将PVC粉料、稳定剂、增塑剂等配合剂同时加入捏合机捏合；再将上述混合料加到蒸汽加热的双辊混炼机上初步混炼成一连续厚片；加入预定量的EVA继续混炼，温度控制在160～180℃之间；总混炼时间达到15min左右即可出料。

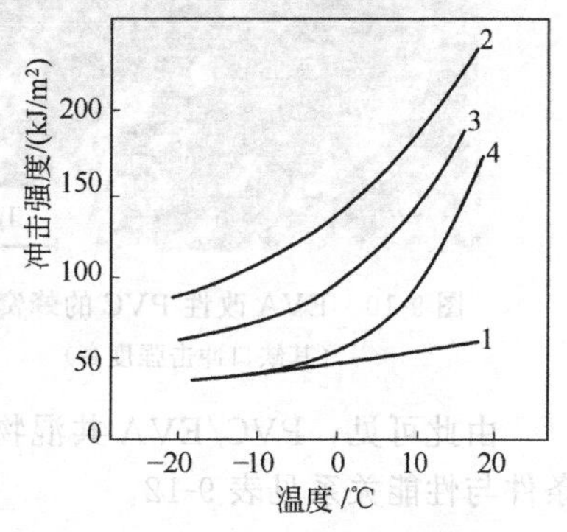

图9-7 PVC/EVA共混物的冲击强度

1—PVC；2—PVC/EVA；3—PVC/ABS；4—PVC/CPE

PVC与EVA仅有中等程度的相容性，所以用机械共混法制取的PVC/EVA共混物相畴粗大；接枝共聚-共混法制取的PVC/EVA共混物相畴微细。这是由于两种聚合物的相容和分散得到了促进。

① PVC/EVA共混物形态构造的影响　PVC/EVA共混物的形态构造与EVA的添加比例有很大关系。如图9-8所示，当共混物中EVA-45含量的比例为4%时即少于7%～8%时，EVA-45一般是以0.05μm的粒子分散地分布在连续相PVC树脂中。PVC以初级粒子的形式存在。当EVA-45含量为8%时共混物的形态构造发生了相转变，EVA-45已由分散分布的粒子变成了网状结构（见图9-9），网眼的尺寸为1μm，PVC仍是以初级粒子结构存在。在熔体加工过程中，共混两相体系经受各种形态学的相变化，如二级PVC粒子（50～

200μm）被软相熔融，在保留PVC粒子结构的情况下，形成带蜂窝结构的弹性体网络。在这种结构形态下具有最大的缺口冲击强度，如图9-10所示；在PVC粒子熔融形成均一的PVC基体后，产生分割得很细的弹性分散体。这种形态下的缺口冲击强度低，如图9-11所示。

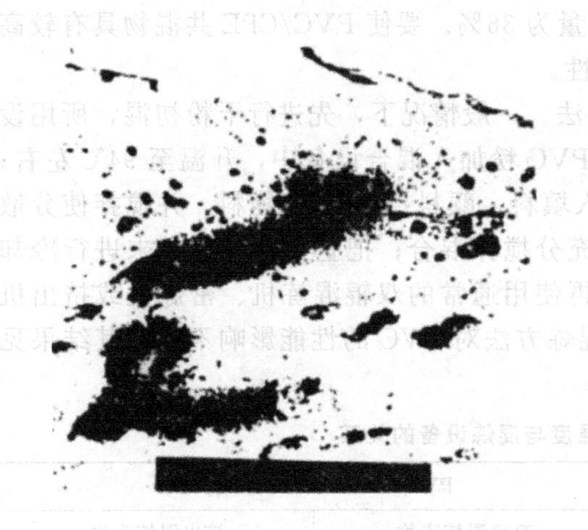
图9-8 PVC：EVA-45＝96：4共混物的形态

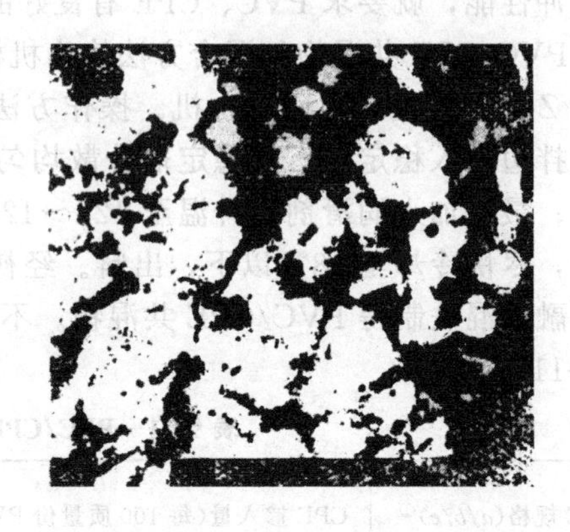
图9-9 PVC：EVA-45＝92：8共混物的形态

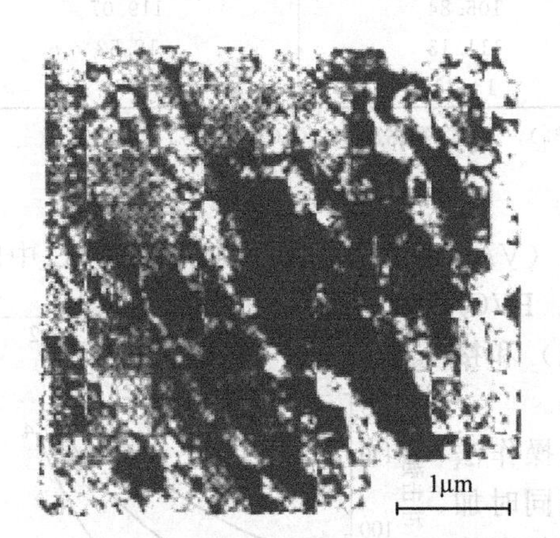

图9-10 EVA改性PVC的蜂窝结构
（其缺口冲击强度高）

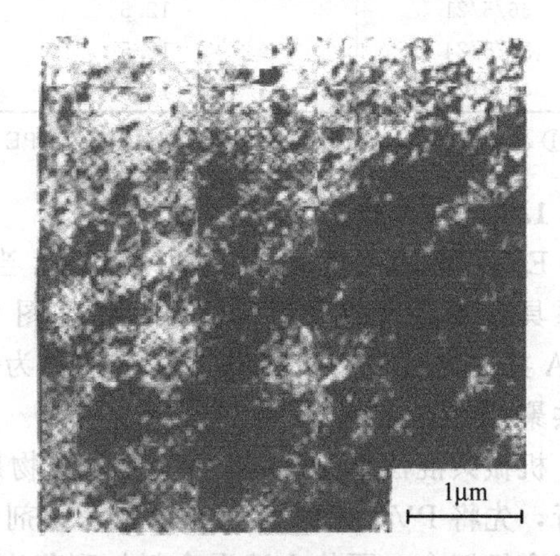

图9-11 过度均化后的EVA改性PVC的结构
（其缺口冲击强度低）

由此可见，PVC/EVA共混物的性能和其加工条件密切相关。PVC/EVA共混物的加工条件与性能关系见表9-12。

表9-12 PVC/EVA（VAc45%）共混物的加工条件与性能关系

EVA-45质量分数/%	冲击强度/(kJ/m²)	加工工艺条件	EVA-45质量分数/%	冲击强度/(kJ/m²)	加工工艺条件
0	4.6	双辊，170℃	8℃	64.1	双辊，170℃
4	31.4	双辊，170℃	8℃	17.5	双辊，195℃

PVC/EVA共混物的性能不仅和形态结构有关，还与各组分的分子量、EVA的添加量、EVA中的VAc含量等因素密切相关。其结果如图9-12所示。

如图9-13所示，EVA及EVA-PVC接枝共聚物的分子量越小，PVC/EVA接枝共聚共混物的硬度越低，其冲击性能越高。

② 混炼时间及混炼温度的影响　混炼时间及模压温度对PVC/EVA共混物的冲击性能

如图 9-14 所示。以机械共混法制得的 PVC/EVA 共混物，若 EVA 含量少于 5%，透气性与透光率基本与 PVC 相同，变化很小；当 EVA 含量超过 5%后，则透气性及透光性变化显著。并随 EVA 掺入量增加，透气性上升，透光率下降。这种现象是由于随 EVA 含量增多，PVC/EVA 共混物中相分离现象明显以及当 EVA 含量大于 7%～8%以后发生相转变的缘故。

9.5.1.4 ACR 改性 PVC

ACR 改性剂是综合性能非常优异的抗冲改性剂。在 PVC 中添加少量（5～10 质量份）就能赋予 PVC 优良的抗冲击性能和耐候性，并兼具加工改性剂的功能。加工条件范围宽，并能保留较高的刚性和耐热性。

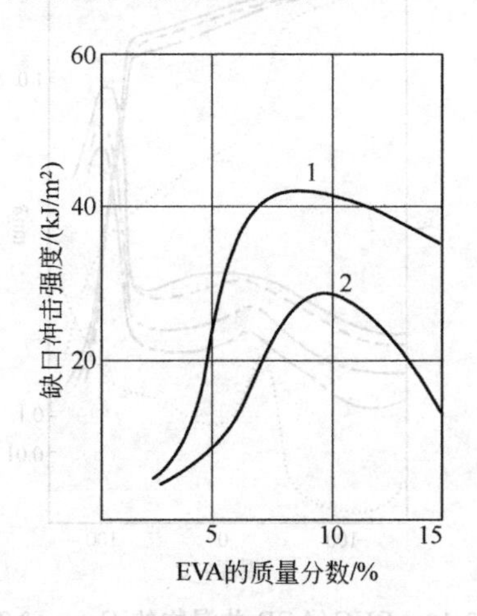

图 9-12 EVA 的乙酸乙烯含量和分子量对 PVC 缺口冲击强度的影响（乙酸乙烯含量 45%）

（单梁式冲击试验，由 Mobay 化学公司测试）

1—乙酸乙烯相对分子质量为 10 万；2—乙酸乙烯相对分子质量为 5 万

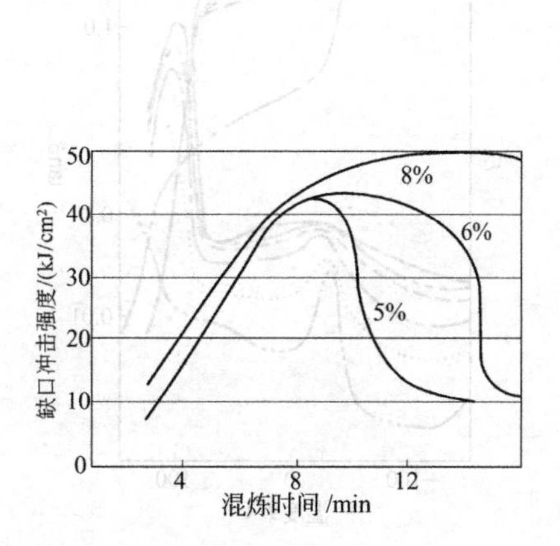

图 9-13 在制备试片过程中，EVA 改性 PVC 的缺口冲击强度与 EVA（45%VAc）含量的关系

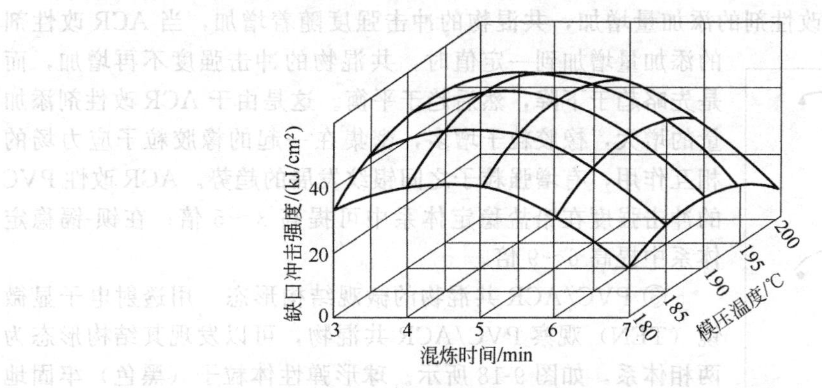

图 9-14 EVA 改性 PVC（6%EVA、EVA 含 45%VAc）的缺口冲击强度与混炼时间及模压温度的关系

（混炼温度 190℃，模塑压力 17MPa）

① PVC/ACR 共混物的相容性 ACR 改性剂具有核-壳结构，其核是丙烯酸酯聚合物，壳是甲基丙烯酸甲酯聚合物。由于甲基丙烯酸甲酯的溶度参数（$f_{MMA}=9.5$）和 PVC 的溶度参数（$f_{PVC}=9.5\sim9.7$）非常接近，所以 ACR 改性剂和 PVC 具有一定的相容性。这一点可以通过共混物的动态力学性能来证实。PVC/ACR 共混物的动态力学性能如图 9-15 和

图 9-16 所示。由图 9-15 及图 9-16 中的 E-T 曲线和 tanδ-T 曲线可知，无论是铅盐稳定体系还是钡-镉稳定体系，不同组成的 PVC/ACR 共混物均有两个玻璃化转变温度；高温区的转变温度是共混物的玻璃化转变温度，高于 PVC 的 T_g，低于 ACR 中聚甲基丙烯酸甲酯（PMMA）的 T_g，这说明不存在 PVC、PMMA 本身的 T_g，由此证明它们具有很好的相容性。但就其微观结构来看，共混物仍旧是两相结构，所以 PVC 和 ACR 仍是属于部分相容的。随着 ACR 添加量的增加，低温区的转变温度逐渐移向 ACR 中聚丙烯酸丁酯主链中 PMMA 主链的 T_g。这说明 PVC 和 ACR 两相间存在着相互作用，从而较大程度地提高了 PVC 的冲击强度。

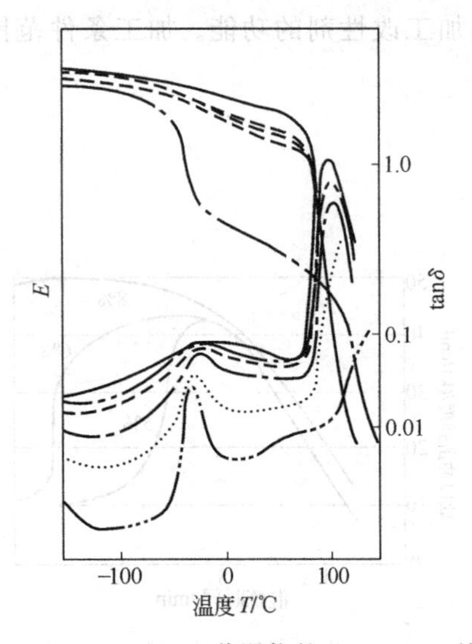

图 9-15　PVC/ACR 共混物的 E、tanδ-T 关系（Pb 盐稳定剂）

—— 100：0；—·— 87：13；---- 82：18；—··— 78：22；······ 50：50；—·— 0：100

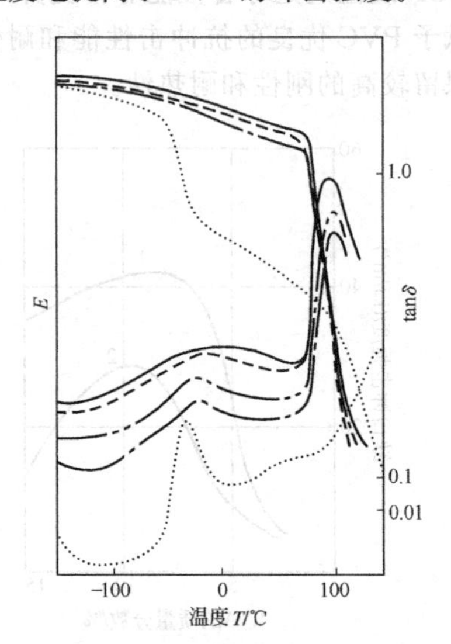

图 9-16　PVC/ACR 共混物的 E、tanδ-T 关系（Ba-Cd 盐稳定剂）

—— 100：0；---- 95：5；—·— 87：13；—·— 82：18；······ 0：100

② PVC/ACR 共混物的冲击性能　ACR 改性 PVC 可以大大提高共混物的冲击强度。如图 9-17 所示，ACR 改性剂的添加量增加，共混物的冲击强度随着增加，当 ACR 改性剂的添加量增加到一定值时，共混物的冲击强度不再增加，而是先略趋于下降，然后趋于平衡。这是由于 ACR 改性剂添加量的增大，橡胶粒子增多，密集在一起的橡胶粒子应力场的相互作用，有增强粒子之间银纹发展的趋势。ACR 改性 PVC 的冲击强度在铅盐稳定体系中可提高 3～5 倍；在钡-镉稳定体系中提高 6～9 倍。

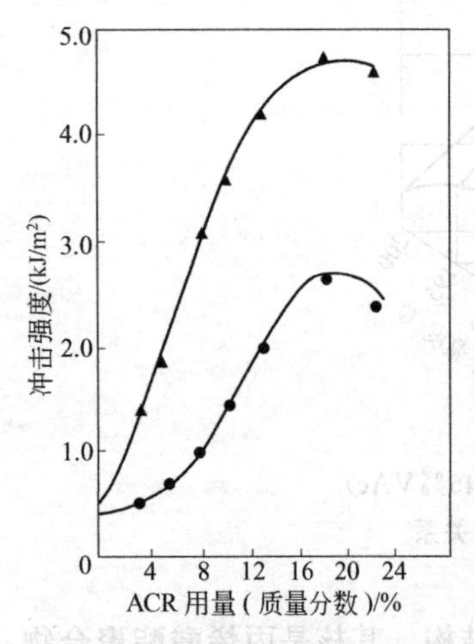

图 9-17　冲击强度与 ACR 用量的关系

● Pb 盐稳定体系；▲ Ba-Cd 盐稳定体系

③ PVC/ACR 共混物的微观结构形态　用透射电子显微镜（TEN）观察 PVC/ACR 共混物，可以发现其结构形态为两相体系，如图 9-18 所示。球形弹性体粒子（黑色）牢固地结合在 PVC 基体（白色）的相边界处，且与 PVC 有一定的相容性；由于交联的结果，ACR 粒子对于分散作用高度稳定；弹性体相均匀分散在 PVC 基体之中。这和动态力学分析 PVC/ACR 共混物为部分相容的两相结构是一致的。热稳定体系不同，共混物的微观结构形态也不同。在钡-镉稳定体系中，随着 ACR 用量增加，ACR 由粒状分散形态逐渐形成网状结构形态，如图 9-18(a)、图 9-18(b)、图 9-18(c) 所示。

在铅盐稳定体系中，ACR 呈粒状分散于网状结构有利于应力集中和耗散。如图 9-18(a) 所示，采用 Ba-Cd 稳定体系时，PVC/ACR（92∶18）共混物的微观形态，ACR 分布形态是由粒状分散向网状结构的过渡形态。与此相应的共混物的冲击强度与 Pb 稳定体系中 PVC/ACR（82∶18）共混物的冲击强度相当。在 Pb 稳定体系中，ACR 呈粒状分散，随着 ACR 用量增加，颗粒数量由少变多，未形成网状结构，如图 9-18(d)、图 9-18(e) 所示。热稳定体系不同，共混物的结构形态也不同。这可能是 Ba-Cd 盐比 Pb 盐对 PVC/ACR 能起更好的加工分散作用带来的。

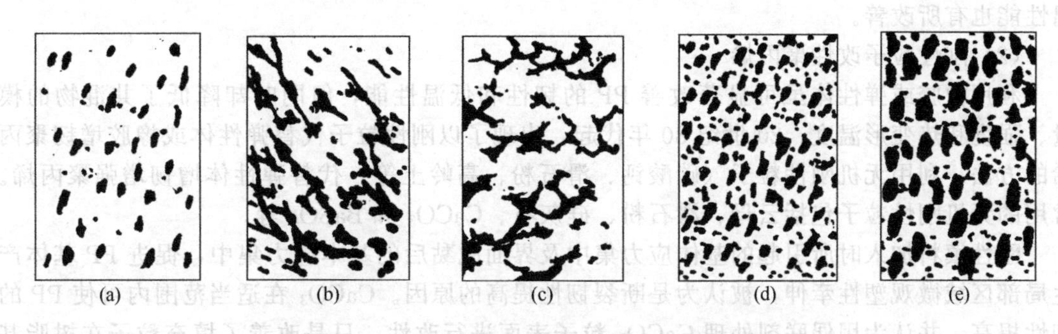

图 9-18 PVC/ACR 共混物透射电子显微镜照片

Ba-Cd 稳定剂：(a) PVC/ACR (92∶8)；(b) PVC/ACR (87∶13)；(c) PVC/ACR (82∶18)；

Pb 盐稳定剂：(d) PVC/ACR (87∶13)；(e) PVC/ACR (82∶18)

④ ACR 改性 PVC 的加工性能　弹性体粒子对高剪切力和温度影响具有结构稳定性，使之在加工过程中十分可靠，即降低 PVC 树脂的加工温度，提高 PVC 的熔化速率，降低 PVC 制品的粗糙度。

⑤ ACR 改性 PVC 的力学性能　不受加工条件和设备的影响，ACR 改性 PVC 的缺口冲击强度都很高；弹性模量与硬 PVC 接近；球压入硬度在 PVC 的上限。

⑥ ACR 改性 PVC 的物理性能　热变形温度（HTD）能够达到硬 PVC 的水平；维卡软化温度在 PVC 的上限；模塑件纵向和横向收缩率低，在制品的加工过程中有良好的收缩特性。

⑦ ACR 改性 PVC 的物化性能　和硬 PVC 的情况一样，吸水性低，化学稳定性与硬 PVC 相当；ACR 改性剂分子中不存在不饱和双键，所以对光和气候影响十分稳定；耐老化性高；在长期室外露置过程中能保持物理化学性能；耐盐水和微生物等的侵蚀。

9.5.2 抗冲改性剂改性聚丙烯

PP 作为一种通用塑料，原料来源丰富，价格低廉，与其他通用塑料相比，具有较好的综合性能。但聚丙烯成型收缩率大、脆性大、缺口冲击强度低，特别是在低温时尤为严重，这就大大限制了聚丙烯的进一步推广应用。所以为了提高聚丙烯的抗冲击性能及低温性能，在聚丙烯中添加抗冲改性剂或成核剂（见成核剂）。

（1）乙丙橡胶改性聚丙烯

由于乙丙橡胶和聚丙烯分子结构中都含有丙基。根据相容原理，它们之间有较好的相容性。而 EPR 属于橡胶类，具有高弹性和良好的低温性能（脆化温度可达－60℃以下）。因此 EPR 是聚丙烯较好的增韧改性剂。但是一般情况下，等规聚丙烯与 EPR 的相容性依然存在问题。它们的共混物具有多相形态结构。共混物的组成比例、聚合的熔融黏度决定着该共混物的形态。当聚丙烯与 EPR 具有相近的熔融黏度时，所制共混物的形态结构较均匀；当各组分熔融黏度不同时，若 EPR 黏度低于 PP，则 EPR 可以被很好地分散。相反，若 EPR 黏度高于PP，则EPR的相畴粗大，且基本呈球形。

当EPR的添加量为20质量份时，PP/EPR共混物的常温缺口冲击强度比纯PP高10倍左右，脆化温度比纯PP下降25%；但PP/EPR共混体系的拉伸强度、屈服伸长率、拉伸断裂强度、断裂伸长率、邵氏硬度、弯曲弹性模量、维卡软化温度及脆化温度均有不同程度的下降，耐老化性能也有所下降，因而常用EPDM代替EPR来改善其耐老化性能。EPDM对PP的增韧与EPR相似，随着EPDM含量的增加，体系的悬臂梁冲击强度有较大提高，当EPDM含量为20质量份时，PP/EPDM共混物的缺口冲击强度比纯PP高4倍左右，耐低温性能也有所改善。

(2) 刚性粒子改性聚丙烯

利用橡胶或弹性体虽可显著改善PP的韧性和低温性能，但同时却降低了共混物的模量、强度和热变形温度。20世纪80年代起，出现了以刚性粒子代替弹性体或橡胶增韧聚丙烯的方法。利用无机刚性粒子（碳酸钙、滑石粉、高岭土等）代替弹性体增韧增强聚丙烯。常用的无机刚性粒子包括云母、滑石粉、硅灰石、$CaCO_3$和$BaSO_4$等。

刚性填料加入时所引起的基体应力集中及界面脱黏后的基本应力集中，促进PP基体产生局部区域微观塑性牵伸，被认为是断裂韧性提高的原因。$CaCO_3$在适当范围内可使PP的韧性提高，并认为用偶联剂处理$CaCO_3$粒子表面进行改性，只是改善了填充粒子在树脂基体中的分散性而并没有真正的偶联作用。

(3) 无机纳米材料改性聚丙烯

纳米材料是20世纪80年代中期发展起来的一种由纳米级的粒子组成，介于宏观物质与微观原子、分子的中间区域的具有全新结构的材料。纳米材料改性PP，添加量小时改性效果显著。由于纳米颗粒微细，在PP基体中能得到有效的均匀分散，使其应力集中区域得到扩大。由于无机纳米粒子具有层状结构，故其与PP共混时，能产生多维增强作用。纳米材料与PP进行熔融共混的过程中，部分PP链段扩散到片层中，使PP与有机物形成界面，从而改善了PP与无机粒子间的界面黏合情况。

参考文献

1 盖希特R等. 塑料添加手册. 陈振兴，杨新源等译. 北京：中国石化出版社，1990
2 Mascha L. 塑料添加剂的作用. 北京：轻工业出版社，1980
3 钱知勉，朱昌辉. 塑料助剂手册. 上海：上海科学技术文献出版社，1984
4 吴培熙，张留成. 聚合物共混改性原理及工艺. 北京：轻工业出版社，1984
5 Chamoto Y，Miyagi H. Macromolecules，1992，26：6547
6 Kumar G. Polymer，1993，34 (14)：3120～3122
7 刘诤，刘佑习. 现代塑料加工应用，1998，10 (4)：56
8 喻发全，刘艳萍等. 合成树脂及塑料，1999，16 (1)：55

第4篇　化学改性剂

第10章　交　联　剂

交联（Cross linking）是在两个高分子的活性位置上生成一个或数个新的化学键，将线型高分子转变成体型（三维网状结构）高分子的反应。随着塑料在工业用品和家用制品方面的应用日益扩大，近年来对塑料制品提出了越来越苛刻的要求。塑料是一种容易成型的材料，但存在温度升高容易软化和流动的缺点；而且在应力条件下耐溶剂性差，易发生环境应力龟裂。为解决这些问题，将塑料进行交联是一种行之有效的方法。目前，交联技术广泛地应用于电线和电缆绝缘材料的交联聚乙烯、交联聚氯乙烯、耐热性薄膜、管材、带材、各种包装材料及各种成型制品等方面。

用交联剂使聚合物生成三维结构始于硫磺对天然橡胶的硫化。1834年，N. Hayward发现在生胶中加入硫磺，经加热可提高橡胶的弹性并延长使用寿命。实际上就是将橡胶分子进行交联，使它由线型结构转变为体型结构而具有良好的弹性和其他许多优异性能。其中硫磺就是交联剂，硫化反应即应用最早的高分子交联反应。

目前，交联反应已涉及高分子材料的诸多方面。例如，某些塑料，特别是某些不饱和树脂，也需要进行交联。用不饱和聚酯制造玻璃钢时，就要应用交联剂，才能使它硬化。用胶黏剂胶接物件时，需要进行固化，才能使物件粘牢。所谓固化，实际上是高分子发生交联的结果，在这种情况下使用的交联剂又称为固化剂。可以看出交联剂已广泛地应用于橡胶、塑料、树脂、纤维、胶黏剂及涂料等诸多领域中。

交联剂的种类很多，有无机化合物，如氧化锌、氧化镁、硫磺以及氯化物等，但主要以有机交联剂为主。根据不同的高分子，在不同情况下可以使用不同的交联剂。

根据交联剂的用途可分为以下几类：

① 橡胶硫化剂，包括硫磺、氯化硫、硒、碲等无机交联剂及有机硫化剂；

② 氨基树脂、醇酸树脂用交联剂；

③ 不饱和树脂交联剂、乙烯基单体及反应性稀释剂；

④ 聚氨酯用交联剂，包括异氰酸酯、多元醇及胺类化合物；

⑤ 环氧树脂固化剂，主要以多元胺及改性树脂为主；

⑥ 纤维用树脂整理剂；

⑦ 塑料用交联剂，以有机过氧化物等为主。

按照交联剂自身的结构特点可分为以下几类：

① 有机过氧化物交联剂；

② 羧酸及酸酐类交联剂；

③ 胺类交联剂；

④ 偶氮化合物交联剂；

⑤ 酚醛树脂及氨基树脂类交联剂；

⑥ 醇、醛及环氧化合物；

⑦ 醌及醌二肟类交联剂；

⑧ 硅烷类交联剂；

⑨ 无机交联剂等。

本章将根据交联剂的结构特点对交联反应的机理、重要交联剂的合成及应用分别予以介绍，对橡胶的硫化及其所用助剂将单独予以阐述。

10.1　交联剂作用机理

聚合物的交联反应机理是非常复杂的，并随高分子化合物的结构和交联剂种类的变化而变化。多数只能大略说明交联反应的形式。其交联模型如下。

$$\underset{\text{(高分子)}}{\text{R—P—R}}+\underset{\text{(交联剂)}}{\text{R}'\text{—C—R}'}\longrightarrow \text{R—P—C—P—R}'+\text{R}'\text{R}$$

以下仅就典型的交联剂在高分子中的交联作用加以讨论，并对光交联及射线交联的作用机理予以说明。

10.1.1　有机交联剂的作用机理

有机交联剂对高分子化合物的交联反应，大致可以分为三种类型。

10.1.1.1　交联剂引发自由基反应

在这类交联反应中，交联剂分解产生自由基，这些自由基引发高分子自由基链反应，从而导致高分子化合物链的C—C交联。在这里交联剂实际上起的是引发剂的作用。以这种机理进行交联的交联剂主要是有机过氧化物，它既可以和不饱和聚合物交联，亦可以和饱和聚合物交联。

① 对不饱和聚合物的交联　根据不饱和聚合物的结构，有机过氧化物分解生成的自由基将进行各种不同反应。交联过程大致可分为三步。

首先过氧化物分解产生自由基。

$$\text{ROOR}\longrightarrow 2\text{RO}\cdot$$

该自由基引发高分子链脱氢生成新的自由基。

$$\text{RO}\cdot+\sim\!\!\sim\text{CH}_2\text{—}\underset{\displaystyle\text{CH}_3}{\underset{|}{\text{CH}}}\text{=CH—CH}_2\sim\!\!\sim\longrightarrow\sim\!\!\sim\text{CH}_2\underset{\displaystyle\text{CH}_3}{\underset{|}{\text{CH}}}\text{=CH—}\dot{\text{C}}\text{H}\sim\!\!\sim+\text{ROH}$$

高分子自由基进行连锁反应或在双键处连锁加成完成交联反应。

$$2\sim\!\!\sim\text{CH}_2\overset{\displaystyle\text{CH}_3}{\overset{|}{\text{C}}}\text{=CH—}\dot{\text{C}}\text{H}\longrightarrow\begin{array}{l}\sim\!\!\sim\text{CH}_2\text{—}\overset{\displaystyle\text{CH}_3}{\overset{|}{\text{C}}}\text{=CH—CH}\sim\!\!\sim\\ \qquad\qquad\qquad\quad\ \ |\\ \sim\!\!\sim\text{CH}_2\text{—}\underset{\displaystyle\text{CH}_3}{\underset{|}{\text{C}}}\text{=CH—CH}\sim\!\!\sim\end{array}$$

$$\begin{array}{l}\sim\!\!\sim\text{CH}_2\text{—CH=CH—}\dot{\text{C}}\text{H}\sim\!\!\sim\\ \sim\!\!\sim\text{CH}_2\text{—CH=CH—CH}_2\sim\!\!\sim\\ \sim\!\!\sim\text{CH}_2\text{—CH=CH—CH}_2\sim\!\!\sim\end{array}\longrightarrow\begin{array}{l}\sim\!\!\sim\text{CH}_2\text{—CH—CH—CH}\sim\!\!\sim\\ \qquad\qquad\ \ |\\ \sim\!\!\sim\text{CH}_2\text{—CH—CH—CH}_2\sim\!\!\sim\\ \qquad\qquad\ \ |\\ \sim\!\!\sim\text{CH—CH—CH}_2\text{—CH}_2\sim\!\!\sim\\ \quad\ \ |\end{array}$$

此外，还伴有交联剂自由基对聚合物的加成反应及聚合物自由基和交联剂自由基的加成等副反应。

② 对饱和聚合物的交联　聚乙烯和有机过氧化物反应可制得交联产物，例如过氧化苯甲酰引发的反应如下。

$$C_6H_5-\overset{O}{\overset{\|}{C}}-O-O-\overset{O}{\overset{\|}{C}}-C_6H_5 \longrightarrow 2\,C_6H_5-\overset{O}{\overset{\|}{C}}-O\cdot$$

$$C_6H_5-\overset{O}{\overset{\|}{C}}-O\cdot + \sim\sim CH_2-CH_2\sim\sim \longrightarrow \sim\sim CH_2-\dot{C}H\sim\sim + C_6H_5-\overset{O}{\overset{\|}{C}}-OH$$

$$2\sim\sim CH_2-\dot{C}H\sim\sim \longrightarrow \begin{matrix}\sim\sim CH_2-CH\sim\sim \\ | \\ \sim\sim CH-CH_2\sim\sim\end{matrix}$$

交联聚乙烯是一种受热不熔的类似于硫化橡胶的高分子材料，且具有优良的耐老化性能。

对饱和烃类高分子，用有机过氧化物引发自由基的例子相当多，除交联聚乙烯发泡体外，甲基硅橡胶、乙丙橡胶、聚氨酯弹性体、全氯丙烯及偏二氟乙烯低聚物均可采用有机过氧化物交联。

10.1.1.2　交联剂的官能团与高分子聚合物反应

利用交联剂分子中的官能团（主要是反应性双官能团、多官能团以及 C ═C 双键等），与高分子化合物进行反应，通过交联剂作为桥基把聚合大分子交联起来。这种交联机理除过氧化物外大多是交联剂采用的形式。

胺类化合物广泛应用于环氧树脂的固化反应，固化机理如下。

$$\begin{matrix}CH_2-CH\sim\sim \\ \diagdown O \diagup \\ \sim\sim CH-CH_2 \\ \diagdown O \diagup\end{matrix} + \begin{matrix}H \quad\quad H \\ N-R-N \\ H \quad\quad H\end{matrix} + \begin{matrix}CH_2-CH\sim\sim \\ \diagdown O \diagup \\ CH_2-CH\sim\sim \\ \diagdown O \diagup\end{matrix} \longrightarrow \begin{matrix}\sim\sim CH-CH_2 \quad\quad\quad CH_2-CH\sim\sim \\ OH \quad\quad N-R-N \quad\quad OH \\ \sim\sim CH-CH_2 \quad\quad\quad CH_2-CH\sim\sim \\ OH \quad\quad\quad\quad\quad\quad\quad OH\end{matrix}$$

当环氧基过剩时，上述反应生成的羟基与环氧基发生慢反应。

$$-R-N\begin{matrix}CH_2-CH\sim\sim \\ OH \\ CH_2-CH\sim\sim \\ OH\end{matrix} + \begin{matrix}CH_2-CH\sim\sim \\ \diagdown O \diagup\end{matrix} \longrightarrow -R-N\begin{matrix}CH_2-CH\sim\sim \\ OH \\ CH_2-CH\sim\sim \\ OCH_2-CH\sim\sim \\ OH\end{matrix}$$

这样就把大分子链通过 N—R—N 桥基交联起来，成为体型分子，使其固化。通常，BF_3、乙胺化合物、苯酚、酸酐及羧酸等，能促进芳香族胺和环氧树脂之间的反应。

又如，用叔丁基酚醛树脂硫化天然橡胶或丁基橡胶的交联反应如下。

$$\begin{matrix}\wr \\ HCH \\ | \\ CH \\ \| \\ C-CH_3 \\ | \\ CH_2 \\ \wr\end{matrix} + HOCH_2-\underset{C(CH_3)_3}{\overset{OH}{C_6H_2}}-CH_2-\left[\underset{C(CH_3)_3}{\overset{OH}{C_6H_2}}\right]_n-CH_2-\underset{C(CH_3)_3}{\overset{OH}{C_6H_2}}-CH_2OH + \begin{matrix}\wr \\ CH_2 \\ | \\ CH \\ \| \\ C-CH_3 \\ | \\ CH_2 \\ \wr\end{matrix} \xrightarrow{-2H_2O}$$

$$\sim\sim CH_2-\underset{CH_3}{C}=CH-\underset{\wr}{CH}-CH_2-\underset{C(CH_3)_3}{\overset{OH}{C_6H_2}}-CH_2-\left[\underset{C(CH_3)_3}{\overset{OH}{C_6H_2}}\right]_n-CH_2-\underset{C(CH_3)_3}{\overset{OH}{C_6H_2}}-CH_2-\underset{\wr}{CH}-CH=\underset{CH_3}{C}-CH_2\sim\sim$$

叔丁基酚醛树脂两端的羟基与天然橡胶分子中 α-氢原子进行缩合反应，结果使橡胶分子交联而成为体型结构。

10.1.1.3 交联剂引发自由基反应和交联剂官能团反应相结合

这种交联机理实际上是前述两种机理的结合形式，它把自由基引发剂和官能团化合物联合使用。例如，用有机过氧化物和不饱和单体来使不饱和聚酯进行交联就是一个典型的例子。

不饱和聚酯的种类很多，但它们的分子链上都含有碳碳双键结构。如丁烯二酸丙二醇聚酯的结构式如下。

$$\sim\sim OCH(CH_3)CH_2O-\overset{O}{\overset{\|}{C}}-CH=CH-C-OCH_2CH(CH_3)-O\sim\sim$$

用不饱和聚酯制造玻璃钢时，可以在不饱和聚酯中加入有机过氧化物（如过氧化苯甲酰、过氧化环己酮等）以及少量的苯乙烯。在这种情况下，由于有机过氧化物的引发作用，使得苯乙烯分子中的C=C与不饱和聚酯中的C=C发生自由基加成反应，从而把聚酯的分子链交联起来。

$$2\sim\sim CH=CH\sim\sim + C_6H_5CH=CH_2 \longrightarrow \sim\sim CH(C_6H_5)-CH_2-CH(-CH-CH(C_6H_5)-CH_2-CH)\sim\sim ,\ CH-CH(C_6H_5)-CH_2\sim\sim$$

交联后，聚酯由线型结构转变成体型结构，因而硬化。

有机交联剂的这三种交联机理往往同时存在于同一交联过程中，并伴有许多副反应发生，是一个复杂的反应体系。

10.1.2 无机交联剂的交联机理

常见的无机交联剂主要有硫黄及硫磺同系物、金属氧化物、过氧化物及硫化物、硼酸、磷化物以及金属固化物等。

10.1.2.1 金属氧化物及过氧化物的交联机理

金属氧化物及过氧化物广泛用于含氯类聚合物的交联，氧化锌、氧化镁等金属氧化物通常作为硫化活性剂使用；但对某些橡胶，如氯丁橡胶、氯化丁基橡胶、氯醇橡胶、羧基橡胶等，也可以作为硫化剂来使用。例如，氯丁橡胶采用氧化锌的交联机理如下。

$$\sim\sim C(Cl)(CH=CH_2)\sim\sim \rightleftharpoons \sim\sim C(=CH-CH_2-Cl)\sim\sim \xrightarrow{ZnO} \sim\sim C(=CH-CH_2-O^-)\sim\sim \xrightarrow{[ZnCl^-]} (\sim\sim C(=CH-CH_2)\sim\sim)_2O + ZnCl_2$$

在氯丁橡胶中存在1,4-结构、1,2-结构和3,4-结构，位于1,2-结构上的氯原子活泼性高，易于与氧化锌反应。为了防止氧化锌的早期交联，一般都与氧化镁并用。此外，也可以用氧化铅及铅丹交联。

金属过氧化物，比如锌、铅、钙、锰等的过氧化物采用如下反应，能使液态聚硫橡胶交联。

$$\begin{matrix}-R-SH\\-R-SH\end{matrix} + MeO_2 \longrightarrow \begin{matrix}-R-S\\ |\\-R-S\end{matrix} + MeO + H_2O$$

10.1.2.2 金属卤化物交联机理

用金属卤化物及有机金属卤化物交联时，高分子多数按照金属离子配位。例如，氯化亚铁等能使带有酰胺键的聚合物产生配位，形成分子间多螯合结构。

$$2\sim CH_2CH_2OOC-C_6H_4-CONHCH_2CH_2NHCO-C_6H_4-COO\sim \xrightarrow{FeCl_2}$$

该产物具有半导体性质，既不溶解也不熔融。

金属卤化物对带有吡啶基的聚合物很容易发生反应，得到的交联产物会受吡啶特别是碱性强的吡啶作用，使其交联点解离。带磺酸基的聚合物也很容易与金属卤化物反应，生成交联产物。

10.1.2.3　硼酸及磷化物的交联

具有羟基末端的液体丁二烯橡胶，能用焦磷酸、双酚 A 改性多磷酸、亚磷酸三苯酯等交联成三维结构。

$$HO\sim OH + HO-P(=O)(OH)-O-P(=O)(OH)-OH \longrightarrow HO-P(=O)(OH)-O\sim O-P(=O)(OH)-OH$$

$$\longrightarrow \sim O-P(=O)(OH)-O\sim O-P(=O)(-O\sim)-O\sim O-P(=O)(O\sim)-O\sim$$

聚乙烯醇（PVA）在硼酸浓溶液中可得到交联产物，但其交联点会随温度的升高而解离。

10.1.3　光交联及辐射交联机理

10.1.3.1　光交联

聚合物的光交联是依据聚合物中的感光性基团及混入的感光性化合物的感光特性，借助光能产生自由基而进行交联的，在此起重要作用的是感光性基团。一般情况下，亦可在聚合物中加入光敏物质，此种物质受特定波长的光照射时，分解产生活性自由基，引起聚合反应而交联固化，这种物质称为光交联剂或引发剂，或称为光敏剂。

光敏剂应具备下列性能：①对特定波长的光敏感；②热稳定性好，耐贮存；③工业上可使用容易利用的光源激发；④易溶解，呈透明状态，并且不对树脂的性能产生影响。

较好的光敏剂应该在较宽的波长范围内都能被激发，这样就能提高激发效率。能采用的光敏剂有羰基化合物、有机含硫化合物、过氧化物、偶氮和重氮化合物、金属盐等。表 10-1 中列出代表性的光敏剂及其有效激发光的波长。

安息香及其各种醚类是目前使用最多的光敏剂，国内许多单位已能生产。其机理如下。

$$C_6H_5-C(=O)-CH(OH)-C_6H_5 \xrightarrow{h\nu} C_6H_5-\dot{C}(=O) + C_6H_5-\dot{C}H(OH)$$

表10-1 光敏剂的种类

光聚合引发剂	有效激发光的波长/nm	光聚合引发剂	有效激发光的波长/nm
有机过氧化物		偶氮化合物	
过氧化苯甲酰	<340	偶氮二异丁腈	<400
二叔丁基过氧化物	<300	2,2′-偶氮二丙烷	<400
环状过氧化物	近紫外	腙	<400
过氧化萘酰	<400	卤化物	
过氧化物-色素		$COCl_2$	<350
过氧化乙酰-蒽(或萘)	<400	$CHBr_3$,CH_2Br_2	<330
过氧化芴酮-芴酮	<460	羰基金属	
过氧化苯甲酰-叶绿素	<700	$Mn_2(CO)_{10}$	近紫外
羰基化合物		$Mn_2(CO)_{10}+CCl_4$	<450
2,3-丁二酮	<450	$Re_2(CO)_{10}+CCl_4$	<400
二苯甲酮	<400	无机固体	
苄酮(苯甲酮)	<450	ZnO	<380
安息香(二苯乙醇酮)	<400	AgX	<500
α-卤代酮	<400	无机离子,金属配位化合物	
硫化物		$Fe^{3+}X^-$(X为OH、Cl、Br、CNS、N_3等)	<400
二苯基单硫醚,二苯基双硫醚	<320,<380	Ce^{3+}	<330
二苄基单硫醚,二苄基双硫醚	<340,<380	Ag^+	<440
二苯酰基双硫醚	近紫外	V^{2+},V^{3+},V^{4+}	<350
二苯并噻唑硫醚	近紫外	$[Co(NH_3)_5Cl]Cl_2$	<430
四甲基秋兰姆单、二硫醚	<150	$[Co(NH_3)_5H_2O](NO_3)_2$	<430
甲基二乙基二硫代氨基甲酸盐	<300	$[Co(NH_3)_5N_3]Cl_2$	<450
S-酰基二硫代氨基甲酸盐	<450	$NaAuCl_4$	<450
癸基硫代苯酸酯(硫代苯甲酸癸酯)	<350	K_2PtCl_4	<450

光敏剂游离基引发光固化树脂和活性稀释剂分子中的双键,发生连锁聚合反应,其反应机理与一般的游离基聚合反应相同,分链引发、链增长、链转移和链终止等几个阶段。但由于其感光度和贮藏稳定性欠佳,现有被如下物质取代的趋势。

$$C_6H_5-\overset{O}{\overset{\|}{C}}-\underset{OR'}{\overset{OR'}{\overset{|}{\underset{|}{C}}}}-R$$

R为H、C_6H_5或烷基
R′为CH_3、C_2H_5等

高分子增感引发体系近年来发展较快而且引人注目。

目前,光固化反应已广泛应用于光固化涂料中,克服了以往的溶剂型涂料的缺点,减少了对环境的污染;同时,在印刷业光敏树脂版可以代替铅版,不但节省了大量的金属铅,而且大大地缩短了制版时间;在电子工业中光敏树脂作为阻焊剂,进行印制电路板的波峰焊接,可使千百个焊点的焊接在几秒钟内一次完成;在电信行业,随着光导纤维的大量使用,其表面的保护性塑性涂层及内在加强芯往往由光敏树脂制成,并在光导玻璃纤维拉伸过程中进行光照,快速涂覆、固化。

10.1.3.2　电子射线交联

由于电子射线的照射，不饱和树脂及乙烯化合物的不饱和基直接激发并离子化，引起聚合反应，非常迅速地交联固化，这种方式即为电子射线交联。

电子射线交联与光交联不同之处在于它的穿透力强，对色漆膜亦能固化。其特点是不用催化剂，固化时间短，装置能瞬时启动及停车，生产性能及涂膜性能提高；缺点是初期投资大，被涂物的性状受限制，装置的安全管理复杂。

不饱和树脂的交联，有效的照射源是 γ 射线和电子射线。γ 射线应用 ^{60}Co 等放射性同位素获得，而电子射线采用电子射线加速器获得。

一般说来，具有 α-氢原子的聚合物能引起交联，当为 1,1-二位取代结构时则产生分解，其机理如下。

$$\sim CH_2-CH_2\sim \xrightarrow{\gamma 射线} \sim CH_2-\dot{C}H\sim \longrightarrow \begin{matrix}\sim CH_2-CH\sim \\ | \\ \sim CH-CH_2\sim\end{matrix}$$

$$\sim CH_2-\underset{CH_3}{\overset{CH_3}{C}}-CH_2\sim \xrightarrow{\gamma 射线} \sim CH_2-\underset{\dot{C}H_2}{\overset{CH_3}{C}}-CH_2\sim \longrightarrow CH_2-\underset{\|\atop CH_2}{\overset{CH_3}{C}} + \cdot CH_2\sim$$

表 10-2 列出了用辐射产生交联和裂解的聚合物。

表 10-2　用辐射产生交联和裂解的聚合物

交联型	裂解型	交联型	裂解型
聚乙烯 $-CH_2-CH_2-CH_2-CH_2-$	聚异丁烯 $-CH_2-C(CH_3)_2-CH_2-C(CH_3)_2-$	聚丙烯酰胺 $-CH_2-CH(CONH_2)-CH_2-CH(CONH_2)-$	聚甲基丙烯酰胺 $-CH_2-C(CH_3)(CONH_2)-CH_2-C(CH_3)(CONH_2)-$
聚丙烯 $-CH_2-CH(CH_3)-CH_2-CH(CH_3)-$	聚 α-甲基苯乙烯 $-CH_2-C(CH_3)(C_6H_5)-CH_2-C(CH_3)(C_6H_5)-$	聚氯乙烯 $-CH_2-CH(Cl)-CH_2-CH(Cl)-$	聚偏氯乙烯 $-CH_2-CCl_2-CH_2-CCl_2-$
聚苯乙烯 $-CH_2-CH(C_6H_5)-CH_2-CH(C_6H_5)-$	聚甲基丙烯酸甲酯 $-CH_2-C(CH_3)(COOR)-CH_2-C(CH_3)(COOR)-$	聚酰胺	纤维素
聚丙烯酸酯 $-CH_2-CH(COOR)-CH_2-CH(COOR)-$		聚酯	纤维素衍生物
		聚乙烯吡咯烷酮	聚四氟乙烯
		天然橡胶	聚三氟氯乙烯
		聚硅氧烷	
		聚乙烯醇	
		聚丙烯醛	

10.2　交联剂的合成及特性

交联剂的种类繁多，按照结构分为无机交联剂和有机交联剂；按应用范围又可分为橡胶用交联剂（或称硫化剂）、塑料用交联剂、涂料用固化剂、纤维用交联剂及胶黏剂用固化剂等。一般情况下，交联剂的应用范围又相互渗透，如有机过氧化物 BPO（过氧化苯甲酰）既可用于橡胶的交联，亦可用于不饱和聚酯的交联。本节将按照交联剂的结构对重要的交联剂品种的合成及特性进行介绍。

10.2.1　过氧化物交联剂

塑料可采用过氧化物之类的交联剂进行加热交联，也可用高能电子射线或紫外线进行辐射交联。近年来，随着聚乙烯、乙烯-乙酸乙烯酯、乙丙二元共聚物、乙丙三元共聚物等饱和及不饱和聚合物用途的不断开发，交联改性技术日趋完善，过氧化物作为塑料用典型交联剂的作用日显重要。

10.2.1.1 有机过氧化物的交联特性

有机过氧化物大致可分为如下五类：①氢过氧化物；②二烷基过氧化物；③二酰基过氧化物；④过氧酯；⑤酮过氧化物。常用的有机过氧化物的性质及适应性见表10-3。

表10-3　常用的有机过氧化物

名称	结构式	外观	沸点/℃	熔点/℃	分解温度/℃	用途
叔丁基过氧化物	$H_3C-C(CH_3)_2-O-O-H$	液体 微黄色	38～38.5		100～120	聚合用引发剂，天然橡胶硫化剂
二叔丁基过氧化物 (DTBP)	$H_3C-C(CH_3)_2-O-O-C(CH_3)_2-CH_3$	液体 微黄色	111		100～120	聚合用引发剂，硅橡胶硫化剂
过氧化二异丙苯 (DCP)	$C_6H_5-C(CH_3)_2-O-O-C(CH_3)_2-C_6H_5$	结晶 无色		42	120～125	不饱和聚酯硬化剂，天然橡胶、合成橡胶硫化剂，聚乙烯树脂交联剂
2,5-二甲基-2,5双(叔丁基过氧基)己烷(双25)	$H_3C-C(CH_3)_2-O-O-C(CH_3)_2-CH_2CH_2-CH_3$	油状液体 淡黄色		8	140～150	硅橡胶、聚氨酯橡胶，乙丙胶硫化剂，不饱和聚酯硬化剂
过氧化苯甲酰 (BPO)	$C_6H_5-C(=O)-O-O-C(=O)-C_6H_5$	粉末 白色		103～106	103～106	聚合用引发剂，不饱和聚酯硬化剂，橡胶加工硫化剂
双(2,4-二氯过氧化苯甲酰) (DCBP)	$2,4\text{-}Cl_2C_6H_3-C(=O)-O-O-C(=O)-C_6H_3Cl_2\text{-}2,4$	粉末 白色至浅黄色			45	硅橡胶硫化剂
过氧苯甲酸叔丁酯	$C_6H_5-C(=O)-O-O-C(CH_3)_2-CH_3$	液体 浅黄色		8.5	138～149	硅橡胶硫化剂，不饱和聚酯硬化剂
过氧化甲乙酮	$R-[O-C(CH_3)(CH_2CH_3)-O]-R'$ R、R′可以是H或OH	液体 无色				不饱和聚酯硬化剂
过氧化环己酮	$HO-C_6H_{10}-O-O-C_6H_{10}-OH$	片状 白色				不饱和聚酯硬化剂

过氧化物RCOOCR中的—O—O—键的键能很小，交联时受光或热的作用易分解产生自由基，首先夺取聚合物上的氢原子，生成聚合物自由基，然后这些聚合物自由基再相互键

合形成交联。

过氧化物交联的一大特征是，它可以交联硫磺等交联剂所不能交联的饱和聚合物，形成—C—C—交联键。除此之外，过氧化物交联一般具有以下优点：

① 可交联绝大多数聚合物；

② 交联物的压缩永久变形小；

③ 无污染性；

④ 耐热性好；

⑤ 通过与助交联剂并用，可制造出具有各种特性的制品。

过氧化物交联的缺点如下：

① 在空气存在下交联困难；

② 易受其他助剂的影响；

③ 交联剂中残存令人不快的臭味；

④ 与硫化相比，交联物的力学性能略低。

由于结构不同，交联剂所具备的交联特性亦不同，选用时必须根据聚合物的种类、加工条件以及制品的性能选择示意的品种。一般较为理想的过氧化物交联剂应满足以下条件：

① 分解性与聚合物的加工条件相适应，即能及时生成活泼的自由基；

② 在聚合物的混炼条件下不分解（焦烧时间长），在实际交联温度下能够快速有效地交联；

③ 混炼时易分散，挥发性低；

④ 不受填充剂、增塑剂、稳定剂等其他助剂的影响；

⑤ 贮存稳定性好，安全性高，分解产物无嗅、无害、不喷霜。

10.2.1.2 有机过氧化物交联剂的制备

塑料及橡胶行业常用的有机过氧化物交联剂品种以二烷基过氧化物及二酰基过氧化物为主。前者可用卤代烷和过氧化氢反应合成，后者可用酰氯与过氧化钠反应制备。

$$2(CH_3)_3CCl + H_2O_2 \longrightarrow (CH_3)_3COC(CH_3)_3 + 2HCl$$

$$2R-\overset{O}{\overset{\|}{C}}-Cl + Na_2O_2 \longrightarrow R-\overset{O}{\overset{\|}{C}}-O-O-\overset{O}{\overset{\|}{C}}-R + 2NaCl$$

下面介绍常用重要品种的合成。

① 交联剂BPO（即过氧化苯甲酰） 其合成方法如下。

$$\underset{(30\%)}{H_2O_2} + 2NaOH \longrightarrow Na_2O_2 + 2H_2O$$

$$2\,C_6H_5-\overset{O}{\overset{\|}{C}}-Cl + Na_2O_2 \xrightarrow{0℃} C_6H_5-\overset{O}{\overset{\|}{C}}-O-O-\overset{O}{\overset{\|}{C}}-C_6H_5$$

(BPO)

主要作为高分子聚合的引发剂，亦可作为橡胶、塑料的交联剂。

② 交联剂DCBP 即2,4-二氯过氧化苯甲酰。该产品是较常用的橡胶及塑料交联剂之一，其合成一般采用间二氯苯为原料合成。

$$m\text{-}C_6H_4Cl_2 + CH_3COCl \xrightarrow[100℃]{无水\ Al_2O_3} 2,4\text{-}Cl_2C_6H_3-COCH_3 + HCl$$

$$\xrightarrow[95℃]{KMnO_4} 2,4\text{-}Cl_2C_6H_3-COOH \xrightarrow[放热]{SOCl_2} 2,4\text{-}Cl_2C_6H_3-COCl$$

$$\xrightarrow[5\sim10℃]{Na_2O_2} Cl-C_6H_3(Cl)-C(=O)-O-O-C(=O)-C_6H_3(Cl)-Cl$$

(DCBP)

③ 硫化剂DCP 即过氧化二异丙苯。

$$C_6H_5-C(CH_3)_2-OOH + Na_2SO_3 \longrightarrow C_6H_5-C(CH_3)_2-OH + Na_2SO_4$$

$$C_6H_5-C(CH_3)_2-OOH + C_6H_5-C(CH_3)_2-OH \xrightarrow{高氯酸} C_6H_5-C(CH_3)_2-O-O-C(CH_3)_2-C_6H_5 + H_2O$$

(DCP)

硫化剂DCP是天然橡胶、合成橡胶、聚乙烯树脂用硫化剂和交联剂，但不能用于硫化丁基胶。一般采用亚硫酸钠将过氧化氢异丙苯在62～65℃下还原为苄醇，然后在真空中并在高氯酸催化剂的作用下，于42～45℃使苄醇与过氧化氢异丙苯缩合，生成过氧化二异丙苯缩合液，该缩合液经10%氢氧化钠溶液洗涤，真空蒸馏浓缩后，再溶于无水乙醇，于0℃以下经搅拌、冷冻结晶、离心干燥，即得交联剂DCP。

④ 过氧化酮（即酮的过氧化物）的合成 在浓硝酸存在下，将环己酮与过氧化氢(30%)在30℃时进行反应，即可制得过氧化环己酮。

$$C_6H_{10}O + H_2O_2 \xrightarrow[30℃]{HNO_3} HO-C_6H_{10}-O-O-C_6H_{10}-OH + HO-C_6H_{10}-O-O-C_6H_{10}-OH$$

最终产品可能是两种产品的混合物。

10.2.1.3 助交联剂

助交联剂是在研究用过氧化物交联乙烯-丙烯共聚物的过程中发展起来的，主要品种是一些多官能性单体、硫磺、苯醌二肟、液状聚合物等。它们能够抑制聚合物主键的断裂，提高交联效率。使用助交联剂的目的主要是：①提高交联效率；②提高撕裂强度等物理性能，改善耐热性；③增加塑化效果，调整pH值，赋予黏着性。应用最多的助交联剂是TMPT（三甲基丙烯酸三羧甲基丙酯）、TAIC（异氰尿酸三烯丙酯）、EDMA（双甲基丙烯酸乙二酯）等多官能性单体。

10.2.2 胺类交联剂

胺类化合物作为卤素系列聚合物、羧基聚合物及带有酯基、异氰酸酯、环氧基、羧甲基聚合物的交联剂已广为应用，尤其是环氧树脂的固化及聚氨酯橡胶中的应用。这类化合物主要是含有两个或两个以上氨基的胺类，它包括脂肪酸、芳香族及改性多元胺类。通常，伯胺、仲胺是交联剂，而叔胺是交联催化剂。

10.2.2.1 胺类交联剂的分类及特性

有机胺交联剂按其结构分为以下几类。

(1) 脂肪族多元胺

其特点是它可使环氧树脂在室温交联，交联速率快，有大量热放出。但适用期短，一般有毒，有刺激性，易引起皮肤病。因此，近年来降低其毒性的各种改性品种的使用逐渐增多。典型的改性方法是氰乙基化、环氧加成物、聚酰胺化等。加成丙烯腈的乙基化物可使树脂配合物的适用期增长，利于夏季作业。脂肪胺与环氧乙烷、环氧丙烷及丁基缩水甘油醚、苯基缩水甘油醚的加成物是一种低黏度、低毒性的固化剂。一般情况下，用脂肪族多元胺交联的环氧树脂韧性好，黏结力强；但耐热、耐溶剂性差，吸湿性强，在高温下容易喷霜，因此，必须严格控制添加量。活化期短也是其缺点。主要为乙二胺、二亚乙基三胺、三亚乙基四胺、多亚乙基多胺等。代表性脂肪族多元胺的性质见表10-4。

表10-4　代表性脂肪族多元胺的性质

化学名称及结构式	相对分子质量	黏度(25℃)/mPa·s	相对密度(25℃)	添加量/份	可使用时间(50g,20℃)/min	发热量(100g)/kJ	热变形温度/℃	固化条件
二亚乙基三胺(DETA) $H_2N(CH_2)_2NH(CH_2)_2NH_2$	104	5.6	0.9542	11	25～30	983.240	95～125	常温 4～6天
三亚乙基四胺(TETA) $H_2N(CH_2)_2NH(CH_2)_2NH(CH_2)_2NH_2$	146	19.4	0.9818	13	27～35	974.872	97～125	常温 5～7天
四亚乙基五胺(TEPA) $H_2N[(CH_2)_2NH]_3(CH_2)_2NH_2$	189	51.9	0.9980	14	30～40	953.952	97～125	常温 6～8天
二乙氨基丙胺(DEAPA) $(C_2H_5)_2N(CH_2)_3NH_2$	130	—	0.3828	7	120～180	711.280	78～95	70℃ 4h

(2) 芳香族多元胺

芳香族多元胺与脂肪族多元胺相比碱性弱，因而反应性能减小，造成这类交联剂的交联速率慢、室温下交联不完全，需要长期放置才勉强接近交联完全，产物为脆性。为改进这一缺陷，通常加热至100℃以上，可很快交联完全；同时，芳香族伯胺和仲胺的反应性亦不同，仲胺反应时要求较高。使用芳香族多元胺交联固化的环氧树脂具有优良的电性能、耐化学腐蚀性和耐热性，适用期长。主要为间苯二胺、二氨基二苯基甲烷、二氨基二苯基砜等。代表性芳香族多元胺的结构见表10-5。

表10-5　代表性芳香族多元胺的结构

化学名称	熔点/℃	结构式
二氨基二苯基甲烷(DDM)	89	$H_2N-C_6H_4-CH_2-C_6H_4-NH_2$
二氨基二苯基砜(DDS)	175	$H_2N-C_6H_4-SO_2-C_6H_4-NH_2$
间二甲苯二胺(MXDA)	—	$C_6H_4(CH_2NH_2)_2$（间位）
间氨基苄基胺(MABA)	38	$NH_2-C_6H_4-CH_2NH_2$（间位）
4-氯邻苯二胺(CPOA)	72	$(NH_2)_2C_6H_3Cl$

续表

化学名称	熔点/℃	结构式
二-3,4-(二氨基苯基)砜(DAPS)	—	[structure: H_2N, NH_2, SO_2, H_2N, NH_2]
2,6-二氨基吡啶(DAPY)	121	[structure: H_2N, N, NH_2]

注：苯二胺中有邻苯二胺和对苯二胺。

由于芳香族多元胺常温下大多是固态，在与树脂交联混合时要加热熔融，造成其对树脂的适用性减小。为了改善这一不足，常将两种以上的芳香胺混合在一起制成共熔混合物，降低芳香胺熔点；也可将一种芳香胺与苯基缩水甘油醚类的单环氧化物加成以进行改性。

(3) 芳香核脂肪族多元胺和脂环族多元胺

是含有芳香核的脂肪族多元胺（如间二甲苯二胺等），综合了脂肪族二胺的高反应性和芳香族二胺的各种优良性能。通过与环氧化物加成，氰乙基化等改性，可以改善其操作性。该固化剂可在低温及潮湿条件下固化，可作土木建筑方面用的环氧树脂固化剂及聚氨酯树脂防水灌浆材料用固化剂等。

通过脂环族多元胺交联得到的固化物，耐化学药品性能、固化性能均很好，但弯曲性能和附着力不太好。例如，具有代表性的3,3′-二甲基-4,4′-二氨基二环己基甲烷（BASF公司，商品名 Laromine C）形成的膜非常硬，具有优异的耐化学药品性、耐汽油性、耐矿物油性，但易伤害皮肤。

(4) 改性多元胺类

是以脂肪族及芳香族多元胺为母体结构，通过结构的修饰而制备的性能更优的交联剂。具有代表性的品种有590固化剂、591固化剂、593固化剂等。590固化剂是间苯二胺的改良品种，它改进了间苯二胺与环氧树脂的相容性，加快了交联速率，延长了使用寿命。

如二氰乙基多胺，其反应式如下。

$$H_2NRNH_2 + CH_2{=}CH{-}C{\equiv}N \longrightarrow H_2NRNHCH_2CH_2C{\equiv}N$$

$$H_2NRNHCH_2CH_2C{\equiv}N + CH_2{=}CH{-}CN \longrightarrow N{\equiv}CCH_2CH_2HNRNHCH_2CH_2{-}C{\equiv}N$$

其他各种环氧乙烷及环氧丙烷和胺类的加成物，其结构式如下。

$$H_2N(CH_2CH_2NH)_2CH_2CH_2OH$$

$$HO(CH_2CH_2NH)_3CH_2CH_2OH$$

通过以上改性的脂肪族多元胺，具备以下特点：①活化期增长；②毒性变小，降低了使用中的危险性；③混合比例的偏差对性能影响小；④胺致发白现象减少。聚酰胺类同脂肪族多元胺的特性比较见表10-6。

表10-6　聚酰胺类同脂肪族多元胺的特性比较

特性	固化剂		特性	固化剂	
	聚酰胺类	脂肪族多元胺		聚酰胺类	脂肪族多元胺
毒性	几乎没有危险	危险性大	耐冲击性能	很好	差
配方比例	要求不严	要求非常严	耐化学药品性能	好	优
活化时间	长	短	耐冷热交替性能	好	不好
固化反应活性	高	非常高	颜料的稳定性	好	不好
固化物的柔韧性	很好	差	颜料的润湿性	好	不好

(5) 聚酰胺

二聚酸与过量的多元胺反应制备的聚酰胺树脂是环氧树脂的主要固化剂之一。该类交联剂用量幅度宽（40%～60%），毒性小，适用期长，树脂固化物的粘接性及可挠性良好，在涂料、粘接等用途中使用广泛。缺点是固化速率慢，低温固化性不好，在用于涂料及黏合剂等的成膜及低温固化时，有必要使用固化促进剂。

(6) 其他胺类化合物

诸如双氰胺、BF_3-胺结合物等，均被作为潜在的交联固化剂使用于电气、层压板及粉末涂料领域。

10.2.2.2　胺类交联剂的合成

(1) 脂肪族多元胺的合成

乙二胺、三亚乙基四胺、四亚乙基五胺等，都可以利用二氯（或溴）乙烷与氨直接反应来制得。其反应式如下。

$$ClCH_2CH_2Cl + 4NH_3 \longrightarrow H_2NCH_2CH_2NH_2 + 2NH_4Cl$$

$$3ClCH_2CH_2Cl + 10NH_3 \longrightarrow H_2NCH_2CH_2NHCH_2CH_2NHCH_2CH_2NH_2 + 6NH_4Cl$$

该反应较为复杂，因为二氯乙烷、氨与产物还可进一步反应，副产其他胺类，如交联性能欠佳的三胺等化合物。工业生产中，当 NH_3 : 二氯乙烷＝15 : 1，反应温度 100℃，压力为 4.823MPa 时，反应产品的构成比例为：乙二胺 52%，二亚乙基三胺 19%，三亚乙基四胺 12%，余者则为其他胺类。后处理采用碱中和，生成的胺类盐、酸盐制得游离状态的胺，分离中和生成的副产物后，再采用分馏法收集各个胺，得到最终产品。

至于脂肪族多元胺的合成，一般因品种不同而合成条件各异。例如，异佛尔酮二胺（IPDA）的合成方法如下。

$$\xrightarrow[150atm^{❶},120℃]{Co,H_2,NH_3}$$

它可以用作层压材料及浇注交联用固化剂。

(2) 芳香族多元胺的合成

芳香族多元胺交联剂除间苯二胺等单芳核化合物外，最常使用的是二氨基二苯基甲烷的衍生物及联苯胺类化合物。比较适宜于环氧树脂及聚氨酯的最常用的二元胺是 MOCA，即 3,3′-二氯-4,4′-二氨基二苯基甲烷。这一产品国内已有成熟的工业化生产。

二苯基甲烷类交联剂的合成路线有两条。一是由相应的苯胺取代衍生物与甲醛在酸催化下进行反应而直接制得。

$$\text{Ar-}NH_2 + HCHO \xrightarrow[\text{缩合}]{H^+} HCl\cdot NH_2\text{-Ar-}CH_2\text{-Ar-}NH_2\cdot HCl$$

X 为 H、Cl、CH_3、OCH_3 等

Y 为 H、Br

Z 为 H、Cl

二是由已知相应的二苯基甲烷二胺类化合物直接溴化、氯化，进行结构修饰得到最终产物。其中第一条合成路线是工业上常用的方法。

早在 20 世纪 30 年代和 40 年代，4,4′-二氨基二苯基甲烷（简称 DDM）的生产就实现了

❶ 1atm＝101325Pa。

工业化，此法采用20%盐酸作催化剂，水为介质，其配比为甲醛：芳胺：盐酸＝1：2.94：2.10，加料温度30℃，加料时间为2～3h，反应温度90℃，保温反应时间4h，即可使反应顺利进行。后处理先采用常压蒸馏除去水分，再真空蒸馏蒸出未反应的苯胺，蒸馏后的产品即为工业品。

MOCA的工业化生产可采用苯胺衍生物过量法及甲醛过量法两个过程。当芳胺过量时，采用盐酸作催化剂，其配比为甲醛：芳胺：盐酸＝1：3.5：2.63，加料温度70～75℃，在80℃下保温3h反应，后处理采用水蒸气蒸馏法蒸出未反应的芳胺，粗品用乙醇水溶液（乙醇：水＝2：1）重结晶，即得工业品，收率70%～80%，熔点100～109℃。

亦可采用30% H_2SO_4 作催化剂，当甲醛：芳胺：盐酸＝1.01：2.0：3.0时（甲醛微过量），采用加料温度为30℃，加料时间30min，反应分段升温，最后升至80℃，反应4h，后处理采用酸溶碱析方法。所得产品熔点110～114℃，收率95%，纯度≥99%。

由实验结果发现，采用甲醛过量法可避免后处理过程中过量芳胺的回收，同时所得产品纯度及外观均优于芳胺过量法，收率一般也较高。

10.2.2.3　胺类交联剂的应用

胺类交联剂主要用作环氧树脂涂料、胶黏剂的固化剂以及聚氨酯弹性体等的扩链固化剂。这里仅介绍多胺类化合物作为环氧树脂固化剂的应用情况。

(1) 胺固化剂的用量

胺固化剂的用量直接和胺中所含活泼氢相关，理论上固化剂的用量和环氧树脂的环氧化学当量相当，实验证实最佳添加量和化学当量相近。按当量计算可以简单地求出固化剂的最佳添加量。

环氧当量的计算方法为：

$$环氧当量=\frac{平均分子量}{1分子中环氧基的个数}$$

一般市售的环氧树脂，厂家均已标明环氧当量。

伯胺、仲胺固化剂按下式计算添加量：

$$添加量=\frac{胺当量}{环氧当量}\times 100$$

$$胺当量=\frac{胺的分子量}{活泼氢数}$$

例如，二亚乙基三胺（DETA）固化环氧当量为200的环氧树脂时，该固化剂的胺当量为103.2/5＝20.6，其添加量为（20.6/200）×100＝10.3。

但是，脂肪族伯胺、仲胺有一定的催化剂作用，因此用量以稍少于计算量为好。芳香胺没有催化作用，应用计算量。

(2) 多胺固化剂的固化特性

当采用多胺固化剂固化环氧树脂涂料时，不同胺类表现出不同的性质。由于聚酰胺类固化剂用于环氧树脂涂料涂膜柔韧性能好，附着力及耐水性也非常好，因此，它是使用最多的环氧树脂涂料固化剂。

当胺类固化剂用于环氧树脂胶黏剂时，其种类、添加量、固化温度及时间均对粘接强度产生影响。脂肪族多元胺以前一直用于胶黏剂，但因其伤害皮肤，使用受到限制。此外，其允许添加量范围窄，易挥发，剥离强度低，混合时剧烈放热而不能一次混合。芳香族多元胺的分子量与官能度之比较大，要求添加量多，固化时通常要加热到100℃以上，固化后的树脂发脆，弯曲强度非常小。相比之下，低分子量聚酰胺由于具有无毒，不易挥发，添加量要求不严格，不吸湿，易处理等特点，目前已广泛用作家庭及工业用黏合剂、固化剂。

(3) 固化促进剂

一般带有羟基的化合物对固化起促进作用，其中酚类化合物作用更大。叔胺也能起促进作用。常用的固化促进剂有苯酚、甲酚、壬酚、双酚 A、聚硫醇、水杨酸等化合物。

10.2.3 有机硫化物交联剂

有机硫化物常在橡胶工业中用作硫化剂。它们的特点是在硫化温度下能够析出硫，进而使橡胶进行硫化，因此它们又被称为硫磺给予体，由此形成的交联方式称为无硫硫化。与采用无机硫磺等硫化所形成的多硫键相比，硫磺给予体主要形成双硫键和单硫键，因而硫化橡胶的耐热性能特别好，还不易产生因后硫化而引起的硬化。有机硫化物交联剂一般分为二硫化秋兰姆及其衍生物、吗啡啉衍生物、有机多硫化合物以及二硫代氨基甲酸硒等。

10.2.3.1 有机硫化物交联剂的分类及特性

(1) 秋兰姆及其衍生物

商品二硫化四烷基秋兰姆中的烷基有甲基、乙基、丁基及双五亚甲基。随烷基的增大，硫化作用趋于平稳。使用最多的是二硫化四甲基秋兰姆（TMTD），结构式为 $(H_3C)_2NC(S)SSC(S)N(CH_3)_2$，它能赋予硫化橡胶优异的耐热性能。主要用在天然橡胶或者二烯类合成橡胶要求耐热性高的制品方面，例如，密封类制品、胶片、胶管、电线等。当同时要求耐油性和耐热性的时候，TMTD 效果也很好。采用 TMTD 硫化丁腈橡胶具有以下特点：①在热空气中或者蒸汽中的耐老化性良好；②热油中的耐老化性较好；③拉伸强度中等，伸长率高，定伸能力低；④回弹性低，尤其在高温条件下；⑤高温时抗撕裂性好，伸长永久变形较大，动态生热高；⑥压缩永久变形较大。但 TMTD 硫化的缺点是硫化初期定伸应力高，随着硫化的进行而逐渐降低。上述缺点可以通过同时加入极少量的硫磺来克服，并且使硫化速率加快。

除 TMTD 外，二硫化四苯基秋兰姆也适用于无硫硫化，但比 TMTD 硫化速率慢，且因分子量大、需要的配合量大，一般都不单独使用。与 TMTD 并用，对防止喷霜有一定的效果。在丁腈橡胶中，效果尤其明显。其结构式如下。

$$(H_5C_6)_2NC(S)SSC(S)N(C_6H_5)_2$$

一硫化秋兰姆类［$R_2NC(S)SC(S)NR_2$］不能单独用于无硫硫化。将四甲基一硫化秋兰姆（TMTS）作为硫化剂时，至少要添加其中一半量的硫磺，且橡胶的耐热性能不如用 TMTD。

(2) 吗啡啉衍生物

这类化合物的代表品种如下。

$$O(CH_2CH_2)_2N{-}S{-}S{-}N(CH_2CH_2)_2O$$

二硫化吗啡啉（DTDM）

$$C_6H_4(N)(S)C{-}S{-}S{-}N(CH_2CH_2)_2O$$

2-(4-吗啡啉二硫代) 苯并噻唑（MDTB）

它们均可作为硫磺给予体使用。DTDM 还可作为硫化促进剂使用，它只有在硫化温度时才能分解出活性硫，因此，使用该品操作安全。它的有效硫含量约为 27%，单独用作硫化剂时硫化速率慢，但并用噻唑类、秋兰姆或者二硫代氨基甲酸盐等促进剂，可以提高硫化速率。用于有效或者半有效硫化体系时，所得的硫化胶耐热性能、流动性和焦烧时间较为平衡，分解后的产物 MBT 和吗啡啉均为硫化促进剂，因此近乎达到 DTDM 的效果。

(3) 有机多硫化合物

这类化合物的代表品种为 VA-7。其结构式如下。

$$\lbrace C_2H_4OCH_2OC_2H_4S-S-S-S \rbrace_n$$

VA-7 是脂肪族醚的多硫化物。该产品可用于丁苯橡胶、丁腈橡胶、天然橡胶和其他不饱和橡胶的硫化。这一化合物结合的硫无喷霜的危险，用它硫化要比单质硫的硫化效率高。用于制造电线时因无游离硫的存在，所以对铜没有腐蚀作用。

(4) 硫醇化合物

二硫醇系化合物 $HS-CH_2CH_2-SH$ 与 $HS-\overset{O}{\overset{\|}{C}}-CH_2CH_2-\overset{O}{\overset{\|}{C}}-SH$ 可通过对双键的反应引起交联。将其与天然橡胶一起，于 20℃用开炼机进行混炼当中即可被交联。间二硫酚在同样条件下于 50℃时也可使天然橡胶凝胶化。6-R-1，3，5-三嗪-2，4-二硫醇则是 NR、SBR、IR、NBR 以及 EPDM 等的交联剂。如果 R 采用适当的基团，它可以作为反应性防老剂；当 R 为二丁基氨基时，亦可作为有效的农业用软质聚氯乙烯分子的扩链剂及交联剂。

HS, N, N, R, HS（三嗪二硫醇结构式）　　S, O, O, S, P, P, HS, O, O, SH（螺环结构式）

(5) 二硫代氨基甲酸硒

该化合物结构式如下。

$$R_2N\overset{S}{\overset{\|}{C}}-S-Se-S-\overset{S}{\overset{\|}{C}}-N-R_2$$

其作为硫磺给予体耐热性很好，但价格太贵，很少使用。

10.2.3.2 有机硫化物交联剂的合成

这里选择几个重要的工业品种对其合成予以说明。

(1) 秋兰姆类的合成

秋兰姆类化合物既可用作硫化剂，也可用作促进剂，在硫化剂中使用较多的应属二硫化四甲基秋兰姆，即促进剂 TMTD。它的合成工艺一般分两步完成：首先用二甲胺、二硫化碳、氢氧化钠在 30～40℃的条件下制成二甲基二硫代氨基甲酸钠；然后在一氧化氮的存在下，再将二甲基二硫代氨基甲酸钠在低于 10℃下于空气中氧化得到二硫化四甲基秋兰姆。其反应式如下。

$$(H_3C)_2NH+CS_2+NaOH \longrightarrow (H_3C)_2N-\overset{S}{\overset{\|}{C}}-SNa+H_2O$$

$$2\,(H_3C)_2N-\overset{S}{\overset{\|}{C}}-SNa+2NaNO_2+2H_2SO_4 \xrightarrow[<10℃]{空气} (H_3C)_2N-\overset{S}{\overset{\|}{C}}-S-S-\overset{S}{\overset{\|}{C}}-N(CH_3)_2+Na_2SO_4$$

该产品为白色结晶粉末，对呼吸道、皮肤有刺激作用，应避免吸入其粉尘及避免与眼睛、皮肤等接触，贮藏稳定；但与水共热则生成二甲胺和二硫化碳。二硫化四甲基秋兰姆除用作硫化剂和促进剂外，在农业上可用作杀菌剂及杀虫剂，也可用作润滑剂。

同样二硫化四丁基秋兰姆可采用如下方法合成。

$$(H_9C_4)_2NH+CS_2+Na_2CO_3 \xrightarrow{-10\sim15℃} (H_9C_4)_2N-\overset{S}{\overset{\|}{C}}-SNa+H_2O+CO_2\uparrow$$

$$2\ (H_9C_4)_2N{-}\overset{S}{\overset{\|}{C}}{-}SNa \xrightarrow[<0℃]{K_3Fe(CN)_6} (H_9C_4)_2N{-}\overset{S}{\overset{\|}{C}}{-}S{-}S{-}\overset{S}{\overset{\|}{C}}{-}N(C_4H_9)_2 + 2Na^+$$

(2) 吗啡啉化合物的合成

在甲苯和苯的混合溶剂中加入吗啡啉，然后在低于10℃下滴加一氯化硫（S_2Cl_2）和氢氧化钠，即得4,4′-二硫代二吗啡啉，即硫化剂DTDM。

$$O\!\begin{smallmatrix}CH_2CH_2\\ \\CH_2CH_2\end{smallmatrix}\!NH + S_2Cl_2 + 2NaOH \xrightarrow{\leqslant 10℃} O\!\begin{smallmatrix}CH_2CH_2\\ \\CH_2CH_2\end{smallmatrix}\!N{-}S{-}S{-}N\!\begin{smallmatrix}CH_2CH_2\\ \\CH_2CH_2\end{smallmatrix}\!O + 2NaCl + 2H_2O$$

该化合物为白色针状结晶，熔点为124～125℃。

(3) 硫化剂VA-7

属脂肪族醚的多硫化物，其生产方法采用以下步骤合成。

① 多硫化钠的制备

$$6NaOH + 10S \xrightarrow{104℃} 2Na_2S_4 + 3H_2O + Na_2S_2O_3$$

② 单体的制备

$$2ClC_2H_4OH + HCHO \xrightarrow[80\sim103℃]{\text{脱水剂二氯乙烷}} ClC_2H_4OCH_2OC_2H_4Cl + H_2O$$

③ 缩合反应

$$n ClC_2H_4OCH_2OC_2H_4Cl + nNa_2S_4 \xrightarrow{(95\pm2)℃} {+}C_2H_4OCH_2OC_2H_4S_4{+}_n + 2nNaCl$$

10.2.3.3 有机硫化物现状及发展

目前，在中国的橡胶硫化中，大多数仍采用硫磺作为硫化剂。而有机硫化物则用于特殊用途中，尽管它的价格比硫磺高，但它却能减少硫化胶的硫磺喷霜，而且直到分解放出硫磺前，即使温度很高也不会硫化，有迟延作用；在放出硫的同时，其分离有机物又可作为促进剂使用，因此有一举两得之效。但其促进作用和单纯的促进剂相比，活性作用仍嫌小。有机多硫化物用作合成橡胶的硫化剂时，胶料的耐溶剂性能优异。在硫化过程中，有机硫给予体可以取代部分硫磺，亦可以和硫磺并用，一份硫磺用两份有机硫给予体代替，即可达到相同的硫化度。

尽管有机硫化合物有成本过高之嫌，但研究者仍给予极大的兴趣进行研究开发，目前研究工作集中在以下两方面。

(1) 硫化物型交联剂

许多硫化物被研究用作橡胶的硫化胶兼硫化促进剂，例如双（二亚乙基硫代磷酰基）三硫化物（或四硫化物）以及七硫化胺及1,2,4,5-四硫杂-3,6-二嗪等化合物，后二者均可采用胺或氨与硫磺反应制备。

S—S—S / S NH / S—S—S 七硫化胺　　SSNSSN (R, R) 四硫杂二嗪

此外，通过六亚甲基亚胺与S_2Cl_2反应，制得的N,N'-二硫代双（多亚甲基亚胺）以及化合物。

$(CH_2)_n$ NSSN $(CH_2)_n$　　N,N'-二硫代双(多亚甲基亚胺)

R^1R^2NSRSNR^3R^4　$R^1\sim R^4$为烷基　　N,N'-二硫代四烷基胺

后者用作硫化胶，可得到焦烧安全性好的硫化胶。

(2) 反应型多硫化物交联剂

仿照硫化胺的制备方法，用11份四亚乙基五胺与1份硫磺在150℃反应，得到的生成物是一种湿润性树脂。二环已胺、六亚甲基二胺与硫磺的反应产物为粉末状物，这些均是有效的偶联剂。已研究的其他反应型多硫化物交联剂还有低级烷基胺或其盐、二苯胍与配合于橡胶中的部分硫磺或全部硫磺的反应生成物。一面搅拌一面向二甲胺的已烷溶液中连续加入氢氧化钠水溶液和一氯化硫，可制得含硫磺70.5%的N,N'-多硫代双烷基胺，亦具有很好的硫化作用。

除以上含硫有机物外，较引人注目的硫化胶有马来酰亚胺交联剂、酚醛树脂交联剂、氨基甲酸酯交联剂等。相信随着人们对橡胶制品性能要求的不断提高，会有更多性能优异的橡胶硫化胶问世。

10.2.4　树脂类交联剂

树脂类交联剂可广泛用于橡胶、涂料、胶黏剂、纤维加工等诸多工业部门。酚醛树脂硫化剂主要用于丁基橡胶的硫化（如硫化水胎），使之具有优异的耐热性和耐高温性能，目前在工业上已得到广泛的应用；氨基树脂则是最有代表性的烘烤型涂料交联剂之一，它也可作为可塑性的油改性醇酸树脂、无油醇酸树脂、油基清漆、丙烯酸树脂、环氧树脂等的交联剂。下面选择酚醛树脂及氨基树脂两大类予以介绍。

10.2.4.1　酚醛树脂的合成及应用

(1) 重要品种的合成

较常用的酚醛树脂交联剂有三种。

$$HOCH_2-C_6H_2(OH)(C(CH_3)_3)-CH_2-[C_6H_2(OH)(C(CH_3)_3)-CH_2]_n-C_6H_2(OH)(C(CH_3)_3)-CH_2OH$$

对叔丁基酚醛树脂 MW550-750

$$HOCH_2-C_6H_2(OH)(C(CH_3)_2C(CH_3)_3)-CH_2-[C_6H_2(OH)(C(CH_3)_2C(CH_3)_3)-CH_2]_n-C_6H_2(OH)(C(CH_3)_2C(CH_3)_3)-CH_2OH$$

对叔辛基酚醛树脂及其溴化物 MW900-1200

对叔丁基酚醛树脂是浅黄色透明松香状固体，软化点在70℃以上，而对叔辛基酚醛树脂是黄棕色至黑棕色松香状固体，软化点在75～95℃之间。

前者采用以下工艺合成：首先苯酚和异丁烯在硫酸或者强酸性离子交换树脂的催化下于150℃左右烷基化，生成对叔丁基酚，对叔丁基酚在碱性催化剂的存在下与甲醛进行缩合反应，缩合温度95～100℃，时间约4.5～5h。加入稀乙酸溶液或者稀硫酸溶液中和，静置，分离废酸液，然后加入甲苯溶解树脂；再用50℃左右的热水洗涤树脂的甲苯溶液至中性。真空蒸出水分和甲苯（温度不超过130℃），放置冷却，即得产品。其反应式如下。

$$C_6H_5-OH+CH_3CH(CH_3)=CH_2 \xrightarrow{H^+} (CH_3)_3C-C_6H_4-OH \xrightarrow{HCHO} \text{产品}$$

对叔辛基酚醛树脂的合成方法与此相同。而溴化对叔辛基酚醛树脂的合成方法则采用以下步骤：苯酚与二异丁烯在酸性催化剂（硫酸或者以活性白土为主催化剂、磷酸为助催化剂的混合催化剂）存在下于60℃左右进行烷基化反应，生成对叔辛基苯酚。

$$C_6H_5\text{—}OH + 2H_3C\text{—}C(CH_3)_2\text{—}CH_2\text{—}C(CH_3)\text{=}CH_2 \xrightarrow[60℃]{H^+} C_8H_{17}\text{—}C_6H_4\text{—}OH$$

在 1mol/L 氢氧化钠存在下对叔丁基苯酚与甲醛缩合，生成单羟甲基对叔辛基酚和双羟甲基对叔辛基酚。

$$C_8H_{17}\text{—}C_6H_4\text{—}OH + HCHO \xrightarrow[80℃]{NaOH} \begin{cases} \text{(OH)}C_6H_3(CH_2OH)(C_8H_{17}) \\ \text{(OH)}C_6H_2(CH_2OH)_2(C_8H_{17}) \end{cases}$$

缩合产物与 40%的氢溴酸反应，使其中一部分羟甲基变为溴甲基，同时生成水。

$$C_8H_{17}\text{—}C_6H_3(CH_2OH)\text{—}OH + HBr \longrightarrow \text{(OH)}C_6H_3(CH_2Br)(C_8H_{17}) + H_2O$$

这时，反应物体系中共有五种化合物存在，这五种组分进一步缩合，即得溴化后的酚醛树脂，产品为黄棕色透明树脂状固体，熔点 50～51℃。

(2) 重要品种的应用性能

以上三个交联剂品种主要用作橡胶硫化剂，但主要应用于丁基橡胶中。采用它硫化的橡胶具有良好的耐热性能，压缩变形较小。该树脂应在软化温度以上混入胶料，混入后操作性能随之改善，为提高硫化胶的高温力学强度，宜加入大量的补强炭黑。由于其活性较低，通常需要配合使用一些氯化物活性剂。对叔辛基酚醛树脂也主要作为丁基橡胶的硫化胶，性能与前者相似，但其硫化速率较快，硫化后橡胶的耐热性更高，压缩变形更小。溴化后的酚醛树脂交联剂活性更高，它不需要活性剂即可硫化丁基橡胶。在通常操作温度下更易于分散和操作，硫化速率亦较快，一般在 166～177℃、10～60min 即可硫化充分。其抗焦烧性能良好，可配用一般炭黑，且热老化性能和耐臭氧性能优于未溴化的两品种，如强度、伸长率和永久变形等，也优于其他树脂。因此，溴化对叔辛基酚醛树脂被广泛地用于耐热丁基橡胶制品中，如硫化胶囊、运输带、垫圈等。由于其有具有优良的胶黏性，还可用于压敏性树脂中。

(3) 酚醛树脂交联剂的发展

关于酚醛树脂交联剂的报道相当广泛。施瓦茨等认为良好的酚醛树脂交联剂应具备酚羟基邻位上有两个—CH_2OH，相对分子质量在 600 以下，—CH_2OH 的含量为 3%以上。此外，如下结构的化合物也是有效的交联剂。

$$HO\text{—}\left[CH_2\text{—}C_6H_2(OH)(C(CH_3)_3)\text{—}S\text{—}S\text{—}C_6H_2(OH)(C(CH_3)_3)\text{—}CH_2\right]_n\text{—}OH$$

$$R_2N\text{—}\underset{\|}{\overset{}{C}}(\text{=}S)\text{—}S\text{—}CH_2\text{—}\left[C_6H_2(OH)(R^1)\text{—}S_x\text{—}C_6H_2(OH)(R^1)\text{—}CH_2\right]_n\text{—}S\text{—}C(\text{=}S)\text{—}NR^2$$

前者可通过 2,2′-二硫代双（4-叔丁基苯酚）和甲醛反应制得，以 $SnCl_2$ 作活性剂可用于丁基橡胶和聚丁二烯橡胶的硫化；后者可在前一化合物合成的基础上，和两分子的二烷基氨基二硫代甲酸反应制备。

10.2.4.2 氨基树脂交联剂

目前，所使用的氨基树脂主要有三聚氰胺树脂、苯鸟粪胺甲醛树脂和脲醛树脂三种。它们是以三聚氰胺、苯鸟粪胺以及尿素等氨基化合物为主要原料，分别与甲醛、醇加成制备的缩合物。各原料胺的结构式如下。

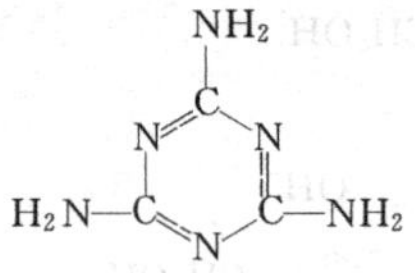

三聚氰胺 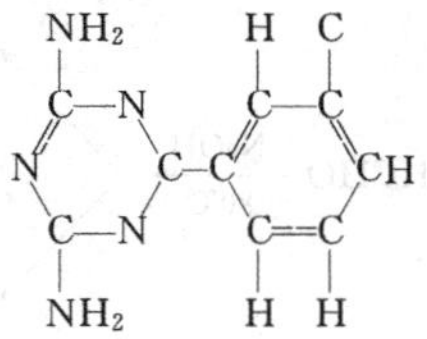　　苯鸟粪胺 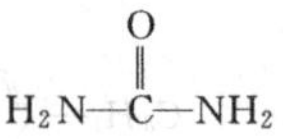　　尿素

树脂的生成机理见以下反应式。

羟甲基化　$R—NH_2 + HCHO \xrightarrow{碱} R—NH—CH_2OH$

醚化　$R—NH—CH_2OH + HO—R' \longrightarrow R—NH—CH_2OR' + H_2O$

在醚化反应的同时，由于羟甲基相互之间，或者是羟甲基和氨基之间的亚甲基化反应可引起树脂化。涂料用氨基树脂是用脂肪醇醚化的，一般选用丁醇。丁醇醚化的作用在于使氨基树脂具有柔韧性，在有机溶剂中有溶解性，并赋予其和其他聚合物的相容性等性能。其反应式如下。

$$RNHCH_2OH + C_4H_9OH \longrightarrow RNHCH_2OC_4H_9 + H_2O$$

依据丁醇醚化程度的不同，生成树脂的缩合度，对烷烃系溶剂的溶解性、固化性等会差异很大。

(1) 三聚氰胺树脂

涂料交联剂用的三聚氰胺树脂，是由1mol三聚氰胺与4～6mol的甲醛反应，然后采用丁醇醚化制备。醚化程度对其溶解性和相容性有影响。

由于丁醇醚化三聚氰胺树脂与各种醇酸树脂相容性很好，而且在比较低的温度下即能制得三维网状交联的强韧漆膜，所以，可用作氨基醇酸树脂涂料和热固性丙烯酸树脂涂料的交联剂。与不干性油改性的醇酸树脂并用，因其漆膜色浅、耐候性好，可用在汽车面漆上；与热固性丙烯酸树脂并用，可用在汽车面漆上或者家用电器制品上；与半干性油醇酸树脂并用，可以在稍低温度下固化，用在大型载重汽车、农业机械、钢制家具等方面；与无油醇酸树脂并用，则用于金属预涂等方面。

与脲醛树脂作比较，虽然脲醛树脂价格低廉，但在质量上（如耐候性、耐水性、光泽、保色性等方面）三聚氰胺树脂要好得多。因此，脲醛树脂一般用于内用交联剂或者底漆上。

(2) 苯鸟粪胺甲醛树脂

鸟粪胺是三聚氰胺中的一个氨基被氨基以外的其他基团所取代的产物。其中用苯基取代的鸟粪胺广泛地用于涂料交联剂。其结构式如下。

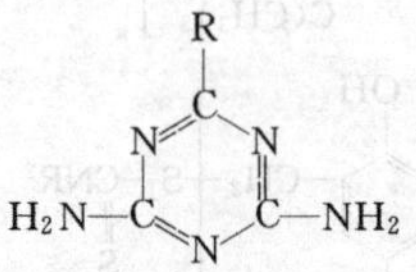

R为H，甲酰基鸟粪胺

R为甲基，乙酰基鸟粪胺

R为苯基，苯鸟粪胺

和前两种氨基树脂一样，苯鸟粪胺与甲醛、丁醇反应，制得丁醇醚化苯鸟粪胺，可用作涂料交联剂。与三聚氰胺树脂相比，其溶解性小，固化成网状结构的程度小，交联程度差，

造成固化得到的漆膜性能对温度的依赖性大，耐光性差。因此，它只适用于作底漆或者内用交联剂。但由于其结构的特点使它与基料相容性好，初始光泽、耐热性、耐药品性、耐水性、硬度都很优良。

涂料用脲醛树脂、三聚氰胺树脂以及苯鸟粪胺树脂的比例见表 10-7。

表 10-7 涂料用脲醛树脂、三聚氰胺树脂以及苯鸟粪胺树脂的比例

性 能	涂料用脲醛树脂	涂料用三聚氰胺树脂	涂料用苯鸟粪胺树脂
加热固化温度范围	使用温度范围窄，100～180℃	使用温度范围广，90～250℃	使用温度范围广，90～250℃
固化性，漆膜硬度	固化性小，漆膜硬度低	固化性大，漆膜硬度高	固化性小，漆膜硬度最高
酸固化性	大，根据选择的酸，在室温下也能固化	小，温度降至 80℃以下，固化极其困难	小，温度降至 80℃以下，固化极其困难
附着性、柔软性	柔软，附着性好	硬、脆，附着性差	硬、柔韧性好，附着性也很好
耐水性、耐碱性	差	良好	最好
耐溶剂性	差	良好	良好
光泽	差	良好	最好
面漆漆膜的附着性	良好	差	良好
户外曝晒性，保色性、保光性	差	良	差
涂料的稳定性	差	差，但丁醇醚化度高者良好	良好
价格	便宜	稍高	高

(3) 氨基树脂交联剂的发展趋势

目前，多数使用氨基树脂交联剂的工业用涂料，主要是溶剂型的，这样才能保证在制造涂料及涂装时具有必要的流动性。近年来，随着节能、防止大气污染等的社会呼声日趋高涨，对于使用有机溶剂的问题已提到议事日程上来，例如减少有机溶剂用量的涂料的研究开发。为此，对高固体型涂料、水系涂料和粉末涂料等已进行了大量的研究开发工作，以取代溶剂型涂料，并且部分已经应用。但是，氨基树脂仍然是一类重要的交联剂。

10.2.5 醌及对醌二肟类交联剂

实用苯醌和其衍生物硫化是 H. Fisher 发现的。这种硫化剂不仅具有刺激气味而且容易变质，又有污染性，硫化胶也有同样的缺点。所以除特殊用途外，几乎没有工业价值。用对醌二肟（ODM）及衍生物替代醌，已广泛用于工业硫化过程中。常用的醌类硫化剂如下。

HO—N=⟨C_6H_4⟩=N—OH

对醌二肟（ODM）

Ph—C(=O)—O—N=⟨C_6H_4⟩=N—O—C(=O)—Ph

二苯甲酰对醌二肟（BQDM）

它们的合成方法较简单，对醌二肟可用苯酚在 7～8℃亚硝化，生成对亚硝基苯酚，经转位生成对醌单肟，再与盐酸羟胺在<70℃下反应即得。其反应式如下。

$$\text{Ph—OH} + NaNO_2 + H_2SO_4 \xrightarrow{7\sim8℃} \text{ON—}C_6H_4\text{—OH} \xrightarrow{\text{转位}}$$

$$\text{HON=}C_6H_4\text{=O} \xrightarrow[<70℃]{NH_2OH \cdot HCl} \text{HON=}C_6H_4\text{=NOH}$$

对醌二肟和苯甲酰氯进一步反应，可制备二苯甲酰对醌二肟。

$$2\,\text{Ph—C(=O)—Cl} + \text{HON=}C_6H_4\text{=NOH} \longrightarrow \text{Ph—C(=O)—N=}C_6H_4\text{=N—C(=O)—Ph}$$

QDM以及BQDM均可用于多种橡胶，如丁基橡胶、天然橡胶、丁苯橡胶、顺丁橡胶以及三元乙丙橡胶的硫化，尤其适用于丁基橡胶的硫化。众所周知，丁基橡胶用硫磺和促进剂硫化时，硫化胶的耐热性能很差，而采用QDM及BQDM硫化即可获得良好的耐热性，在胶料中易分散，硫化速率快，硫化胶定伸强度高。但QDM临界温度低、有焦烧倾向，主要用于要求定伸强度高和硫化速率快的丁基橡胶制品，如气囊、水胎、电线、电缆的绝缘层、耐热垫圈等。BQDM则是抗焦性较好，改善了对醌二肟的焦烧性。

为改善此类交联剂的焦烧性，近期研究者开发了如下结构的化合物，它们具有极佳的防焦烧效果。

$$H_3C-C_6H_4-SO_2ON=C_6H_4=NOSO_2-C_6H_4-CH_3$$

$$PhO_2SON=C_6H_4=NOMeON=C_6H_4=NOSO_2Ph$$

还提出了用芳香族多醛和取代羟胺（如对苯二甲醛和苯肼）的反应生成物可作为合成橡胶的交联剂。布雷克等用如下结构的化合物作为不饱和聚合物的交联剂。

$$HON=C(Cl)-C(=O)-C_6H_4-C_6H_4-C(=O)-C(Cl)=NOH$$

在4,4′-双(氯乙酰)二苯醚中通入HCl气体，然后与氨反应，即可制备如下结构的化合物。

$$HON=C(Cl)-C(=O)-C_6H_4-O-C_6H_4-C(=O)-C(Cl)=NOH$$

这些新近开发的对苯二肟衍生物品种均可作为有效的橡胶硫化剂使用。但其在其他领域的应用还少有文献报道。

参　考　文　献

1 ［俄］И Л Масноъа. 聚合物材料助剂手册. 谢世杰，曾竖行，文联等译. 上海：上海科学技术出版社，1986

2 江学良，蒋涛. 弹性体，1999，9（3）：49

3 ［日］CMC编辑部. 塑料橡胶用新型添加剂. 吕世光译. 北京：化学工业出版社，1989

4 刘伯元. 现代塑料加工应用，1997，9（4）：58

5 ［日］山下晋山，金子东助. 交联剂手册. 纪奎江，刘世平，竺玉书等译. 北京：化学工业出版社，1990

第11章 偶 联 剂

以聚合物为基材、无机矿物为填充材，通过熔融、混炼、加工成型即可得到新的复合改性材料，这种复合化的目的是提高材料的性能、降低成本或使材料功能化，例如增强材料的强度，改善制品的力学、电绝缘及抗老化等综合性能。

然而无机填料和高聚物分子在化学结构和物理形态上极不相同，彼此之间缺乏亲和性；同时由于大量填充无机填料而导致聚合物复合材料的黏度显著提高，以致材料的加工性能受到影响；此外，由于填料与聚合物之间混合不均匀，且黏合力弱，制品的力学性能降低。因此，这种通过大量添加廉价无机填料来制备复合改性材料的方法有一定的局限性。从理论上分析，这种填充复合材料结构是以基材树脂构成连续相，以填料等物质构成分散相。正是因为高分子复合材料大多具有非均相结构，因而其内部存在明显的相界面。以无机矿物作为填充材料进行塑料复合化，使材料综合性能得到提高的过程中，设法确保填充材料和界面间的亲和性就成为很重要的一个研究方面。

偶联剂是一类具有双功能基团的特殊物质。其分子结构中既含有一个易与无机物表面起化学反应的亲无机物的基团，同时含有一个能与合成树脂或其他聚合物发生化学反应或生成氢键溶于其中的亲有机物的基团。因此偶联剂被称为“分子桥”，用以改善无机物与有机物之间的界面作用，从而大大提高复合材料的性能，如物理性能、电性能、热性能、光性能等。

偶联剂最早由美国联合碳化物公司（UCC）为发展玻璃纤维增强塑料而开发。早在20世纪40年代，当玻璃纤维首次用作有机树脂的增强材料，制备目前广泛使用的玻璃钢时，人们发现当它们长期置于潮气中，其强度会因为树脂与亲水性的玻璃纤维脱黏而明显下降，进而不能得到耐水复合材料。鉴于含有机官能团的有机硅材料是同时与二氧化硅（即玻璃纤维的主要成分）和树脂有两亲关系的有机材料及无机材料的“杂交”体，试用它来作为“黏合剂”（偶联剂），来改善有机树脂与无机表面的粘接，以达到改善聚合物性能的目的，就成为科技工作者们的一大设想，并在实际应用中取得了较好的效果。因此自20世纪40年代初至60年代是偶联剂产生和发展时期，并形成了第一代硅烷偶联剂。目前，工业上使用的偶联剂按照化学结构分类可分为硅烷类、钛酸酯类、铝酸酯类、有机铬配位化合物、硼化物、磷酸酯、锆酸酯、锡酸酯等，它们广泛地应用在塑料、橡胶等高分子材料领域之中。

11.1 偶联剂的作用机理及性能表征

由于不同结构的偶联剂其作用机理也不尽相同，所以现在还没有一套完整、统一的理论来对偶联剂的偶联作用进行解释，但其中硅烷偶联剂和钛酸酯偶联剂的偶联机理的研究相对来说比较成熟，下面分别加以介绍。

11.1.1 硅烷偶联剂的作用机理

硅烷偶联剂的通式为 R_nSiX_{4-n}。式中，R为非水解的、可与高分子聚合物结合的有机官能团。根据高分子聚合物的不同性质，R应与聚合物分子有较强的亲和力或反应能力，如甲基、乙烯基、氨基、环氧基、巯基、丙烯酰氧丙基等。X为可水解基团，遇水溶液、空气中的水分或无机物表面吸附的水分均可引起分解，与无机物表面有较好的反应性。典型的X

基团有烷氧基、芳氧基、酰基、氯基等；最常用的则是甲氧基和乙氧基，它们在偶联反应中分别生成甲醇和乙醇副产物。

由于硅烷偶联剂在分子中具有两亲的化学基团，所以既能与无机物中的羟基反应，又能与有机物中的长分子链相互作用起到偶联的功效，其作用机理大致分以下三步：

① X基水解为羟基；

② 羟基与无机物表面存在的羟基生成氢键或脱水成醚键；

③ R基与有机物相结合。

当然，当R基团不同时，偶联剂所适合的聚合物种类也不同，这是因为基团R对聚合物的反应有选择性，例如含有乙烯基（$H_2C=CH—$）和甲基丙烯酰基（$H_2C=C(CH_3)—C(=O)—$）的硅烷偶联剂，对不饱和聚酯树脂及丙烯酸树脂特别有效。其原因是偶联剂中的不饱和双键和树脂中的不饱和双键在引发剂和促进剂的作用下发生了化学反应。但是因为偶联剂中的双键不参与环氧树脂和酚醛树脂的固化反应而使得含有这两种基团的偶联剂用于环氧树脂和酚醛树脂时，效果则不明显；但含环氧基团的硅烷偶联剂则对环氧树脂特别有效，又因环氧基可与不饱和聚酯中的羟基反应，所以含环氧基硅烷对不饱和聚酯也适用；而含氨基的硅烷偶联剂则对环氧、酚醛、三聚氰胺、聚氨酯等树脂有效；含—SH的硅烷偶联剂则是橡胶工业应用广泛的品种。

11.1.2　钛酸酯偶联剂的作用机理

钛酸酯偶联剂最早出现于20世纪70年代。1974年12月美国Kenrich石油化学公司报道了一类新型的偶联剂，它对许多干燥粉体有良好的偶联效果。此后加有钛酸酯偶联剂的无机物填充聚烯烃复合材料相继问世。目前，钛酸酯偶联剂已成为复合材料不可缺少的原料之一。钛酸酯偶联剂按其化学结构可分为四类，即单烷氧基脂肪酸型、磷酸酯型、螯合型和配位体型。

钛酸酯偶联剂的分子式为$R—O—Ti—(O—X—R'—Y)_n$。其不同的基团在偶联的过程中有不同的作用，具体如下。

① 通过R基与无机填料表面的羟基反应，形成偶联剂的单分子层，从而起化学偶联作用。填料界面上的水和自由质子（H^+）是与偶联剂起作用的反应点。

② —O—基能发生各种类型的酯基转化反应，由此可使钛酸酯偶联剂与聚合物及填料产生交联，同时还可与环氧树脂中的羟基发生酯化反应。

③ X是与钛氧键连接的原子团，或称黏合基团，决定着钛酸酯偶联剂的特性。这些基团有烷氧基、羧基、硫酰氧基、磷氧基、亚磷酰氧基、焦磷酰氧基等。

④ R′是钛酸酯偶联剂分子中的长链部分，主要是保证与聚合物分子的缠结作用和混溶性，提高材料的冲击强度，降低填料的表面能，使体系的黏度显著降低，并具有良好的润滑性和流变性能。

⑤ Y是钛酸酯偶联剂进行交联的官能团，有不饱和双键基团、氨基、羟基等。

因为钛酸酯偶联剂不同的化学基团的特殊作用，使得其在偶联的过程中，首先在无机物界面与自由质子H^+反应，形成有机单分子层，从而使得无机填料的表面得到了化学改性而与有机高聚物具有一定的相容性。

11.1.3　偶联效果的表征

偶联剂特别是硅烷偶联剂通过改善复合材料中高聚物和无机填料之间的粘接性，使其性能大大改善，那么偶联剂的处理效果如何，则可通过理论粘接力的推算与表面性能的改善进行表征。

11.1.3.1 粘接力增强理论

根据界面化学的粘接理论，胶黏剂与被粘物之间单位面积的次价键粘接力 δ_{adh}（主要考虑色散力），可用公式计算。

$$\delta_{adh}=\frac{2\phi_L\phi_S(\gamma_S\gamma_L)^{1/2}}{R_S+R_L}$$

式中，γ_S、γ_L 为分别是被粘物和胶黏剂的表面张力；R_S、R_L 为分别是被粘物和胶黏剂的分子半径；ϕ_L、ϕ_S 为不平衡因子。

根据此式可算得线型聚酯与玻璃的黏合力 $\delta_{adh}=0.25\times10^9$ Pa。

当胶黏剂与被粘物之间通过偶联剂形成化学键后，则可按其键结合力来计算粘接力。

$$\delta_{adh}=\frac{1}{2}anV_0$$

式中，a 为键的自然振动数；n 为被粘物表面上黏附键的数目；V_0 为原子之间平衡距离最低势能位的键能。

用 X 射线衍射和应力扭变曲线可测得 C—C 的 $V_0=1.602\times10^{-10}$ J，$a=1.025\times10^{10}$ m^{-1}。以乙烯基硅烷处理玻璃表面为例，当用不饱和聚酯树脂为胶黏剂，使其固化为三维网状结构时，可根据偶联剂和交联剂的添加量，从平均的键间距离推得 $n=2\times10^4\sim3\times10^4$，就是说，对于不饱和聚酯和玻璃的粘接，两种粘接力如下。

$$\delta_{abc}=0.25\times10^8\ \text{Pa}$$

$$\delta_{max}=0.21\times10^9\ \text{Pa}$$

换句话说，用硅烷偶联剂处理形成其价键的粘接力 δ_{max} 比由次价键而引起的粘接力 δ_{abc} 大一个数量级。这从理论上说明了用偶联剂处理可使胶接件强度得到大幅度提高的原因。

11.1.3.2 表面性能改善理论

采用偶联剂对无机填料进行表面改性，需要表征其效果的优劣及确定无机填料与基材树脂间亲和性的大小。判断亲和性好坏一般有以下几种方法。

① 填料的润湿性　众所周知，反应体系亲和性好坏首先是其界面的润湿性如何，一般要通过静态测定（也称为液滴形状法）和动态测定（也称为渗透速度法）进行评议。静态测定法需要先对填料进行必要的处理，然后取试料 0.1～0.2g，用锭剂成型器压成直径为 1cm 的锭剂，然后在其表面滴下溶剂 2.5μL，于 23℃下拍下液滴的形状，再由 $\tan\theta=2h/d$（h 为液滴的高度，d 为液滴的直径）求得接触角 θ。

② 填料的分散性　把试样 0.5g 放在试管中，加入分散溶剂至 10mL，搅拌并振荡 30s 之后静置，观察其沉降体积的变化。还可通过显微镜观察其悬浊液的分散状态，观察在 25℃下进行。

上述分析方法认为，接触角小的填料表面润滑性好，填料的分散性好，则其黏度低。偶联剂的品种不同，则效果也不相同，从而改性效果也不同。

另外，可通过红外光谱、DSC、DTA 等手段测定偶联剂与填料的结合情况，并通过填充塑料混炼制样，测定其拉伸强度、伸长率、冲击强度、热变形温度、硬度及熔体流动速率等来判断偶联体系的性能。

11.2 偶联剂主要品种及应用

11.2.1 硅烷偶联剂的主要品种及其具体应用

11.2.1.1 硅烷偶联剂的种类

硅烷偶联剂产生于 20 世纪 40 年代初，是应用比较广泛的偶联剂。硅烷偶联剂的结构、适用的聚合物体系及国内外商品名见表 11-1。

表 11-1 硅烷偶联剂结构、适用的聚合物体系及国内外商品名

化学名称	结构式	国内商品名	国外商品名	适用的聚合物体系
乙烯基三乙氧基硅烷	$H_2C{=}CH{-}Si(OC_2H_5)_3$	A-151	A-151 Finish GF56 KBM1003	乙丙橡胶,硅橡胶,不饱和聚酯,聚烯烃,聚酰亚胺
乙烯基三-(β-甲氧基乙氧基)硅烷	$H_2C{=}CHSi(OCH_2CH_2OCH_2)_3$	○	A-172 Finish GF58 KBC1003	乙丙橡胶,顺丁橡胶,聚酯,环氧,聚丙烯
乙烯基间苯二酚二氯硅烷	$CH_2{=}CH{-}\underset{Cl}{\overset{Cl}{Si}}{-}C_6H_3(OH)_2$			聚酯,环氧,酚醛,聚邻苯二甲酸二烯丙酯,丁苯树脂,1,2-聚丁二烯
乙烯基三乙酰氧基硅烷	$CH_2{=}CHSi(\underset{O}{\underset{\|}{C}}{-}CH_3)_3$	○	A-15 Finish GF62 KBE1003 SH6075	顺丁橡胶,乙丙橡胶
丙烯基三乙氧基硅烷	$CH_2{=}CH{-}CH_2Si(OC_2H_5)_3$	○	—	乙丙橡胶,顺丁橡胶,聚酯,环氧,聚苯乙烯,聚甲基丙烯酸甲酯,聚烯烃
γ-甲基丙烯酸丙酯基三甲氧基硅烷	$CH_2{=}\underset{CH_3}{\underset{\|}{C}}{-}\overset{O}{\overset{\|}{C}}{-}OC_3H_6Si(OCH_3)_3$	KH570	A-174 KBM-503 Z-6030	
γ-氨丙基三乙氧基硅烷	$H_2NC_3H_6Si(OC_2H_5)_3$	KH550	A-1100	乙丙橡胶,氯丁橡胶,丁腈橡胶,聚氨酯,环氧,酚醛,尼龙,聚酯,聚烯烃
苯胺甲基三乙氧基硅烷	$C_6H_5{-}NHCH_2Si(OC_2H_5)_3$	南大-42		RTV 硅橡胶,聚氨酯,环氧,酚醛,尼龙
苯胺甲基三甲氧基硅烷	$C_6H_5{-}NHCH_2Si(OCH_3)_3$	南大-43	—	
γ-(乙二氨基)丙基三甲氧基硅烷	$H_2NC_2H_4NHC_3H_6Si(OCH_3)_3$	KH792	A-1120 KBM603 Z6020	酚醛,三聚氰胺,尼龙,聚碳酸酯
N-β-(氨乙基)-γ-氨丙基二甲氧基硅烷	$H_2NCH_2CH_2NHC_3H_6{-}\underset{CH_3}{\underset{\|}{Si}}(OCH_3)_2$	—	KBM602	环氧,酚醛
二乙烯三氨基丙基三甲氧基硅烷	$H_2NC_2H_4NHC_2H_4NHC_3H_6Si(OCH_3)_3$	B201	A-5162	酚醛,三聚氰胺,尼龙,聚碳酸酯
γ-(2,3-环氧丙氧基)丙基三甲氧基硅烷	$\underset{\diagdown O \diagup}{CH_2{-}CH}CH_2OC_3H_6Si(OCH_3)_3$	KH560	A-187 Finish GF81	聚醚橡胶,聚酯,环氧,酚醛,三聚氰胺,聚碳酸酯,尼龙,聚苯乙烯,聚丙烯
β-(3,4-环氧环己基)乙基三甲氧基硅烷	$O\langle H \rangle C_2H_4Si(OCH_3)_3$	—	A-186 KBM 303	聚醚橡胶,聚酯,环氧,酚醛,三聚氰胺,聚碳酸酯,尼龙,聚苯乙烯,聚丙烯

续表

化学名称	结构式	国内商品名	国外商品名	适用的聚合物体系
γ-硫醇基丙基三乙氧基硅烷	$HSC_3H_6Si(OC_2H_5)_3$	KH580	—	
γ-硫醇基丙基三甲氧基硅烷	$HSC_3H_6Si(OCH_3)_3$	KH590	A-189 Finish GF-70 KBM803 Z6062	聚硫橡胶，乙丙橡胶，丁苯橡胶，丁腈橡胶，氯丁橡胶，聚氨酯，聚苯乙烯，大部分热固性树脂
γ-氯丙基三乙氧基硅烷	$ClCH_2CH_2CH_2Si(OC_2H_5)_3$	—	A-143， SH6076	
戊基三甲氧基硅烷	$C_5H_{11}Si(OCH_3)_3$	—	Y2815	尼龙，聚苯乙烯，聚丙烯腈
含甲基丙烯酰基团的阳离子硅烷	$CH_2=C(CH_3)-C(=O)-O-CHCl$ $(H_3CO)_3Si(CH_2)_3(CH_3)_2N^-$	Z-6031	Z-6031	
盐酸，N-(N'-3-乙烯苄基氨乙基)，γ-三甲氧基硅烷基丙基胺	$CH_2=CH-C_6H_4-$ $CH_2NHCH_2CH_2NHCH_2CH_2CH_2Si(OCH_3)_3 \cdot HCl$	—	QZ-8-5069	多适用热固性玻璃纤维增强树脂，多适用热塑性玻璃纤维增强树脂
乙烯基三叔丁基过氧化硅烷（VTPS）	$CH_2=CHSi[OOC(CH_3)_3]_3$	Y-4310	A-1010	各种聚合物（橡胶与塑料）与金属或某些无机物的黏结，聚合物与聚合物的黏结
双(3-三乙氧基甲硅烷基丙基)四硫化物	$(H_5C_2O)_3SiC_3H_6-[S-S]_2-(H_5C_2O)_3SiC_3H_6$	KH845-4 Si-69	Si-69 X-50A	多功能硅烷偶联剂

注：○表示商品名与化学名称相同。

总之，硅烷偶联剂的结构决定性质，其主要应用领域涉及以下几个方面。

① 聚酯　对于大多数通用聚酯来说，最好选择含甲基丙烯酸酯的硅烷。阳离子型乙烯基硅烷用于乙烯类树脂（乙烯酸改性的环氧树脂）能赋予最佳性能。在紫外线固化的乙烯类树脂与石英纤维的粘接中，乙烯基硅烷也是一种有效的硅烷偶联剂。

② 环氧树脂　为数众多的含有机官能团的硅烷对环氧树脂都相当有效。可以制定一些通则为某特定体系选择适宜的硅烷。偶联剂的反应性至少与环氧树脂对所用的特定固化体系的反应性相当。对任何一种含缩水甘油官能团的环氧树脂来说，显然是选用缩水甘油氧丙基硅烷为宜。对于脂肪族环氧化物或任何用酸酐固化的环氧树脂，建议应用脂肪族硅烷。使用含伯氨基官能团的硅烷，可使室温固化的环氧树脂获得最佳性能。但这类硅烷不适合于以酸酐固化的环氧树脂，这是因为有很大一部分伯氨基官能团会消耗，而含氯树脂是一种很可靠的偶联剂。

除此之外，当环氧乙烷树脂应用于印刷线路板，结构用层压板以及胶黏剂和涂料时，均可选择适当的硅烷偶联剂以达到绝缘、改善介电常数、提高力学强度以及防腐蚀等目的。

③ 酚醛树脂　硅烷偶联剂可以用来改善几乎所有含有酚醛树脂的无机复合材料的性能。含氨基官能团的硅烷与酚醛树脂粘接料一起用于玻璃纤维绝缘材料上；与间苯二酚-甲醛胶

乳浸渍液中的间苯二酚-甲醛树脂一起用于玻璃纤维轮胎帘子线上；与呋喃树脂与酚醛树脂一起用作金属铸造用的砂芯的粘接料。有人曾建议以氨基硅烷与酚醛树脂并用，可用于油井中砂层的固定。

硅烷偶联剂作为酚醛树脂砂芯粘接料中的添加剂，突出了在一些硅烷-树脂体系中存在的问题。硅烷添加剂在室温下对树脂具有反应性，但仅放数小时后，硅烷便会失去偶联作用。为使之有效，硅烷必须以单体形式存在，这样它能在固化前迅速向填料或增强剂迁移。硅烷与树脂过早反应就降低了它的流动性，以致少量的硅烷添加剂失去了增进粘接的效果。对填料进行预处理，可以充分利用硅烷的增进粘接的作用，但其代价要比把硅烷作为添加剂直接加入高得多。

硅烷偶联剂通常用于处理颗粒状的氧化铝和碳化硅，以提高树脂的浸润作用以及胶接砂轮的力学强度。以无机物填充的酚醛模塑材料是可以通过硅烷来提高性能的另一领域。

④ 塑料　硅烷偶联剂能够改善无机填料在聚合物中的分散效果和粘接性能，因此在其他聚合物的填充改性中具有广泛的用途。硅烷偶联剂在热塑性增强塑料中的应用效果见表11-2。可以看出，通过偶联剂处理可大大提高塑料的强度。

表 11-2　硅烷偶联剂在热塑性增强塑料中的应用效果

塑料种类	聚苯乙烯		ABS		PMMA		聚碳酸酯	
玻璃纤维含量/%	40		38		43		47	
弯曲强度	强度/MPa	强度比	强度/MPa	强度比	强度/MPa	强度比	强度/MPa	强度比
无偶联剂	172	100	133	100	300	100	271	100
A-174	340	198	314	239	330	110	—	—
A-186	301	175	288	216	308	103	315	116
A-187	—	—	326	246	237	79	318	118
A-1100	211	123	202	151	438	146	360	133

实践证明，硅烷偶联剂在填充复合材料中具有较好的应用效果，这方面其他的实例还很多，如采用硅烷偶联剂对云母进行预处理，可以明显提高云母填充聚丙烯复合材料的力学性能、热性能和电性能；用硅烷偶联剂处理石英填充聚氯乙烯复合材料，也能显著增强其力学强度。

11.2.1.2　硅烷偶联剂的用法

硅烷偶联剂一般要用水和乙醇配成很稀的溶液（质量分数为 0.005～0.020）使用，也可单独用水溶解，但要先配成质量分数为 0.001 的乙酸水溶液，以改善溶解性和促进水解；还可配成非水溶液使用，如配成甲醇、乙醇、丙醇或苯的溶液；也能够直接使用。硅烷偶联剂的用量与其种类和填料表面积有关，即硅烷偶联剂用量（g）=[填料用量（g）×填料表面积（m^2/g）]/硅烷最小包覆面积（m^2/g）。如果填料表面积不明确，则硅烷偶联剂的加入量可确定为填料量的 1%左右。

颗粒状或粉状填料可用偶联剂溶液浸渍，然后用离心分离机或压滤机将溶液滤去，再将填料加热、干燥、粉碎。如果用来制造补强复合材料或玻璃钢，可用连续法先将玻璃纤维或玻璃布浸渍偶联剂溶液，然后干燥、浸树脂、干燥，再加热层压而成玻璃钢板。以上做法称为表面预处理法，都是先将无机材料或被粘物的表面用偶联剂溶液预处理，然后再与有机树脂接触、压合、黏合、成型，其中阳离子型硅烷偶联剂在兼具降低黏度和起偶联作用方面最有效。

11.2.2 钛酸酯偶联剂的主要品种及其应用特点

11.2.2.1 钛酸酯偶联剂的主要品种

钛酸酯偶联剂是最近发展起来的一类偶联剂，其主要类别见表 11-3。

表 11-3 钛酸酯偶联剂主要类别

类别	化学名称	结构式	商品名	
			化学所	国外
单烷氧型	异丙基三(硬脂酰基)钛酸酯	$H_3C-CH(CH_3)-O-Ti[O-C(=O)-(CH_2)_{16}CH_3]_3$	KHT-101	TTS
	异丙基三(羟基十八碳烯-9-酰基)钛酸酯	$H_3C-CH(CH_3)-O-Ti[OC(=O)(CH_2)_7CH=CHCH_2CH(OH)(CH_2)_5CH_3]_3$	KHT-102	TTR-27
	异丙基三(十二烷基苯磺酰基)钛酸酯	$H_3C-CH(CH_3)-O-Ti[O-S(=O)_2-C_6H_4-(CH_2)_{11}CH_3]_3$	KHT-103	TTBS-9S KR-9S
	异丙基三(甲基丙烯酰基)钛酸酯	$H_3C-CH(CH_3)-O-Ti[O-C(=O)-C(CH_3)=CH_2]_3$	KHT-104	TTM-33S
	异丙基三[*N*-*β*-(氨乙基)-*β*-氨乙氧基]钛酸酯	$H_3C-CH(CH_3)-O-Ti(OCH_2CH_2NHCH_2CH_2NH_2)_3$	KHT-105	KR-44
	异丙基二甲基丙烯酰基二异辛基焦磷酰基钛酸酯	$H_3C-CH(CH_3)-O-Ti[OC(=O)C(CH_3)=CH_2]_2[O-P(=O)(OC_8H_{17}-i)-O-P(=O)(OC_8H_{17}-i)OH]$	KHT-106	—
	异丙基三(异辛酰基)钛酸酯	$H_3C-CH(CH_3)-O-Ti[O-C(=O)-CH(C_2H_5)-C_4H_9]_3$	KHT-107	—
	异丙基三(癸酰基)钛酸酯	$H_3C-CH(CH_3)-O-Ti[O-C(=O)-(CH_2)_8CH_3]_3$	KHT-108	—
磷酸酯型	异丙基三(二异辛基焦磷酰基)钛酸酯	$H_3C-CH(CH_3)-O-Ti[O-P(=O)(OC_8H_{17}-i)-O-P(=O)(OC_8H_{17}-i)-OH]_3$	KHT-201	TTOP-38 KR-38S
	异丙基三(二异辛基磷酰基)钛酸酯	$H_3C-CH(CH_3)-O-Ti[O-P(=O)(OC_8H_{17}-i)_2]_3$	KHT-202	TTOP-12
	二异酰基二(二异辛基磷酰基)钛酸酯	$[H_3C-O(=O)-O]_2-Ti[O-P(=O)(OC_8H_{17}-i)-O-P(=O)(OC_8H_{17}-i)-OH]_2$	KHT-203	—

续表

类别	化学名称	结构式	商品名	
			化学所	国外
螯合型	二(二异辛基焦磷酰基)甲基羟乙酸钛酸酯	$H_3C-CH-O$, $O=C-O$ 螯合 Ti $\left[O-P(=O)(OC_8H_{17}\text{-}i)-O-P(=O)(OC_8H_{17}\text{-}i)-OH\right]_2$	KHT-301	KR-138S
	二(二异辛基磷酰基)钛酸乙二酯	CH_2-O, CH_2-O 螯合 Ti $\left[O-P(=O)(OC_8H_{17}\text{-}i)-O-P(=O)(OC_8H_{17}\text{-}i)-OH\right]_2$	KHT-302	ETDOP-212 KR-238S
	二(二异辛基磷酰基)甲基羟乙酸钛酸酯	$H_3C-CH-O$, $O=C-O$ 螯合 Ti $\left[O-P(=O)(OC_8H_{17}\text{-}i)(OC_8H_{17}\text{-}i)\right]_2$	KHT-303	GTDOP-112
	二(二异辛基焦磷酰基)钛酸二乙胺二乙酯	$HN(CH_2CH_2O)_2$ 螯合 Ti $\left[O-P(=O)(OC_8H_{17}\text{-}i)-O-P(=O)(OC_8H_{17}\text{-}i)-OH\right]_2$	KHT-304	—
	二(甲基丙烯酰基)甲基羟乙酸钛酸酯	$H_3C-CH-O$, $O=C-O$ 螯合 Ti $\left[O-C(=O)-C(CH_3)=CH_2\right]_2$	KHT-305	—
	二(顺式十八碳烯-9-酰基)钛酸乙二酯	CH_2-O, CH_2-O 螯合 $Ti-O-C(=O)-(CH_2)_7CH=CH-(CH_2)_7-CH_3$	KHT-306	—

根据钛酸酯偶联剂不同的结构特点其具体应用范围主要如下。

① 聚乙烯　采用钛酸酯偶联剂处理碳酸钙填料，可以克服在填充过量时聚乙烯、聚丙烯等聚烯烃树脂流动性降低、加工困难等缺点。以低密度聚乙烯为例，改性后其拉伸强度及伸长率均有明显的改善。采用钛酸酯偶联剂处理高密度聚乙烯-重质碳酸钙体系，可使其流动性比通常采用硬脂酸表面处理剂处理所得的流动性大许多。

② 聚氯乙烯　对于硬质聚氯乙烯，通过钛酸酯偶联剂处理后可改进其加工工艺及强度。钛酸酯偶联剂在硬质聚氯乙烯-重质碳酸钙体系中的效果见表11-4，可以看出，当加入偶联剂后，强度等各项指标均可提高或保持一定水平。但对于软质聚氯乙烯，由于加入了增塑剂，因此使用偶联剂一般较难奏效。对于聚氯乙烯糊，加入钛酸酯不仅可降低其黏度，而且可以保持配合料的黏度不变，同时还具有发泡体的微孔细小均匀的特点。

表11-4　钛酸酯偶联剂在硬质聚氯乙烯-重质碳酸钙体系中效果

项　目	拉伸强度/(N/m)	弯曲强度/MPa	缺口冲击强度/(kJ/m²)
空白	249.2	661.7	7.8
加钛酸酯偶联剂	403.9	742.2	7.7

③ 环氧树脂　对于以环氧树脂为代表的热固性树脂，采用钛酸酯也能收到降低配合料的黏度、实现高填充化的效果。而且钛酸酯对环氧树脂的固化不仅没有延迟作用，反而能降

低其固化时可能达到的最高放热温度，对提高成型品的尺寸稳定性有利。

④ 聚氨酯树脂 有报告提到，钛酸酯偶联剂对于聚氨酯的补强型反应性注压成型(R-RIM)有效。钛酸酯是异氰酸酯与聚醚型聚醇反应的有效催化剂。其活性与钛酸酯的化学结构有关，一般活性顺序为：氨基烷氧基＞配位型＞酰基型＞焦磷酸酯≈正磷酸酯。若要在一般情况下进一步增加填充剂用量，就必须使用偶联剂，它可以使配合料的黏度降低15%～25%。

⑤ 橡胶 目前，工业发达国家大部分橡胶用无机填料都经过表面处理。用钛酸酯偶联剂处理无机填料，如碳酸钙等，不仅可提高橡胶的力学性能，而且能使胶料混炼及压出容易，出片光滑并可节约能源。白炭黑填充的丁腈橡胶体系，使用钛酸酯偶联剂可使其扯断强度提高近30%，伸长率增加15%。

可以看出，钛酸酯偶联剂已渗透到电子、汽车、建材、磁性材料等许多重要的工业领域及部门，随着其研究和开发工作的深入，将在应用领域取得更广泛的进展。

11.2.2.2 钛酸酯偶联剂的使用方法

钛酸酯偶联剂的预处理法有两种：

(1) 溶剂浆液处理法 将钛酸酯偶联剂溶于大量溶剂中，与无机填料接触，然后蒸去溶剂；

(2) 水相浆料处理法 采用均化器或乳化剂将钛酸酯偶联剂强制乳化于水中，或者先将钛酸酯偶联剂与胺反应，使之生成水溶性盐后，再溶解于水中处理填料。钛酸酯偶联剂可先与无机粉末或聚合物混合，也可同时与二者混合，但一般多采用与无机物混合法。使用钛酸酯偶联剂时要注意以下几点。

① 用于胶乳体系中，首先将钛酸酯偶联剂加入水相中，有些钛酸酯偶联剂不溶于水，需通过采用季碱反应、乳化反应、机械分散等方法使其溶于水。

② 钛酸酯用量的计算公式为：钛酸酯偶联剂用量(g)=[填料用量(g)×填料表面积(m^2/g)]/钛酸酯偶联剂的最小包覆面积(m^2/g)。其用量通常为填料用量的0.5%，或为固体树脂用量的0.25%，最终由效能来决定其最佳用量。钛酸酯偶联剂用量一般为无机填料的0.20%～0.25%。

③ 大多数钛酸酯偶联剂特别是非配位型钛酸酯偶联剂，能与酯类增塑剂和聚酰胺树脂进行不同程度的酯交换反应，因此增塑剂需待偶联后方可加入。

④ 螯合型钛酸酯偶联剂对潮湿的填料或聚合物的水溶液体系的改性效果最好。

⑤ 钛酸酯偶联剂有时可以与硅烷偶联剂并用以产生协同效果。但是，这两种偶联剂会在填料界面处对自由质子产生竞争作用。

⑥ 单烷氧基钛酸酯偶联剂用于经干燥和煅烧处理过的无机填料时改性效果最好。

11.2.3 其他偶联剂的应用

(1) 铝酸酯偶联剂 对填料的改性一般采用预处理法。其工艺路线如下。

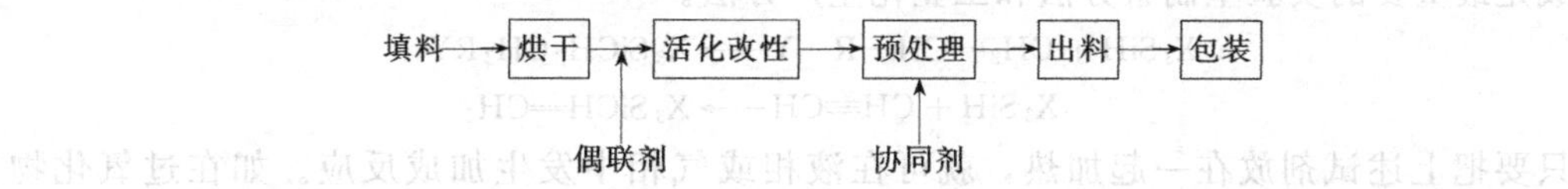

经上述工艺制成的产品可直接用于PVC和橡胶制品的生产，亦可制成母粒用于PE、PP、ABS和PS等以粒状树脂为原料制品的生产，如用在PVC微孔泡沫拖鞋中，可使$CaCO_3$的填充量由20份增加至50份，且不影响综合性能，产品外观良好，泡沫结构细密均匀，制品成本明显降低。30%～50%的PEP改性母粒作填充料生产的PP打包带外观花纹清

晰，手感好，不起毛，纵向不劈裂。

用铝酸酯偶联剂处理的活性碳酸钙被广泛用于聚氯乙烯、聚乙烯、聚丙烯、聚苯乙烯和聚氨酯等填充塑料中，降低制品的成本，且填充量大。

(2) 硼化物　硼化物偶联剂除用于塑料等复合材料的增强外，还可用于推进剂的性能改造中。其研究结果表明，硼化物偶联剂对推进剂的工艺性能没有不良影响，含有它的推进剂药浆，起始黏度低，适用期长，可满足大型发动机装药的要求，因此，硼化物作为固体推进剂的偶联剂具有广阔前景。

(3) 氨基酸表面处理剂　*N*-月桂酰赖氨酸及 *N*-十二烷基天冬氨酸-*β*-月桂醇酯均为白色结晶粉末，不溶于一般溶剂中，它们的偶联效果与钛系几乎完全相同。前者为非常润滑的板状结晶，可作为固体润滑剂，也可用于化妆品中；后者对工程塑料具有润滑剂作用，最近又在汽车领域和树脂改性、陶瓷烧结助剂等应用领域得到推广。

(4) 有机铬偶联剂　即配位化合物偶联剂，是由不饱和有机酸与三价铬原子形成的配位型金属配位化合物。其结构通式如下。

R, C, O, O, CrX_2, CrX_2, O, H

X 为无机酸根、NO_3、Cl 等

R 为烷基

其偶联机理如下。

CH_2=C—CH_3, C, O, O, Cl_2Cr, $CrCl_2$, O, H

加水分解

缩合

CH_2=C—CH_3　CH_2=C—CH_3, C, C, O, H, O, O, H, O, Cr, Cr—O—Cr, Cr, O, O, O, O, Si, Si, Si, Si

有机铬偶联剂虽开发较早、使用历史长、合成与应用技术比较成熟、成本低，但由于品种单调，故不及硅烷和钛酸酯偶联剂应用广泛。

11.3 偶联剂的合成

这里重点介绍应用最广泛的有机硅烷偶联剂及钛酸酯偶联剂的合成方法。

11.3.1 硅烷偶联剂的合成

用于合成偶联剂的硅烷一般均为市售的简单硅烷化合物。硅的氢化物对取代烯烃及乙炔的加成是最重要的实验室制备方法和工业化生产方法。

$$X_3SiH + CH_2{=}CH{-}R{-}Y \longrightarrow X_3SiCH_2CH_2RY$$

$$X_3SiH + CH{\equiv}CH \longrightarrow X_3SiCH{=}CH_2$$

只要把上述试剂放在一起加热，就可在液相或气相中发生加成反应。如在过氧化物、叔胺或铂盐催化剂存在下效果更佳。硅烷分子 X_3SiRY 中的两个端基都可能参加化学反应，而且它们既可能单独参加各自的反应，也可能同时起反应。通过对反应条件的适当控制，可以在不改变 Y 基团的前提下取代 X 基团，或者在保留 X 基团的情况下，使 Y 基团改性。

11.3.1.1 硅原子上可水解基团的引入

(1) 烷氧基 是硅烷偶联剂应用最多的一种。烷氧基硅烷通常是通过氯硅烷的烷氧基化反应而制备的。这个反应很容易发生，无需催化剂，但是要求能有效地去除反应中放出的氯化氢。工业生产中最好采用无水氯化氢的排放和回收措施。实验室制备时，可采用诸如叔胺或醇钠之类的氯化氢吸收剂。一种简单地实现完全烷氧基化的方法是在乙醇存在的条件下将氯硅烷与适当的原甲酸酯一起共热。

$$\equiv SiCl + HC(OR)_3 \xrightarrow{ROH} \equiv RiOR + RCl + RCOOH$$

(2) 乙酰氧基 在无水溶剂中，氯硅烷与乙酸钠反应，生成乙酰氧基硅烷。

$$RSiCl_3 + 3NaAc \longrightarrow RSi(OAc)_3 + 3NaCl$$

氯硅烷与乙酸酐一起共热并除去挥发性的乙酰氯，可避免生成盐的沉淀。

$$RSiCl_3 + 3Ac_2O \longrightarrow RSi(OAc)_3 + 3AcCl\uparrow$$

含乙酰氧基的可水解官能团还未见于国内开发的偶联剂品种之中。

11.3.1.2 硅原子上有机官能团的引入

(1) 卤代烷基 氯甲基三氯硅烷可采用光照氯化方法通过甲基三氯硅烷制备。

$$CH_3SiCl_3 \xrightarrow[h\nu]{Cl_2} ClCH_2SiCl_3 + HCl$$

为了避免生成聚氯甲基硅烷，可采用循环法。

把三氯硅烷加到烯丙基溴中便可以制备 3-溴丙基氯硅烷。

$$HSiCl_3 + CH_2CHCH_2Br \longrightarrow Cl_3SiCH_2CH_2CH_2Br$$

以三氯硅烷与乙烯基氯苄的双键加成，可以制得高活性的含氯官能团硅烷。

$$HSiCl_3 + CH_2{=}CHC_6H_4CH_2Cl \xrightarrow{Pt} Cl_3SiCH_2CH_2C_6H_4CH_2Cl$$

而碘烷基硅烷最好用氯烷基硅烷与 NaI 的互换反应制备。

$$(MeO)_3SiCH_2CH_2CH_2Cl + NaI \xrightarrow{\text{丙酮}} (MeO)_3SiCH_2CH_2CH_2I + NaCl$$

在复合材料的生产温度下含卤代烷基的硅烷能与树脂发生反应，可作为偶联剂使用。例如，氯丙烷基硅烷对于聚苯乙烯（极少量 $FeCl_3$ 存在）或高温固化的环氧树脂都是有效的偶联剂，但由于它易与氨或胺反应，生成氨基官能团硅烷，与硫化氢反应生成含硫基硅烷，或发生取代反应及裂解反应生成异氰酸酯等反应性基团，因此卤代烷基硅烷一般作为合成偶联剂的重要中间体而广泛应用。

(2) 不饱和烷基 乙烯基三氯硅烷是通过三氯硅烷对乙炔的单分子加成而制备的。这一反应中要采用过量的乙炔，尽量减少双分子加成反应的发生。高温条件下，三氯硅烷也会与烯丙基氯或乙烯基氯反应，生成不饱和硅烷。

$$HSiCl_3 + HC{\equiv}CH \longrightarrow Cl_3SiCH{=}CH_2$$

$$HSiCl_3 + CH_2{=}CHCl \longrightarrow Cl_3SiCH{=}CH_2 + HCl$$

$$HSiCl_3 + CH_2{=}CHCH{=}CH_2 \xrightarrow{Pt} Cl_3SiCH_2CH{=}CHCH_3$$

硅烷会优先与诸如丙烯酸、甲基丙烯酸、马来酸、富马酸、衣康酸等不饱和酸的烯丙酯中的烯丙基发生加成反应，其中最重要的是由甲基丙烯酸烯丙酯制得的硅烷。这是硅烷偶联剂的重要品种，商品牌号为 A-174。

$$HSi(MeO)_3 + CH_2{=}\underset{}{\overset{CH_3}{\overset{|}{C}}}{-}COOCH_2CH{=}CH_2 \longrightarrow \underset{\text{A-174}}{CH_2{=}\underset{\underset{CH_3}{|}}{C}{-}COOCH_2CH_2CH_2Si(OMe)_3}$$

三氯硅烷与异丁烯二聚体（3,5,5-三甲基-1-戊烯）在高温下反应可制得高收率的甲基烯丙基三氯硅烷。

$$HSiCl_3 + (CH_3)_3CCH_2C(CH_3){=}CH_2 \xrightarrow{500℃} CH_2{=}C(CH_3){-}CH_2SiCl_3 + (CH_3)_3CH$$

不饱和硅烷主要用作偶联剂，但也可用作制造化工产品的中间体。乙烯基官能团硅烷作为工业用不饱和聚酯的偶联剂，通常被甲基丙烯酸酯官能团所取代，但它仍广泛地应用于含填料的聚乙烯中，它能改善电缆包覆层的电绝缘性能。由乙烯苄基制得的阳离子型苯乙烯官能团硅烷，其独特之处在于它对几乎所有的热固性树脂和热塑性树脂都是有效的偶联剂。其合成方法如下。

$$(MeO)_3SiCH_2CH_2Cl + CH_2{=}C(CH_2){-}COOCH_2CH_2NMe_2 \longrightarrow CH_2{=}C(CH_3){-}COOCH_2CH_2{-}N^+(CH_3)_2{-}CH_2CH_2CH_2Si(OMe)_3$$

$$(MeO)_3SiCH_2CH_2CH_2NH_2 + ClCH_2C_6H_4CH \longrightarrow (MeO)_3SiCH_2CH_2CH_2NHCH_2C_6H_4CHCH_2 \cdot HCl$$

（3）氨烷基　氨丙基三烷氧基硅烷商品牌号为 A-1100，可由三烷氧基硅烷与烯丙胺的加成反应制备。由于烯丙胺的毒性很大，因此制取这种硅烷的比较方便的方法是对氰乙基硅烷加氢或借助于氯丙基三甲氧基硅烷与氢或胺反应。

$$(EtO)_3SiCH_2CH_2CN + H_2 \longrightarrow (EtO)_3SiCH_2CH_2CH_2NH_2$$

或

$$(EtO)_3SiCH_2CH_2CH_2Cl + NH_3 \longrightarrow (EtO)_3Si(CH_2)_3NH_2 + HCl\uparrow$$

氨苯基三甲氧基硅烷是在 CuCl 催化剂及 Cu 的存在下，通过溴苯基三甲氧基硅烷与过量的氨反应制备。

$$(MeO)_3SiC_6H_4Br + NH_3 \xrightarrow[110℃]{Cu+CuCl} (MeO)_3SiC_6H_4NH_2 + NH_4Br$$

氨基官能团硅烷可以用作几乎所有缩合型热固性聚合物（诸如环氧、酚醛、嘧胺、呋喃、异氰酸酯等树脂）的偶联剂，但却不适用于不饱和聚酯树脂。至于芳香烃和脂肪烃含氨基的硅烷，虽然前者有更好的热稳定性，但作为耐高温偶联剂并无多大的优越性。

（4）环氧基　可通过硅烷与不饱和环氧化物的加成反应或与含双键的不饱和硅烷的环氧化反应来制备。例如，γ-（2,3-环氧丙氧基）丙基三甲氧基硅烷（商品牌号为 A-187）由丙烯氧基环氧丙烷反应制备。

$$(MeO)_3SiH + CH_2{=}CHCH_2OCH_2CH{-}CH_2 (\text{—O—}) \xrightarrow{Pt} (MeO)_3SiCH_2CH_2CH_2OCH_2CH{-}CH_2 (\text{—O—})$$

（5）巯基　巯基官能团硅烷是乙烯基聚合中方便的链增长调节剂，并能通过链转移反应在每一个聚合物分子中引入三甲氧基硅烷官能团。含巯基官能团的硅烷偶联剂可用作处理颗粒状无机物料的偶联剂，借以使这类物料升级成为硫化胶中的补强填料，亦可实现热塑性塑料对玻璃的黏合。

巯基官能团硅烷可以通过不饱和硅烷或氯烷基硅烷来制备。例如，在紫外线辐照下，借助于亚磷酸三甲酯的促进作用使硫化氢与不饱和三甲氧基硅烷反应，可制备巯烷基三甲氧基硅烷。其反应式如下。

$$(MeO)_3SiCH{=}CH_2 + H_2S \xrightarrow{(MeO)_3P} (MeO)_3SiCH_2CH_2SH$$

巯烷基硅烷可由氯烷基硅烷和硫化氢的胺盐制得，采用硫化氢的乙二胺盐作为反应试剂，制得产物可通过液层分离制备。

$$(MeO)_3SiCH_2CH_2CH_2Cl + H_2NCH_2CH_2NH_2 \cdot H_2S \longrightarrow (MeO)_3SiCH_2CH_2SH + H_2NCH_2CH_2NH_2 \cdot HCl$$

此外，氯烷基硅烷很易与硫脲反应生成异硫脲盐。这种盐受氨作用分解后，生成巯烷基硅烷，而且没有二烷基硫化物之类的副产物生成。

$$(MeO)_3SiCH_2CH_2CH_2Cl + H_2NCSNH_2 \longrightarrow (MeO)_3SiCH_2CH_2CH_2SC(NH)NH_2 \cdot HCl$$

$$(MeO)_3SiCH_2CH_2CH_2SC(NH)NH_2 \cdot HCl + NH_3 \longrightarrow (MeO)_3SiCH_2CH_2CH_2SH + H_2NCONH_2 + NH_4Cl$$

一般含巯基的偶联剂大多用于橡胶的增强。

(6) 羧基　含羧基官能团的有机硅酸酯是环氧树脂优良的偶联剂。使含有腈基或酯基官能团的硅烷皂化是制备含羧基官能团有机硅烷酸的最简便方法。$HSiCl_3$ 与丙烯腈进行碱催化加成可得到氰烷基硅烷。

$$Cl_3SiH + CH_2{=}CHCN \xrightarrow{Me_3N} Cl_3SiCH_2CH_2CN$$

$$Cl_3SiCH_2CH_2CN + 4NaOH \xrightarrow{H_2O} (HO)_3SiCH_2CH_2COONa + 3NaCl + NH_3\uparrow$$

由 $CH_3C_6H_4SiCl_3$ 水解而生成的甲苯有机硅，被碱性的过锰酸盐氧化，即可得到可溶性的硅酸羧苯酯。经过过滤，可以把它与 MnO_2 分离开来，酸化滤出液即得到固态的羧苯基硅氧烷醇低聚物，它在丙酮/水中能形成稳定的溶液。

$$(HO)OSiC_6H_4COONa \xrightarrow{酸} (HO)OSiC_6H_4COOH$$

(7) 羟基　在铂催化剂存在下，硅烷对不饱和醇直接加成，其生成物较复杂。

$$(MeO)_3SiH + CH_2{=}CHCH_2OH \xrightarrow{Pt} (MeO)_3SiCH_2CH_2CH_2OH + (MeO)_3SiOCH{=}CH_2 + H_2$$

但对不饱和仲醇或苯酚的加成，反应比较容易进行，并生成含有双键的加成产物。

$$(EtO)_3SiH + o\text{-}CH_2{=}CHCH_2C_6H_4OH \xrightarrow{Pt} o\text{-}[(EtO)_3SiCHCH_2CH_2]C_6H_4OH$$

硅烷对烯丙酯的加成物可能醇化成羧丙基硅烷。

$$(MeO)_3SiH + CH_2{=}CHCH_2OCOCH_3 \xrightarrow{Pt} (MeO)_3SiCH_2CH_2CH_2OCOCH_3$$

$$(MeO)_3SiCH_2CH_2CH_2OCOCH_3 + CH_3OH \xrightarrow{H^+} (MeO)_3SiCH_2CH_2CH_2OH + MeOAc$$

通过以上的合成步骤即可制备含有不同基团的硅烷偶联剂。

11.3.2 钛酸酯偶联剂的合成

钛酸酯偶联剂按化学结构分类有单烷氧基型、单烷氧基焦磷酸酯型、螯合型、配位型等四种类型。其合成方法一般分为两步：第一步为四烷基钛酸酯的合成，四烷基钛酸酯有多种合成方法，其中最常用的是直接法，即由四氯化钛和相应的醇直接反应而合成；第二步为成品偶联剂的合成，由四烷基钛酸酯进一步和不同的脂肪酸反应，即可得到不同类型的钛酸酯偶联剂。

美国、英国、前苏联及日本等国在钛酸酯偶联剂的制备方法上大同小异，只是第一步在使用溶剂及通入气体的种类及时间上各有不同，总收率一般在 80%～85%之间。中国生产厂家参照国外工艺，方法大致相同，还提出了钛酸酯偶联剂一步法合成新工艺，改造了传统的两步法，具有工艺简单、产品纯度高、性能好的特点。

11.3.2.1 单烷氧基钛酸酯的合成

这类钛酸酯通过四氯化钛的醇解反应，再与长碳键的羧酸、磺酸、磷酸酯、醇和醇胺进行交换反应而制得。其反应式如下。

$$TiCl_4 \xrightarrow{i\text{-}C_3H_7OH} Ti(i\text{-}C_3H_7O)_4 \begin{cases} \xrightarrow{R^1COOH} i\text{-}C_3H_7OTi{-}(OC(=O){-}R^1)_3 \\ \xrightarrow{R^2SO_3H} i\text{-}C_3H_7OTi{-}(OS(=O)_2{-}R^2)_3 \\ \xrightarrow{R^3OH} i\text{-}C_3H_7OTi{-}(OR^3)_3 \end{cases}$$

R^1 为 $-(CH_2)_{16}CH_3$，$-C(CH_3)=CH_2$，$-(CH_2)_7CH=CH-CH_2-CH(OH)-(CH_2)_5CH_3$，$-CH(C_2H_5)-C_4H_9$，$-(CH_2)_7CH_3$

R^2 为 $-C_6H_4-(CH_2)_{11}CH_3$

R^3 为 $-OC_2H_4NHCH_2CH_2NH_2$，$-C-(CH_2)_{13}CH_3$

这类反应容易发生，尤其是与有机酸的反应更容易进行，一般在80～90℃，无溶剂存在下，反应经半小时就可完成。

11.3.2.2 磷酸酯型钛酸酯的合成

磷酸酯型钛酸酯的合成反应一般通过两步完成。

第一步

$$H_3PO_4 + i\text{-}C_8H_{17}OH \longrightarrow HO-\overset{O}{\overset{\|}{P}}(OC_8H_{17})_2 + H_2O \xrightarrow{+Ti(i\text{-}OC_3H_7)_4} i\text{-}C_8H_{17}O-Ti\left[O-\overset{O}{\overset{\|}{P}}(OC_8H_{17})_2\right]_3$$

第二步

$$P_2O_5 + C_8H_{17}OH \longrightarrow HO-\overset{O}{\overset{\|}{P}}(OC_8H_{17})-O-\overset{O}{\overset{\|}{P}}(OC_8H_{17})-OH \xrightarrow{Ti-(OC_8H_{17})_4} C_3H_7O-(O-\overset{O}{\overset{\|}{P}}(OC_8H_{17})-O-\overset{O}{\overset{\|}{P}}(OC_8H_{17})-OH)_2$$

在第一步反应中，磷酸与醇的反应是可逆的，通常反应很慢，而且反应进行到一定时间后，反应物与生成物便达到平衡。为了加快反应速率，提高生成物的产量，可选用硫酸作为催化剂，并增大醇的用量，在此条件下可采用分水器，尽可能把反应生成的水分出以促进反应完全。

11.3.2.3 螯合型钛酸酯的合成

这类钛酸酯是通过钛酸异丙酯与羧酸或酸酯的反应而制得。其反应式如下。

$$Ti(i\text{-}OC_3H_7)_4 + R^1(OH)_2 + 2R^2OH \longrightarrow R^1(O)_2Ti-(OR^2)_2$$

R^1 为 $-CH_2CH_2-$，$-CH-C-$，$-CH_2CH_2NHCH_2CH_2-$

R^2 为 $-\overset{O}{\overset{\|}{C}}-C(CH_3)=CH_2$，$-\overset{O}{\overset{\|}{C}}(CH_2)_7CH=CH(CH_2)_7CH_3$，$-\overset{O}{\overset{\|}{P}}(OC_8H_{17}\text{-}i)_2$，$-\overset{O}{\overset{\|}{P}}(OC_8H_{17}\text{-}i)-O-\overset{O}{\overset{\|}{P}}(OC_8H_{17}\text{-}i)-OH$

11.4 偶联剂的开发现状及发展趋势

随着塑料复合材料的不断发展，对硅烷偶联剂的性能提出了更高的要求，从而促使人们研制大量不同功能、适合于不同需要的新品种，最近开发的一些硅烷偶联剂在某些性能上进行了相应的改进。其中，新开发的环氧型硅烷偶联剂间隔基链变长，并且不含醚氧结合键，因此具有优良的耐热性和耐水性。异氰酸酯型（—NCO）硅烷偶联剂分子内含有反应性极强的异氰酸根，可以提高树脂的粘接性能（如KBM900、KBE900、KBM920）。螯合型硅烷偶联剂分子中含有β-酮酯结构，具有与金属配位的能力，可用于金属离子定位或定位金属催化剂。而含氟硅烷则能赋予材料表面润滑性、防水性和防污性，对含氟树脂亲和力强，适合于含氟树脂粘接底层的涂料使用。具有不同官能团和不同间隔基链长的乙烯基（C═C）硅烷偶联剂可赋予有机树脂室温固化性、粘接性、耐候性和耐溶剂性。

Hercules 公司生产的 Az-CuP 为叠氮硅烷偶联剂，用于处理云母，在填充 40%的 PP 体系中，拉伸强度和弯曲强度提高了 50%；美国 UCC 公司的二元硅烷是硅烷偶联剂中的佼佼者，用来处理的无机填料如二氧化硅、硅酸盐、陶土、氢氧化铝等，广泛应用于塑料行业中；日本开发了一种新型高分子型偶联剂（MMCA），就是在聚硅氧烷的主键上具有硅烷偶联剂基本功能的水解基团和各种有机官能团的高分子化合物。MMCA 除具备有机-无机界面的黏合助剂的功能外，还可赋予复合材料耐热性、耐磨性、耐药品性、耐冲击性以及疏水性等。因此 MMCA 可在使用硅烷偶联剂的所有领域广泛地应用。其结构式如下。

$$H_3C-\underset{CH_3}{\overset{CH_3}{Si}}-O-\left[\underset{CH_3}{\overset{CH_3}{SiO}}\right]\left[\underset{X}{\overset{CH_3}{SiO}}\right]_m\left[\underset{Y}{\overset{CH_3}{SiO}}\right]_n\left[\underset{Z}{\overset{CH_3}{SiO}}\right]_o\underset{CH_3}{\overset{CH_3}{S}}-CH_3$$

X 为烷氧甲基硅烷

Y 为具有反应性的官能基（环氧基、羧基、一元醇基等）

Z 为与有机物相容性高的单元（聚酯、烷基、芳烷基等）

其他类型偶联剂，除铝系形成一定的生产规模外，均处于研制开发阶段。相信随着市场经济的发展，对材质性能及要求的提高，将对偶联剂提出更高、更新的要求。目前，复合型具有协同作用的偶联剂和高分子接枝共聚物、嵌段共聚物作为偶联剂是未来发展的主要趋势。

参 考 文 献

1　E P 普鲁特曼. 硅烷和钛酸酯偶联剂. 上海：上海科学技术文献出版社，1987

2　郭云亮，张涞戎，李立平. 偶联剂的种类和特点及应用. 橡胶工业，2003，23（11）

3　李桂颖，梁明，李青山. 偶联剂的应用及新进展. 科技进展，1999，13（3）

4　王淑荣. 硅烷偶联剂的开发现状与发展趋势. 精细石油化工，1995，（5）

5　冯亚青，王利军等. 助剂化学及工艺学. 北京：化学工业出版社，1997

第12章 相 容 剂

相容剂是一种能使性能各异的两种高聚物共混相容的添加剂。相容剂主要用来制备高分子合金或共混改性。一般情况下，相容剂的作用：①降低两种聚合物之间的表面张力；②增加界面层的厚度；③降低分散相粒径，从而使相结构更稳定，提高共混物的力学性能。因此，如何选择相容剂是制备具有高工业价值聚合物合金的关键。如果仅有使界面张力降低的效果，相容剂则以低分子量为好。但在共混物的界面，欲控制其界面的厚度，需要充分的界面黏合性。因此，用低分子量相容剂，界面的厚度小，而且黏合力差，引起共混物的物性降低。所以，一般认为相容剂的分子量需要与其共混物相适应。通常使用高分子量的相容剂。

12.1 相容作用机理

由于大部分不同种类的高分子之间是非相容的，因此从技术上需要采取必要的手段改善其相容性，这就提出了非相容高分子材料间的相容问题。所谓相容问题实际上是从一般物理化学现象中引申来的。例如，人们从常识中知道水和油是完全不相容的，即使有时可以将水和油经强力搅拌勉强混合在一起，但只要搅拌一停止水和油就会迅速地发生分离，很快就成为稳定的两相。而在水和油的体系中加入少量的金属皂类界面活性剂并进行搅拌的话，则水和油就可以很好地分散，形成一种宏观上相容、微观上相分离的微乳液，并有非常好的稳定性。又如水和苯也是一种完全不相容的体系，如果在体系中加入一定量的甲醇并进行搅拌的话，此时因水和甲醇可以成为共溶剂，使体系形成一种水/苯的均一溶液。在此，之所以水/油或水/苯由非相容体系变成了相容体系，是由于界面活性剂降低界面张力的作用，和搅拌的剪切应力对相内凝聚力克服作用的结果。

从上述现象中可以理解，高分子体系的相容也需要同样的方法和过程，但由于高分子物质的分子量大等一系列特殊情况，对其实现相容时，一般需要三种条件，即添加相容剂、提供适当的剪切强度和温度等。由于温度、剪切强度等条件和高分子材料的种类、分子量、分子结构、混炼机械设备等因素有关，本文主要从相容剂角度加以讨论。

所谓相容剂在热力学本质上可以理解为界面活性剂，但在高分子合金体系中使用的相容剂一般具有较高的分子量，在不相容的高分子体系中添加相容剂并在一定温度下经混合或混炼后，相容剂将被局限在两种高分子之间的界面上（见图 12-1），起到降低界面张力、增加界面层厚度、降低分散粒子尺寸的作用，使体系最终形成具有宏观均匀、微观相分离特征的热力学稳定的相态结构。由于相容剂对高分子合金体系的混合性和稳定性会产生重要的影响。因此，相容剂的合理选择和使用对高分子合金化技术的实现是至关重要的。

一般可根据相容剂的合金体系中基体高分子之间的作用特征，将其分为两类，即非反应型相容剂和反应型相容剂。在不相容的高分子体系中通过添加非反应型相容剂而实现相容的方法，在高分子合金技术中是最常见的，至今为止已有诸多的研究报道和工业应用实例。非反应型相容剂一般为共聚物，可以是嵌段共聚物，也可以是接枝共聚物或无规共聚物。非反应型相容剂的界面作用模式如图 12-2 所示，如在 A、B 组成的两种高分子体系中，添加 A-B 型嵌段共聚物的话，则其可以作为非反应型相容剂扩散到两相的界面附近，此时共聚物的 A 嵌段部分进入 A 高分子相，而 B 嵌段部分进入 B 高分子相，则不仅使界面具有较高的

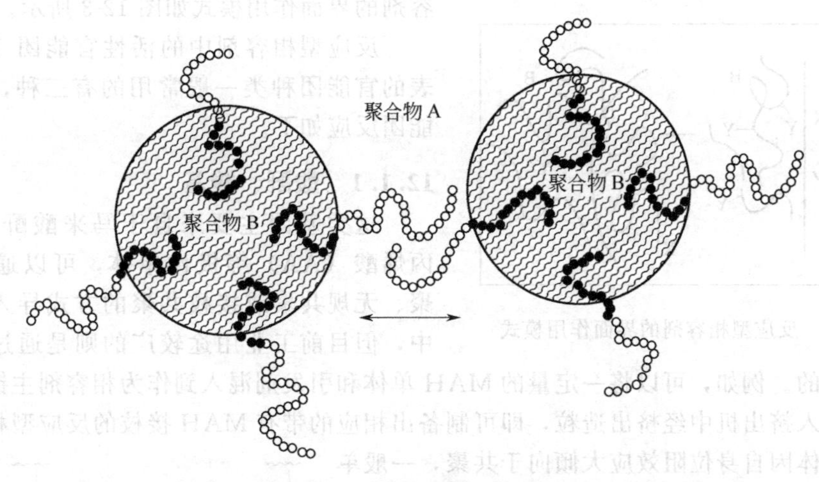

图 12-1　聚合物 A 和聚合物 B 在相容剂下的模型

结合强度，而且可使体系的相态得以稳定。且一般情况下，添加量较多的高分子将成为连续相，添加量较少的成为分散相。

而所谓反应相容剂，是指其分子上带有能和共混体系中某种高分子基体发生反应的活性官能团，并能在高分子合金制备条件下发生有效反应，而起到相容作用的物质。一般是大分子型的，其活性官能团可以在分子的末端也可以在分子的侧链上，其大分子主链可以和共混体系中的至少一种高分子基体相同，也可以不同，但在不同情况下，其大分子主链应和共混体系中的至少一种高分子基体有较好的相容性。作为和共混体系中的至少一种高分子基体相容的例子，如对 PA/PP、PA/ABS、PA/PPO 等合金体系，由于 PA 和 PP 之间的相容性极差，将两者混合混炼时会因体系产生严重的相分离，导致材料完全丧失使用价值，为此人们常把马来酸酐（MAH）等极性单体接枝到 PP 或 ABS 分子上，制成接枝型的 PP-g-MAH、ABS-g-MAH 大分子作为反应型相容剂，则在合金制备过程中，PP-g-MAH、ABS-g-MAH 可以和 PA 的端—NH_2 反应生成 PP 或 ABS 为主链，以 PA 为侧链的接枝型大分子，并对体系产生良好的相容作用。而作为和共混体系中高分子基体不同的例子，如 PA/MBS 等合金体系，则可以添加环氧树脂作为反应型相容剂，此时尽管环氧树脂和 PA 或 MBS 的分子结构完全不同，但因其环氧基和 PA 的端—NH_2有较好的反应活性，同时因其分子链上的—OH 能和 MBS 表面上的 MMA 分子中羰基产生较强的氢键作用，则该合金体系由于环氧树脂的相容作用，有着非常好的性能。

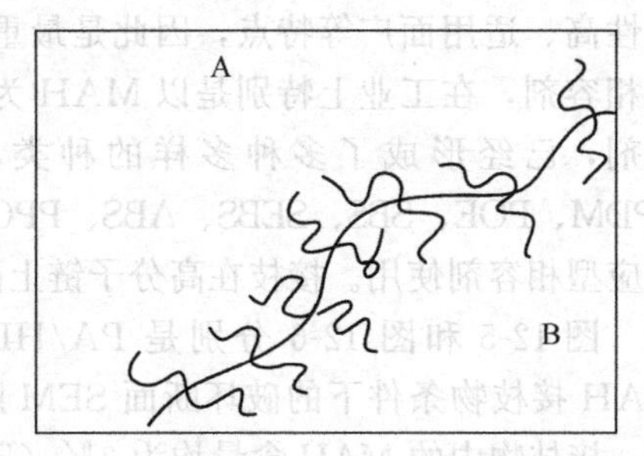

图 12-2　非反应型相容剂的界面作用模式

以由 A、B 两种高分子组成的非相容共混体系为例，当加入 A-Y 型或 B-Y 型的反应型相容剂时，则 A-Y 或 B-Y 可以和体系中的高分子发生反应，生成 A-B 型共聚物并起到相容剂的作用，这种伴随高分子反应的混炼过程属于反应挤出的一种形式。通常情况下，A-Y 型或 B-Y 型相容剂中的 Y，作为反应性官能团必须在挤出混炼条件下表现出较好的活性，常见的有环氧基、羧基、酸酐或噁唑啉等，这些反应性基团可以在分子链中间也可以在分子链链端，可以是一个也可以是多个。相应地在这种体系的 A 或 B 高分子中，其分子上也必须有一种能和 Y 反应的活性官能团 X，常见的有—NH_2、—OH 或—COOH 等。反应型相

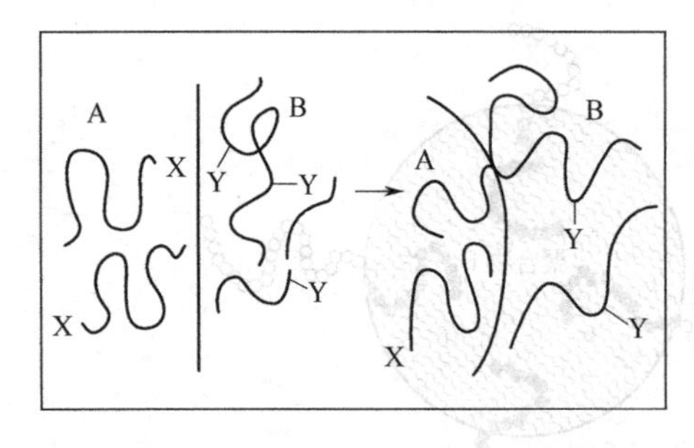

图 12-3　反应型相容剂的界面作用模式

容剂的界面作用模式如图 12-3 所示。

反应型相容剂中的活性官能团 Y，其所代表的官能团种类一般常用的有三种，典型的官能团反应如下。

12.1.1　酸酐、羧基

这类基团主要来自于马来酸酐（MAH）、丙烯酸（AA）等极性单体，可以通过嵌段共聚、无规共聚或接枝共聚的方式导入到相容剂中，但目前工业用途较广的则是通过反应挤出的方法制备的。例如，可以将一定量的 MAH 单体和引发剂混入到作为相容剂主链的聚合物中，然后加入挤出机中经挤出造粒，即可制备出相应的带有 MAH 接枝的反应型相容剂。其中 MAH 单体因自身位阻效应大倾向于共聚，一般单独使用时易发生短支链的，而 AA 则易生成较长支链的相容剂。由于这类相容剂制备方法简单，可以和—OH、$—NH_2$ 等多种官能团发应，具有官能团反应活性高、适用面广等特点，因此是最重要的一类反应型相容剂，在工业上特别是以 MAH 为单体制备的相容剂，已经形成了多种多样的种类，如 PE、PP、EPDM、POE、SBS、SEBS、ABS、PPO 等均可采用 MAH 制备成相应的接枝共聚物，并作为反应型相容剂使用。接枝在高分子链上酸酐和带有氨基的高分子之间的反应如图 12-4 所示。

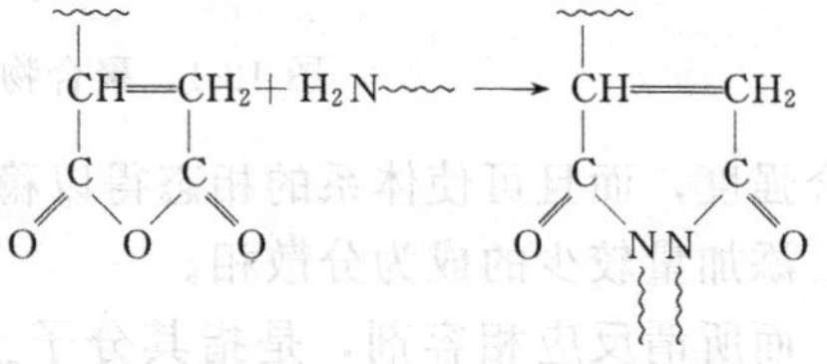

图 12-4　接枝在高分子链上酸酐和带有氨基的高分子之间的反应

图 12-5 和图 12-6 分别是 PA/HDPE、PA/LDPE 和 PA/PP 合金体系在添加相应的 MAH 接枝物条件下的破坏断面 SEM 照片，在图 12-5 中 PA 和其他聚烯烃的添加量为 80：20，接枝物中的 MAH 含量均为 3%（质量），而在图 12-6 中 PA 和其他聚烯烃的添加量为 20：80，接枝物中的 MAH 含量也为 3%（质量）。可以看到，在不含 MAH 接枝物的条件下，各体

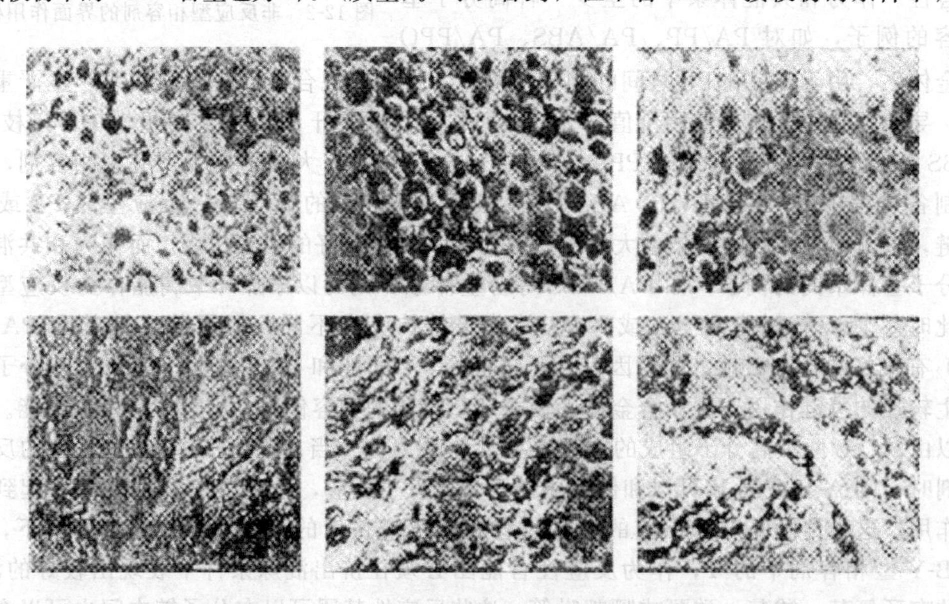

图 12-5　PA/HDPE、PA/LDPE 和 PA/PP 合金破坏断面的 SEM 照片（一）
上图：MAH＝0（质量）；下图：MAH＝0.3%（质量）
PA：其他聚烯烃＝80：20

系的破坏断面上分散相（图 12-5 中为聚烯烃，图 12-6 中为 PA）呈 10μm 大小球状分布，但其表面光滑，断面上有很多因分散相球状物脱落而产生的圆形凹坑，说明在没有相容剂作用时两相高分子之间的界面作用强度极差，这样的材料自然没有使用价值；而在加入 MAH 接枝物的情况下，由于其和 PA 分子的末端氨基反应，并对体系产生良好的相容，则分散相粒径已变得十分微细，以至于在同样的放大倍率下观察不到，说明 MAH 接枝物作为反应型相容剂的作用是极其显著的。

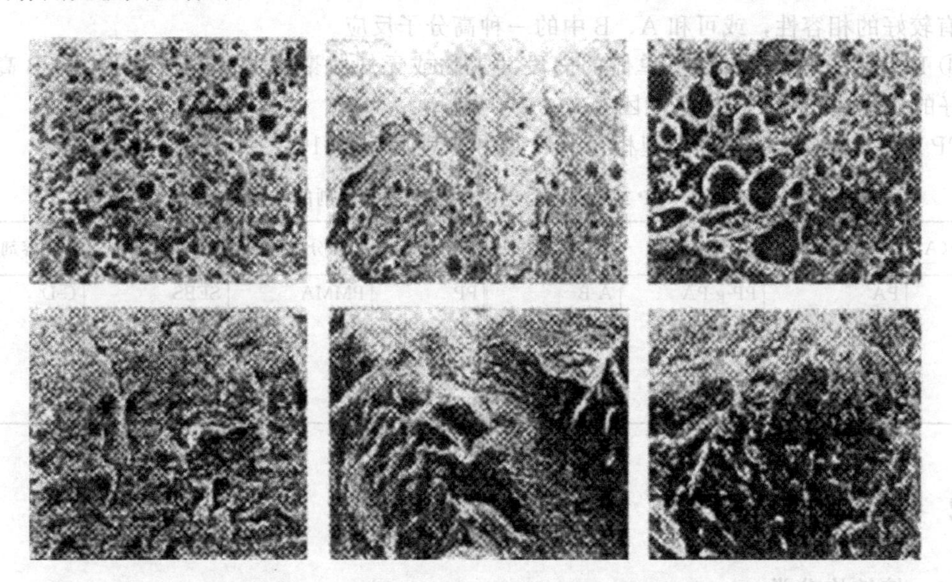

图 12-6 PA/HDPE、PA/LDPE 和 PA/PP 合金破坏断面的 SEM 照片（二）

上图：MAH=0（质量）；下图：MAH=0.3%（质量）

PA：其他聚烯烃=20：80

12.1.2 环氧基

环氧基一般可由丙烯酸缩水甘油酯（GMA）作为单体，通过共聚或反应挤出导入到相容剂分子主链中或侧链中。环氧基和—COOH、—OH、—NH_2 等基团均具有较高的反应活性，其在 PBT 或 PET 等聚酯合金制备中的应用尤为重要。这是因为聚酯分子的末端可以有两种官能团，即—OH 或—COOH，使用环氧基时可以和两者发生反应，比只能和—OH 反应的酸酐有更高的作用效率。接枝在高分子链上的环氧基和带有羧基的聚合物之间的反应如图 12-7 所示。

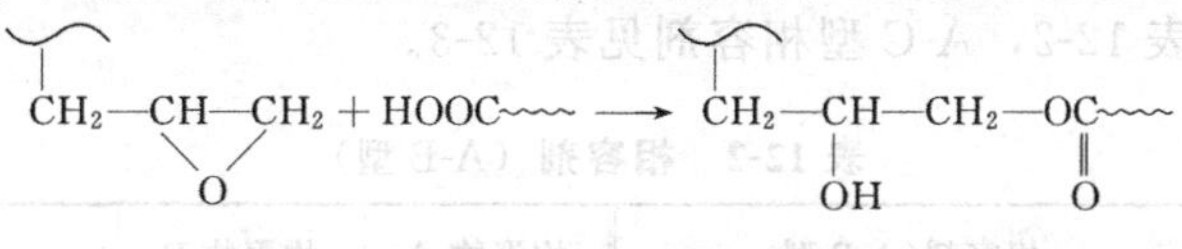

$$CH_2-\underset{\diagdown O \diagup}{CH-CH_2} + HOOC\sim\sim \longrightarrow CH_2-\underset{OH}{\underset{|}{CH}}-CH_2-O\underset{O}{\underset{\|}{C}}\sim\sim$$

图 12-7 接枝在高分子链上的环氧基和带有羧基的聚合物之间的反应

12.1.3 噁唑啉基

含有噁唑啉基的相容剂对环氧基、酸酐基、—COOH、—NH_2 等有较好的反应活性，且其作用效率好于环氧基，但这类相容剂一般价格较高，工业上应用较少。接枝在高分子链上的噁唑啉基和带有羧基的聚合物之间的反应如图 12-8 所示。

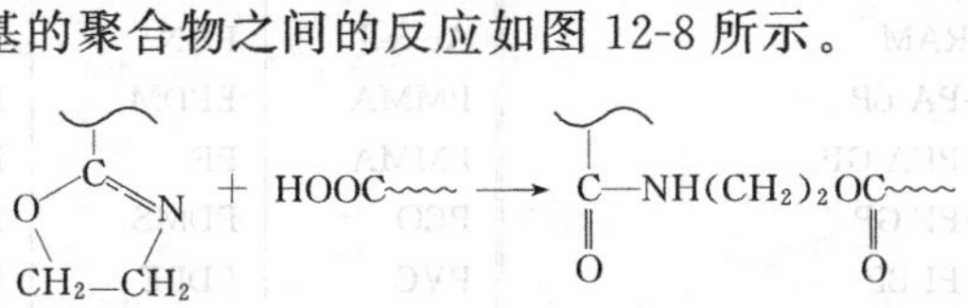

$$\text{(噁唑啉环: } C{=}N,\ O,\ CH_2-CH_2) + HOOC\sim\sim \longrightarrow \underset{O}{\underset{\|}{C}}-NH(CH_2)_2O\underset{O}{\underset{\|}{C}}\sim\sim$$

图 12-8 接枝在高分子链上的噁唑啉基和带有羧基的聚合物之间的反应

此外，从相容剂的分子构造上，相对于由A、B两种高分子组成的共混体系而言，也可将其分为以下几种类型。

① A-B型 其共聚物的A、B部分分别和A、B两种高分子的分子结构相同。

② A-C型 其共聚物的C部分和A、B两种高分子的分子结构不同，但和B种高分子有较好的相容性，或可和B种高分子反应。

③ C-D型 其共聚物的C、D部分和A、B两种高分子的分子结构相同，但分别和A和B有较好的相容性，或可和A、B中的一种高分子反应。

④ E型 一般为两种以上单体的嵌段共聚物或无规共聚物，但分别能和A、B高分子有较好的相容性或有反应性官能团。

PP或PS等合金中各种类型相容剂的使用实例见表12-1。

表12-1 PP或PS等合金中各种类型相容剂的使用实例

高分子(A)	高分子(B)	相容剂	相容剂类型	高分子(A)	高分子(B)	相容剂	相容剂类型
PP	PA	PP-g-PA	A-B	PP	PMMA	SEBS	C-D
PS	PMMA	PS-g-PA	A-B	PPO	PA	PS-g-MAH	C-D
PP	PA	PP-g-MAH	A-C	PP	PA	EPDM-g-MAH	E
PS	PA	PS-g-MAH	A-C	PP	PE	EPDM	E

12.2 相容剂的分类

12.2.1 按结构分类

针对需增容的A/B聚合物，目前聚合物相容剂可分为四种类型：①A-B型嵌段或接枝共聚物；②A-C型嵌段或接枝共聚物；③C-D型嵌段或接枝共聚物；④E型无规共聚物。

A-B型接枝或嵌段共聚物的链节与均聚物A或B具有相同的结构；A-C型接枝或嵌段共聚物中的A链节与均聚物A具有完全一致的结构，C链节在化学结构上与均聚物B不一致，但要求C与B相容；C-D型接枝或嵌段共聚物的C与E链节之间相互排斥，C与A相容而与B不相容，相反D与B相容而与A不相容，这样C-D型接枝或嵌段共聚物会在均聚物A与B的界面间定向，降低界面张力，提高两相间的黏合力。

A-B型相容剂见表12-2，A-C型相容剂见表12-3。

表12-2 相容剂（A-B型）

均聚物A	均聚物B	相容剂(A-B型)	均聚物A	均聚物B	相容剂(A-B型)
PS	PMMA	PS-PMMA GP	PE	PA	PEO-PA GP
PS	IDPE	PS-PE GP	PE	PDMS	PDMS-PMMA GP，BP
PS	PB	PS-PE GP	PP	PA	PPOPA GP
PS	PE	PS-PE GP	PP	EPDM	PP-EPDM GP
PS	PIP	SI RAM	Ac-cell	PAN	Ac-cell-PAN GP
PS	PA	PS-PA BP	PMMA	EPDM	PMMA-EPDM GP
PS	PEA	PS-PEA GP	PMMA	PF	PMMA-PF GP
PS	PE	PS-PF GP	PEO	PDMS	PEO-PDMS BP
PS	PI	PS-PI BP	PVC	LDPE	CPE RAM
PE	PP	EPR RAM			

表 12-3 相容剂（A-C 型）

均聚物 A	均聚物 B	相容剂(A-C 型)
PS-MAA	PC	PS-PBA BP
PP	PA	马来酸酐化 PP GP
PP	PET	羧酸化 PP GP
PP	NBR	马来酸酐化 PP GP 或末端氨基 NBR RAM
PS	PP	SBS
PE	PA	羧酸化 PP GP 或 p(E-MAA)RAM
PE	PA	Ionomer 或羧酸化 PE GP
PE	PET	羧酸化 PE GP
PE	PVDF	氢化 PB-PMMA GP
PVC	LDPE	CPE RAM
PVC	PS	CPE RAM
PVC	BR	氯化 PE RAM
PVC	PP	CPE RAM
LDPE	PVC	EPDM RAM
PS	PE	SB GP、SIS、S-I-HBD、SBS 或 CPE
PS	PA	p(St-MAA) RAM
PS	PA	MAH-St GP
EPR	PA	马来酸酐化 EPR RAM
PS	LDPE	SBS
PS	PVC	PS-PCL BP
PS	PE	PS-EP GP

12.2.2 按反应性和非反应性分类

按反应性和非反应性分类可将相容剂分为反应性相容剂和非反应性相容剂。非反应性相容剂主要以嵌段或接枝共聚物为代表。反应性相容剂主要是含活性端基的共聚物。从结构上讲，A-C 型嵌段或接枝共聚物和 E 型无规共聚物占多数。反应性相容剂末端反应基多数为酸酐、环氧基、羧基，需增容的聚合物末端反应基则为氨基、羟基和羧基。这些官能团在熔融过程中进行反应，界面生成 A-B 型相容剂，反应性相容剂只需添加少量就能起到很明显的效果。同时副反应的发生也会对加工性和物性有不利影响。

反应性相容剂见表 12-4，非反应性相容剂见表 12-5。

反应性相容剂与非反应性相容剂的优缺点见表 12-6。

表 12-4 反应性相容剂

树脂 A	树脂 B	相 容 剂	树脂 A	树脂 B	相 容 剂
PA	PE	羧酸化 PE 或 p(E-MAA)	PA	ABS	p(St-AA)或 p(St-AA-MAH)
PA	PE	Ionomer 或羧酸化 PE	PA	ABS	p(St-AA-MAH)
PA	PP	马来酸酐化 PP	PA	ABS	p(MAH-丙烯酸酯)
PA	PP	Ionomer	PET	PC	羧酸化 PP 或羧酸化 PE
PA	PP	马来酸酐化 EPR RAM	PC	PP 或 PE	p(St-MMA-MAH)
PA	PS	p(St-MAA)	PPO	ABS	
PA	PS	MAH-St GP	PP	PEDM	马来酸酐化 PP/末端氨基 NBR
PA	PPO	p(St-MAH)或 p(St-MI)	PP	NBR	马来酸酐化 SBS 或 MAH

表 12-5 非反应性相容剂

树脂 A	树脂 B	相容剂	树脂 A	树脂 B	相容剂
LDPE	PP	EPDM	PS	PEA	PS-PEA GP
PE	PP	EPR,EPDM	PVC	LDPE	EPDM
PE	PP	EPP	PVC	LDPE	CPE
PP	EPDM	EPDM-PP GP	PVC	BR	氯化 PE
PS	LDPE	PS-LDPE GP	PVC	BR	EVA
PS	PE	PS-PE GP	PCC	PS,PE,PP	PCL-PS BP,CPE
PS	LDPE	SBS	EPDM	PMMA	EPDM-g-PMMA
PS	HDPE	SEBS	AS	SBR	BR-PMMA BP
PS	PE	氨基 SB	PPO	PVDF	PS-PMMA BP
PS	PE	SB,S-EP,SIS,S-I-HBD, SEBS,SBS,PS-PE GP	PET PET	HDPE PE	SEBS 氨基 SIS,SEBS
PS	PE	CPE	PS	PA,EPDM, PPE	PS-PA BP,SEBS
PS	PE	SEBS			
PS	PP	SBS	PF	PMMA	PE-g-PMMA
PS	PP	SEBS	PF	PS	PF-g-PS
PS	PMMA	PS-PMMA BP,GP	PS	PI	PS-PI BP
PS	PMMA	PS-PMMA BP	PDMS	PEO	PDMS-PEO BP
PS	PMMA	PS-PMMA BP	PP	PA	PP-PA GP
PS	PVC	氯化 SB	PC	p(St-MMA)	PS-PBA BP
PS	PVC	CPE	聚酯	工程塑料	SEBS

表 12-6 反应性相容剂与非反应相容剂的优缺点

优缺点	反应性相容剂	非反应性相容剂
优点	效果明显,特别是对较难相容的体系效果更明显	容易混炼,副反应较少
缺点	副反应会影响加工性能,降低物性,价格较高	用量大

12.3 相容剂的合成

相容剂大多为接枝共聚物和嵌段共聚物，其合成方法有大分子单体法和过氧化物单体法和就地形成法。

12.3.1 大分子单体法

大分子单体是目前合成帘状或梳形接枝共聚物的有效方法。如果共聚物的单体含有反应性基团，则可得到反应性相容剂，如日本生产的相容剂 RESDA 等。

大分子单体可通过自由基引发聚合、阴离子聚合、阴离子催化引发以及基团转移聚合等方法制备。由于大分子单体的分子量较大，聚合官能团的浓度低，单独聚合时不仅难于定量，而且位阻较大，如果选择适宜的溶剂，大分子单体可与低分子单体进行接枝共聚。其他方法还有分散聚合、加成聚合以及缩合聚合等方法。

12.3.2 过氧化物单体法

过氧化物单体法是以含有过氧化侧基或端基的聚合物为主链，并通过过氧化物产生的自由基引发单体进行接枝聚合的方法。它不需要特殊设备，操作简单，便于工业化，而且可获得较高的接枝率。

日本油脂公司采用过氧化物与乙烯基单体合成了可作为相容剂的嵌段、接枝共聚物。

12.3.3　就地形成法

将一种单体在另一种聚合物存在下进行聚合，可就地形成共聚物。例如，通过嵌段共聚方法制备乙丙橡胶和聚丙烯的合金。先使丙烯单体聚合，转化率达 95%以上加入乙烯单体后，可形成乙烯-丙烯无规共聚物，它既可独立存在，也可嵌段在 PP 分子链上，二者均阻碍 PP 结晶，增容效果好。

就地形成的相容剂与单独加入相容剂有相同的增容效果，但单独加入法比较理想，因为就地增容的反应比较难以控制。

就地增容的典例代表是 HIPS 和 ABS。以 ABS 为例，当丙烯腈单体 PB 胶乳一起聚合时，除生成 AS 共聚物外，还生成 AS 同 PB 的接枝共聚物（ABS）。它包围在胶乳的四周，胶乳中还有 AS 共聚物，相界有较强的相互作用，ABS 具有良好的冲击韧性。

12.4　增容效果的表征

PAB 相容性的表征技术较多，可根据实际情况选择采用，有物性测定方法（如松弛现象、热分析和本体物性等）、形态学方法（如显微镜观察、散射现象和波谱学方法等）以及热力学方法（溶液特性等）等。

12.4.1　玻璃化温度（T_g）测定的方法

① DSC 法　此方法主要用于测量试样的热焓随温度的变化，在玻璃化转变区的比热容变化明显，测定的精度高。

单一聚合物仅有一个 T_g，不相容的 PAB 则有两个分别对应于原样聚合物的 T_g，加入相容剂后，PAB 的相容性得到改善，两个 T_g 的峰位则相互靠拢，由 T_g 峰位的移动情况可判断增容效果。

② 动态力学试验法　通过扭摆、振簧、张力循环等动力学试验可在一定温度范围内、小振幅下测量模量和介质内损耗角正切。两种聚合物的相容性好，可使二级损耗峰和一级损耗峰向一起移动；当完全相容时，它们的损耗峰就合并在一起。

12.4.2　显微镜观察

各种显微镜的种类和特征见表 12-7。光学显微镜要保证试样透明、薄、便于透光，它适用于 PAB 微观相分离状态的观察。其中，POM 主要适用于结晶相、非晶相的形态观察，PCM 适用于折射率不同的结晶型、非晶型 PAB。

表 12-7　各种显微镜的种类和特征

显微镜	分　类	对 比 特 征	适 用 对 象	测 定 范 围
光学显微镜	普通显微镜(OM) 偏光显微镜(POM) 相差显微镜(PCM)	透过率低 折射率呈异相型 相位差	含结晶相 折射率不同的非晶 PAB	数微米以上
电子显微镜	扫描型(SEM) 透射型(TEM) 扫描透射型(STEM)	表面或断面凹凸情况 静电电势 用重金属电子射线染色	含结晶相 微观相分离	数纳米至数微米

电子显微镜所用试样的制作较困难，但可得光学显微镜观察不到的微观结构。SEM 是

一种比较简便的阴影刻蚀法，用于试样表面或断面形态的观察，适合含结晶相体系。电镜照片具有明显的空间效应，便于观察和分析。使用TEM时，为了便于同电子射线对比，常需要锇酸、胺、磷钨酸等染色。不经染色的PAB，观察效果不佳。STEM的特点与TEM相同，缺点是电子射线阻碍了观察视野，可通过画像处理技术解析PAB的组成分布和各相的元素分析。

12.5 工业上常用相容剂品种及性能

12.5.1 反应性相容剂

① 酸酐类及含有羧基的反应性相容剂　工业上最常用的反应性共聚物相容剂是以马来酸酐（MAH）改性为中心的。原因有二：其一，—COOH作为相容剂的反应基团，反应活性高；其二，带有MAH的反应性共聚物相容剂制备容易。

三菱瓦斯化学公司已工业化的PA/PC、PBT/PC合金就是采用MAH改性的SEBS为相容剂，与未改性的SEBS相比，PA/PC、PBT/PC相容性大幅度提高，PC粒径减小，冲击强度和断裂伸长率大大提高。

相容剂的实例见表12-8。聚烯烃的相容实例见表12-9。

表12-8　相容剂的实例

类别	名　称	结　构　式
非反应性相容剂	苯胺-乙烯-丁二烯本体聚合物	$-[CH_2-CH(C_6H_5)]_n-(CH_2-CH_2)_m-[CH_2-CH(CH-CH_2)]_t-$
	PE-PMMA本体共聚物	$-(CH_2-CH_2)_n-[CH_2-C(CH_3)(CH_2CH_3)]_m-$
	PE-PS接枝共聚物	$-(CH_2-CH_2)_n-(CH_2-CH(X)_t)_m-$ X为 $-CH_2-CH(C_6H_5)-$ 或 $-CH_2-C(CH_3)(COOCH_3)-$
反应性相容剂	无水马来酸酐-PP共聚物	$-[CH_2-CH(CH_3)]_n-[CH_2-C(CH_3)(X)_t]_m-$ X为 $-C-C-$（$O=C-O-C=O$ 成环，马来酸酐环）

续表

类别	名　称	结　构　式
反应性相容剂	St-无水马来酸共聚物	$\mathrm{-\!\!(CH_2-CH)_n-[CH-CH]_m}$（CH 上连苯环；$\mathrm{O=C-O-C=O}$ 成环，即马来酸酐环）
	乙烯-丙烯酸环丙甲酯共聚物	$\mathrm{-\!\!(CH_2-CH_2)_n-[CH_2-C(CH_3)(CO_2CH_2OCH-CH_2)]_m}$（$\mathrm{CH-CH_2}$ 经 O 成环氧）
	乙烯-丙烯酸环氧乙醚甲酯接枝共聚物	$\mathrm{-\!\!(CH_2-CH_2)_n-[CH_2-C(CH_3)(CO_2CH_2OCH-CH_2)]_m}$，主链 $\mathrm{CH_2}$ 上接 $\mathrm{(X)_t}$（$\mathrm{CH-CH_2}$ 经 O 成环氧） X 为 $\mathrm{-CH_2-CH-}$（CH 上连苯环）或 $\mathrm{-CH_2-C(CH_3)(COOCH_3)-}$

表 12-9　聚烯烃的相容实例

聚　烯　烃	相容聚合物	相　容　剂	相容结构
LLDPE	ABS	—	A
PE	聚酯	马来酸酐接枝 PE	A
PE	PET	羧酸改性 PE	A
PE	PET	SEBS	C
PE	PVC	CPE	C
PE	PVC	多官能单体和过氧化物	A
PE	PS	PS 接枝 PE,PS-PE 本体共聚物	B
PE	PA	—	A
PE	PA	羧酸,酸酐接枝 PE	A
PE	PA	—	A
PP	PET	酸酐	A
PP	PVC	共聚物	A
PP	PS	—	C
PP	PMMA	—	C
PP	PA	CPE	A
无水马来酸	PA	—	A
PP	PA	—	A
PP	PA	—	A
PP	PPO	—	A
聚烯烃	PVC	—	C
聚烯烃	苯乙烯系	—	A
聚烯烃	苯乙烯系	—	C
聚烯烃	PA	—	A
聚烯烃	PC	—	A

茂金属聚烯烃弹性体POE与MAH接枝共聚物的相容剂（POE-g-MAH）与EPDM-g-MAH相比，使PA体系和PBT体系的冲击强度显著提高，如图12-9所示。

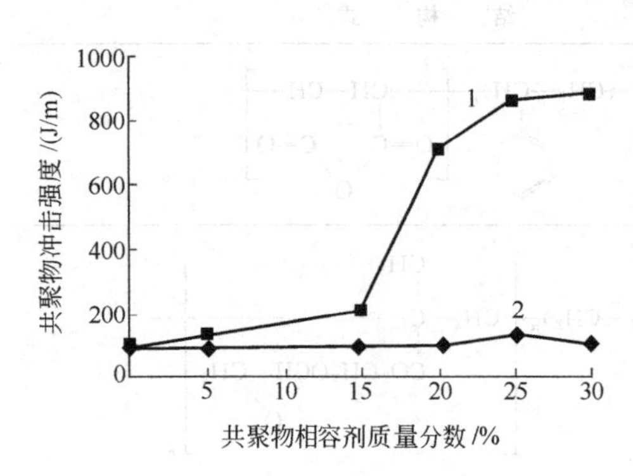

图12-9 POE-g-MAH反应性相容剂用量对PBT体系冲击强度的影响
1—POE-g-MAH作相容剂；
2—EPDM-g-MAH作相容剂

LCP（液晶聚合物）作增强剂的复合材料与GF作增强剂的复合材料相比，熔融黏度低，制品表面特性好，但LCP与所增强的聚合物相容性差，大多数采用反应性相容剂来增容。如在PP/LCP共混体系，采用PP-g-MAH作相容剂，提高共混物的拉伸强度及弹性模量。

PA/ABS合金是组合结晶聚合物与非结晶聚合物具有代表性的优秀工程塑料，近来已用于手机外壳，它所采用的相容剂是PMMA与甲胺反应得到的产物（含有一部分—COOH基团），它与PA进行反应生成的接枝共聚物与ABS中的SAN相容性很好，如图12-10所示为该相容剂对PA/ABS（55∶45）合金冲击强度的影响。由图12-10可以看出，该反应性相容剂大大提高了PA/ABS体系的冲击强度。

含有弹性体的合金材料的开发也非常热门，如NR（天然橡胶）与HDPE的合金，它密度小，容易成型，耐汽油，是一种优良的材料，它采用PE-g-MAH反应性相容剂。

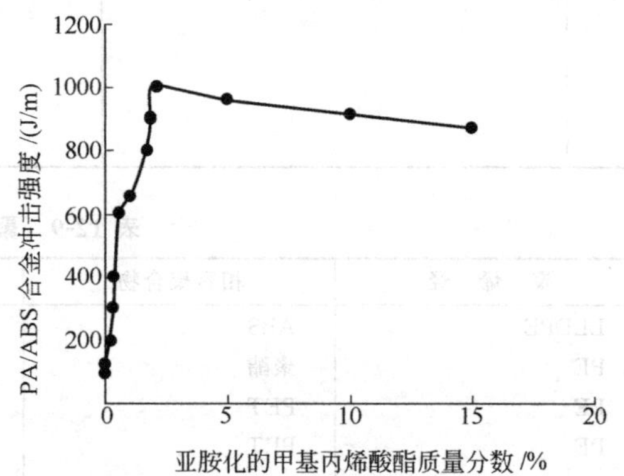

图12-10 亚胺化的甲基丙烯酸酯加入量对PA/ABS合金冲击强度的影响

HDPE的合金应力性能差，目前正在研究其合金系列Bater产品，所采用反应性相容剂是含有—COOH和乙烯基的离子型聚合物，能降低合金体系的界面张力，减小分散相粒径，提高合金应力性能。

② 含有环氧基的反应性相容剂　含有环氧基的反应性相容剂反应活性高，往往与MAH同时使用。工业上已采用含有环氧基的无规共聚物作为反应性相容剂，而含有环氧基的嵌段共聚物反应性相容剂只见于研究报道，与这类相容剂反应的聚合物有PET、PBT、LCP等。

PPO/PBT（PET）合金是一种具有工业价值的高性能材料，所采用的新型反应性相容剂有环氧基改性的PS、GMA与PPO的接枝共聚物、St-GMA嵌段共聚物。如St-GMA共聚物的加入，可使PPO/PBT体系的拉伸强度及冲击强度得到显著提高。这是因为相容剂中的环氧基与聚酯末端的—COOH反应生成的接枝共聚物与PPO的相容性很好。

PP/PBT体系也采用E-MA-GMA共聚物作为相容剂，PP与含有环氧基的聚烯烃相容剂能较好地相容，E-MA-GMA与PP-g-GMA相比，增容效果更好。

对于LCP增强的共混体系，含有环氧基的相容剂也显示了充分的作用。如PP/LCP体系采用E-MA-GMA共聚物、E-GMA共聚物作相容剂。这是由于PPO、LCP的末端羟基与环氧基反应生成接枝共聚物，从而起到增容作用。

③ 含有噁唑啉官能团的反应性相容剂及其他噁唑啉官能团能与聚合物分子上的羟基、羧基及氨基反应，生成无规共聚物或接枝共聚物，从而达到增容的目的。在PC/PS体系中，

采用噁唑啉官能化的 PS 作为反应性相容剂，效果明显。目前该类相容剂正日益受到重视。

④ 典型的反应性相容剂

a. 含有羧基的反应性相容剂；

b. 含有酸酐的反应性相容剂；

c. 含有环氧基的反应性相容剂；

d. 含有噁唑啉基的反应性相容剂；

e. 亚胺类反应性相容剂；

f. 异氰酸酯类反应性相容剂。

设备是反应性挤出共混的重要因素，最近采用同向啮合的双螺杆挤出机成为发展主流。

12.5.2　非反应性相容剂

与反应性相容剂不同，非反应性相容剂不要求聚合物各组分之间带有反应性官能团，所以可适用于较多的聚合物体系，这是非反应性相容剂的重要特征，其开发研究以嵌段共聚物、接枝共聚物为主。

在 PS/PIP（聚苯乙烯/聚异戊二烯）共混体系中，采用 St/PIP 嵌段共聚物作相容剂，其加入量为 0.5%时，就可使 St/PIP 体系表面张力急剧降低，与此相对应的是分散相粒径也急剧减小。

对于 PS/PVC 体系，采用 PMMA 与 SB 的接枝共聚物作相容剂，由于 PMMA 与 PVC 相容，SB 与 PS 相容，从而可得到细微的组织结构。在质量比为 1∶1 的 PS/PVC 体系中，添加相容剂的共混体系与未添加相容剂的共混体系相比，冲击强度提高约 10 倍。

在 PPO/PMMA 共混体系中添加 PS-g-EO（EO 为环氧乙烯）后，分散相 PPO 粒径急剧减小。由 NMR 分析可知，接枝聚合物中的 PEO 链段与 PMMA 部分相容。PS-g-EO 也可用作 PS/PBA（聚苯乙烯/聚丙烯酸丁酯）体系的相容剂，但与 BA-AA（丙烯酸丁酯-丙烯酸）共聚物作相容剂对比，后者效果明显好于前者。

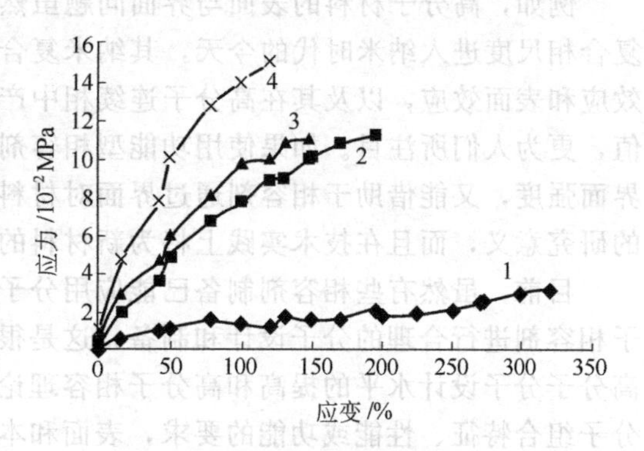

图 12-11　NR-g-PMMA 对 1∶1 的 NR/PMMA 体系应力与应变的影响

1—无相容剂；2—相容剂质量分数为 5%；3—相容剂质量分数为 10%；4—相容剂质量分数为 15%

在 PC/ABS 体系中，采用 PC-g-AS 作为相容剂能大幅度提高共混体系的冲击强度和耐热性能。

对于天然橡胶/PMMA 体系及 NA/PS 体系，由于 NR 较容易进行接枝反应，所以对这类相容剂报道较多。如图 12-11 所示为 NR-g-PMMA 对 1∶1 的 NR/PMMA 体系应力与应变的影响，NR-g-PMMA 相容剂加入量对 NR/PMMA 体系力学性能的影响见表 12-10。由此可以看出，NR-g-PMMA 的加入大幅度地提高了共混体系的力学性能。

表 12-10　NR-g-PMMA 相容剂加入量对 NR/PMMA 体系力学性能的影响

NR-g-PMMA 质量分数 /%	拉伸强度 /MPa	断裂伸长率 /%	NR-g-PMMA 质量分数 /%	拉伸强度 /MPa	断裂伸长率 /%
0	3.14	402	7.5	11.75	121
2.5	4.64	120	10.0	13.27	120
5.0	9.61	119	12.5	13.84	119

在质量比为1∶1的NR/PS的共混体系中随着相容剂NR-g-PS用量的增加，拉伸强度显著提高。利用反应得到的嵌段共聚物，可期望得到理想的相容剂，如PC和PET在熔融混炼过程中进行酯交换反应，所制得的PC-g-PET嵌段共聚物可作为PC/PET体系的相容剂，使透明性大大提高。

12.6 相容剂的发展与展望

在20世纪最后的50年里，伴随着高分子相容技术的发展，相容剂作为高分子合金材料改性的特殊“添加剂”，其重要价值被人们所普遍公认，制备方法不断完善，系列产品日益增多。尽管如此，人们有足够的理由相信，在21世纪相容剂仍然有着巨大的发展空间。

至今为止，高分子相容剂是以界面活性剂的概念为基础发展起来的，主要针对的目的是通过对两种或两种以上具有不同性质的高分子共混体系的微观相态结构起到调整和控制作用，以提高其材料的性能，从机能特征角度可以将其概括为结构型相容剂。目前，这类相容剂在应用中还存在着制备成本高、作用效率低、兼容性差等问题，而且对某些特殊高分子材料体系，至今还没有发现作用效果好的相容剂。

因此，今后相容剂的发展必然要以全面迎合和促进高分子材料日新月异的进步为目标，从结构型相容剂向功能型相容剂、兼容型相容剂、高效型相容剂和特种相容剂等方向发生转变。从广义上讲，高分子材料制备技术所能涉及的复合（分散）相尺度已从微米时代进入到纳米时代，而且高分子分子设计、材料性能与结构设计、工艺设计等方面的理论与实践的进步，将使相容剂在发展方向上的转变成为历史的必然。

例如，高分子材料的表面与界面问题虽然历来被人们所关心和重视，但在高分子材料的复合相尺度进入纳米时代的今天，其纳米复合相粒子所具有的量子尺寸效应、宏观量子隧道效应和表面效应，以及其在高分子连续相中产生的巨大的界面面积在材料科学上的意义和价值，更为人们所注目。如果使用功能型相容剂，既能使基体高分子和复合相相容而有较好的界面强度，又能借助于相容剂通过界面对材料进行功能性的赋予，则不仅在理论上具有极大的研究意义，而且在技术实践上将为新材料的开发提供广阔的前景。

目前，虽然有些相容剂制备已能应用分子设计的理念，但人们还不能完全地实现对高分子相容剂进行合理的分子设计和制备，这是很多相容剂作用效率较低的根本原因。随着人们高分子分子设计水平的提高和高分子相容理论的深入发展，能做到针对高分子合金体系的高分子组合特征、性能或功能的要求，表面和本体特性的要求，复合相尺寸、分布及形态的要求等，实现对相容剂分子结构与形态、嵌段、接枝段分子量或分子结构与形态、极性官能团在分子链上的位置或密度等条件设计的话，则基于分子设计的高效型相容剂的出现将从根本上导致高分子材料设计思想的革命，从而驱使人们用具有同样高分子组合特征的体系，制备出诸如梯度材料、相逆转或部分逆转材料、层状合金材料、类IPN材料等层出不穷的新型结构材料或结构性功能材料。

对聚甲醛（POM）树脂而言，由于其特殊的分子结构和物理化学性质，导致和其他高分子之间的相容性差、耐热性差，且因其分子链简单没有反应性官能团，加之易在酸碱性基团作用下或在自由基作用下分解并产生连续的脱甲基反应，也不可能使其像PP、PE等非极性高分子那样通过接枝等方法导入可反应性基团等原因，至今对POM还未发现有效的相容剂。目前，唯一工业化的POM/TPU合金体系，是靠其和TPU分子之间产生的微弱氢键作用而经共混实现的。对这样的高分子体系，只能依赖于创新性的相容理论或创新性的相容剂制备技术，通过特种相容剂的发现，才能使其像其他高分子材料那样实现高性能化、功能化和多样化。

然而，对高分子相容剂最具有现实意义的应是人们对兼容型相容剂发展的渴求。由于高分子材料废弃物的年年增加，其回收再利用问题将变得日益严峻，而兼容型相容剂将对该技术的实现产生至关重要的影响。因此，兼容型相容剂的意义之一，就是对多种高分子材料的相容性进行兼容，使多种高分子材料不经分类或经简单分类就可通过熔融共混而产生再利用的价值；而兼容型相容剂的另一个意义是对多种高分子材料和无机物（在废材料表面上的灰尘或在废材料中添加的无机填充剂）的相容性进行兼容，使多种高分子材料不经分类、不经清洗或经简单清洗就可通过融熔共混而产生再利用的价值。目前，这两种类型的兼容型相容剂已经有一定的生产量，但其兼容性的广度还需大大改进。

20世纪是高分子材料问世和取得极大发展的世纪，由于高分子材料的发展如此迅猛，在短短的几十年中就和跨越了数千年历史的陶瓷材料、钢铁材料并驾齐驱，占据了以钢铁、陶瓷和高分子材料构筑的三大支柱材料之一的牢固地位，高分子材料的发展不仅通过衣食住行改变了人类的社会文明，也在不断地作为生理器官改变着人们的身体本身。但当人们面对21世纪时，或许能透过相容剂的发展过程，在感受高分子材料技术进步的同时，更加理解和完善高分子材料研究的正确和科学理念。

参考文献

1　秋山三郎. プラスチックの相溶化剤と開發技術，ツーエユムツー
2　西敏夫. 表面，1991，1：46
3　Taylor G I J. Appl. Polym. Sci.，1972，16：461
4　S Wu. Polym. Eng. Sci.，1987，27：335
5　D Broseta，G H Fredrickson，E Helfand. Mecromol，1990，23：132
6　N Higashita，T Inoue. Mecromol，1992，25：5259
7　M L Fernandes. Polymer，1988，29：1923
8　井上隆. 高分子，1996，7：447
9　堀内徹，山根秀树，高岛雅典. 成型加工，1997，6：425
10　大柳康. 实践ポリマーァロィ. ァグネ乘风社出版，1993
11　千叶一正. プラヌチックスェージ，1993，11：158
12　掘内. 表面，1998，3：17
13　S Y Hobbs，M E J Dekker，V H Watkins. Polymer，1988，29：1598
14　H. F. Guo，V. Gvozdic，D. J. Meier. Polymer，1997，4：785
15　公開特許公報　平1-138214
16　公開特許公報　平1-252660
17　公開特許公報　平2-166153
18　公開特許公報　平2-166154
19　津田顺. 机能材料，1989，9：12
20　大前忠行，间下健太郎. 住友化学，1989，1：29

第13章　发　泡　剂

所谓发泡就是一非连续的相，即空气或其他气体分散在一连续相中（如液体与固体）的现象。

由于气体具有良好的隔热、绝缘性能，而且气体易被压缩，富于弹性，所以不难理解，固体泡沫材料具有其他材料所不具备的特性。因此固体泡沫材料工业在20世纪初得到了迅猛的发展。目前，随处可见泡沫塑料、泡沫橡胶、泡沫树脂等，由于它们质轻，隔热，隔音，节省材料资源，并且具有良好的电性能及机械阻尼特性等，所以其用途极为广泛，典型的泡沫制品有海绵板、地板材、垫材、聚苯乙烯珠粒料发泡体、泡沫塑料电线等。这些制品都是由高分子聚合材料及橡胶制成，属于固体泡沫材料。其对气泡的大小与分布都有一定的要求。另外，液体泡沫制品也逐渐发现其用途，最典型的如 CO_2 泡沫灭火器，各种啤酒、饮料等，都是利用了泡沫的特性，因此可以说泡沫涉及人们生活的方方面面，当然要制造各种泡沫制品，就会涉及气泡的产生、控制等发泡技术。发泡剂就是一类能使处于一定黏度范围内的液态或塑性状态的橡胶、塑料形成微孔结构的物质。它们可以是固体、液体或者气体。根据其在发泡过程中产生气泡的方式不同，发泡剂可分为物理发泡剂与化学发泡剂两大类。长期以来，人们研究出各种各样的发泡方法以及发泡剂，现在已能促进、控制、抑制或消除泡沫的产生了。为便于理解，首先先来探讨一下泡沫稳定存在的条件以及发泡的原理。

13.1　发泡原理

对于一单元组分的体系，其表面能是总能量的一个重要的组成部分，而表面能是与体系的表面积成正比的，下述的吉布斯方程式给出了自由能的变化。

$$dG=Vdp-SdT-\gamma dA$$

式中，γ 为液体的表面张力；p 为表面压力；T 为体系温度；A 为每摩尔物质的表面积。

由上式可以看出，当温度与压力为常数时，自由能的变化只与体系表面积的变化有关，以下式表示。

$$\gamma=\left(\frac{\partial G}{\partial A}\right)_{pT}$$

积分上式可得到如下结果。

$$\Delta G=\gamma\Delta A$$

式中，ΔG 是恒温恒压下自由能的变化。

如将上述三式应用到泡沫现象就不难理解为什么纯净的液体难以形成泡沫了。这是因为对于单一组分的体系，γ 是常数，当有泡沫产生时其表面积激增，当然也就造成吉布斯自由能的增加。众所周知，稳定的体系趋向于自由能减小，熵增加。所以纯净液体所产生的气泡在热力学上是不稳定的，它只有短暂的寿命。而含有表面活性剂的物质形成泡沫时，表面活性剂分子能从水中迁移到泡沫表面上，而使其表面张力降低，而降低其自由能；克服了由于形成泡沫，表面积增大而使得自由能增加的倾向。所以也就使得这样的体系产生的泡沫要比纯净液体产生的泡沫稳定得多，其寿命也长得多。必须指出的是，单纯的表面活性剂水溶液所产生的泡沫在热力学上仍是不稳定的，它只能部分克服由于泡沫形成所造成的自由能的增加，所以也只能延长泡沫的寿命，但最终都会凝聚、破裂与消失。

事实证明，单纯表面活性剂的存在尚不足以克服重力与其他能毁灭气泡的因素的影响而使泡沫得以稳定。在重力的作用下液体能从气泡壁上流下，使气泡壁越来越薄而易于破裂。如果增加液体的黏度，则可以在一定程度上抑制此现象的发生。同样的道理，挥发也能降低泡沫的稳定性，因此低挥发性的组分毫无疑问地能改善泡沫的稳定性。众所周知，在儿童的吹泡泡玩具中，甘油被用作泡沫稳定剂就是因为它能阻止肥皂液膜的挥发与下流。

泡沫稳定性的影响因素很多。例如，液膜的弹性通常是影响泡沫稳定性的重要因素之一。一般来说，气泡的破裂都是由气泡壁上最薄的那一点开始的，当这一薄点伸缩时，薄点上的表面活性剂浓度就降低了，造成该区域中表面张力的升高，这就产生了指向薄点的作用力而使得气泡壁上周围的液体被拉向此区域，防止了该点的进一步变薄。这种现象被称为马仑高尼（Marangoni）效应。所以，通常胶状表面层的形成能提高液膜的弹性，从而提高泡沫的稳定性。例如，在啤酒中加入少量的蛋白质多糖配位化合物，能被吸附在气泡表面上，从而提高泡沫的稳定性。

如果气泡壁上薄区的表面活性剂浓度的变化不是通过马仑高尼效应，而是通过液相表面活性剂分子的迁移，则气泡就会破裂。事实上，大部分表面活性剂的分子从液相迁移到气泡表面上都是相当慢的，所以，通常还是气泡膜的弹性效应在起主要作用。

有人还提出了电双层排斥、熵双层排斥以及气泡间的聚合能够稳定气泡的观点，但大多数人认为，气泡的表面弹性及表面黏度很可能是影响泡沫稳定性的两个极其重要的因素。当然发泡理论还有待于进一步地发展。

13.2 发泡剂的结构及其特点

发泡剂在工业上的应用可以追溯到橡胶工业的早期，Hancock 等在 1846 年就用碳酸铵和挥发性液体作为发泡剂以生产天然橡胶的开孔海绵制品。到 20 世纪 20 年代，各种碳酸盐仍是最普遍的化学发泡剂。从 20 世纪 30 年代到 50 年代，人们开发了利用压缩氮气在高压下进行膨胀以制造闭孔海绵橡胶的方法，即 Rubatex 法，并广泛地应用于工业生产中。直到 1940 年，杜邦公司提出了二偶氮氨基苯，这是第一个在工业上应用的有机化学发泡剂。尽管它有毒性和污染性，但当时仍得到广泛的应用。这主要是因为有机化学发泡剂使用方便且效率较高所致。在第二次世界大战期间，偶氮二异丁腈作为非污染的发泡剂，大量用于制造软质和硬质的 PVC 泡沫制品。但直到高效的二亚硝基五亚甲基四胺被用作发泡剂后，才使人们进一步认识到有机化学发泡剂的重要性。1950 年后 Rubatex 法实际上已被淘汰，而有机化学发泡剂则在此领域中占据了统治地位。

纵观发泡剂发展历史，主要经历了由物理发泡剂到化学发泡剂，从无机发泡剂到有机发泡剂的发展过程。下面分别加以介绍。

13.2.1 主要分类及其性能特点

13.2.1.1 物理发泡剂

物理发泡剂在使用过程中不发生化学变化，是利用发泡剂在一定温度范围内物理状态的变化而产生气孔，从而使聚合物发泡的。早期常用的物理发泡剂主要是压缩气体（空气、

CO_2、N_2 等）与挥发性的液体，例如，低沸点的脂肪烃、卤代脂肪烃以及低沸点的醇、醚、酮和芳香烃等。一般来说，作为物理发泡剂的挥发性液体，其沸点低于110℃。

表 13-1　常用的物理发泡剂

- 物理发泡剂
  - 无机系　氮、空气
  - 有机系
    - 脂肪族碳氢化合物类　戊烷、己烷
    - 氯化烃类　二氯乙烷、二氯甲烷
    - 氟化氯化烃类

作为一个实用的发泡剂需要具备一定的条件，具体到物理发泡剂主要应具备以下的性能：①无毒、无味；②无腐蚀性；③不易燃易爆；④不损坏聚合物的性能；⑤气态时必须是化学惰性的；⑥常温下具有低的蒸气分压；⑦具有较快的蒸发速度；⑧分子量小，相对密度大；⑨价格便宜，来源充足等。

目前，常用的物理发泡剂见表13-1。

13.2.1.2　化学发泡剂

化学发泡剂是指那些在发泡过程中通过化学变化产生气体进而发泡的物质。一般来说，气体的产生方式有两种途径：其一是聚合物链扩展或交联的副产物；其二是通过加入化学发泡剂，产生发泡气体。例如，在制备聚氨酯泡沫时，当带有羧基的醇酸树脂与异氰酸酯起反应时，或者具有异氰酸酯端基的聚氨酯树脂与水起反应时，都会放出 CO_2 气体；碳酸氢铵在一定的温度下能分解产生 CO_2、H_2O 与氨气。

早期，人们是利用碳酸盐的热分解性能将其作为最常用的化学发泡剂。直到第二次世界大战后人们发现某些有机化合物作为发泡剂使用时性能更优越，化学发泡剂逐渐在发泡剂领域占据了主导地位。总之，化学发泡剂必须是一种无机的或有机的热敏性化合物，受热后在一定的温度下会发生热分解而产生一种或几种气体，从而达到发泡的目的。主要的化学发泡剂见表13-2。

表 13-2　主要的化学发泡剂

- 化学发泡剂
  - 无机系
    - 反应型
      - 重碳酸钠＋酸
      - 过氧化氢＋酵母
      - 铝粉＋酸
    - 热分解型
      - 碳酸盐、重碳酸盐
      - 亚硝酸盐、氢化物
  - 有机系
    - 反应型　异氰酸酯化合物
    - 热分解型
      - 偶氮化合物
      - 肼衍生物
      - 卡巴氮基化合物
      - 叠氮化合物
      - 亚硝基化合物
      - 三唑化合物

13.2.2　发泡剂性能评价以及选用原则

13.2.2.1　性能评价

对于化学发泡剂来说，许多因素影响其发泡效果的好坏，其中两个最重要的技术指标是分解温度与发气量。其分解温度决定着一种发泡剂在各种聚合物中的应用条件，即加工时的温度，从而决定了发泡剂的应用范围。这是因为化学发泡剂的分解都是在比较狭窄的温度范围内进行，而聚合物材料也需要特定的加工温度与要求。发气量是指单位质量的发泡剂所产生的气体的体积，单位为mL/g。它是衡量化学发泡剂发泡效率的指标，发气量高，发泡剂用量可以相对少些，残渣也较少。

13.2.2.2　选用原则

衡量一种发泡剂效能的指标有很多，所以在选择使用发泡剂时，要综合考虑使用对象、使用目的及发泡剂的各项性能，再通过实验予以选择。理想的化学发泡剂应具备以下的性能：①热分解温度一定，或在一狭窄的范围内；②热分解反应的速率必须是可控的，而且必须有足够的产生气体的速率；③所产生的气体必须是无腐蚀性的，易分散或溶解在聚合物体系中；④贮存时必须稳定；⑤价格便宜，来源充足；⑥分解残渣不应有不良气味，低毒，无色，不污染聚合材料；⑦分解时不应大量放热；⑧不影响硫化或熔融速率；⑨分解残渣不影响聚合材料的物化性能；⑩分解残渣应与聚合材料相溶，不发生残渣的喷霜现象。

一般说来，有机发泡剂的分解反应是放热反应，达到一定的温度即可急剧分解，发气量比较稳定，因此发泡剂用量和发泡率的关系可以预测，也可以计算；而无机化学发泡剂的分解多为吸热反应，分解速率缓慢，发泡率难以控制（见图 13-1、图 13-2）。

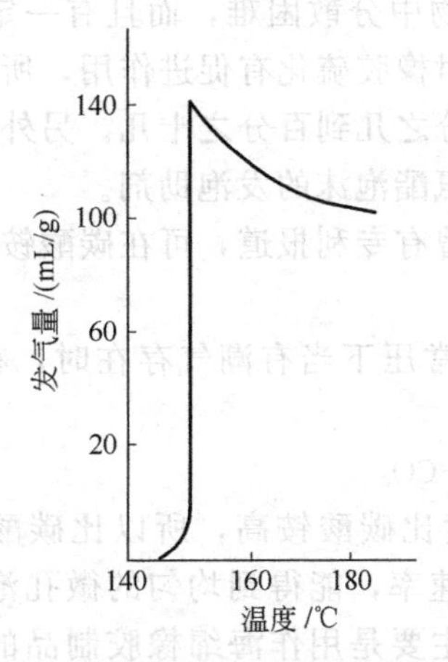

图 13-1　有机发泡剂（OBSH）的热分解曲线

测定条件：5℃/min

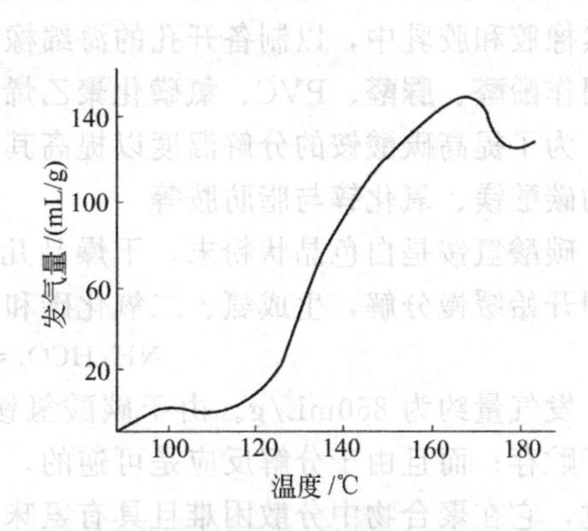

图 13-2　无机发泡剂（碳酸氢钠）的热分解曲线

测定条件：5℃/min

有机发泡剂所产生的气体主要是氮气，而无机发泡剂所产生的气体则有 CO_2、CO、NH_3、H_2O、H_2、O_2 等多种气体。聚合物的氮气透过率很小，因此氮气作为有效的发泡气体效果好。

发泡剂的分解温度必须与聚合物的熔融温度相适应，也就是说在聚合物的一定黏度范围内进行发泡才能得到性能优良的发泡体。这就要求对于不同熔融温度的聚合材料选择不同分解温度的发泡剂，或通过发泡剂的混用以及加入发泡助剂来调节其分解温度，以适应聚合物发泡条件的要求。有机发泡剂的分解温度一般为 100～200℃；使用单一的发泡剂可得到 100℃、150～160℃、200℃的分解温度，120～130℃、170～180℃的分解温度可通过发泡剂的混用或者通过使用发泡助剂来实现。

发泡剂的分解速率以及分解热也是影响发泡效果的重要因素。一般来讲，要根据聚合物黏度与温度的关系来选择与其相适应的发泡剂的分解速率；另外，当发泡剂的分解热较大时，聚合物内部的温度梯度比较大，使得内部温度太高而使聚合物的黏度降低，气泡破裂而造成泡孔不均匀，同时还有可能引起聚合物内部变色甚至改变其物化性能，所以发泡剂的分解热越小越好。

13.3 常用化学发泡剂

13.3.1　无机化学发泡剂

无机化学发泡剂早在发泡剂发展的初期就被发现且广泛地使用。在当时，科学家们已经掌握了许多无机化合物能在一定温度下发生热分解反应，进而产生一种或多种气体，所以尝试着将其用作发泡剂，其中尤以碳酸盐用得最多。

13.3.1.1　碳酸盐

常用作发泡剂的碳酸盐主要有碳酸铵、碳酸氢铵与碳酸氢钠。众所周知，碳酸铵是具有强烈氨味的白色结晶状粉末，由二氧化碳与氨在水存在下反应制得。

在工业上作为发泡剂使用的实际上是碳酸氢铵和氨基甲酸铵的混合物或复盐（$NH_4HCO_3 \cdot NH_2CO_2NH_4$），习惯上将此复盐也称为碳酸铵。商品的碳酸铵没有一定的组成，在 30℃左右即开始分解，在 55～66℃下分解十分剧烈。其分解产物为氨、二氧化碳和水。发气量为700～980mL/g，其发气量在一般化学发泡剂中是最高的。

碳酸铵便宜，发气量高，但贮存稳定性差，在聚合物中分散困难，而且有一定的氨味，所以其使用受到了一定的限制。由于碳酸铵具有碱性，对橡胶硫化有促进作用，所以常用于天然橡胶和胶乳中，以制备开孔的海绵橡胶，用量为百分之几到百分之十几。另外碳酸铵还可用作酚醛、脲醛、PVC、氯磺化聚乙烯的发泡剂和聚氨酯泡沫的发泡助剂。

为了提高碳酸铵的分解温度以提高其贮存稳定性，曾有专利报道，可在碳酸铵中加入少量的碳酸镁、氧化锌与脂肪胺等。

碳酸氢铵是白色晶状粉末，干燥品几乎无氨味，在常压下当有潮气存在时，在60℃左右即开始缓慢分解，生成氨、二氧化碳和水。

$$NH_4HCO_3 \rightleftharpoons NH_3 + H_2O + CO_2$$

发气量约为850mL/g。由于碳酸氢铵的热分解温度比碳酸铵高，所以比碳酸铵稳定，便于贮存；而且由于分解反应是可逆的，可控制其分解速率，能得到均匀的微孔泡沫制品。不过，它在聚合物中分散困难且具有氨味。碳酸氢铵也主要是用作海绵橡胶制品的发泡剂，用量一般为10%～15%。

为了避免碳酸铵与碳酸氢铵热分解产生氨气，可采用碳酸氢钠作发泡剂。碳酸氢钠在100℃左右即开始缓慢分解，放出CO_2，在140℃下迅速分解，但其分解速率仍能控制。其发气量较低，约为267mL/g。

$$2NaHCO_3 \rightleftharpoons Na_2CO_3 + CO_2 + H_2O$$

由于碳酸氢钠热分解产生的CO_2仅有理论量的一半，所以为了提高发气量，常加入一些弱酸性的物质，如硬脂酸、油酸和棉籽油酸等。

尽管作为发泡剂，碳酸氢钠不产生刺激性的氨气，但其发气量较碳酸氢铵低，而且分解残渣Na_2CO_3具有强碱性，限制了它的广泛应用。它主要用在天然橡胶的干胶和胶乳中，以制备开孔的海绵制品，用量一般为5%～15%。此外，它还可以用于酚醛树脂、醇酸树脂、聚乙烯、PVC、环氧树脂、聚酰胺和丙烯酸树脂的发泡剂。

13.3.1.2 亚硝酸盐

用作发泡剂的亚硝酸盐主要是亚硝酸铵。亚硝酸铵是极不稳定的化合物，作为发泡剂使用的基本上是氯化铵和等摩尔的亚硝酸钠的混合物，在橡胶中经加热而放出氮气。

$$NH_4Cl + NaNO_2 \longrightarrow N_2 + 2H_2O + NaCl$$

与碳酸盐不同的是，亚硝酸铵的热分解是不可逆的，因此它可以作为加压发泡过程中的发泡剂。少量的水分和多元醇能促进亚硝酸铵的分解。亚硝酸铵分解产生的气体是氮气，也含有少量氮的氧化物，因此对橡胶的硫化有促进作用，但能腐蚀模具和设备。在橡胶工业中亚硝酸铵可以用作空心橡胶制品硫化过程中的膨胀剂。

13.3.1.3 氢硼化钾与氢硼化钠

碱金属的氢硼化物水解放出氢气，近些年来有人建议用氢硼化钾和氢硼化钠作为发泡剂。

$$MBH_4 + 2H_2O \xrightarrow{H^+} MBO_2 + 4H_2$$

一般来说，碱金属氢硼化物的水解速率与氢离子的浓度密切相关，且随pH值减小而迅速增加。在非水系统中，则需加入少量的酸性化合物（如邻苯二甲酸酐、硬脂酸或氨基乙酸等）和水。此外，Fe、Co、Ni等金属盐类对其水解反应也有促进作用。

氢硼化钾为白色结晶固体，在空气中能自燃，易溶于水，在碱性水溶液中是稳定的，在酸性介质中或在升高温度的情况下即迅速分解，发气量166mL/g。

氢硼化钠为吸潮固体，在潮湿空气中慢慢分解，在酸性介质中发气量为2370mL/g。由于碱金属氢硼化物的价格昂贵，而且易燃易爆，所以限制了它们的用途。它们主要用作胶乳聚乙酸乙烯、聚乙烯醇和三聚氰胺甲醛树脂等含水体系的发泡剂。在水和有机酸的存在下，也可以作为 PVC 增塑剂的发泡剂。

在工业中应用的无机化学发泡剂远不止上述四种，例如，轻金属也曾被用作无机化学发泡剂，它能在适宜的温度下发生热分解、水解、酸解等反应，所产生的气体无机物都可以也曾被用作无机化学发泡剂。随着有机化学发泡剂的发展，人们发现有机化学发泡剂具有许多无机化学发泡剂所不具备的优越性，所以无机化学发泡剂将逐渐被有机化学发泡剂所代替。

13.3.2　有机化学发泡剂

有机化学发泡剂比无机发泡剂容易使用，其粒径小，泡孔细密，分解温度恒定，发气量大，所以有机化学发泡剂是目前工业上最广泛使用的发泡剂。它们主要产生氮气，所以它们的分子中几乎都含有═N—N—或—N ═N—结构，如偶氮化合物、*N*-亚硝基化合物、肼类衍生物、叠氮化合物和一些脲的衍生物等。在这些化合物中，氮氮单键与双键是不稳定的，在热的作用下能发生分解反应而放出氮气，从而起到发泡剂的作用。

有机发泡剂的主要特点如下：①在聚合物中分散性好；②分解温度范围较窄，易于控制；③所产生的 N_2 不燃烧、不爆炸、不易液化，扩散速度小，不易从发泡体中逸出，因而发泡率高；④粒子小，发泡体的泡孔小；⑤品种较多；⑥发泡后残渣较多，有时高达 70%～85%，这些残渣有时会引起异味，污染聚合材料或产生表面喷霜现象；⑦分解时一般为放热反应，如果所使用的发泡剂分解热太大的话，就可能在发泡过程中造成发泡体系内外较大的温度梯度，有时造成内部温度过高而损坏聚合物的物化性能；⑧有机发泡剂多为易燃物，在贮存和使用时都应注意防火。

目前，在工业上得到应用的有机发泡剂有许多品种，其中应用比较广泛的为偶氮化合物，*N*-亚硝基化合物和酰肼类化合物。它们的分解温度为 80～300℃，发气量约为 100～300mL/g，因此可根据不同使用对象及加工条件，选择适宜的发泡剂。下面将分别论述数种应用比较广泛的发泡剂。

13.3.2.1　*N*-亚硝基化合物

仲胺和酰胺 *N*-亚硝基衍生物是有机发泡剂中重要的一类，其中 *N*,*N*′-二亚硝基五亚甲基四胺（DPT）和 *N*,*N*′-二甲基-*N*,*N*′-二亚硝基对苯二甲酰胺（NTA）是两个重要的品种。

N,*N*′-二亚硝基五亚甲基四胺（DPT），又名发泡剂 H，工业品为淡黄色固体细微粉末，其结构式与热分解反应机理如下：

$$\text{DPT: } CH_2—N—CH_2,\ ON—N,\ CH_2,\ N—NO,\ CH_2—N—CH_2 \xrightarrow{\triangle} N—CH_2—N\ (CH_2—N,\ CH_2,\ CH_2,\ CH_2,\ CH_2—N)$$

$$N—CH_2—N\ (CH_2—N,\ CH_2,\ CH_2,\ CH_2,\ CH_2—N) + 4HCHO + 4N_2 \xrightarrow[\triangle]{6H_2O} 10HCHO + 4NH_3 + 4N_2\uparrow$$

其分解温度为 190～205℃，若按 N_2 计，其理论发气量为 240mL/g。可以说在所有的有机发泡剂中，其单位发气量最大，是一种很经济的有机发泡剂。

发泡剂 H 单独使用时分解温度比较稳定，但比较高，所以常与发泡助剂共同使用，以调整其分解温度。如以尿素、二甘醇及水杨酸作为发泡助剂时，其分解温度分别为121～132℃、138～144℃以及71～82℃。使用脲类发泡助剂，还能消除发泡剂H分解残渣所产生的异味。

在有机发泡剂中发泡剂H的分解热最大，所以有时在制造厚制品时会导致制品内部焦化，因而在使用过程中要加以注意。

发泡剂H在工业上是用六亚甲基四胺（乌洛托品）与亚硝酸钠的混合溶液，在冷却的条件下与酸反应生成的。以乌洛托品计收率为75%～79%，所用酸可为硫酸、盐酸、乙酸和硝酸等。

$$(CH_2)_6NH_4+2NaNO_2+H_2SO_4 \longrightarrow (CH_2)_5N_4(NO)_2+CH_2O+2NaCl+H_2O$$

发泡剂H在酸性介质中是不稳定的，发泡剂H在贮存与使用过程中要注意避免与酸的接触。在低温下就会引起猛烈的分解反应，甚至导致火灾与爆炸。

N,*N*′-二甲基-*N*,*N*′-二亚硝基对苯二甲酰胺（NTA或DNTA），NTA是由*N*,*N*′-二甲基对苯二甲酰胺在硝酸溶液中经亚硝化而制备的。NTA为无味的黄色结晶固体，暴露在阳光下会逐渐变成黄绿色，熔点118℃，在70℃以上即开始分解放出氮气，发气量为180mL/g。由于分解残渣为对苯二甲酸二甲酯（白色结晶，熔点140℃），极难溶于聚合物中，所以NTA的用量在5%以上就会引起残渣喷霜。

由于NTA易燃易爆，且略有毒性，对皮肤有轻度刺激作用，所以出售的NTA往往是混有30%左右矿物油的混合物。例如，杜邦公司商品牌号为Nitrosan的NTA商品，是有效成分为70%的黄绿色粉末，不吸潮，相对密度为1.20，在105℃下熔化并分解，发气量为126mL/g，作为发泡剂使用能在70℃下掺入聚合物中。

NTA最显著的优点是分解热低995.792J/g，因此特别适用于较厚的PVC制品的发泡。在美国NTA广泛用作PVC的发泡剂，另外也可用在聚氨酯、硅橡胶的发泡上。

13.3.2.2 偶氮化合物

偶氮化合物包括芳香族的偶氮化合物和脂肪族的偶氮化合物两大类，主要有二偶氮氨基苯（DAB）、偶氮二甲酰胺（发泡剂AC）和偶氮二异丁腈（AIBN）等品种，它们是很重要的一类有机发泡剂。

① 二偶氮氨基苯（DAB） 它是第一个在工业上使用的有机发泡剂，是芳香族偶氮化合物的代表性品种。纯的DAB为金黄色针状结晶，熔点98℃，并分解产生氮气，发气量为113～115mL/g，在胶料中相容性和分散性良好，所以当用量高达15%时尚不至于引起硫化胶表面喷霜。与醛胺类促进剂配用对硫化速率没有影响，主要用作硬质泡沫橡胶的发泡剂，用量2%～10%。由于DAB在使用过程中有时变色严重，且对皮肤有刺激作用，因此限制了它在其他方面的用途。

② 偶氮二甲酰胺（发泡剂ADC） 它是塑料工业中最常用的化学发泡剂，熔点为230℃，为橘黄色至淡黄色结晶固体。在空气中的分解温度为195℃，在塑料中的分解温度为250～300℃，是常用的有机发泡剂中最经济的一种。发泡剂ADC的分解产物随着配方和分解温度不同而有所变化，一般情况下，主要按照以下的机理进行分解。

$$H_2N{-}CO{-}N{=}N{-}CO{-}NH_2 \longrightarrow N_2+CO+H_2N{-}CO{-}NH_2$$

$$H_2N{-}CO{-}NH_2 \longrightarrow NH_3+HNCO$$

$$2H_2N{-}CO{-}N{=}N{-}CO{-}NH_2 \longrightarrow H_2N{-}CO{-}HN{-}NH{-}CO{-}NH_2+N_2+2HNCO$$

湿度对偶氮二甲酰胺的分解有影响。在高温、酸或碱的条件下它可水解形成联二脲、氮气、二氧化碳和氨。

$$2H_2N{-}CO{-}N{=}N{-}CO{-}NH_2+2H_2O \longrightarrow H_2N{-}CO{-}HN{-}NH{-}CO{-}NH_2+N_2+2CO_2+2NH_3$$

在冷碱溶液中，ADC 可形成相应的碱金属盐并放出一定量的氨气。

$$H_2N—CO—N═N—CO—NH_2+2NaOH \longrightarrow NaOCO—N═N—OCONa+2NH_3$$

若将碱溶液加热，此偶氮二羧酸盐可以分解成肼、碳酸盐、二氧化碳和氮气。

$$2NaOCO—N—N—OCONa+2H_2O \longrightarrow H_2N—NH_2+NaCO_3+2CO_2+N_2$$

影响偶氮二甲酰胺分解方式的各种可能因素对泡沫塑料的生产都相当重要。尽管纯偶氮二甲酰胺的分解温度非常高，但由于塑料加工合成中所加入的多种添加剂的影响，分解温度可能会降低。该发泡剂具有自熄性，不助燃，无毒，无臭味，不变色，无污染，不溶于一般的溶剂和增塑剂，是商品发泡剂中最稳定的品种之一。而且该发泡剂粒子细小，很容易在塑料和橡胶中分散，得到均匀的微孔发泡体。其发气量大，而且对常压和加压发泡工艺均适用，所以发泡剂 ADC 是性能优良的有机发泡剂之一。它主要用于 PVC 橡胶的发泡。另外，由于它无毒、无味，所以国内外均用它制造与食品接触的泡沫制品，其用量一般控制在 2%以下。

发泡剂 ADC 是由肼与尿素反应先制成联二脲，然后再用氯气、高氯酸钠、重铬酸盐等氧化剂氧化联二脲而得到发泡剂 ADC。其反应式如下。

$$H_2N—NH_2\cdot H_2SO_4+2H_2N—\overset{O}{\overset{\|}{C}}—NH_2 \longrightarrow H_2N—\overset{O}{\overset{\|}{C}}—NH—NH—\overset{O}{\overset{\|}{C}}—NH_2+(NH_4)_2SO_4 \xrightarrow{[O]}$$

$$H_2N—\overset{O}{\overset{\|}{C}}—N═N—\overset{O}{\overset{\|}{C}}—NH_2+H_2O$$

发泡剂 AC

在氧化阶段，所用氧化剂和工艺条件不同，则所得的发泡剂 AC 在分解温度上也有差异。如能严格控制工艺条件，则所得产品的粒子细微而且均匀。

③ 偶氮二异丁腈（AIBN）　白色结晶状粉末，熔点 105℃，分解温度为 95～105℃，理论发气量为 136mL/g，在工业上用作发泡剂及游离基反应的引发剂。其热分解的机理如下。

$$NC—\underset{CH_3}{\underset{|}{\overset{CH_3}{\overset{|}{C}}}}—N═N—\underset{CH_3}{\underset{|}{\overset{CH_3}{\overset{|}{C}}}}—CN \longrightarrow N_2+2NC—\underset{CH_3}{\underset{|}{\overset{CH_3}{\overset{|}{C}}}}\cdot \longrightarrow NC—\underset{CH_3}{\underset{|}{\overset{CH_3}{\overset{|}{C}}}}—\underset{CH_3}{\underset{|}{\overset{CH_3}{\overset{|}{C}}}}—CN$$

偶氮二异丁腈热分解所产生的气体几乎完全是氮气，分解残渣为四甲基丁二腈，有毒，在使用时应注意。

尽管本品发气量低，添加量多，但由于其对制品无污染，可制得纯白制品，而且分解温度低，分解放热小，得到的泡沫体气泡结构良好，因此特别适用于制备高发泡率的轻质泡沫制品。AIBN 主要用于 PVC 的增塑糊，也广泛地应用于聚乙烯、聚苯乙烯、环氧树脂和橡胶的发泡。另外，在 PVC 中，AIBN 的分解残渣——四甲基丁二腈还能起氯化氢接收体的作用。

④ 偶氮二甲酸酯　早在 1943～1945 年就在德国被用来生产海绵橡胶，其分解温度为 105～110℃，发气量为 258mL/g。由于它们在常温下是液体，即所谓的液体发泡剂，具有独特的优越性，所以近些年来，偶氮二甲酸二乙酯、偶氮二甲酸二异丙酯和偶氮二甲酸二丁酯等系列发泡剂再度受到人们的关注，并进行了大量的研究。

作为液体发泡剂，它们很容易溶于聚合物中，经发泡后能得到非常均匀的微孔发泡体，且随配方和加工条件的不同能得到闭孔或开孔的发泡体。常用的 PVC 热稳定剂（如金属皂类）能使它们活化，因此选用不同的稳定剂可使分解温度在 100～200℃之间变化，发气量约为 125～260mL/g。偶氮二甲酸酯贮存稳定，可用于制造白色或浅色的 PVC 泡沫制品，也可用于其他聚合物中。

偶氮二甲酸酯系列发泡剂是用相应的氯代甲酸酯与肼反应，然后将氢化偶氮二甲酸酯氧化即可得到产品。

$$ROH + COCl_2 \longrightarrow RO-\overset{\overset{\displaystyle O}{\|}}{C}-Cl + HCl$$

$$2RO-\overset{\overset{\displaystyle O}{\|}}{C}-Cl + NH_2-NH_2 \longrightarrow RO-\overset{\overset{\displaystyle O}{\|}}{C}-NH-NH-\overset{\overset{\displaystyle O}{\|}}{C}-OR \xrightarrow{[O]} RO-\overset{\overset{\displaystyle O}{\|}}{C}-N=N-\overset{\overset{\displaystyle O}{\|}}{C}-OR$$

⑤ 偶氮二甲酸钡　淡黄色粉末，分解温度245℃，发气量177mL/g，是高熔点聚合物的发泡剂。其分解机理如下。

$$\begin{matrix} & O & & \\ & \| & & \\ N- & C-O & & \\ \| & & \searrow & \\ & & & Ba \\ \| & & \nearrow & \\ N- & C-O & & \\ & \| & & \\ & O & & \end{matrix} \longrightarrow BaCO_3 + CO + N_2$$

美国国家聚合物化学品公司（National Polychemicals）生产的工业品，商品名Expandex 177，主要用作聚丙烯、硬质PVC、ABS树脂等的发泡剂。由于此品受潮时能水解，所以必须防潮。

13.3.2.3　酰肼类化合物

目前，在工业上应用最多的发泡剂很多都属于酰肼类化合物，尤其是芳香族的磺酰肼类化合物，它是一类非常重要的有机化学发泡剂。

纯的磺酰肼一般都是无毒、无味的结晶状固体，很容易由相应的磺酰氯与肼反应制得。

$$RH + SO_2 + Cl_2 \longrightarrow R-SO_2Cl + HCl$$

$$RSO_2Cl + N_2H_4 \cdot H_2O \xrightarrow{NaOH} RSO_2NH-NH_2 + 2H_2O + NaCl$$

磺酰肼受热易分解，分解温度在80～145℃之间，视不同品种而异。其分解机理如下。

$$4R-\overset{\overset{\displaystyle O}{\|}}{\underset{\underset{\displaystyle O}{\|}}{S}}-NH-NH_2 \xrightarrow[\triangle]{} 4N_2 + 4[R-SOH] + 4H_2O$$

$$4[R-SOH] \longrightarrow R-S-S-R + R-SO_3H + 2H_2O$$

磺酰肼分解残渣是无毒的，一般是无色的，对聚合物无污染，对聚合物的交联速率和熔融情况都没有影响，通常它们与聚合物有足够的相容性，所以发泡体表面不会产生残渣喷霜现象。

脂肪醇和水等可促进磺酰肼的分解，尤其是当有少量的碱或氧化剂（如铁盐、碘、过氧化氢）存在时，在常温下甚至会完全分解。磺酰肼类化合物在一般的贮存条件下是比较稳定的，可以长期贮存，但应注意它们是可燃性固体，接触火焰和火星会引起着火。

分子结构不对称的酰肼（如苯磺酰肼、对甲基苯磺酰肼）由于用在塑料中会产生类似硫醇的臭味，所以它们大多用在橡胶方面；而分子结构对称的磺酰肼没有这个缺点，在塑料和橡胶中均可使用。

13.3.2.4　尿素衍生物

① *N*-硝基脲$\left(H_2N-\overset{\overset{\displaystyle O}{\|}}{C}-NH-NO_2\right)$，在空气中分解生成$N_2O$、$CO_2$、$NH_3$和$H_2O$，其分解温度为158～159℃，在石蜡烃中的分解温度为129℃，发气量为380mL/g。可用作生产热塑性和热固性泡沫塑料的发泡剂。

② *N*-硝基胍$\left(H_2N-\overset{\overset{\displaystyle NH}{\|}}{C}-NH-NO_2\right)$，分解温度为235～240℃，发气量为280～310mL/g，

适合用作高软化点的聚烯烃，特别是线型聚乙烯和聚丙烯的发泡剂。

③ 磺酰氨基脲的结构通式为 $R-SO_2-NH-NH-\overset{O}{\overset{\|}{C}}-NH_2$，R为主要芳基。

磺酰氨基脲比较稳定，分解温度较相应的磺酰肼高，发气量也较高，每一摩尔磺酰氨基脲基团能分解产生1.3～1.5mol的气体，所产生的气体为N_2和CO_2的混合物，其中N_2约占65%，CO_2占33%。两个有代表性的品种为对甲苯磺酰氨基脲与4,4′-氧双代（苯磺酰肼脲），均为美国尤尼罗伊尔公司开发生产，前者商品牌号为Celogen RA，分解温度227℃，发气量为146mL/g；后者商品牌号为Celogen BH，分解温度213℃，发气量为145mL/g。主要用于高软化点的树脂（如聚丙烯、聚碳酸酯、聚砜和聚酰胺等）的发泡。

13.3.2.5　其他

① 叠氮化合物，某些叠氮类化合物因受热而分解，产生氮气，所以也被用作发泡剂。此类发泡剂都是叠氮的羧酸和磺酸衍生物。

该类发泡剂的两个代表性产品是对甲苯磺酰叠氮与联苯-4,4′-二磺酰叠氮。前者在常温下为淡橙色液体，熔点约20℃，可作为液体发泡剂使用。其分解温度为137℃，在170℃恒温下发气量为220mL/g。此品在橡胶中分散性好，能制得细微、均一的泡沫体。

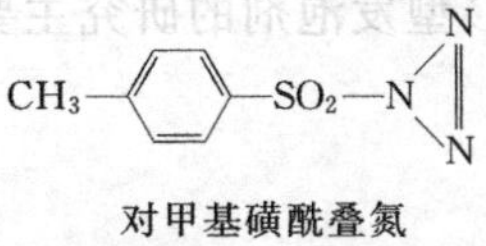

对甲基磺酰叠氮 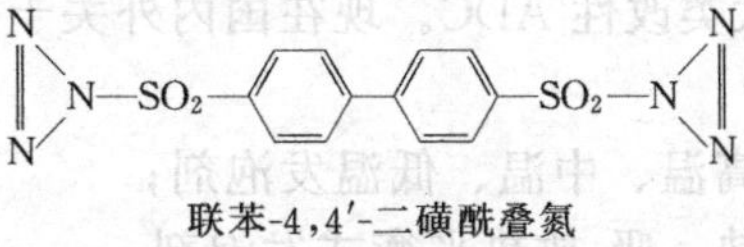　　联苯-4,4′-二磺酰叠氮

后者为白色粉末状固体，分解温度为144～145℃，发气量为122mL/g（N_2）。

叠氮发泡剂大多数是白色固体结晶，热分解产生氮气，分解残渣是白色无污染物。由于此类发泡剂中含叠氮三元环，因而张力大，不稳定，所以热分解时的热效应大，产生大量的热，不适宜用作厚制品的发泡剂。

② *N*-取代-5-氨基-1,2,3,4-噻三唑，该化合物结构通式如下。

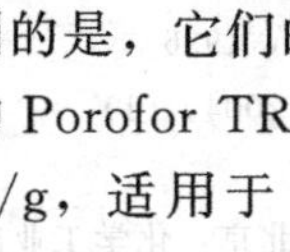

R与R′为烷基、芳基、哌嗪基等

随着取代基的不同，这一类发泡剂的分解温度从51℃（R与R′为Me）到162℃（R为环己氨基、哌嗪基），分解时产生氮气，同时产生少量的硫。所产生的硫对于用硫磺硫化的橡胶来说是无害的，然而对PVC浅色制品，则需考虑与稳定剂并用时可能产生的硫化污染问题。与叠氮化合物不同的是，它们的热分解速率较缓慢，发泡易于控制。

德国拜耳公司开发的Porofor TR系5-氨基-1,2,3,4-噻三唑的吗啉衍生物，分解温度为112℃，发气量为130mL/g，适用于PVC的增塑糊的发泡。其缺点是制品对皮肤有刺激作用。

13.3.3　发泡助剂

在发泡过程中，凡能与发泡剂并用并能调节发泡剂分解温度和分解速率的物质，或能改进发泡工艺，稳定泡沫结构和提高发泡体质量的物质，均可以称为发泡助剂或辅助发泡剂。其中用于改变发泡剂分解温度的助剂可称为助发泡剂或发泡促进剂或发泡抑制剂。其多数品种是用来降低发泡剂分解温度的。

通常，像OBSH与TSH等分解温度比较低的发泡剂，无需使用助发泡剂，而对于DPT与ADCA等分解温度达200℃以上高于许多材料的加工温度的高分解温度发泡剂，有时必须使用助发泡剂，以降低发泡剂的分解温度。众所周知，催化剂可降低有机化合物热分解反应的反应温度，同样，如能选择适宜的催化剂，也就能使得有机发泡剂的分解温度降低。由于有机发泡剂的热分解的机理不同，因而所需的发泡剂也就必然是各种各样的。例如，酸、碱与变价金属离子可以分别催化对酸、碱敏感的有机发泡剂的热分解，而变价金属离子则往往可以催化那些按自由基历程进行的有机发泡剂的热分解反应。

目前，工业上常用的发泡助剂主要有以下几类：①尿素衍生物和氨基化合物，如尿素、二乙基胍、乙醇胺和氨水等；②有机酸，如硬脂酸、月桂酸、苯甲酸和水杨酸等；③有机酸或无机酸的盐，如硬脂酸锌、月桂酸钡、三盐基硫酸铅、硫酸铝钾等；④碱土金属的氧化物，如氧化锌、氧化铝等；⑤多元醇，如甘油、山梨醇等；⑥有机硅化合物。

此外，近些年来人们还发现金属氧化物，如氧化锌、氧化铅等，也是有效的发泡助剂。

13.4 发泡剂的发展趋势

在现有化学发泡剂中，偶氮二甲酰胺（ADC）用量最大。中国 10 多家主要生产企业年产 ADC 发泡剂约 1.5 万吨。开发平均粒径较小、灰分含量较低的 ADC 发泡剂成为近年来 ADC 类发泡剂开发的主要方向，并且经过国内外的研究已经开发出无沉析型、低温型、分散型、开孔型四大类改性 ADC。现在国内外关于 ADC 型发泡剂的研究主要集中在以下几个方面：

① 开发生产高温、中温、低温发泡剂；

② 放热、吸热、吸-放热平衡式发泡剂；

③ 微孔、粗孔发泡剂；

④ 慢速、中速、快速发泡剂以及 PVC、EVA、PE、PS、ABS 等专用发泡剂系列产品。

同时，由于饱和氯氟类发泡剂的大量使用造成了臭氧层的严重破坏，因此用一些烷烃来代替传统的氯氟类发泡剂开发出臭氧消耗系数为零的新型物理发泡剂也是发泡剂发展的一个大的趋势。

总之，开发出适用于各种聚合物，能在较宽的温度范围内自由分解，只释放氮气，分散性好，且能制造微孔泡沫制品的发泡剂是未来的主要发展趋势。

参 考 文 献

1 郑德，李杰. 塑料助剂与配方设计技术. 北京：化学工业出版社，2002
2 冯亚青，王利军等. 助剂化学及工艺学. 北京：化学工业出版社，1997
3 丁学杰，方岩雄. 塑料助剂生产技术与应用. 广州：广东科技出版社，1996
4 丰洋. 发泡剂和制冷剂替代品的现状和发展趋势. 中国石油和化工，2004，(1)
5 杨峰，韩向阳. AC 发泡剂工艺概况及趋势. 中国氯碱，2002，(4)
6 ［德］R 根赫特，H 米勒. 塑料添加剂手册. 成国祥，姚康德等译. 北京：化学工业出版社，2000

第5篇 功能性添加剂

第14章 着 色 剂

凡用以改变塑料、橡胶和纤维固有颜色的物质均可称为着色剂（Colorant）。用于塑料和橡胶制品着色的物质主要是无机颜料、有机颜料和溶剂染料，纤维着色的主要是有机染料。根据纤维性质的不同有分散染料、活性染料和还原染料。

14.1 着色剂作用机理

众所周知，物体的色彩与光是分不开的。光是一种电磁波，人眼可以察觉到的光称做可见光。它的波长范围大致从 380nm 到 780nm，可见光的光谱在电磁波波谱中的位置见图 14-1。

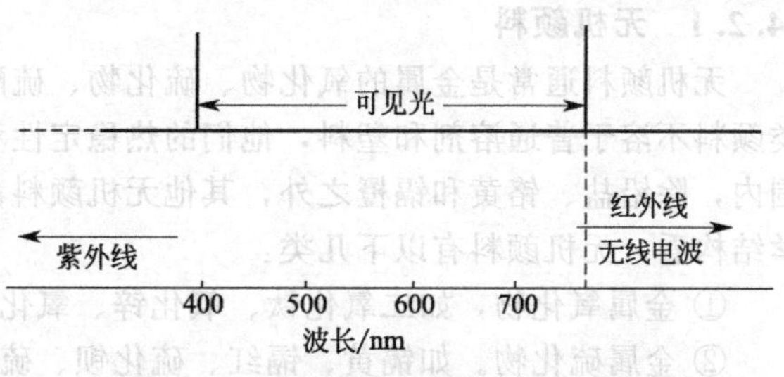

图 14-1 可见光在电磁波谱中的位置

物体在光的照射下呈现不同的颜色是与它对光波的吸收和反射特性相关的。物体吸收可见光波长的一部分，而反射或透过其余的光线，即呈现色彩。我们用着色剂来改变物体的颜色，实际上就是改变物体固有的吸收和反射光波的特性。物体对可见光波长的吸收与所呈现出颜色的关系见表 14-1。

表 14-1 物体对可见光波长的吸收与所呈现的颜色

吸收的可见光		呈现的颜色	吸收的可见光		呈现的颜色
波长/nm	对应颜色		波长/nm	对应颜色	
293～435	紫	黄-绿	560～580	黄-绿	紫
435～480	蓝	黄	580～590	黄	蓝
480～490	绿-蓝	橙	590～605	橙	绿-蓝
490～500	蓝-绿	红	605～770	红	蓝-绿
500～560	绿	红-紫			

任何一束彩色光，无论是光源发射或是物体反射的，对人眼引起的视觉可以用色调、饱和度和亮度表示，这三者称为色彩三要素。**色调**是指色彩的基本特征，如红、黄、蓝、紫等。**饱和度**指颜色的深浅，即浓淡，色调的饱和度又可称色度。**亮度**是指色彩的明暗程度。

人们早已认识到，任何一种色彩都可以由不同比例的三种“独立”的颜色组合而成。所谓独立的颜色，是指其中任何一种颜色不能由另外两种颜色组成，这种“独立”的颜色称为基色式原色。物体的着色是按照减色法实现的，即通过改变光的吸收和反射而获得不同的颜色。红、黄、蓝是最有效的相减基色，称为三原色。

红、黄、蓝三原色中的两种调和后，可得橙（红和黄）、绿（黄和蓝）、紫（红和蓝）。

橙、绿、紫三色称为二次色或间色。用原色和二次色相互调和，可得多种三次色或再间色。组成二次色两基色之外的第三基色，称为二次色之补色。例如，橙是红与黄组成的，它的补色就是蓝。相应地，红是绿的补色，黄是紫的补色。

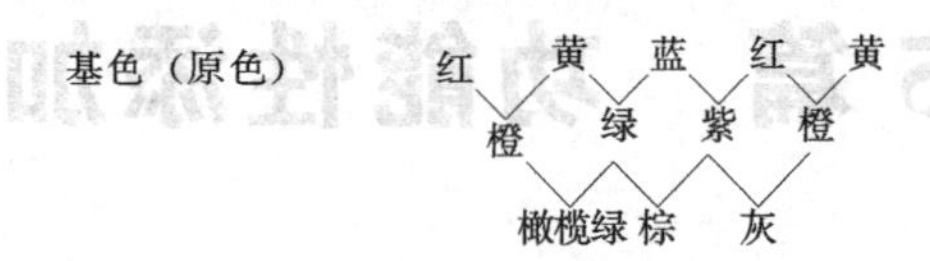

14.2 着色剂的分类及典型实例

着色剂根据物理性质可分为颜料、染料和色母粒。**颜料**是不溶于所结合介质中的彩色、白色或黑色的有机或无机物，因此，根据颜料的不同物性又可以分为无机颜料和有机颜料，其都是由很多微粒组成的固体物质，这些微粒可以在介质中吸收和发散光；**染料**可溶于所应用的介质中，其化学结构与颜料很相似。由于染料溶解以后不出现肉眼可看得见的颗粒，因此它不改变所应用介质的透明度；**色母粒**是将颜料或者染料经过混炼设备超微处理，并均匀分散于载体树脂中而制得的聚集体。

14.2.1 无机颜料

无机颜料通常是金属的氧化物、硫化物、硫酸盐、铬酸盐、钼酸盐等盐类以及炭黑。这类颜料不溶于普通溶剂和塑料，他们的热稳定性和光稳定性比较优良。在塑料的加工温度范围内，除铅盐、铬黄和镉橙之外，其他无机颜料都是稳定的，但其着色力相对比较差。从化学结构看，无机颜料有以下几类：

① 金属氧化物，如二氧化钛、氧化锌、氧化铁等；

② 金属硫化物。如镉黄、镉红、硫化钡、硫化汞等；

③ 铬酸盐，如铬黄、锌黄；

④ 亚铁氰化物，如华蓝；

⑤ 金属元素及合金，如铝粉、金粉等。

其中白色无机颜料钛白粉（二氧化钛），因具有无毒、最佳的不透明性、最佳白度和光亮度等特点，而成为目前世界上性能最好的一种白色颜料，广泛应用于涂料、塑料、造纸、印刷油墨、化纤、橡胶、陶瓷、化妆品及食品添加和医药等工业。

此外，还有一类是珠光颜料，近年来发展非常快。20世纪60年代初，美国杜邦公司开发的二氧化钛包覆的鳞片状云母（简称云母钛）是一种无毒的珠光颜料，具有良好的发展前途。近年来在汽车涂料领域获得了较大的发展。

14.2.1.1 钛白粉

钛白粉是无臭、无味的白色粉末，熔点1560～1580℃，折射率高达2.55～2.70，对光线的遮盖力很强，是无机颜料中着色力最强的品种，具有优良的遮盖力及很好的着色牢度，是最佳的白色颜料，广泛用于涂料、塑料、橡胶和化妆品中。钛白粉有金红石、锐钛和板钛矿三种晶型结构，这些结构的共同特点是由 TiO_6 八面体组成。用作塑料着色剂的主要是金红石和锐钛两种晶型。

钛白粉的生产方法有硫酸法和氯化法两种。

(1) 硫酸法 将钛铁矿粉与浓硫酸进行酸解反应生成硫酸氧钛，经水解生成偏钛酸，再经煅烧、粉碎即得到钛白粉产品，其具体的方程式如下，流程如图14-2所示。此法可生产锐钛型和金红石型钛白粉。

$$2FeTiO_2+4H_2SO_4 \longrightarrow 2TiOSO_4+2FeSO_4+4H_2O$$

$$TiOSO_4+H_2O \longrightarrow TiO_2+H_2SO_4$$

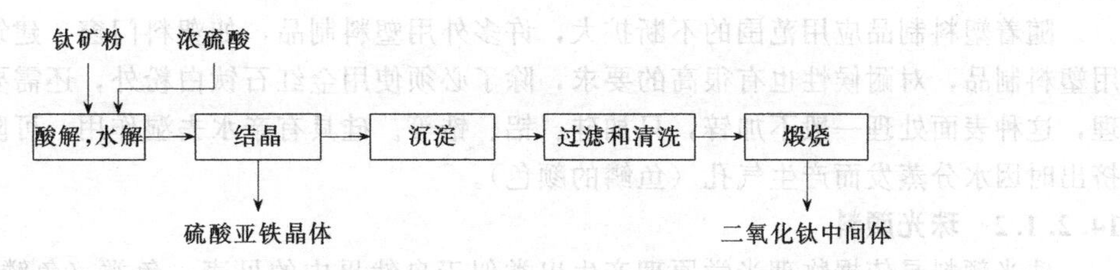

图 14-2　硫酸法生产工艺流程

(2) 氯化法　将金红石或高钛渣粉料与焦炭混合后进行高温氯化生成四氯化钛，再经过过滤、水洗、干燥、粉碎即得到钛白粉产品，其具体的方程式如下，流程如图 14-3 所示。利用氯化法中的氧化阶段能够严格控制粒子的大小和晶体类型，能生产有高覆盖能力和着色强度的 TiO_2。

$$2FeTiO_3+7Cl_2+3C \longrightarrow 2TiCl_4+2FeCl_3+3CO_2$$

$$TiCl_4+O_2 \longrightarrow TiO_2+2Cl_2$$

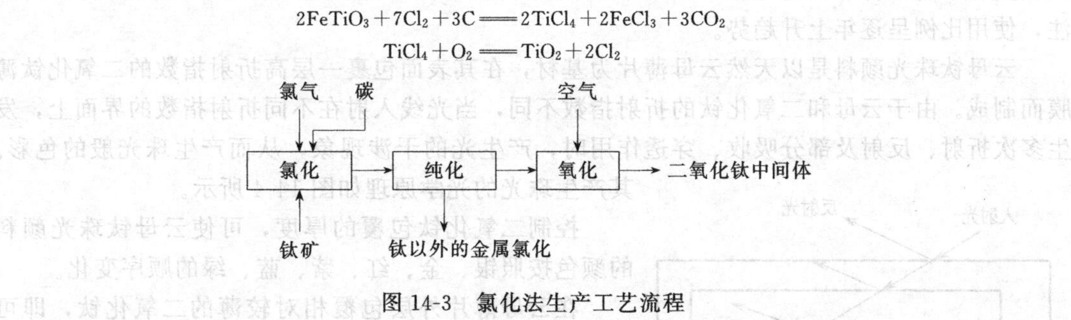

图 14-3　氯化法生产工艺流程

涂料工业是钛白粉的第一大用户，特别是金红石型钛白粉，大部分被涂料工业所消耗。约占钛白粉消费的50%以上。随着中国汽车工业和建筑业发展，涂料工业不仅从数量上需要更多的钛白粉，而且对品种和质量也有更高的要求。用钛白粉制造的涂料，色彩鲜艳，遮盖力高，着色力强，用量省，对介质的物理稳定性可起到保护作用，并能增强漆膜的机械强度和附着力，防止裂纹，防止紫外线和水分透过，延长漆膜寿命，因此获得了广泛的应用。

塑料工业是钛白粉应用的第二大用户，是近几年增长最快的领域。钛白粉在塑料制品中的应用，除了利用它的高遮盖力、高消色力及其他颜料性能外，它还能提高塑料制品的耐热、耐光、耐候性能，使塑料制品免受 UV 光的侵袭，改善塑料制品的机械性能和电性能。由于塑料制品比油漆和油墨的涂膜厚得多，因此它不需要太高的颜料体积浓度，加上它遮盖力高，着色力强，一般用量只有 3%～5%。几乎所有热固性和热塑性的塑料中都使用它。它既可以与树脂干粉混合，也可以与含增塑剂的液体相混合，还有一些是把钛白粉先加工成色母粒后再使用。

大多数塑料用钛白粉的粒径都较细，通常涂料用钛白粉的粒径为 0.2～0.4μm，而塑料用钛白粉的粒径为 0.15～0.3μm，这样可以获得蓝色底相。对大多数带黄相的树脂或易泛黄的树脂有遮蔽作用。普通型塑料用钛白粉一般不经过表面处理，因为采用常规的水合氧化铝这类无机物包膜的钛白粉，在相对湿度 60%时，其吸附平衡水在 1%左右，当塑料在高温挤出加工时，水分蒸发会导致光滑的塑料表面出现气孔，这种未经无机物包膜的钛白粉，一般都要经过有机表面处理（多元醇、硅烷或硅氧烷），因为塑料用钛白粉与涂料用钛白粉不同，前者是在低极性的树脂中，通过剪切力加工混合，有机表面处理后的钛白粉，在适当的机械剪切力下，就能比较好地分散。

塑料制品对钛白粉质量的要求是：①白度，决定浅色或白色塑料制品的外观；②分散性，分散不好的钛白粉在塑料制品中会影响制品的光滑度和光亮度及生产成本；③遮盖力，遮盖力好的钛白，生产出来的塑料制品更轻、更薄；④耐候性，室外使用的塑料制品以及塑料门窗等必须保证钛白粉的耐候性能。

随着塑料制品应用范围的不断扩大，许多外用塑料制品，如塑料门窗、建筑材料等室外用塑料制品，对耐候性也有很高的要求，除了必须使用金红石钛白粉外，还需要进行表面处理，这种表面处理一般不加锌，只加硅、铝、锆等。硅具有亲水去湿作用，可防止塑料高温挤出时因水分蒸发而产生气孔（鱼鳞的颜色）。

14.2.1.2 珠光颜料

珠光颜料是依据物理光学原理产生出类似于自然界中的贝壳、鱼类（鱼鳞的颜色）、飞禽（羽毛颜色）的珍珠般的光彩效果，是常规颜料所不能替代的。最初的珠光颜料用天然鱼鳞制成。20世纪20年代，合成出氯化银珠光颜料，30年代合成出碱式碳酸铅，40年代合成出砷化合物，但这些珠光颜料的毒性太大。20世纪60年代，氯氧化铋珠光颜料被研究出来，但光稳定性差。而云母钛珠光颜料因其具有无毒、光稳定性好、色相丰富等优良的综合品质受到市场的青睐。近年来，云母钛珠光颜料用于汽车金属闪光面漆，备受涂料界的关注，使用比例呈逐年上升趋势。

云母钛珠光颜料是以天然云母薄片为基材，在其表面包裹一层高折射指数的二氧化钛薄膜而制成。由于云母和二氧化钛的折射指数不同，当光线入射在不同折射指数的界面上，发生多次折射、反射及部分吸收、穿透作用时，产生光的干涉现象，从而产生珠光般的色彩。其产生珠光的光学原理如图14-4所示。

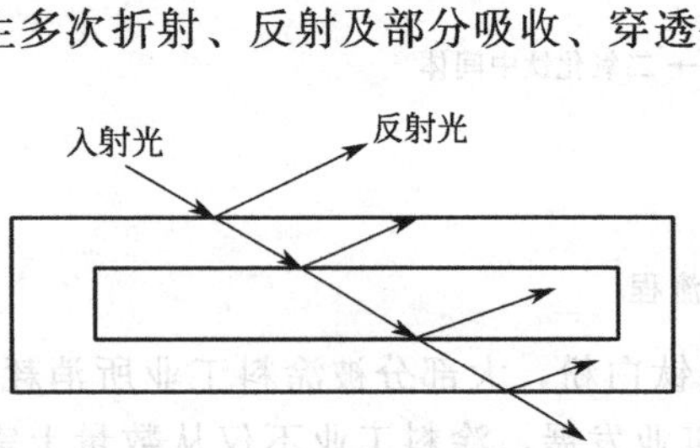

图14-4 珠光颜料的光学原理

控制二氧化钛包覆的厚度，可使云母钛珠光颜料的颜色按照银、金、红、紫、蓝、绿的顺序变化。

在云母薄片外层包覆相对较薄的二氧化钛，即可产生银白色珠光颜料。而彩色珠光颜料，与银白珠光颜料相比，具有较厚的二氧化钛包覆层。依据二氧化钛包覆层厚度的不同，产生干涉色黄、红、紫、蓝、绿。其中黄色的包覆层最薄，绿色的包覆层最厚。它们的光泽感由平坦的表面及平行排列的珠光颜料对光线的定向反射所产生。云母钛珠光颜料，随其基片云母的粒径不同，珠光从绢柔和华丽感到金属光泽感进行变化。色彩是对白色光线中特定波长的光进行选择性反射与透射的结果。金色珠光颜料，是由云母薄片外覆二氧化钛及三氧化二铁组成，通过不同厚度的二氧化钛及三氧化二铁之间的配比，产生从青相金色到红相金色的几乎全系列金黄色色相，并使涂层兼具光泽感，创造出金属般的质感。也可以在云母钛珠光颜料粒子上包覆其他的金属氧化物而形成其他颜色的珠光，还可以用其他无机颜料、有机颜料、染料处理珠光颜料，产生各种需要的珠光颜料。因此，云母钛珠光颜料具有珠光效应、金属闪光效应、视角闪色效应、色彩转移效应、附加色彩效应等多种效应。

目前，着色云母钛珠光颜料所采用的着色剂主要有炭黑、氧化铁、氢氧化铁、亚铁氰化铁、氢氧化铬、氧化铬、氧化钴、氧化锡等。例如用炭黑着色的银白云母钛珠光颜料，其色调深沉，与铝粉无异；用炭黑着色的干涉色云母钛珠光颜料，由于吸收透过色，使得反射色加强，更能给人以金属粉末的感觉。用氧化铁着色的金干涉色云母钛珠光颜料，具有很强的黄金光泽；用亚铁氰化铁着色的蓝干涉色幻彩珠光颜料显示极美丽的宝石蓝光泽；而用氢氧化铬或氧化铬着色的绿干涉色幻影珠光颜料，呈现出鲜艳夺目的草绿色或橄榄绿色珠光。

用作珠光颜料的云母一般在3～150μm的范围内，厚度为200～500nm。细微颜料呈蜡光色泽，常用于制作墨水。20～50μm的云母颗粒具有最佳的珠光光泽，大于100μm的云母只有微弱的珠光光泽。

云母钛珠光颜料从色泽上可分为银白色型、彩虹型及着色型三大类。

银白色型珠光颜料，由于白光在云母钛表面反射且没有透射光，所以只能呈现单一的银白色相，它是通用性最强的一类珠光颜料，但遮盖力差。

彩虹型珠光颜料是在云母基质上均匀的包覆一层 TiO_2 或其他光折射率较高的金属氧化物，如 Fe_2O_3、Cr_2O_3 和 SnO_2 等光学薄膜。通过光的多层次反射与干涉作用产生极好的珠光效应、视角闪色效应。彩虹颜料既能使光反射又能使光透射，因此使某些波长光的强度得到加强，而另一些波长光的强度则会削弱，从而呈现不同的色相。彩虹型珠光颜料的最大优点是能像普通颜料那样配色，并且产生的复色鲜明绚丽。低浓度彩虹珠光颜料与同一色相的其他颜料匹配，能产生斑斓的彩虹艳光。

着色型珠光颜料是在银白型和彩虹型两种珠光颜料基础上，再用颜料或染料包膜，该颜料可吸收可见光谱中某一部分光，如果吸收色与氧化物包膜云母颜料的反射色有相同色调，则吸收色强度增强，而且在各种角度均可见色，如果色调不同，只能在镜面角度看到反射色，在其他角度看到的是吸收颜料的颜色。在上述两个极端之间，可看见过渡色。着色型珠光颜料，就是利用云母钛的珠光光泽和有色物质对部分可见光吸收的光学性能而成为色谱齐全、色泽鲜艳的一类珠光颜料。

德国 Merck 公司生产的 Iriodin® 珠光颜料为外层包覆高折射指数二氧化钛、氧化铁等金属氧化物的珠光颜料，形成高折射指数的金属氧化物，低折射指数的云母晶片及高折射指数的周边介质平行排列的效果，可以产生可视的彩虹颜料。广泛应用于溶剂体系、通用塑料体系和食品包装领域。

通常用作云母基珠光颜料的云母粉为湿法粉碎的白云母粉，其规格一般在 5～140μm，厚 200～500nm 范围，有时根据合成云母珠光颜料颜色不同，也可选用其他湿磨云母粉。云母珠光颜料的制备就是使云母薄片上均匀且致密的包覆一层或多层金属氧化物薄膜。主要有两种制备工艺方式：一种是液相沉积法（如图 14-5 所示），即通过溶液反应，在云母薄片上沉积水合氧化物膜，再经洗涤、烘干及煅烧等后续工艺处理而成；另一种是气相沉积法（如图 14-6 所示），是将云母片在惰性气流中不断搅拌使其充分分散，并加热到 150～400℃，再充入用惰性气体稀释的 $TiCl_4$ 蒸气，使 $TiCl_4$ 吸附在云母薄片上，最后充入含水蒸气的空气，使吸附在云母薄片上的 $TiCl_4$ 蒸气水解成水合 TiO_2，再经过滤、洗涤、烘干、煅烧得到云母珠光颜料。化学沉积法液相包覆制备的云母钛珠光颜料主要有锐钛型和金红石型两种。由于锐钛型云母钛具有较强的光化学活性，经长期自然光（紫外线）的照射，易使漆基发生氧化，产生粉化现象，而金红石型的化学性质比较稳定，能在条件较恶劣的环境下使用。因此，在合成时，希望得到金红石型的云母钛。但是，在化学沉积法合成云母钛时，如果不加入导晶剂则合成的云母钛即使在高达 950℃ 的温度下煅烧，云母表面的 TiO_2 也只能部分转化为金红石型，并且云母在 950℃ 的高温下长时间煅烧会使其片状结构遭到破坏而损坏了颜料的珠光效果，所以合成云母 TiO_2 时必须加入导晶剂，以使云母表面的 TiO_2 在较低的煅烧温度下即可转化为光化学性质稳定的金红石晶型。

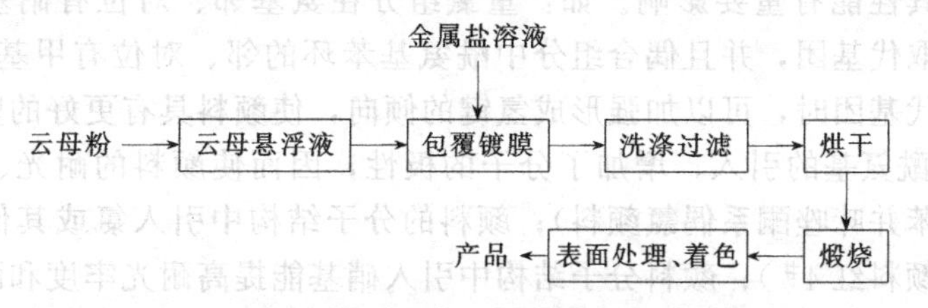

图 14-5　液相沉积法制备云母基珠光颜料工艺流程

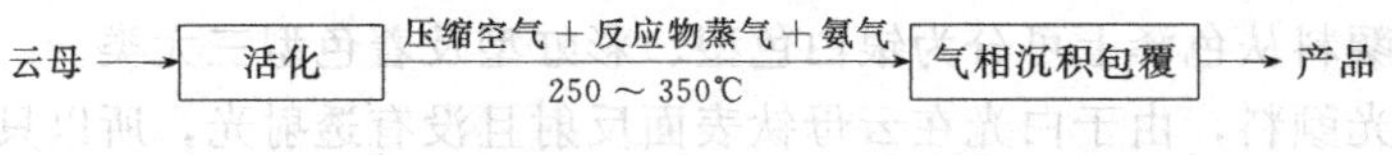

云母 → 活化 →（压缩空气＋反应物蒸气＋氮气；250～350℃）→ 气相沉积包覆 → 产品

图 14-6 气相沉积法制备云母基珠光颜料工艺流程

由于云母珠光颜料的化学性质十分稳定，云母珠光颜料几乎适用于所有热塑性和热固性塑料。在树脂的加工过程中不会变色，不会在树脂系统中析出、起霜或熔化。云母钛珠光颜料是非金属颜料，不与树脂中残留的游离酸、碱、树脂本身的活泼基团发生化学反应，也不与塑料助剂发生反应，因而不会有发生火灾和爆炸的危险。同时云母珠光颜料不会使塑料粒子发生褪色、粉化，而又同样能产生明亮的金属光泽效应和珠光效应。将珠光颜料加入到塑料中，可以使塑料制品呈现金属光泽，同时还具有较高的光稳定性。还有塑料珠光漆等也可使用云母珠光颜料。云母钛珠光颜料在塑料或橡胶中的用量通常都比较低，一般占总重量的0.5%～2%。

14.2.2 有机颜料

有机颜料为不溶性有机物，不溶于水，也不溶于使用他们的各种底物。有机颜料与染料的差别在于它与被着色物体没有亲和力，只有通过胶黏剂或成膜物质才能将有机颜料机械地固着在物体表面，或混在物体内部，使物体着色。有机颜料分子结构中含有不饱和的原子团，具有吸收一定可见光波长的能力，这类不饱和的原子团称发色团。含有发色团的化合物称色原体。发色团主要有以下几种：

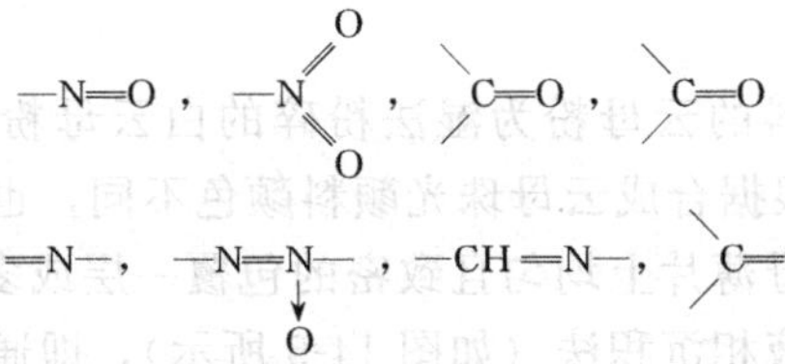

$$-N{=}O\ ,\quad -N(=O)_2\ ,\quad >C{=}O\ ,\quad >C{=}O$$

$$-N{=}N-\ ,\quad -N{=}N(\rightarrow O)-\ ,\quad -CH{=}N-\ ,\quad >C{=}C<$$

如果色原体的结构中同时含有另外一些叫做“助色团”的基团，就成为染料。助色团有时也能加深颜色。常见的助色团有以下几种：

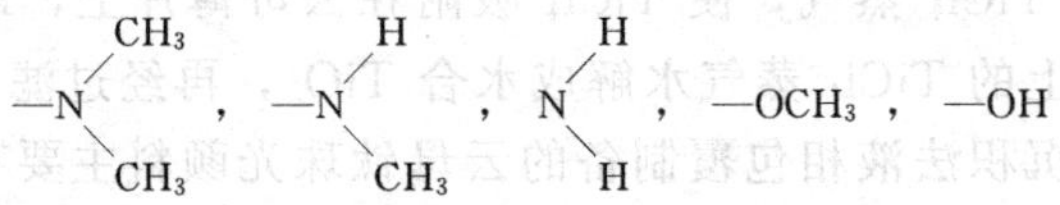

$$-N(CH_3)_2\ ,\quad -N(H)(CH_3)\ ,\quad -NH_2\ ,\quad -OCH_3\ ,\quad -OH$$

同一物质，如果结晶结构不同，也可能具有不同的颜色。

有机颜料按照结构可以分为偶氮颜料、酞菁颜料、多环颜料和三芳甲烷颜料等，但其中用量比较大的是偶氮颜料和酞菁颜料，以下重点加以介绍。

14.2.2.1 偶氮颜料

偶氮颜料是化学结构中含有偶氮基（—N＝N—）的有机颜料，根据偶氮基（—N＝N—）的不同偶氮颜料又可分为单偶氮、双偶氮和多偶氮等类型。偶氮颜料分子中不同基团的相互作用，对其性能有重要影响。如：重氮组分在氨基邻、对位有硝基、碳酸基、羧酸基、氯基等负性取代基团，并且偶合组分中酰氨基苯环的邻、对位有甲基、乙基、甲氧基、乙氧基等正性取代基团时，可以加强形成氢键的倾向，使颜料具有更好的坚牢度（如耐晒黄G）；酰胺基、磺酰氨基的引入，增加了分子的极性，因而使颜料的耐光、耐溶剂、耐置移性得到改进（如苯并咪唑酮系偶氮颜料）；颜料的分子结构中引入氯或其他卤素可提高耐光和耐溶剂性（如颜料红4#）；颜料分子结构中引入硝基能提高耐光牢度和耐溶剂性（如颜料红1#）。

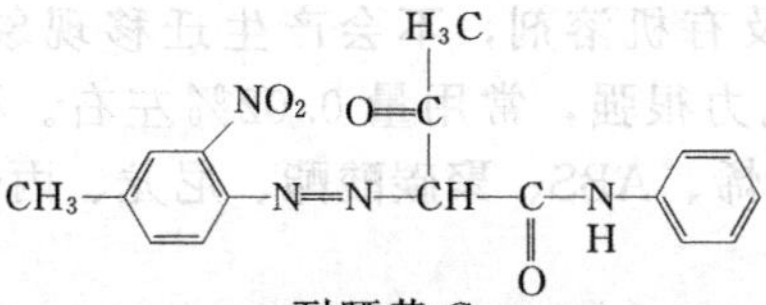

耐晒黄 G

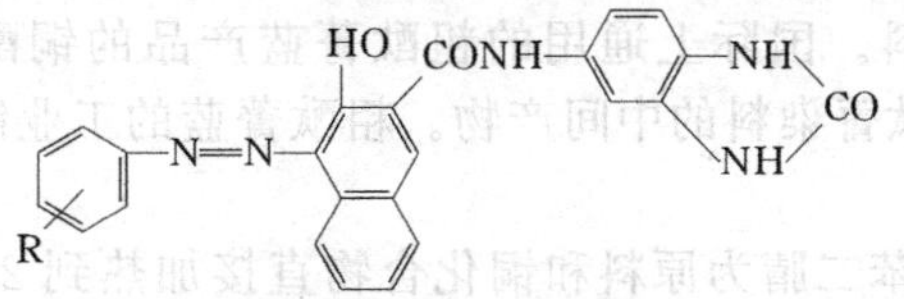

苯骈咪唑酮系偶氮颜料

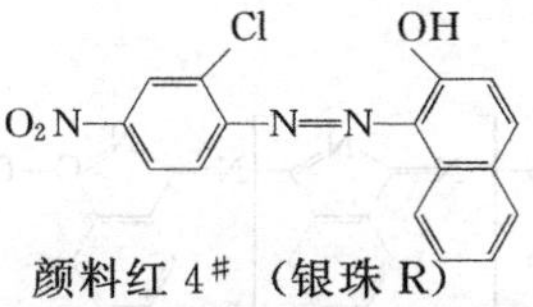

颜料红 4#（银珠 R） 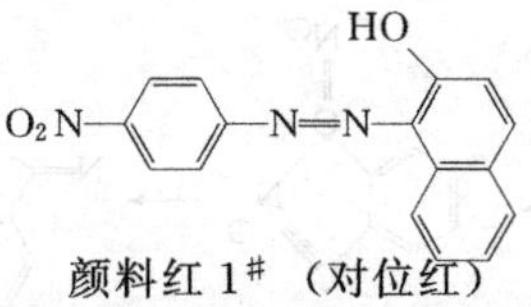　　颜料红 1#（对位红）

偶氮颜料的制备方法一般是采用重氮化-偶合反应。芳香族伯胺为第一组分，与伯胺的重氮盐偶合的为第二组分。以耐晒黄 G 为例其具体的合成路线如下：

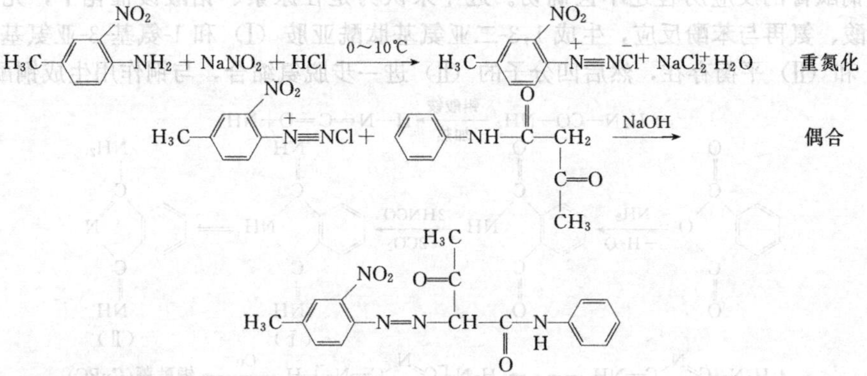

重氮化

偶合

14.2.2.2　酞菁类颜料

由四个吡咯核结构组成具有⊞结构的颜料，一般含有铜、锌、铅、锰等金属原子的有机络合物，也由不含金属原子的。这类颜料不溶于有机溶剂，对化学药品稳定，着色力强，有极高遮盖力，耐热、耐光性能十分优良，成本低廉，是橡塑着色中应用最为广泛的有机颜料。代表品种有酞菁蓝和酞菁绿。

(1) 酞菁蓝

酞菁蓝主要是细结晶的铜酞菁。它具有鲜明的蓝色和耐光、热、酸、碱和化学溶剂的优良性能，着色力强。产品有两种结晶形态，即 α 型、β 型。α 为红光蓝，β 为绿光蓝，β 型较 α 型更为稳定。

酞菁蓝的结构较为复杂，如下所示：

酞菁蓝不溶于水、酒精及有机溶剂，不会产生迁移现象，耐酸、碱性强，耐热性达200℃，耐晒7～8级，其着色力很强，常用量0.02%左右。可用于多种塑料制品的着色，如聚烯烃、聚氯乙烯、聚苯乙烯、ABS、聚碳酸酯、尼龙、丙烯酸树脂、酚醛、环氧、氨基塑料以及纤维素塑料等。

无论用何种方法制得的粗酞菁蓝都是β型。由于结晶粗大（～100μm），纯度低，必须经过颜料加工才能成为颜料。国际上通用的粗酞菁蓝产品的铜酞菁的含量为92%～95%，是制造酞菁蓝、酞菁绿和酞菁染料的中间产物。粗酞菁蓝的工业制造方法主要有两种：邻苯二腈法；苯酐-尿素法。

① 邻苯二腈法　以邻苯二腈为原料和铜化合物直接加热到250～300℃，或者在惰性溶剂中加热180℃缩合生成铜酞菁，其反应历程如下：

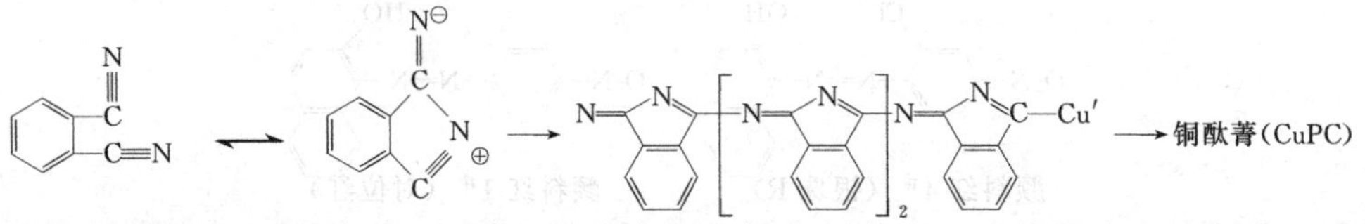

→ 铜酞菁(CuPC)

② 苯酐-尿素法　将苯酚、尿素和铜化合物在催化剂存在下的惰性有机溶剂中，或者过量尿素中加热缩合生成铜酞菁。

生成铜酞菁的反应历程还不甚确切。近年来认为是在尿素、钼酸铵催化下，先生成异氰酸。异氰酸、氨再与苯酚反应，生成1,3-二亚氨基肽酰亚胺（Ⅰ）和1-氨基-3-亚氨基肽酰亚胺（Ⅱ），（Ⅰ）和（Ⅱ）平衡存在，然后四分子的（Ⅱ）进一步脱氨缩合，与铜作用生成铜酞菁。

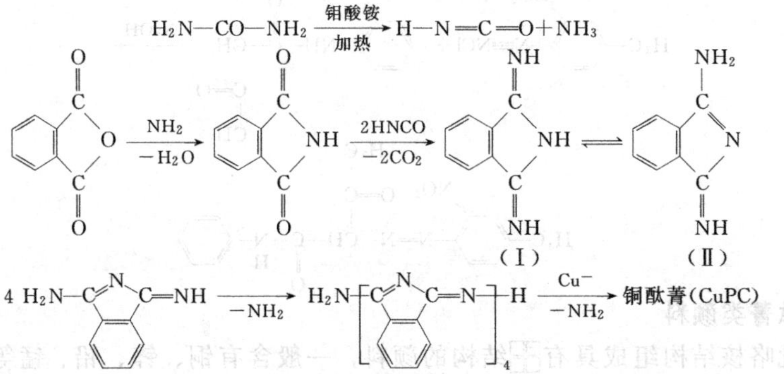

$$H_2N—CO—NH_2 \xrightarrow[\text{加热}]{\text{钼酸铵}} H—N=C=O + NH_3$$

$\xrightarrow[-H_2O]{NH_2}$　$\xrightarrow[-2CO_2]{2HNCO}$　（Ⅰ） ⇌ （Ⅱ）

$4\ H_2N—\ldots=NH \xrightarrow{-NH_2} H_2N[\ldots]_4H \xrightarrow[-NH_2]{Cu^-}$ 铜酞菁(CuPC)

(2) 酞菁绿

铜酞菁外围的氢原子可为其他取代基所取代。铜酞菁的多卤代产物即是酞菁绿，其性质与酞菁蓝相仿，是色彩鲜明、各项坚牢度优良的高级绿色颜料。

铜酞菁外围氢原子可被16个卤素原子所取代，但实际上第16个卤原子很难引入。卤素多为氯、溴，当14～15个氯原子取代铜酞菁的氢原子时，是一蓝光绿，即颜料绿（颜料绿7），其结构示意为（CuPc）$Cl_{14\text{-}15}$，若以部分溴原子取代氯原子后，颜料颜色变浅，若溴原子数为4～5个时，为略带黄光的绿色；若溴原子数为11～12个时，则为色相纯净的黄光绿。酞菁绿的结构如下所示。

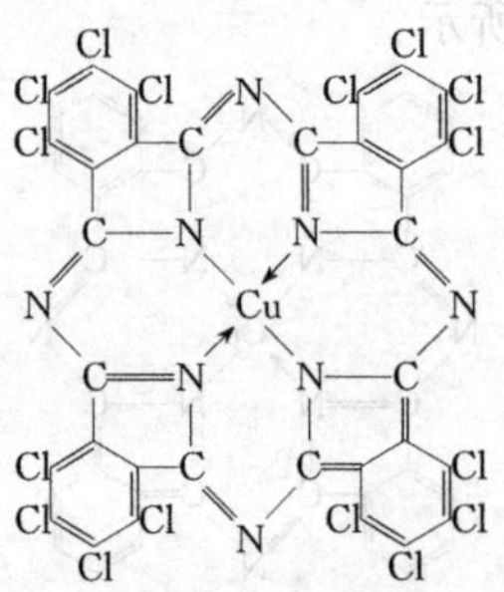

14.2.3　染料

染料是一种能溶解在水、溶剂和油脂中的色素，色调鲜明。但大多数染料的耐热性、耐候性较差。由于存在迁移性问题，只能用在丙烯酸酯类、硬聚氯乙烯、聚碳酸酯等少数几种塑料中。并且以蒽醌染料的应用最为广泛。

蒽醌染料是由一个或多个碳基和至少包含三个环的共轭体系相连接。有两种方法生产包含三个环的蒽醌染料，或用苯系衍生物和邻苯二甲酸酐缩合，或采用蒽的氧化来制备。以还原黑 25 为例其具体的制备过程如下：

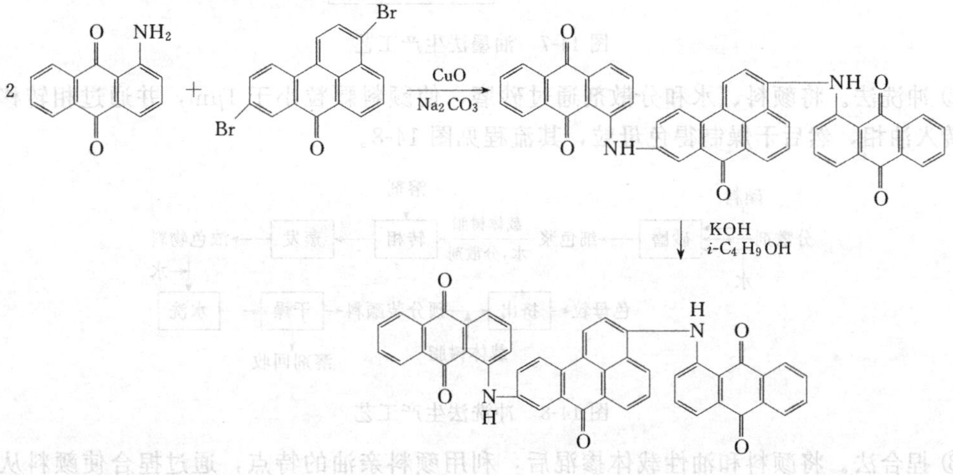

14.2.4　色母粒

色母粒是将颜料或者染料经过混炼设备超微处理，并均匀分散于载体树脂中而制得的聚集体，从而保证其在使用过程中有良好的分散性，所得制品色泽均匀。使用色母粒的优越性主要体现在以下几个方面。

① 保持化学稳定性。色母粒是将颜料或染料分散于载体树脂之中，因此，可避免颜料或染料及其他助剂与空气的接触，防止因氧化和受潮所引起的色质变化。

② 使用方便、无污染、节省原料。使用色母粒时可将其直接与塑料原料混合加工，无粉尘飞扬，没有污染，颜料或染料可以得到均匀和充分的利用，减少贮料，节约能耗，适用于自动化连续生产。

③ 简化工艺，提高制品质量。由于色母粒在树脂中的分散性提高，所以可以提高塑料制品的内在质量和外观质量。

14.2.4.1　色母粒的分类

（1）按载体树脂分类

按色母粒中所用载体树脂的种类不同，可将色母粒分为：①聚烯烃色母粒，适用于聚乙烯、聚丙烯制品的着色；②ABS 色母粒，专用于 ABS 制品；③苯乙烯色母粒，适用于聚苯乙烯类制品；④聚氯乙烯色母粒，用于聚氯乙烯制品；⑤其他各类以专用树脂为载体的色母粒；⑥通用色母粒，又称万能色母粒，适用于各种塑料制品的着色。

（2）按加工方式及制品用途分类

①注塑级色母粒；②挤出级色母粒；③纤维色母粒；④通信电缆色母粒；⑤涂膜色母粒；⑥渔网色母粒；⑦各种功能色母粒。

14.2.4.2　色母粒的制备

① 油墨法。该方法采用油墨色浆的生产方法，将聚乙烯低分子蜡、白油、液体石蜡，通过三辊研磨机研磨，使之在颜料表面包覆一层低分子保护层。其流程见图 14-7。

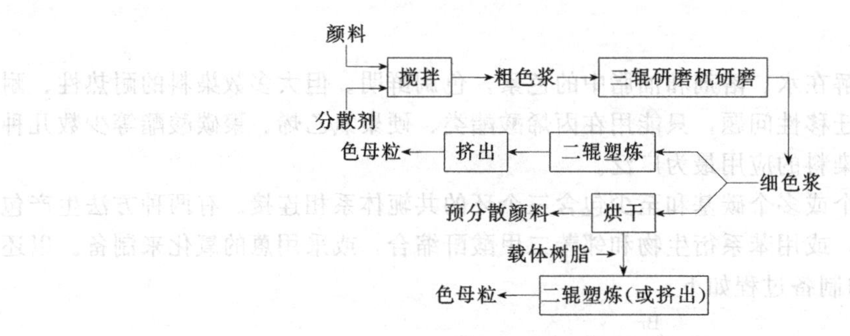

图 14-7　油墨法生产工艺

② 冲洗法。将颜料、水和分散剂通过砂磨，使颜料颗粒小于 1μm，并通过相转移法使颜料转入油相，然后干燥制得色母粒，其流程见图 14-8。

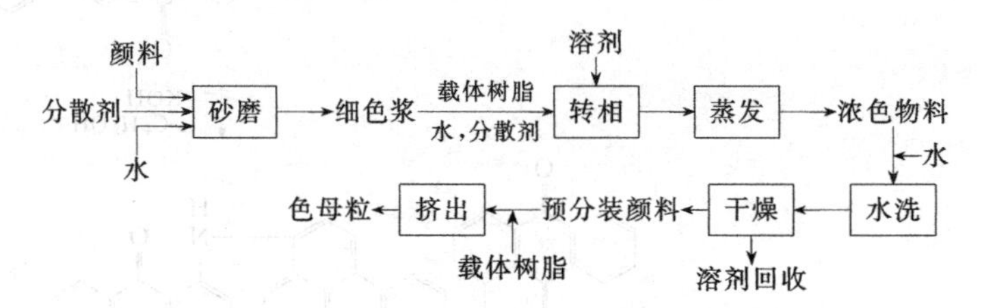

图 14-8　冲洗法生产工艺

③ 捏合法。将颜料和油性载体掺混后，利用颜料亲油的特点，通过捏合使颜料从水相中冲洗进入油相。同时，油相载体又将颜料表面覆盖，使颜料达到稳定分散。工艺流程见图 14-9。

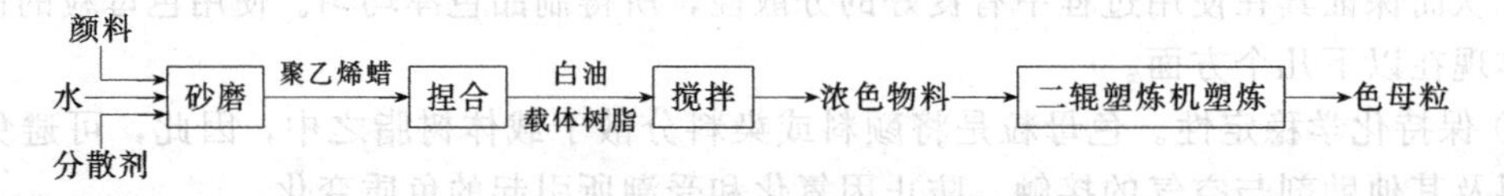

图 14-9　捏合法生产工艺

④ 金属皂法。颜料经过研磨后精度达到 1μm 左右时，在一定温度下加入皂液。使每个颜料颗粒表面被其润湿。当金属盐溶液加入后与在颜料表面的电化层起化学反应，生成保护层，使得颜料颗粒不会再重凝聚，从而达到分散的目的。工艺流程见图 14-10。

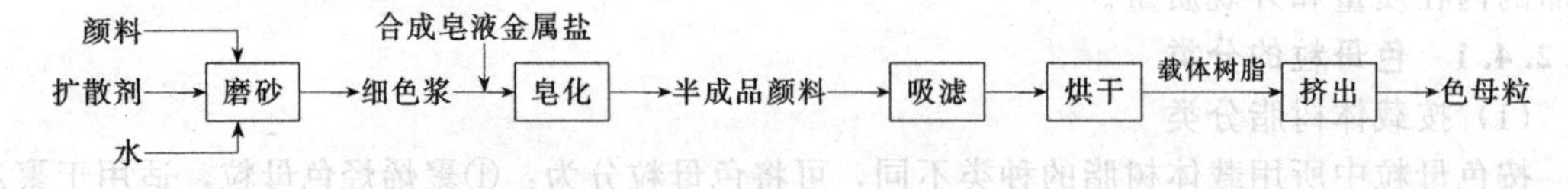

图 14-10　金属皂法生产工艺

14.3　着色剂的应用性能

由于塑料配方很复杂以及其具体的应用条件不同，因此对于着色剂的选择必须根据最后加工条件下具体的、个别的配方来确定。

着色剂性能的评价在多数情况下是通过视觉来完成的。肉眼和经验是进行比较的最好方法，并且其评价主要从以下几个方面进行。

① 着色力和遮盖力。所谓着色力，就是着色剂以其本身的色彩来影响整个混合物颜色

的能力。着色力愈大，着色剂用量愈少，着色成本愈低。遮盖力最初是指颜料用在涂料中时，它对被涂覆物表面所起的遮盖作用。着色剂用在塑料和橡胶制品中时，遮盖力的含义是指它阻止光线穿透制品的能力。遮盖力愈大，透明性愈差。

② 分散性。着色剂在聚合物中必须比较容易地以微小的粒子状态均匀地分散，才能得到优良的着色效果。溶剂染料分散较易，但是颜料的分散是一个难题，颜料不仅要进行表面加工即颜料化，还经常要借助于分散剂。

③ 耐热性。塑料和橡胶的成型是较长时间的热加工过程，在这个过程中，着色剂应不因受热而变色、褪色或升华。

④ 耐候性。对于长期在户外使用的橡胶制品，耐候性是选择着色剂的重要依据。着色剂的耐候性有两个方面，一是着色剂本身的耐光性（耐晒性），二是着色剂对耐候性的影响。

⑤ 耐迁移性。着色剂的迁移情况有三种：①溶剂抽出，即在水和有机溶剂中渗色；②接触迁移，造成对相邻物体的污染；③表面喷出，着色剂的迁移性是与它的溶解性能相关的。无机颜料不溶于聚合物，也不溶于水和有机溶剂，它们在聚合物中的分散是非均相的，不会产生上面各种迁移现象。相反，有机颜料在聚合物和其他有机物中都有程度不同的溶解度，比较容易发生迁移。有机颜料迁移的难易，与聚合物和其他添加剂（特别是增塑剂和软化剂）的种类有关。

⑥ 化学稳定性。着色剂的化学稳定性主要是指它们的耐酸、耐碱性，耐氧化还原性，耐硫化性等。这些性能与着色剂的应用也有密切关系。

⑦ 电气性能。即氯乙烯、聚乙烯等塑料大量用作电线电缆的绝缘层或护套，要求着色后其电绝缘性下降不大。炭黑、钛白、铬黄、酞菁蓝等颜料的电气性能较好。

无机颜料、有机颜料和溶剂染料三类着色剂的一般性能比较如表 14-2。

表 14-2　无机颜料、有机颜料和溶剂染料三类着色剂的一般性能比较

性能	无机颜料	有机颜料	溶剂染料	性能	无机颜料	有机颜料	溶剂染料
色相	不鲜明	鲜明	鲜明	耐热性	好	差	差
着色力	小	大	大	耐迁移性	好	差	差
遮盖力	大	小	小	耐溶剂性	好	差	差
分散性	差	好	好	耐药品性	好	差	差
耐光性	好	差	差				

14.4 着色剂的选择

从化学的角度，塑料着色剂可分为：无机的白色和彩色颜料；有机颜料；聚合物可溶的有机着色剂染料；碳质颜料炭黑、石墨；无机效果颜料，如鳞片状金属、云母基珍珠效果颜料。其主要的特性如表 14-3 所示。

针对一种具体的聚合物及目的应用，着色剂的选择可遵循以下原则。

第一，根据所需颜色和效果，并考虑是否需透明，以及对某些光选择/反射的要求。

第二，根据聚合物的种类和加工技术必需的一些要求，以及是否与配方中其他添加剂有相互作用。

第三，根据所提供的最终产品性能的要求，包括遵守日常消费品、食品包装材料和玩具等领域有关着色的相关法规。

近年来，以下两个方面的发展刺激了塑料加工业对着色剂的需求。首先，许多聚合物合

表 14-3 塑料着色剂的一般特性

性质	无机颜料		有机颜料和染料			特别效果颜料
	黑白	彩色	单偶氮颜料	高性能偶氮、稠环和酞菁染料	可溶于聚合物的染料	
色彩强度	高	中等偏低	好～优良	好～优良	好～优良	低
遮盖力	高	高	中等	低～中等	低	低～中等
耐热性	优良	220～360℃	220～260/280℃	240～340℃	240～360℃	低～中等 200～360℃
耐光性	高～优良	中等～优良	低～好	好～优良	低～好	一般～优良
耐候性	好～优良	好～优良	低～中等	中等～优良	低～优良	中等～优良
耐迁移性	优良	优良	中等～优良	一般～优良	低～中等	低～中等
分散性	一般～好	一般～好	适当	适当	优良	一般～好

金和混合物的发展，以及几乎所有聚合物不断加快的加工速度意味着着色剂必须满足加工过程中对颜色和热稳定性越来越苛刻的要求（染料的抗升华性，有机颜料的不溶解性）。第二，含有某些重金属的颜料，主要是镉、铅、汞和六价铬，受到越来越多的来自健康、安全、环保方面的限制，正逐渐地被替代。

14.5 材料着色方法

塑料和橡胶的着色可以分为表面着色和整体着色两种。表面着色是对成型制品表面进行描绘、印刷、喷涂等着色装饰，属于制品的二次加工。这里主要讨论整体的着色。

整体着色是将着色剂混入到树脂和生胶中去，最终均匀地分散于制品整体的各个部分。橡胶着色时，着色剂在混塑时与其他助剂同时或先后加入胶料中，所得之着色混炼胶经过成型加工和硫化制成着色成品。塑料的着色就有不同的方法，也比较复杂。目前常用的方法有干法着色、糊状着色剂着色、色粒着色、色母粒着色等。下面对塑料的着色方法加以介绍。

(1) 干法着色

通常指把粉状着色剂经过准确计量以后，使之与塑料混合均匀，混合后的混合物直接送到成型设备中，制取有色制品的方法。干法着色是最简单、成本最低的一种塑料着色方法。操作简便，容易实施，设备价廉易得，投资省，上马快。缺点是粉尘飞扬，操作环境差，着色剂的分散效果不理想，难以达到高分散的要求。

(2) 糊状着色剂着色

糊状着色的步骤与前述干法着色相同，但所使用的着色剂是糊状的。糊状着色剂通常是将色料分散到增塑剂或者液态树脂中制得的糊状物。它与干法着色的根本区别在于着色剂与塑料混合以前，先与液态的着色助剂混合并经过研磨加工，制成糊状物，用此糊状着色剂比较细腻，而且由于有着色助剂的加入，分散效果较好，不易在成型加工过程中产生色料粒子凝聚的弊病。操作环境好，缺点是计量不方便，工序增加，投资和成本高于干法着色。

(3) 色粒着色

本法通常是先采用干法着色或糊状着色剂着色方法的步骤，制取塑料与着色剂的混合物，再将此混合物经塑炼，制得着色粒子，然后供成型设备制取塑料制品。主要优点是分散性和分配性好，缺点是着色工艺步骤较多，成本、投资大。

(4) 色母粒着色

色母粒着色是先制得高浓度的有色粒料——色母粒，然后将色母粒与需要着色的本色塑料混合均匀后，直接成型制成塑料制品。主要优点是分散性高，使用方便，有助于减少塑料制品的色差，劳动条件好，省时省工。目前广泛适用于热塑性塑料，是未来着色的发展趋势。

参 考 文 献

1　汪多仁．彩色珠光颜料的开发与应用．塑料助剂，2003（6）：13-20
2　周春隆．塑料着色剂的特性与进展（二）．上海染料，2003，1：39-45
3　汉斯·茨魏费尔．塑料添加剂手册．北京：化学工业出版社，2007，549-592
4　吴绍祖．实用精细化工．兰州：兰州大学出版社，1993，321-391
5　陶刚．塑料着色剂的性能及应用．塑料科技，2007，（35）（2）：80-83
6　荣建丰、郎建峰．着色型云母珠光颜料的国内外研究进展．现代涂料和涂装，2009，12（3）：46-49
7　张瞻利．汽车涂料用珠光颜料和其动向．上海涂料，1997，164：36-39
8　王忠法．塑料着色入门．杭州：浙江科学技术出版社，2004，85-135
9　郭宇靖，王瑞国．珠光颜料在涂料中的应用．河北化工，2008，31（9）：38-39
10　着色剂—钛白粉的生产工艺．聚合物与助剂，2008，5：48-49
11　塑料行业中钛白粉的具体应用介绍．聚合物与助剂，2009，（1）：44
12　和涛．钛白粉的生产方法及主要改性技术．科学之友，2008，10：34-35
13　程侣柏．精细化工产品的合成与应用（第二版）．大连：大连理工大学出版社，1987，316-319
14　孔志平．钛白粉的表面处理及其在塑料色母粒中的应用．北京化工大学．硕士学位论文，2006．8-14．
15　任定高．云母基珠光颜料的制备及应用研究．北京科技大学硕士学位论文，2007．3-7
16　吴军，辛忠，戴干策．云母钛合成中 Sn^{4+} 导晶行为的研究．材料科学与工程，1998．16（2）：35-38
17　辛忠，吴军，戴干策．液相化学沉积法制备云母钛珠光颜料．华东理工大学学报，1998．23（2）：332-338

第15章　荧光增白剂

荧光增白剂（Fluoresent whitening agents，FWA）是一种无色的有机化合物，它能吸收人的肉眼看不到的近紫外光（波长范围300～400nm），再发射出可见的蓝紫色荧光（波长范围420～480nm）。荧光增白剂能显著地提高被作用物（底物）的白度和光泽，所以被广泛地应用于纺织、造纸、塑料及合成洗涤剂等工业。荧光增白剂也可以被看作是一种白色染料，或者是白色的荧光染料，利用荧光给予视觉器官以增加白度的感觉。

从20世纪初，人们发现，荧光化合物6,7-二羟基香豆素在紫外线下能发蓝色荧光，到以4,4-二氨基二苯乙烯-2,2′-二磺酸为母体的二苯乙烯类荧光增白剂的工业化，才真正进入荧光增白剂的生产和应用阶段。

目前，荧光增白剂的品种较广，广泛应用于合成洗涤剂、纺织、造纸和塑料工业等。全世界生产的荧光增白剂化学结构基本类型约有15种以上，近400种结构的化合物，商品牌号超过3000个。中国现阶段生产的荧光增白剂约30个品种，年产量数万吨。

15.1　荧光增白剂增白机理

一般而言，当紫外光照射到某些物质的时候，这些物质吸收紫外光后会发射出各种颜色和不同强度的可见光，而当紫外光停止照射时，这种光线也随之很快消失，这种光线称为荧光。荧光增白剂是能吸收日光或其他光源中的紫外线，发出蓝～紫色荧光，使物料产生增白效果的物质。

荧光增白剂自身无色，在织物上不但能反射可见光，同时还能吸收日光中的紫外光而发射波长为415～466nm的紫色荧光，正好同织物原来反射出的黄色光互为补色，增加而成白色，使织物具有明显的增白感。由于荧光增白剂发射荧光，使织物总的可见光率较原来增大，故也提高了白度，使织物更悦目。荧光增白剂用于浅色织物，也同样使亮度增加而起增艳作用。荧光增白剂是利用光学上的补色作用来增白，因此，又可称为光学增白剂。

对于具体材料而言，其主要在天然日光的蓝光谱区域吸光，从而呈现不同程度的黄色，如图15-1(a)，为了使材料亮泽，可以采用添加少量蓝色颜料的方法，这样由于提高了蓝光的反射材料的黄色得以抵消，因而显得较白，但是被反射光的总量减少了，如图15-1(b)，导致材料发暗。而荧光增白剂由于在波长约为360～380nm范围内可吸收不可见的紫外辐射，并将其转变为波长较长的光，再重新发射为可见的蓝光或紫光。这样显著，材料的黄光就被抵消了。而且，与原有的情况相比，在400～600nm波长范围内，被反射的可见光显著增加，使材料显得更白、更亮和更有光泽，如图15-1(c)。

各种荧光增白剂因其化学结构不同，其发射的最大荧光波长有所不同，因而荧光色调也不同。最大荧光波长在415～429nm之间者呈紫色调，在430～440nm之间者呈蓝色调，在441～466nm之间者呈带绿色的蓝光，因此用荧光增白剂增白的织物上的白度有偏红、偏青等不同色调，必要时还可用颜料或染料加以校正。荧光增白剂一般对紫外线较敏感，所以用荧光增白剂处理过的产品，长期在阳光下曝晒，则会因荧光增白剂的逐渐破坏而白度减退。

荧光增白剂的增白效果只是光学上的增亮补色，并不能代替化学增白。因此，含有色素的纤维，如原棉织物，若不经漂白，就用荧光增白剂处理，则不能获得增白效果。

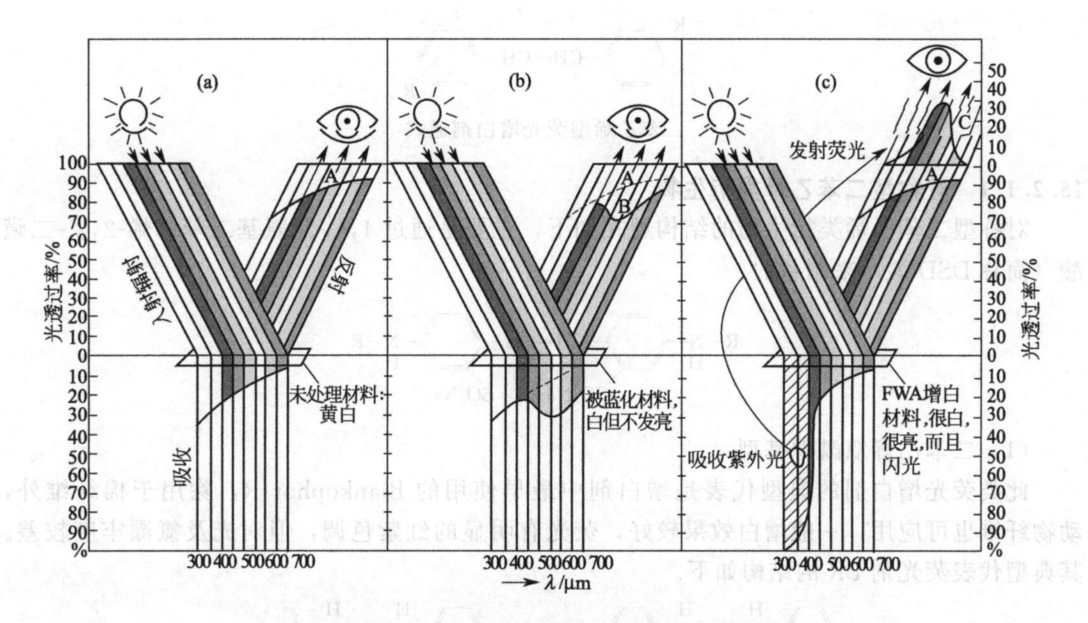

图 15-1　日光在白色表面的被吸收和被反射

(a)未处理的材料：主要吸收蓝光，材料显黄光（蓝色缺失）；

(b)被蓝化的材料：进一步吸收黄-绿光而抵消黄色；

(c)被增白的材料：反射增强＋荧光，黄色被补偿＋过量的蓝光

虽然许多有机化合物能产生荧光，但有实用价值的荧光增白剂，除了能吸收紫外线而发出紫色光的荧光和具有较高的荧光效率为必要之外，还必须是：本身无色或接近无色，对纤维具有良好的亲和力、溶解性或分散性好，具较好的耐洗、耐晒和耐熨烫的牢度；用于塑料制品的要耐热、相容性好、不渗出、不析出等。

15.2　荧光增白剂的分类及典型实例

人们在长期的实践和认识自然的过程中逐步了解各种基质（如纤维等）的性能、特点、结构。随着荧光增白剂类型、品种的不断增多，人们经归纳总结，对于目前《染料索引》所登录生产的近 400 个荧光增白剂品种，从不同的着眼点出发，对其进行了分类，本节主要以化学结构为分类基础，介绍典型荧光增白剂实例。

作为荧光增白剂，其分子都具有由 π 电子形成的平面共轭体系，结构如下：

—C═C—C═C—C═C 或 —N═C—C═N—C═C—

此两类结构的化合物吸收紫外线后，电子从基态跃迁到激发态，在极短时间内又回到基态，可放出波长为 420～450nm 的荧光。根据 1982 年“染料索引”收录的 359 种荧光增白剂，有一定实用价值的 FWA 按照化学结构可分为二苯乙烯型、香豆素型、苯并噁唑型、苯二甲酰亚胺型、吡唑啉型五大类。

15.2.1　二苯乙烯型荧光增白剂

二苯乙烯型荧光增白剂是以二苯乙烯为母体的各种衍生物。因为左右两端的苯环上可以连接相同或不同的基团，使二苯乙烯的共轭体系增大。分子结构的不同，其荧光效果也发生变化，所以这类荧光增白剂的品种比较多。根据左右两端取代基结构可以分为对称型和不对称型两种。

$$R'-C_6H_4-CH=CH-C_6H_4-R$$

二苯乙烯型荧光增白剂通式

15.2.1.1 对称型二苯乙烯类衍生物

对称型二苯乙烯类衍生物的结构通式如下，主要是通过4,4'-二氨基二苯乙烯-2,2'-二磺酸（简称DSD酸）来制备的。

$$R-NH-C_6H_3(SO_3Na)-CH=CH-C_6H_3(SO_3Na)-NH-R$$

(1) 二苯乙烯双酰脲基型

此类荧光增白剂的典型代表是增白剂中最早使用的Blankophor R，除用于棉纤维外，动物纤维也可应用，一般增白效果较好，荧光有明显的红紫色调，但对光及氯漂牢度较差。其典型代表荧光剂BR的结构如下。

$$C_6H_5-NH-CO-NH-C_6H_3(SO_3Na)-CH=CH-C_6H_3(SO_3Na)-NH-CO-NH-C_6H_5$$

具体合成路线如下：

$$CH_3C_6H_4NO_2 + H_2SO_4\cdot SO_3 \xrightarrow[\text{磺化}]{105\sim110℃} CH_3C_6H_3(SO_3H)NO_2$$

$$2\ CH_3C_6H_3(SO_3H)NO_2 + O_2 \xrightarrow[\text{氧化，脱水}]{NaOH,\ FeSO_4} O_2N-C_6H_3(SO_3H)-CH=CH-C_6H_3(SO_3H)-NO_2 + H_2O$$

$$2\ O_2N-C_6H_3(SO_3H)-CH=CH-C_6H_3(SO_3H)-NO_2 \xrightarrow[\text{还原}]{Fe,\ H_2O} H_2N-C_6H_3(SO_3Na)-CH=CH-C_6H_3(SO_3Na)-NH_2$$

$$H_2N-C_6H_3(SO_3Na)-CH=CH-C_6H_3(SO_3Na)-NH_2 + 2\ C_6H_5-NCO \longrightarrow$$

$$C_6H_5-NH-CO-NH-C_6H_3(SO_3Na)-CH=CH-C_6H_3(SO_3Na)-NH-CO-NH-C_6H_5$$

(2) 二苯乙烯双酰氨基型

此类荧光增白剂是酰脲基的改进产品，取代酰氨基可以是苯酰氨基、苯氧乙酰氨基和萘甲酰氨基，大部分用于纤维素纤维增白。例如Tinopal SP：

$$H_3C-C_6H_3(OCH_3)-CONH-C_6H_3(SO_3Na)-CH=HC-C_6H_3(SO_3Na)-NHCO-C_6H_3(OCH_3)-CH_3$$

(3) 二苯乙烯双三氮唑型

此类荧光增白剂是DSD酸与三聚氰胺的缩合物，再与不同的氨基化合物反应，所得产物对棉纤维具有较高的亲和力。结构通式为：

主要代表品种有 VBL 及 DMS。其中 VBL 主要用于纤维素纤维和织物及纸张的增白、黏胶制品的增白、浅色纤维素织物的增白等，在洗涤剂及水性涂料中也有应用，使用范围也正日益扩大。随着我国人民生活水平的提高，对纸张的需求量逐年增大，所以说 VBL 在造纸行业的市场前景是极其广阔的。DMS 是性能优异、增白效果很强的纤维素纤维用增白剂。它具有不泛黄、耐高温、耐碱、耐氯漂、耐氧漂、耐光好的优点。

VBL：R′ ＝—NH—⟨苯环⟩，R″ ＝—$NHCH_2CH_2OH$

DMS：R′ ＝—NH—⟨苯环⟩，R″ ＝—N⟨吗啉环⟩O

以 VBL 为例其合成路线如下：

对硝基甲苯 + $H_2SO_4 \cdot SO_3$ —(105～110℃，磺化)→ 4-硝基甲苯-2-磺酸

2 4-硝基甲苯-2-磺酸 + O_2 —(NaOH，$FeSO_4$；氧化，脱水)→ 4,4′-二硝基二苯乙烯-2,2′-二磺酸 + H_2O

2 4,4′-二硝基二苯乙烯-2,2′-二磺酸 —(Fe，H_2O；还原)→ 4,4′-二氨基二苯乙烯-2,2′-二磺酸钠

4,4′-二氨基二苯乙烯-2,2′-二磺酸钠 + 2 三聚氯氰 —(Na_2CO_3，0～5℃；一次缩合)→ —(2 苯胺，30℃；二次缩合)→ —($H_2NCH_2CH_2OH$，100～110℃；三次缩合)→

荧光增白剂 VBL

15.2.1.2　不对称型二苯乙烯类衍生物

不对称型二苯乙烯类衍生物是将酰脲基、酰氨基和三氮唑基按不同比例相互配合，或以 4-氨基二苯乙烯磺酸单侧取代所获得的荧光增白剂，以二苯乙烯的萘并三氮唑衍生物的品种最多。其结构通式如下：

15.2.2 香豆素型荧光增白剂

香豆素是香豆素类荧光增白剂的基本结构，在3-位、7-位或3，7-位引入不同的取代基可制得具有不同增白强度、荧光色调、耐光牢度和应用性能的荧光增白剂。其中以3，7-位取代衍生物构成的荧光增白剂的白度高、耐光性能优良、增白后的制品不带蓝光或红光，制品外观更悦目，具有更高的商业价值，广泛应用在纺织印染业和塑料加工业，国内市场潜力比较大。本节主要介绍3，7位取代基的香豆素型荧光增白剂。

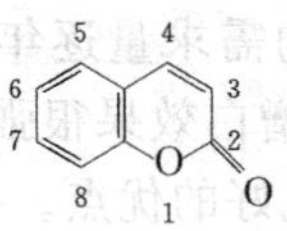

香豆素结构通式 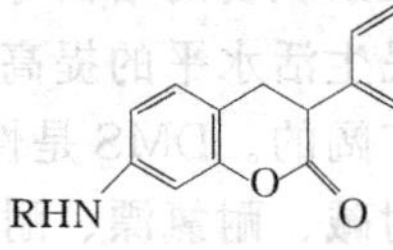　　3-苯基-7-氨基香豆素结构通式

苯基香豆素类荧光增白剂具有优良的耐光性，是当前合成纤维使用的重要增白剂品种。其中3-苯基-7-氨基香豆素不仅是其中的典型代表，而且是进行3，7位取代基取代香豆素类荧光增白剂的重要中间体。其具体的合成路线如下。

$H_2NCH_2CH_2OH$

$NHCONHCH_2CH_2OH$

$H_2NCH_2CH—N(CH_3)_2$

$NHCONHCH_2CH_2N(CH_3)_2$

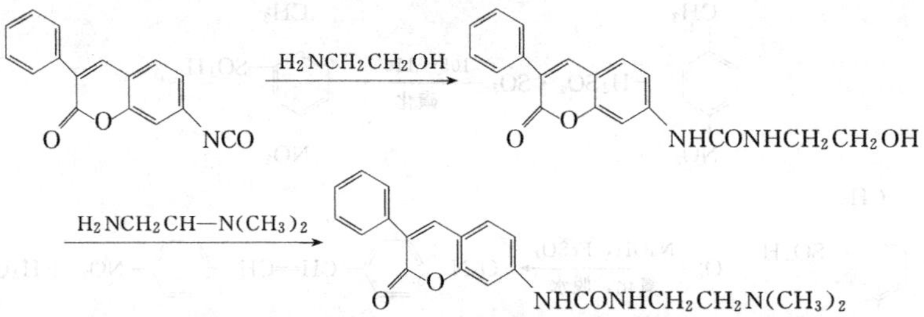

以3-苯基-7-氨基香豆素为主要原料可合成多种性能优异的荧光增白剂，其中荧光增白剂EGM是一种毒性小，耐热性好，具有良好的高温稳定性（耐热温度大于350℃），较高的耐晒、耐升华牢度，在乙二酯气体中挥发性很低的增白剂。这些特点使该产品适用于涤纶、醋酸纤维、尼龙等纤维的增白，也适用于聚酯树脂的原液增白，还能用于各种塑料，如聚氯乙烯、聚乙烯、聚苯乙烯、聚氨酯等的增白。另外该产品的用量极少，如用于纺丝，用量仅为纺丝料干重量的 $(50\times500)\times10^{-6}$ 就可得到良好的增白效果。用于聚氯乙烯塑料的增白中，透明材料用量为0.005%，非透明材料用量为0.01%～0.015%，即能获得优良的增白效果。其具体的合成路线如下：

重氮化

SO_3Na　NH_2　N_2^+

偶合　$Cu(CH_3COO)_2+Py$

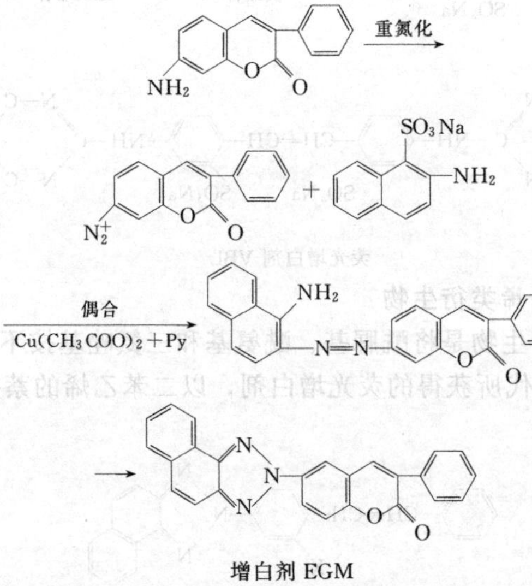

增白剂EGM

15.2.3　苯并噁唑型荧光增白剂

这类荧光增白剂也称苯并氧氮茂型增白剂，又可分为对称结构和不对称结构。对称型苯并噁唑荧光增白剂广泛用于聚酯纤维以及纺丝液的增白；不对称型苯并噁唑荧光增白剂具有更好的增白效果，应用于聚酯、聚酰胺纤维等，具有良好的耐晒、耐热、耐氯漂和耐迁移等性能。代表性的结构如下：

DT　OB　OB-1　KCB

其中 OB-1 是颇受欢迎的苯并噁唑型荧光增白剂优良品种，其具有无毒、良好的化学稳定性、优异的耐热性和光稳定性，已广泛用于塑料和纺织工业，在感光方面也有较多应用。OB-1 的合成路线如下：

CH_3OHHCl，5～10℃；$CH_3COOC_2H_5$，回流

$NaOC_4H_9$，DMF，10～20℃

增白剂 OB-1

苯并噁唑类荧光增白剂的特点：①良好的化学稳定性，与多种化工产品的相容性好；②有较好的热稳定性，较高的耐升华牢度和耐日晒牢度，较高的熔点，大部分品种的熔点在 200℃左右，有的品种熔点更高；③耐迁移性好；④良好的分散性，易均匀分散于被增白的物品中；⑤增白增艳效果优良，具有较高的商业价值。这些特性使该类荧光增白剂特别适用于聚乙烯、聚丙乙烯、聚氯乙烯、ABS 树脂、聚甲基丙烯酸甲酯等多种塑料和聚酯纤维、醋酸纤维等化学纤维的原浆着色及染整增白增艳；也广泛应用于高档涂料、高级感光材料、防伪材料等领域。

15.2.4　萘酰亚胺型荧光增白剂

1,8-萘酰亚胺是一种荧光发色体，它是以苊为起始原料而氧化成 1,8-萘酐，继而深度加工而得。其结构通式如下：

代表品种：APL

$R'=-C_4H_9$　$R''=-NHCOCH_3$

其中以 APL 为例合成路线如下：

HNO_3，CH_3COOH；$Na_2Cr_2O_7$，H_2SO_4；120℃，$-H_2O$

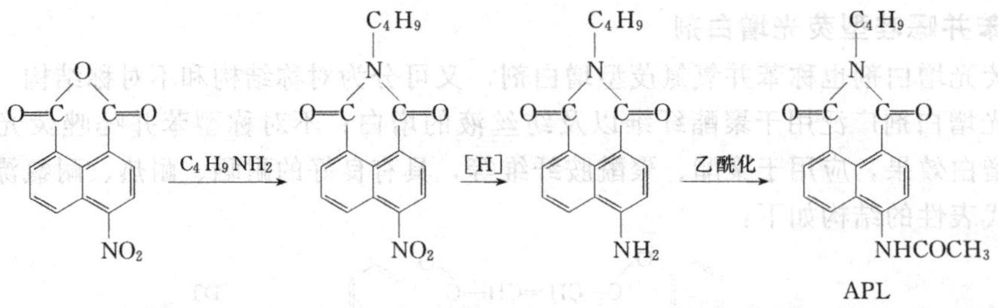

$$\text{4-硝基-1,8-萘二甲酸酐}\xrightarrow{C_4H_9NH_2}\text{N-丁基-4-硝基萘酰亚胺}\xrightarrow{[H]}\text{N-丁基-4-氨基萘酰亚胺}\xrightarrow{\text{乙酰化}}\text{N-丁基-4-}NHCOCH_3\text{萘酰亚胺 (APL)}$$

此类荧光增白剂能发出弱的蓝紫色荧光，引入取代基后，尤其是在4-位和5-位上引入给电子取代基，可增强其所发生的荧光。利用这一特性使萘酰亚胺型荧光增白剂成为发展较早的一种结构类型。

15.2.5　吡唑啉类荧光增白剂

吡唑啉类荧光增白剂是指含有吡唑啉基团的一类化合物，其化学结构通式如下：

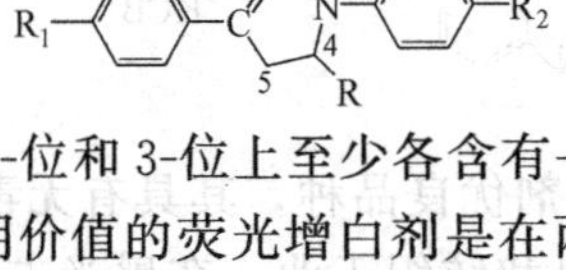

$$R_1-C_6H_4-\text{(吡唑啉环，1–5位，4位接R)}-C_6H_4-R_2$$

R＝氢基、烷基、芳基等

R_1、R_2 代表相同的或不同的取代基

在吡唑啉环上的1-位和3-位上至少各含有一个芳基，简单的1,3二苯基吡唑啉仅能发射微弱的荧光。具有实用价值的荧光增白剂是在两个苯环上必须接入适当的取代基，通常不宜接入氨基或硝基，R_1 为氯基时荧光较强。其中荧光增白剂DCB（1-对氨基磺酰苯基-3-对氯苯基吡唑啉）是一种新型的吡唑啉类荧光增白剂，其合成路线如下：

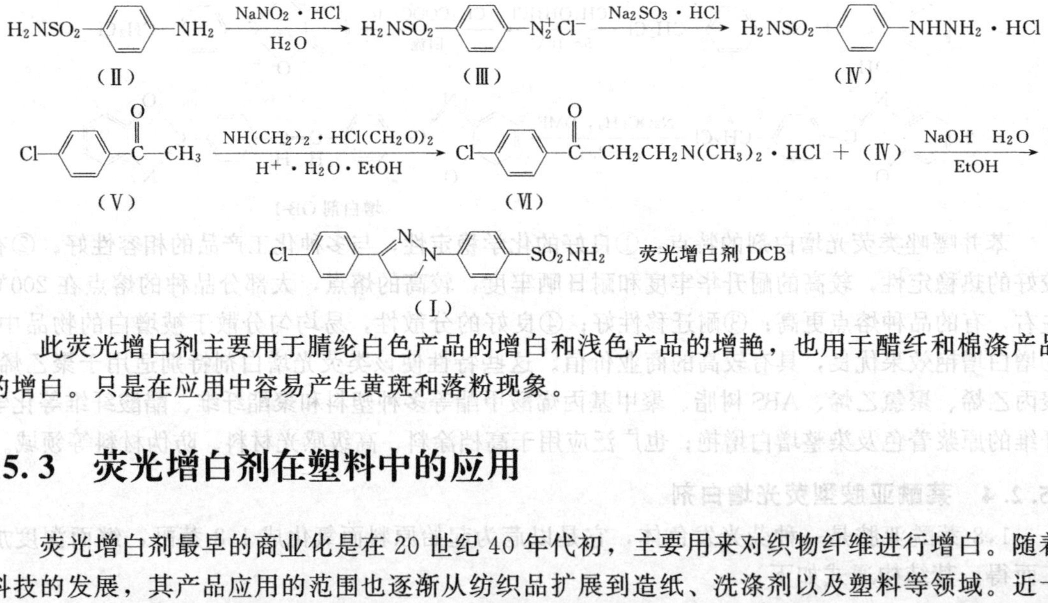

$$\underset{(\text{II})}{H_2NSO_2-C_6H_4-NH_2}\xrightarrow[H_2O]{NaNO_2\cdot HCl}\underset{(\text{III})}{H_2NSO_2-C_6H_4-N_2^+Cl^-}\xrightarrow{Na_2SO_3\cdot HCl}\underset{(\text{IV})}{H_2NSO_2-C_6H_4-NHNH_2\cdot HCl}$$

$$\underset{(\text{V})}{Cl-C_6H_4-\overset{O}{\overset{\|}{C}}-CH_3}\xrightarrow[H^+\cdot H_2O\cdot EtOH]{NH(CH_2)_2\cdot HCl(CH_2O)_2}\underset{(\text{VI})}{Cl-C_6H_4-\overset{O}{\overset{\|}{C}}-CH_2CH_2N(CH_3)_2\cdot HCl}+(\text{IV})\xrightarrow[EtOH]{NaOH\quad H_2O}$$

$$\underset{(\text{I})}{Cl-C_6H_4-\text{吡唑啉}-C_6H_4-SO_2NH_2}\quad\text{荧光增白剂DCB}$$

此荧光增白剂主要用于腈纶白色产品的增白和浅色产品的增艳，也用于醋纤和棉涤产品的增白。只是在应用中容易产生黄斑和落粉现象。

15.3　荧光增白剂在塑料中的应用

荧光增白剂最早的商业化是在20世纪40年代初，主要用来对织物纤维进行增白。随着科技的发展，其产品应用的范围也逐渐从纺织品扩展到造纸、洗涤剂以及塑料等领域。近十几年来，随着塑料科技的不断发展，人们对塑料各方面性能的要求不断提高，塑料用荧光增白剂在这一趋势下发展起来，在塑料领域中的应用已成为荧光增白剂的一个重要方面。随着市场竞争的激烈化和用户要求的多元化，具有洁白亮丽外观的塑料制品无疑更受欢迎，使得荧光增白剂在塑料中的应用愈来愈受到关注。

荧光增白剂的使用可以提高产品的白度和艳度。受塑料基体本身性质的影响，塑料用荧光增白剂应满足以下性能要求：

① 良好的温度-时间稳定性；

② 良好的耐迁移性，不迁移到基体的表面或者渗透到其他材料层中；

③ 良好的耐晒和耐气候牢度性；

④ 与其他添加剂具有良好的相容性；

⑤ 高纯度意味着高的荧光效率，所以需要具有高的纯度；

⑥ 无毒且环境友好。

荧光增白剂的加入方式直接影响其在塑料中的存在状态，而存在状态又直接影响到荧光增白使用效果。塑料中荧光增白剂的加入方式主要有以下三种：

① 直接掺和法：即将荧光增白剂与树脂及其他助剂高速搅拌均匀后直接加工；

② 预分散法：将荧光增白剂预先分散在增塑剂或其他添加剂中，以增塑剂分散体的形式使用；

③ 母粒法：将荧光增白剂制成浓缩母粒后再加入树脂中进行加工。此法有利于塑料中低浓度荧光增白剂的分散。

参考文献

1 程艺，蔡定汉，张召来，程德文．我国合成洗涤剂用荧光增白剂的现状及展望．上海染料．2004（10）：14-19
2 董仲生．荧光增白剂实用技术．北京：中国纺织出版社，2006. 380-388
3 田芳，曹成波，主沉浮，张长桥．荧光增白剂及其应用与发展．山东大学学报（工学版）．2004，34（3）：14-19
4 斯·茨魏费尔．塑料添加剂手册．北京：化学工业出版社，2007，592-593
5 朱传芳．有机精细化工选论．上海：华中师范大学出版社，1991：288
6 杨薇．国内外荧光增白剂的进展（一）．2003，（6）：7-13
7 杨薇．国内外荧光增白剂的进展（二）．2004，32（1）：5-13
8 田芳，曹成波．荧光增白剂及其应用与发展．山东大学学报（工学版），2004，34（3）：119-124
9 张绍来．3-苯基-7-氨基香豆素的合成及应用．精细与专用化学品．2004，12（2）：15-18
10 李光才．吡唑啉类荧光增白剂的合成研究．印染助剂．1999，16（4）：12-14
11 邵颖．荧光增白剂 DCB 的合成．化工时刊．2001，（11）：48
12 罗磊．荧光增白剂在塑料中的应用．北京化工大学硕士学位论文，2006，9-26
13 肖锦平，竹百均．苯并噁唑类荧光增白剂．染料与染色．2008，45（5）：20-26
14 肖锦平，竹百均．3-苯基-7-氨基香豆素和香豆素类型荧光增白剂．上海染料，2008，36（1）：36-40
15 杨建新，文金霞．荧光增白剂 DMS 的合成及“三嗪”杂质含量的测定．2009，46（2）：46-48
16 董仲生．对荧光增白剂 VBL 现状与未来的几点分析．精细与专用化学品，1999，18：5-7

第16章 阻燃剂

塑料、橡胶、纤维等碳氢有机化合物均具有可燃性，在一定条件下燃烧时，常伴有火焰、浓烟、毒气等产生，危及人们的生命和财产安全。近年来，世界各地发生多起重大火灾，都直接或间接与高分子材料的可燃烧性有关。因而阻止高分子材料燃烧成了发展的关键问题之一。

能够增加高分子材料耐燃性的物质称为阻燃剂。它们大多是元素周期表中第Ⅴ、第Ⅶ和第Ⅲ族的化合物，如第Ⅴ族氮、磷、锑、铋的化合物；第Ⅶ族氯、溴的化合物；第Ⅲ族硼、铝的化合物，此外硅和钼的化合物也作为阻燃剂使用；其中最常用和最重要的是磷、溴、氯、锑和铝的化合物，很多有效的阻燃剂配方都含有这些元素。

1735年，Wyld发表了一篇英国专利，用明矾、硼砂、硫酸亚铁混合物可使纤维纺织品和纸浆等阻燃，这是世界上关于阻燃剂的第一篇专利。20世纪30年代，随着合成高分子材料的出现与发展，火灾威胁增加，因而阻燃剂和阻燃处理技术研究也随之发展。人们发现氧化锑、有机卤化物（如氯化石蜡）和树脂黏合剂混用，可使织物具有良好的耐久阻燃效果。第二次世界大战期间，利用此项技术制成的“四阶”帆布被用于户外。

进入21世纪以来，全球阻燃剂市场的总用量为110多万吨，销售额逾23亿美元。其中溴系占39%，磷系占23%，无机物占26%，氯系占7%，三聚氰胺占5%。其中美国占到总用量的50%，而日本和西欧则各占10%～20%，其他国家占10%～20%。

国内阻燃剂的研制、生产和应用始于20世纪60年代，近几年发展很快。品种有三大类，即无机阻燃剂、卤素阻燃剂和磷系阻燃剂，约45种。

不同材料，不同用途，对阻燃剂的性能要求各不相同，一个比较理想的阻燃剂应该具备下列基本条件。

① 阻燃剂不损害高分子材料的物理力学性能。即经阻燃加工后，不降低热变形温度、机械强度和电气特性。用于合成纤维时还必须有防止熔滴的作用，对整理织物的外观影响极小。

② 具有耐候性及持久性。进行阻燃加工的塑料制品都是准备长期使用的物品，所以阻燃效果不能在制品使用过程中消失。对于合成纤维中阻燃剂产生的阻燃效果应能耐水洗涤及干洗。

③ 无毒或低毒。阻燃剂在使用过程中产生的气体可燃性低、毒性小，纺织品用阻燃剂应不刺激皮肤，织物在火焰中裂解时不产生有毒气体。

④ 价格低廉。随着阻燃剂在制品中的添加量有增多的倾向，因而廉价就显得十分重要了。当然在特殊场合即使价格昂贵也不得不用。

16.1 材料的燃烧和阻燃剂的作用机理

16.1.1 燃烧机理

维持燃烧有三要素，即可燃物、氧、热。具备这三要素的燃烧过程，材料的燃烧大致分为五个不同阶段。

① 加热阶段　由外部热源产生的热量给予材料，使材料的温度逐渐升高，升温的速度

取决于外界供给热量的多少，接触聚合物的体积大小，火焰温度的高低等；同时也取决于材料的比热容和热导率的大小。

② 降解阶段　材料被加热到一定温度，变化到一定程度后，材料分子中最弱的键断裂，即发生热降解，这取决于该键的键能大小。不同共价键的键能见表 16-1。

表 16-1　不同共价键的键能

键	键能/(kJ/mol)	键	键能/(kJ/mol)
O—O	146.7	C—H	414.8
C—N	305.9	O—H	465.1
C—Cl	339.4	C—F	431.6～515.4
C—C	347.8	C═C	611.7
C—O	360.3	C═O	750.0
N—H	389.7	C≡N	892.5

由表 16-1 可知，O—O 是最弱的键，C—F 是最强的键，不易断裂。另外，如果此阶段所发生的反应是吸热反应，则可减缓温度上升速度，对燃烧起一定的抑制作用；如果是放热反应，则加速燃烧。

③ 分解阶段　当温度上升达到一定程度时，除弱键断裂外，主键也断裂，即发生裂解，产生下列低分子物：a. 可燃性气体，H_2、CH_4、C_2H_6、CH_2O、CH_3COCH_3、CO 等；b. 不燃性气体，CO_2、HCl、HBr 等；c. 液态产物，聚合物部分解聚为液态产物；d. 固态产物，聚合物可部分焦化为焦炭，也可不完全燃烧产生烟尘粒子（可形成烟雾，危害很大）等。

聚合物不同，其分解产物的组成也不同，但大多数为可燃烃类，而且所产生的气体较多是有毒或带有腐蚀性的。

④ 点燃阶段　当分解阶段所产生的可燃性气体达到一定浓度，且温度也达到其燃点或闪点，并有足够的氧或氧化剂存在时，开始出现火焰，这就是“点燃”，燃烧从此开始。

⑤ 燃烧阶段　燃烧释放出的能量和活性游离基引起的连锁反应，不断提供可燃物质，使燃烧自动传播和扩展，火焰越来越大。燃烧反应如下。

$$RH \xrightarrow{\triangle} R\cdot + H\cdot$$

$$H\cdot + O_2 \longrightarrow HO\cdot + O\cdot$$

$$CH_2\cdot + R\cdot + O_2 \longrightarrow RCHO + HO\cdot$$

$$HO\cdot + RH \longrightarrow R\cdot + H_2O$$

16.1.2　合成材料燃烧性标准

在实际应用中，合成材料的燃烧性可用燃烧速度和氧指数来表示。**燃烧速度**是指试样在单位时间内燃烧的长度。燃烧速度的测定是用水平燃烧法和垂直燃烧法等来测得。**氧指数**是指当试样像蜡烛状持续燃烧时，在氮气和氧气混合气流中所必需的最低氧含量。氧指数 $I(O_2)$ 可按下式求出。

$$I(O_2)=\frac{V(O_2)}{V(O_2)+V(N_2)} \text{ 或 } I(O_2)=\frac{V(O_2)}{V(O_2)+V(N_2)}\times 100\%$$

式中　$V(O_2)$——氧气流量；

$V(N_2)$——氮气流量。

氧指数愈高，表示燃烧愈难。一般 $I(O_2)\geqslant 27$ 的物质为阻燃物质。氧指数能很好地反映聚合物的燃烧性能，可用专门的仪器测定，也可用经验公式计算。几种塑料的燃烧速度和氧指数见表 16-2。

表16-2 几种塑料的燃烧速度和氧指数

塑料名称	燃烧速度/(mm/min)	$I(O_2)$/%	塑料名称	燃烧速度/(mm/min)	$I(O_2)$/%
聚乙烯	7.6～30.5	17.5	尼龙66	缓燃	24.3
聚丙烯	17.8～40.6	17.4	聚碳酸酯	缓燃	26.0
聚苯乙烯	12.7～63.5	18.1	聚氯乙烯	自燃	46.0
ABS	25.4～50.8	18.8	聚四氟乙烯	不燃	95.0
聚甲基丙烯酸甲酯	15.2～40.6	17.3			

氧指数法是评价各种材料相对燃烧性的一种表示方法。这种方法作为判断材料在空气中与火焰接触时燃烧的难易程度非常有效，并且可以用来给材料的燃烧性难易分级。这一方法的重现性较好，因此受到世界各地的重视。目前，氧指数法在塑料（包括薄膜和泡沫塑料）、纤维、橡胶等方面都已得到广泛应用。

16.1.3 阻燃机理

根据阻燃剂在燃烧的五个阶段中使某一个或某几个阶段的燃烧速度加以抑制或中止的情况不同，可分为多种作用机理。

16.1.3.1 保护膜机理

阻燃剂在燃烧温度下形成了一层不燃烧的保护膜，覆盖在材料上，隔离空气而阻燃。这又分为两种情况。

(1) 玻璃状薄膜

阻燃剂在燃烧温度下分解成为不挥发、不氧化的玻璃状薄膜，覆盖在材料的表面上，隔离空气（或氧），从而达到阻燃的目的。如使用卤代磷作阻燃剂就是这种情况。

$$R_4PX \xrightarrow[\triangle]{\text{受热分解}} \underset{\text{膦}}{R_3P} + \underset{\text{烷基卤化物}}{RX}$$

$$2R_3P + O_2 \longrightarrow \underset{\text{膦氧化物}}{2R_3PO} \longrightarrow \underset{\text{玻璃体}}{\text{聚磷酸盐}}$$

硼酸和水合硼酸盐都是低熔点的化合物，加热时形成玻璃状涂层，覆盖于聚合物之上。

$$2H_3BO_3 \xrightarrow[-2H_2O]{130\sim200℃} 2HBO_2 \xrightarrow[-H_2O]{260\sim270℃} B_2O_3$$

当温度高于325℃时，B_2O_3 软化形成玻璃状物质。

FB阻燃剂即硼酸锌（$2ZnO\cdot3B_2O_3\cdot3.5H_2O$），这是目前使用最广泛的硼阻燃剂。它在300℃以下稳定，在300℃以上，释放出结晶水，吸收大量热能，最终生成 B_2O_3 玻璃状薄膜，覆盖于聚合物上，起到隔热排氧的功能。

(2) 隔热焦炭层

阻燃剂在燃烧温度下使材料表面脱水炭化，形成一层多孔性隔热焦炭层，从而阻止热的传导而起到阻燃作用。如经磷化物处理过的纤维素，受热时纤维素首先分解出磷酸，它是一种有很好脱水作用的催化剂，与纤维素作用的结果，脱去水分留下焦炭。当受强热时，磷酸聚合成聚磷酸，后者是一种脱水性更强的催化剂。

$$(C_6H_{10}O_5)_n \longrightarrow 6nC + 5nH_2O$$

实验中发现，生成的焦炭量在一定范围内与磷的含量呈线性关系，生成的焦炭呈石墨状，焦炭层起着隔绝材料内部聚合物与氧的接触、使燃烧中止的作用。同时焦炭层导热性差，使聚合物与外界热源隔绝，减缓热分解反应。

氮阻燃主要以铵盐形式使用，如 $(NH_4)_2HPO_4$、$NH_4H_2PO_4$、$(NH_4)_2SO_4$、NH_4Br 等，其中 $(NH_4)_2SO_4$ 受热时释放出 NH_3 并形成 H_2SO_4，起脱水炭化催化剂的作用。

$$(NH_4)_2SO_4 \xrightarrow[380℃]{} NH_4HSO_4 + NH_3\uparrow$$

$$NH_4HSO_4 \xrightarrow{513℃} H_2SO_4 + NH_3 \uparrow$$

$$C_nH_{2n}O_n \xrightarrow[-H_2O]{H_2SO_4} nC + nH_2O$$

16.1.3.2　不燃性气体机理

阻燃剂能在中等温度下立即分解出不燃性气体，稀释可燃性气体和冲淡燃烧区氧的浓度，阻止燃烧发生。这类阻燃剂的代表为含卤阻燃剂，有机卤素化合物受热后释放出 HX。

$$\underset{\text{卤化物}}{RX} \xrightarrow{\triangle} R\cdot + \underset{\text{卤原子}}{X\cdot}$$

$$X\cdot + \underset{\text{聚合物}}{AH} \longrightarrow HX + A\cdot$$

HX 是难燃性气体，不仅稀释空气中的氧，而且其相对密度比空气大，可形成保护层，使材料的燃烧速度减缓或熄灭。HBr 与 HCl 的质量比为 1∶2.2，因而含溴阻燃剂的效能约为含氯阻燃剂效能的 2.2 倍。

硼系阻燃剂，如硼酸、水合硼酸盐、FB 阻燃剂等，加热时脱去水分，稀释空气中的氧，抑制燃烧反应。氮阻燃元素，如 $(NH_4)_2HPO_4$、$NH_4H_2PO_4$、$(NH_4)_2SO_4$ 等，主要以受热形成的 H_2SO_4 起脱水炭化催化剂作用，同时释放出的氨气为难燃性气体，氨稀释空气中氧的浓度，起到阻燃作用。

16.1.3.3　冷却机理

阻燃剂能使聚合物材料的固体表面在较低温度下熔化，吸收热量或发生吸热反应，大量消耗掉热量，从而阻止燃烧继续进行。此类阻燃剂的代表有氢氧化铝和氢氧化镁。

氢氧化铝即三水合氧化铝。当温度在 200℃以下时，水合分子与氧化铝结合非常紧密，不易释放出，此时外部加入的热量由于聚合物本身的熔化而吸收消耗掉，氢氧化铝仅作为填料存在于塑料中，当温度升到大于 250℃，氢氧化铝发生分解，吸收大量热量，并生成水。

$$2Al(OH)_3 \xrightarrow[250℃以上]{} Al_2O_3 + 3H_2O\ (-300kJ/mol)$$

产生的水被汽化，需要吸收大量的热量，从而降低聚合物温度，减缓和阻止燃烧。

氢氧化镁与氢氧化铝类似，在 340℃左右开始吸热分解反应，

$$Mg(OH)_2 \xrightarrow[340℃]{} MgO + H_2O\ (-44.8kJ/mol)$$

分解反应生成的水吸收大量的热量，降低温度，达到阻燃效果。

16.1.3.4　终止连锁反应机理

阻燃剂的分解产物易与活性游离基作用，降低某些游离基的浓度，使作为燃烧支柱的连锁反应不能顺利进行。聚合物燃烧时，一般分解为烃，烃在高温下进一步氧化分解成 HO· 游离基。HO· 的连锁反应使得火焰燃烧持续下去。

$$O\cdot + H_2 \longrightarrow HO\cdot + H\cdot$$

$$RH + O\cdot \longrightarrow R\cdot + HO\cdot$$

$$R^1CHO + HO\cdot \longrightarrow CO + H_2O + R^1\cdot$$

$$CO + HO\cdot \longrightarrow CO_2 + H\cdot$$

因此，如能将发生连锁反应的 HO· 除去，则能有效地防止燃烧。

由于在上述众多的游离基中，HO· 游离基能量很高，反应速率很大，所以燃烧速度取决于 HO· 的浓度大小。当有含卤阻燃剂存在时，由于它在燃烧温度下分解产生卤化氢 HX，而 HX 能捕获高能量的 HO· 游离基，并生成 X· 和 H_2O，同时 X· 与聚合物分子反应生成 HX，又可用来捕获 HO·，如此循环下去，即可将 HO· 促成的连锁反应切断，这就终止了烃的燃烧，达到了阻燃的目的。

$$HO\cdot + HX \longrightarrow X\cdot + H_2O$$
$$X\cdot + RH \longrightarrow R\cdot + HX$$

16.1.3.5 协同作用机理

阻燃剂的复配是利用阻燃剂之间的相互作用，从而提高阻燃效能，称为协同增效作用。常用的协同作用体系有锑-卤体系、磷-卤体系、磷-氮体系。

(1) 锑-卤体系

锑常用的是 Sb_2O_3，卤化物常用的是有机卤化物。

Sb_2O_3 与有机卤化物一起使用，能发挥阻燃作用。其机理为：它与卤化物放出的卤化氢作用，生成 SbOCl。

$$R\cdot HCl \xrightarrow[250℃]{} R + HCl$$

$$Sb_2O_3 + HCl \xrightarrow[250℃]{} SbOCl + H_2O$$

SbOCl 热分解产生 $SbCl_3$。

$$5SbOCl(s) \xrightarrow[245\sim280℃]{} Sb_4O_5Cl(s) + SbCl_3(g)$$
$$4Sb_4O_5Cl_2(s) \xrightarrow[410\sim475℃]{} 5Sb_3O_4Cl(s) + SbCl_3(g)$$
$$3Sb_3O_4Cl(s) \xrightarrow[475\sim565℃]{} 4Sb_2O_3(s) + SbCl_3(g)$$

$SbCl_3$ 是沸点不太高的挥发性气体。第一，这种气体相对密度大，能长时间停留在燃烧区内稀释可燃性气体，隔绝空气，起到阻燃作用；第二，它能捕获燃烧性的游离基 H·、HO·、CH_3·等，起到抑制火焰作用。第三，$SbCl_3$ 在火焰的上空凝结成液滴式固体微粒，其壁效应散射大量热量，使燃烧速度减缓或停止，有人报道，$SbCl_3$ 可进一步还原成金属锑。它与聚合物脱 HCl 或形成的不饱和化合物反应，形成交联聚合物，提高了此类物质的热稳定性。

(2) 磷-卤体系

磷与卤素共存于阻燃体系中并存在着相互作用。例如，将磷化物和溴代多元醇用作聚氨酯泡沫的阻燃剂，研究其阻燃效能［$I(O_2)$ 值］及焦炭生成量与磷、溴含量之间的关系发现，阻燃剂中磷几乎全部转入到焦炭中，而且溴也转入到焦炭中，两者都促使焦炭生成量的提高；还发现 300℃以下生成的焦炭中，磷原子和溴原子比例为 1∶1，在 500℃以下生成的焦炭中，它们的比例为 1∶(2.5～3.0)。这表明磷和卤素间有着特殊的相互作用。当采用芳香族溴化物时，这种作用消失。

对磷-卤协同作用机理的研究还很不完善，磷-卤体系的相互作用不仅取决于聚合物，也取决于磷化物和卤化物的结构。例如，在聚烯烃、聚丙烯酸酯和环氧树脂中，其作用为协同作用；在聚丙烯腈中呈加合增效作用；在聚氨基甲酸酯中呈对抗作用。

(3) 磷-氮体系

磷阻燃剂中加入含氮化合物后，常可减少磷阻燃剂用量，说明两者结合使用效果更好。例如，用磷酸和尿素将棉织物进行磷酰化，这是一种较早的棉织物阻燃处理方法，它们的结合降低了磷酸用量。

关于磷-氮相互作用机理的研究还不够完善，现仅对纤维素物质中磷-氮相互作用提出一些观点。

氮化物（如尿素、氰胺、胍、双氰胺、羟甲基三聚氰胺等）能促进磷酸与纤维素的磷酰化反应，其过程如下。

磷酸与含氮化合物反应形成磷酰胺。

$$-\overset{O}{\overset{\|}{\underset{|}{P}}}-OH + H_2N \longrightarrow -\overset{O}{\overset{\|}{\underset{|}{P}}}-NH- + H_2O$$

形成的磷酰胺更易与纤维素发生成酯反应，这种酯的热稳定性较磷酸酯的热稳定性好。

磷-氮阻燃体系能促使酯类在较低温度下分解，形成焦炭和水，并增加焦炭残留物生成量，从而提高阻燃效能。

磷化物和氮化物在高温下形成膨胀性焦炭层，它起着隔热阻氧保护层的作用，含氮化合物起着发泡剂和焦炭增强剂的作用。

氮化物通过对磷的亲核作用，使聚合物形成许多P—N，P—N具有较强的极性，结果使磷原子的亲电性增加（即磷原子上缺乏电子程度增加），路易斯酸性增加，有利于进行脱水炭化的反应。

含氮基团对磷化物中R—O—P发生亲核进攻后，使磷以非挥发性铵盐形式保留下来，使之具有阻止暗火（指没有火焰，仍能引起燃烧的火）的作用。

基于元素分析得知，残留物中含氮、磷、氧三种元素，它们在火焰温度下形成热稳定性无定形物，犹如玻璃体，作为纤维素的绝热保护层。

由上述观点可见，磷-氮体系的阻燃过程主要是保护膜机理。

总之，阻燃剂的阻燃机理比较复杂，一种阻燃剂在阻燃过程中，可能同时伴随着多种阻燃机理。兼有阻燃方式越多，效果越好。

16.2　阻燃的种类及合成

16.2.1　阻燃剂的分类

（1）按化合物的种类分类　可分为无机化合物、有机化合物两大类。

无机化合物主要包括氧化锑、水合氧化铝、氢氧化镁、硼化合物；有机化合物主要包括有机卤化物（约占31%）、有机磷化物（约占22%）。

（2）按使用方法分类　可分为添加型阻燃剂和反应型阻燃剂。

添加型阻燃剂是在聚合物加工过程中，加入具有阻燃作用的液体或固体的阻燃剂。常用于热塑性塑料，在合成纤维纺丝时添加到纺丝液中，其优点是使用方便，适应面广，但对塑料、橡胶及合成纤维性能影响较大。添加型阻燃剂主要包括磷酸酯、卤代烃和氧化锑等。

反应型阻燃剂是在聚合物制备过程中作为单体之一，通过化学反应使它们成为聚合物分子链的一部分。它对聚合物使用性能影响小，阻燃性持久。反应型阻燃剂主要包括卤代酸酐和含磷多元醇、乙烯基衍生物、含环氧基化合物等。

16.2.2　添加型阻燃剂

添加型阻燃剂主要有有机卤化物、磷化物、无机化合物。

16.2.2.1　有机卤化物

含卤阻燃剂的作用机理可分为以下三种方式：①在一定温度下阻燃剂分解产生卤化氢，它是不燃性气体，它稀释了聚合物燃烧时产生的可燃性气体，冲淡了燃烧区的浓度，阻止了聚合物的继续燃烧；②燃烧生成的HX极易与HO·等活性游离基结合，从而降低了其浓度，也就抑制了燃烧的发展；③含卤酸类能促进聚烯烃在燃烧时固体炭的形成，有利于阻燃。因而含卤阻燃剂是一类重要的阻燃剂。

在卤素氟、氯、溴、碘中，氟由于太活泼，而形成的氟分子又较稳定，所以阻燃性不好；碘元素形成的化合物不稳定，常温下易分解，且价格昂贵，故也很少采用。所以，卤素阻燃剂以溴、氯为主。

从化学键能得知，C—C键能347.8kJ/mol，C—H键能414.8kJ/mol，C—Cl键能

339.4kJ/mol，C—Br 键能 284.5kJ/mol。所以，C—X 较 C—C 容易断裂。阻燃剂受热时则释放出 HX，从 H—X 键能看出，H—Cl 键能 433.54kJ/mol，H—Br 键能 365.8kJ/mol，H—Br 键能小于 H－Cl 键能，HBr 捕获游离基的能力比 HCl 强，所以含溴阻燃剂的效能比含氯阻燃剂的效能高。

卤素元素的阻燃效果顺序为：I＞Br＞Cl＞F。C—F 很稳定，难分解，故阻燃效果差；碘化物的热稳定性差，所以工业上常用溴化物和氯化物。卤代烃类化合物中烃类阻燃效果顺序为：脂肪族＞脂环族＞芳香族。但脂肪族卤化物热稳定性差，加工温度不能超过 205℃；芳香族卤化物热稳定性好，加工温度可以高达 315℃。脂肪族卤化物的主要品种有氯化石蜡、全氯戊环癸烷、氯化聚乙烯、溴代烃、溴代醚类。其结构式如下。

$C_{20}H_{24}Cl_{18}\sim C_{24}H_{29}Cl_{21}$（主要成分）

氯化石蜡

$C_6H_6ClBr_5$（Cl、Br、Br、Br、Br、Br 取代环己烷）

一氯五溴环已烷

（苯乙烯泡沫塑料用）

芳香族溴化物主要包括溴代苯、溴代联苯、溴代联苯醚、四溴双酚 A。

① 溴代联苯醚　主要品种是十溴联苯醚，它是目前应用最广的芳香族溴化物，在 300℃ 是稳定的。是由二苯醚在卤代催化剂存在下（如 Fe 粉）和溴进行反应而制得。

$$C_6Br_5-O-C_6Br_5$$

$$C_6H_5-O-C_6H_5+10Br_2\xrightarrow{Fe粉}C_6Br_5-O-C_6Br_5+10HBr$$

工业上分溶剂法和过量溴代法。溶剂法是将二苯醚溶解于溶剂中，加入催化剂，然后加溴进行反应，反应结束后过滤、洗涤、干燥，即得到十溴联苯醚。常用的溶剂有二溴乙烷、二氯乙烷、二溴甲烷、四氯化碳、四氯乙烷等。过量溴代法是将催化剂溶解在溴中，向溴中滴加二苯醚进行反应，反应结束后，将过量的溴蒸出，中和、过滤、干燥，可得十溴联苯醚。

十溴联苯醚可用于聚乙烯、聚丙烯、ABS 树脂、聚对苯二甲酸丁二醇酯、聚对苯二甲酸乙二醇酸以及硅橡胶、合成纤维（多用于锦纶）等制品中。十溴联苯醚如与三氧化锑并用阻燃效果更佳。

② 四溴双酚 A(TBA 或 TBBPA)　又称 4,4′-异亚丙基双(2,6-二溴苯酚)，是将双酚 A 溶于甲酸或乙醇水溶液中，在室温下进行溴代，溴代后再通入氯气。

$$HO-C_6H_4-C(CH_3)_2-C_6H_4-OH+2Br_2+2Cl_2\longrightarrow HO-C_6H_2Br_2-C(CH_3)_2-C_6H_2Br_2-OH+4HCl\uparrow$$

四溴双酚 A 是具有多种用途的阻燃剂，可作为添加型阻燃剂，又可作为反应型阻燃剂。作为添加型阻燃剂，可用于抗冲击聚苯乙烯、ABS 树脂、AS 树脂及酚醛树脂等。四溴双酚 A 还是目前最有实用价值的反应型阻燃剂之一。四溴双酚 A 的产量在国内外有机溴阻燃剂中均占首位。

添加型四溴双酚A类阻燃剂还有四溴双酚A双（2,3-二溴丙基）醚、四溴双酚S等。

四溴双酚A双（2,3-二溴丙基）醚是由四溴双酚A与氯丙烯反应生成醚，再加溴溴化而成。

工业上是将四溴双酚A溶于氢氧化钠乙醇或甲醇溶液中，与氯丙烯进行反应，生成四溴双酚A双（丙烯基）醚，再将四溴双酚A双（丙烯基）醚溶于卤代烷中（如四氯化碳、氯仿等），加入计量的溴进行溴化，溴化后加入适量的氢氧化钠水溶液，除去未反应的溴，将溶剂蒸出即可得到产品。

$$2CH_2{=}CH{-}CH_2Cl + HO{-}C_6H_2Br_2{-}C(CH_3)_2{-}C_6H_2Br_2{-}OH \longrightarrow$$

$$2CH_2{=}CH{-}CH_2O{-}C_6H_2Br_2{-}C(CH_3)_2{-}C_6H_2Br_2{-}OCH_2{-}CH{=}CH_2 + HCl$$

$$CH_2{=}CH{-}CH_2O{-}C_6H_2Br_2{-}C(CH_3)_2{-}C_6H_2Br_2{-}OCH_2{-}CH{=}CH_2 + 2Br_2 \longrightarrow$$

$$Br{-}CH_2{-}CHBr{-}CH_2O{-}C_6H_2Br_2{-}C(CH_3)_2{-}C_6H_2Br_2{-}OCH_2{-}CHBr{-}CH_2Br$$

四溴双酚A双（2,3-二溴丙基）醚为白色至淡黄色粉末，用于聚丙烯、聚苯乙烯、ABS树脂及聚氯乙烯中。

四溴双酚S的化学名称为3,5,3′,5′-四溴-4,4′-二羟基二苯砜，它是将双酚S溶于四氯化碳中，然后再加入少量水，在搅拌下加入计量的溴，反应温度保持在20～40℃，反应后在70℃保温2h，残存的溴用亚硫酸钠水溶液处理，冷却过滤，用水洗涤，干燥后得到产品。

$$HO{-}C_6H_4{-}SO_2{-}C_6H_4{-}OH + 2Br_2 \xrightarrow{CCl_4} HO{-}C_6H_2Br_2{-}SO_2{-}C_6H_2Br_2{-}OH + 4HBr\uparrow$$

四溴双酚S为白色粉末，应用范围与四溴双酚A相似，作为添加型阻燃剂可用于聚乙烯、聚丙烯及聚苯乙烯。

纤维阻燃物常用的阻燃剂为溴代氰酸酯类化合物，如三(2,3-二溴-1-丙基)氰酸酯。

$$\text{(异氰脲酸)} + ClCH_2{-}CH{=}CH_2 \xrightarrow[Cu]{NaOH} \text{三(烯丙基)异氰脲酸酯 } (CH_2{=}CH{-}CH_2{-})_3 \xrightarrow{3Br_2}$$

$$\text{三(2,3-二溴丙基)异氰脲酸酯 } (BrCH_2{-}CHBr{-}CH_2{-})_3$$

此品为白色结晶粉末，溴含量65.8%，热稳定性较好，可用于聚丙烯、聚乙烯、聚苯乙烯、聚甲基丙烯酸甲酯、聚氨酯泡沫塑料、聚酯及聚碳酸酯等，并可作合成纤维防燃整理剂，尤其适用于丙纶。

16.2.2.2　有机磷系阻燃剂

有机磷化物是最主要的添加型阻燃剂，其阻燃效果比溴化物要好，主要类型有磷酸酯、含卤磷酸酯、膦酸酯和卤化鏻四大类。

① 磷酸酯　磷酸酯中主要包括磷酸三甲苯酯（TCP）、二苯基磷酸甲苯酯（CDP）和磷酸三苯酯（TPP）等，脂肪族磷酸酯中较重要的有磷酸三辛酯（TOP）。

磷酸酯是由醇或酚与三氯氧化磷反应而得，或由醇或酚与三氯化磷反应，氯气氧化、水解制得。磷酸酯主要作为阻燃增塑剂，用于聚氯乙烯树脂和纤维素。

② 含卤磷酸酯　含卤磷酸酯分子中含有卤素和磷，由于卤素和磷的协同作用，所以阻燃效果较好，是一类优良的添加型阻燃剂。常见的含卤磷酸酯类阻燃剂见表16-3。

表16-3　常见的含卤磷酸酯类阻燃剂

名　称	结构式	性　状
磷酸三(β-氯乙基)酯	$(Cl—CH_2—CH_2O)_3P═O$	淡黄色油状液体，沸点194℃
磷酸三(1-氯丙基)酯	$(CH_3—CHCl—O)_3P═O$	无色透明液体
磷酸三(2,3-二氯丙基)酯	$(Cl—CH_2—CHCl—CH_2O)_3P═O$	淡黄色透明黏稠液体，熔点6℃
磷酸三(2-溴-3-氯丙基)酯	$(Cl—CH_2—CHBr—CH_2O)_3P═O$	无色或淡黄色液体
磷酸双(2,3-二溴丙酯)二氯丙酯	$Br—CH_2—CHBr—CH_2O$ $Br—CH_2—CHBr—CH_2O—P═O$ $Cl—CH_2—CHCl—CH_2O$	黄色透明液体
磷酸三(2,3-二溴丙基)酯	$(Br—CH_2CHBr—CH_2O)_3P═O$	淡黄色黏稠液体

磷酸三(β-氯乙基)酯（TCEP）的合成方法有三种。

第一种方法是由三氯化磷与氯乙醇酯化，再经氧化（氧化剂为 SO_3、$KMnO_4$ 等）而得。

$$PCl_3 + 3ClCH_2CH_2OH \longrightarrow (ClCH_2CH_2O)_3P + HCl\uparrow$$

$$(ClCH_2CH_2O)_3P \xrightarrow{[O]} \underset{TCEP}{(ClCH_2CH_2O)_3PO}$$

第二种方法是由三氯氧化磷与氯乙醇酯化。

$$POCl_3 + 3ClCH_2CH_2OH \longrightarrow (ClCH_2CH_2O)_3PO + 3HCl\uparrow$$

第三种方法是由三氯氧化磷与环氧乙烷反应制备。

$$POCl_3 + \underset{\diagdown O \diagup}{CH_2—CH_2} \longrightarrow (CH_2ClCH_2O)_3PO$$

比较三种方法，第三种方法最有工业实用价值。工业上，以四氯化钛为催化剂，在35℃时往 $POCl_3$ 中通入环氧乙烷，当环氧乙烷通入一半时，让反应温度主动上升到51℃，使反应完全。吹出残余的环氧乙烷后，水洗，再用 Na_2CO_3 水溶液中和，干燥，收率达80%左右。TCEP热分解温度240～280℃，水解稳定性良好，广泛用于醋酸纤维素、硝基纤维清漆、乙基纤维漆、聚氯乙烯、聚氨酯、聚乙酸乙烯、酚醛树脂等。除阻燃性外，它还可以改善材料的耐水性、耐候性、耐寒性、抗静电性、手感柔软性，但存在着挥发性高、持久性差的缺点。一般添加量为5～10份。

磷酸三(1-氯丙基)酯是由三氯氧化磷与2-氯丙醇酯化制得。

$$POCl_3 + CH_2CHClCH_2OH \longrightarrow (CH_3CHClCH_2O)_3PO + HCl$$

其阻燃性能较TCEP差，但价格便宜，可用作聚苯乙烯、聚氯乙烯、酚醛树脂、丙烯酸树脂、聚氨酯等塑料的阻燃剂。

③ 膦酸酯　膦酸酯与磷酸酯的不同之处在于分子中含有 1 个 C—P。膦酸酯一般以亚磷酸酯为原料，通过异构化反应或与烷基卤化物反应制得。

$$(RO)_2-\overset{\overset{\displaystyle O}{\|}}{P}-CH_2-R \qquad (RO)_3-\overset{\overset{\displaystyle O}{\|}}{P}$$

膦酸酯　　　　磷酸酯

$$(RO)_3P \xrightarrow{\text{异构化}} (R-O)_2-\overset{\overset{\displaystyle O}{\|}}{P}-R$$

$$(RO)_3P+R'X \longrightarrow (RO)_2-\overset{\overset{\displaystyle O}{\|}}{P}-R'X+RX$$

美国孟山都公司开发的 phosgarad C-22-R，结构式如下。其中，含氯 27%，含磷 15%，可用于聚氨酯、聚酯、环氧树脂、聚甲基丙烯酸和酚醛树脂。

$$Cl-CH_2CHO-\underset{\underset{\displaystyle OCH_2CH_2Cl}{|}}{\overset{\overset{\displaystyle O}{\|}}{P}}-O-\overset{\overset{\displaystyle CH_3}{|}}{CH}-\underset{\underset{\displaystyle OCH_2CH_2Cl}{|}}{\overset{\overset{\displaystyle O}{\|}}{P}}-O-\overset{\overset{\displaystyle CH_3}{|}}{C}-P(OCH_2CH_2Cl)_2$$

还有一种为 phosgarad β-22-R，结构式如下。其中，含氯 17%，含溴 45%，含磷 6%，可用于聚酰胺以外的所有塑料。

$$Cl-CH_2-\overset{\overset{\displaystyle CH_2Br}{|}}{CH}-\overset{\overset{\displaystyle O}{\|}}{P}(-O-\underset{\underset{\displaystyle Br}{|}}{CH}-CH_2-Cl)-O-\underset{\underset{\displaystyle CH_3}{|}}{CH}-\overset{\overset{\displaystyle O}{\|}}{P}-(OCH_2\underset{\underset{\displaystyle Br}{|}}{CH}-CH_2Cl)_2$$

④ 卤化鏻　是由烷基卤化物与膦 R_3P 反应制得。代表性品种是亚乙基双三（2-氰乙基）溴化鏻（ETPB），商品名称 Cyagard RF-1；四（2-氰乙基）溴化鏻（TPB），商品名称 Cyagard RF-272。

$$R_3P+R'X \longrightarrow \left[R_3P^+R'\right]X^-$$

亚乙基双三(2-氰乙基)溴化鏻是由 1-溴-2-氰乙烷与磷化钠反应，生成的叔膦再与1,2-二溴乙烷作用而成。为灰白色流动性粉末，含溴 28%，含氮 14.6%，含磷 10.8%，分解温度大于 290℃。此品分解温度高，在一般高温加工条件下热稳定性好。可单独添加到通用型聚苯乙烯中起阻燃作用，也可与氯代烃或溴代烃阻燃剂并用于其他塑料，达到最佳阻燃效果。主要用作聚乙烯、聚丙烯、聚苯乙烯的阻燃剂。

$$\left[(NCCH_2CH_2)_3P^+CH_2-CH_2P^+(CH_2CH_2CN)_3\right]2Br^-$$

亚乙基双三(2-氰乙基)溴化鏻

四(2-氰乙基)溴化鏻是由 1-溴-2-氰乙烷与磷化钠反应制得。为白色流动性粉末，含溴 24.5%，含氮 17%，含磷 9.5%，熔点 276～280℃，分解温度大于 280℃，性能及用途与 ETPB 相似。

$$\left[(NCCH_2CH_2)_2P^+(CH_2CH_2CN)_2\right]Br^-$$

16.2.2.3　无机类

① 氢氧化铝　习惯上称为氧化铝三水合物。一般可以从明矾 $KAl(SO_4)_2 \cdot 12H_2O$、硫酸铝或氧化铝加入氢氧化铵进行沉淀，经过滤，洗涤，干燥而得。

$$Al_2(SO_4)_3 + 6NH_4OH \longrightarrow Al(OH_3)\downarrow + (NH_4)_2SO_4$$

氢氧化铝阻燃性能稍差，在塑料中需要添加40%～60%，这既影响塑料的力学强度，又增加其成本。用硅烷偶联剂或钛酸酯偶联剂进行表面处理，可改善氢氧化铝与树脂的结合性及加工性，使之兼具阻燃和填充双重功能，赋予制品优良的综合性能。

由于氢氧化铝原料来源广，价格便宜，约为普通阻燃剂平均价格的1/10，并且兼有填充剂、阻燃剂和抑制发烟三重功能，所以应用范围广泛，用于环氧树脂、酚醛树脂、不饱和树脂、ABS树脂、丙烯酸树脂、聚氯乙烯、聚乙烯等多种塑料的阻燃。

② 氢氧化镁　为白色结晶，由氯化镁水溶液与氢氧化钠或氢氧化铵水溶液进行复分解反应而制得。

$$MgCl_2 + 2NaOH \longrightarrow Mg(OH)_2 + 2NaCl$$
$$MgCl_2 + NH_4OH \longrightarrow Mg(OH)_2 + 2NH_4Cl$$

氢氧化镁在340℃开始分解，430℃分解最快，490℃时全部分解生成氧化镁及水。可用于塑料制品，具有良好的阻燃作用及消烟作用。

③ 三氧化二锑　是无机阻燃剂中使用最广的品种，氧化锑单独使用时阻燃效果不佳，但与有机卤化物并用，通过协同作用，则具有优良的阻燃效果。如果用于含氯树脂(PVC)，仅单独使用3～5份氧化锑就能得到良好的阻燃效果。

工业上氧化锑可由三种方法制得。

第一种方法由氯化锑水解制得，在水解过程中以氨水作为氯化氢接受体。

$$2Sb + 3O_2 \longrightarrow Sb_2O_3$$

第二种方法是金属锑与氧反应。

$$2SbCl_3 + 3H_2O \longrightarrow Sb_2O_3 + 6HCl$$

第三种方法是三硫化锑焙烧。

$$2Sb_3S_2 + 9O_2 \longrightarrow 2Sb_2O_3 + 6SO_2\uparrow$$

氧化锑需要与含卤阻燃剂配合使用，产生的氯化锑或溴化锑为反应性、挥发性强的物质。在固态时可以促进卤素的移动和碳化物的生成；在气态时可以捕捉自由基，以达到阻燃的效果。可广泛用于聚烯烃类、聚酯类等塑料。对鼻、眼、咽喉有刺激作用，吸入体内刺激呼吸器官，与皮肤接触可引起皮炎，使用时应注意防护。

④ 硼化合物　主要是硼酸锌和硼酸钡，特别是硼酸锌可作为氧化锑的代用品，与卤化物有协同作用，阻燃性不及氧化锑，但价格仅为氧化锑的1/3，所以用量逐步增长。

硼酸锌和硼酸钡一般可由氧化锌或氧化钡与三氧化二硼共熔制得。根据两者比例的不同，可以得到一系列的硼酸锌和硼酸钡。如硼酸锌，二盐基硼酸锌（亦称硼酸锌）$2ZnO \cdot ZnB_4O_7$ 或 $3ZnO \cdot 2B_2O_3$，为白色结晶或粉末，熔点980℃。

硼酸锌主要用于聚氯乙烯和不饱和树脂，最高可取代氯化锑用量的3/4。

⑤ 磷系阻燃剂　无机磷系阻燃剂主要有赤磷（单质）、磷酸盐、聚磷酸盐、磷酰胺、磷氮基化合物。常见的无机磷系阻燃剂品种见表16-4。

表 16-4　常见的无机磷系阻燃剂品种

化合物类别	阻燃剂名称	分子式或结构式	适用聚合物
单质	赤磷	$\left[-P\begin{smallmatrix}P\\ \\ P\end{smallmatrix}P-\right]_n$	聚烯烃，聚苯乙烯，聚酯，环氧树脂，尼龙，橡胶等
磷酸盐	磷酸二氢铵(MAP)	$NH_4H_2PO_4$	纤维素，丙烯酸系
	磷酸氢二铵(DAP)	$(NH_4)_2HPO_4$	纤维素，丙烯酸系
聚磷酸盐	聚磷酸铵	$NH_4-O-P(=O)(ONH_4)-[O-P(=O)(ONH_4)]-O-P(=O)(ONH_4)-ONH_4$	环氧树脂，聚氨酯，膨胀涂料
	磷酸胍	$\left[NH_2-C(=NH)-NH_3\right]H_3PO_4$	纤维素类
	磷酸脒基脲	$\left[NH_2-C(=O)-NH-C(=NH)-NH_3\right]H_2PO_4$	纤维素类
	磷酸三聚氰胺	$H_2N-C_3N_3(NH_2)-NH_2\cdot H_2PO_4$（三嗪环）	纤维素类
磷酰胺	磷酰三胺	$H_2N-P(=O)(NH_2)-NH_2$	纤维素类
	氧化三(氮杂环丙烯基)膦(APO)	$(\triangle N)_3P=O$	与THPC结合，防水阻燃涂料，棉布耐洗阻燃剂
磷氮基化合物	氯化磷腈三聚物	$(Cl_2P=N)_3$（六元环，每个 P 上连两个 Cl）	纤维素类

红磷作为阻燃剂使用已有 30 余年，是一种受到高度重视的阻燃剂。红磷是将白磷在 400℃下加热数小时制备的，在某些条件下它可以燃烧。但作为阻燃剂仍可用于许多聚合物，如塑料、橡胶、合成纤维及织物上，有时需要与其他一些助剂配合，才能发挥红磷的阻燃作用。

磷酸铵和聚磷酸铵作为阻燃剂可用于膨胀涂料、胶黏剂、塑料、纸张、木材和织物等方面。

磷酸铵是最早的阻燃剂，以后又发展了脲-磷酸溶液，如磷酸胍、磷酸脒基脲和磷酸蜜胺等。

16.2.3　反应型阻燃剂

反应型阻燃剂分子中，除含有溴、氯、磷等阻燃性元素外，还同时具有反应性官能团，它们在高分子聚合或缩合过程中作为一个组分参加反应，并以化学键的形式结合到高分子结构中。因此，其不易逃失，对塑料物理力学性能影响较小。尽管在操作上不及添加型阻燃剂方便，价格也较高，但它仍然是很重要的。与添加型阻燃剂相比，其种类较少，应用面较窄。

（1）卤代酸酐

① 四氯邻苯二甲酸酐（TCPA）和四溴邻苯二甲酸酐（TBPA） 它们是由邻苯二甲酸酐直接氯代或溴代而合成。

四氯邻苯二甲酸酐是将邻苯二甲酸酐溶于浓 H_2SO_4 中，在260℃左右通入氯气制得。本品为白色粉末，含氯49.6%，熔点255℃，沸点371℃。用作聚酯及环氧树脂的反应型阻燃剂。

$$\text{邻苯二甲酸酐} + Cl_2 \xrightarrow[260℃]{H_2SO_4} \text{四氯邻苯二甲酸酐} + HCl$$

四溴邻苯二甲酸酐是由苯酐在发烟硫酸中或在氯磺酸中直接溴代而制得，其溴代工艺与制备六溴苯等芳香族溴化物相同。

$$\text{邻苯二甲酸酐} + Br_2 \xrightarrow[\text{发烟 } H_2SO_4]{\text{Fe粉和 } I_2} \text{四溴邻苯二甲酸酐} + HBr$$

$$H_2SO_4 + 2HBr \longrightarrow Br_2 + 2H_2O + SO_2$$

四溴邻苯二甲酸酐作为阻燃剂与四氯邻苯二甲酸酐相同，除以上应用外，还用作锦纶、涤纶的防火阻燃整理剂。

② 氯桥酸酐与氯桥酸 氯桥酸酐的化学名称为1,4,5,6,7,7-六氯双环-5-庚烯-2,3-二羧酸酐，其制备方法是由六氯环戊二烯和顺丁烯二酸酐以摩尔比为1∶1.1，在138～145℃反应7～8h后，将产物用热水及稀乙酸进行结晶，得到白色结晶状氯桥酸酐。

六氯环戊二烯 + 顺丁烯二酸酐 ⇌ 氯桥酸酐

1,4,5,6,7,7-六氯双环-5-庚烯-2,3-二羧酸酐

氯桥酸酐水解即为氯桥酸。

$$\text{氯桥酸酐} \xrightarrow{H_2O} \text{氯桥酸}$$

氯桥酸及其氯桥酸酐均为白色结晶固体，在25℃时挥发度非常低，氯桥酸酐熔点240～241℃，氯桥酸未达到熔点即分解为酸酐，氯桥酸酐含氯57.9%，氯桥酸含氯54.7%。氯桥酸酐及氯桥酸可用作聚酯阻燃剂、聚氨酯阻燃剂及环氧树脂阻燃剂。

（2）四溴双酚A及衍生物

四溴双酚A、四氯双酚A、四溴双酚A(2,5-二溴基)醚，既可作为添加型阻燃剂，又可作为反应型阻燃剂。另外，四溴双酚A双(羟乙氧基)醚是由四溴双酚A溶于乙醇水溶液，然后加入环氧乙烷及氢氧化钾，在加压釜中进行反应而制得。

$$\text{HO-}C_6H_2Br_2\text{-}C(CH_3)_2\text{-}C_6H_2Br_2\text{-OH} + 2CH_2\text{—}CH_2(\text{O}) \longrightarrow HOCH_2CH_2O\text{-}C_6H_2Br_2\text{-}C(CH_3)_2\text{-}C_6H_2Br_2\text{-}OCH_2CH_2OH$$

其产品为白色粉末，熔点115～118℃，该产品热稳定性好，作为反应型阻燃剂，用于聚酯（热塑性）、环氧树脂、聚氨酯、ABS树脂和聚酯纤维。

(3) 含磷多元醇

四羟甲基氯化鏻简称THPC，是重要的防火阻燃剂，由磷化氢、甲醛和盐酸反应而制得。

$$PH_3+4HCHO+HCl \longrightarrow \left[P(CH_2OH)_4\right]^+ Cl^-$$

THPC通过交联反应与纤维素纤维的羟基结合，产生耐久性较强的阻燃效果。THPC用于织物阻燃整理较好的耐洗涤性，并能改变织物的干皱性和防腐性。

将THPC和氢氧化钠反应，制得四羟甲基氧化鏻THPOH。

$$(HOH_2C)_2P(Cl)(CH_2OH)_2 + NaOH \longrightarrow (HOH_2C)_2P(CH_2OH)(OHCH_2OH) + NaCl$$

四羟甲基氢氧化鏻

THPOH也是反应型阻燃剂，在很多范围内可用以代替THPC，用于纤维素纤维的阻燃。

O,*O*′-二乙基-*N*,*N*-二（2-羟乙基）氨基甲基膦酸酯，商品名称Fyrol-6，是由甲醛(37%水溶液)、二乙醇胺和（$(C_2H_5O)_2PHO$）缩合而成。本品为无色液体，含磷12.6%，对水解很稳定，与其他多元醇配合用于聚氨酯泡沫塑料。

$$(C_2H_5O)_2P(=O)\text{—H} + HCHO + HN(CH_2CH_2OH)_2 \longrightarrow (CH_3CHO)_2P(=O)\text{—H—}CH_2\text{—}N(CH_2CH_2OH)_2 + H_2O$$

16.3 阻燃剂的应用

16.3.1 阻燃剂的用量及使用要求

如何确定阻燃剂的用量是一个非常复杂的问题，它与阻燃剂、聚合物、使用方法、阻燃性能的要求等几个方面都有关联。普通树脂达到自熄所需阻燃元素的平均量见表16-5。从表16-5可以看出，阻燃剂单独使用时，磷的阻燃效果最好，溴比氯好。复合使用比单独使用好，从量的方面看，有加合增效作用。磷和氧化锑都可以减少含卤阻燃剂的用量，且磷比氧化锑效果更好。

表 16-5 普通树脂达到自熄所需阻燃元素的平均量

聚合物	P/%	C/%	Br/%	P+C/%	P+Br/%	Sb_4O_6+C/%	Sb_4O_6+Br/%
纤维素	2.5～3.5	>24			1+9	12～15+9～12	—
聚烯烃	5	40	20	0.5+9	0.5+7	5+8	3+6
聚氯乙烯	2～4	40	—	—	—	5%～15% Sb_4O_6	—
聚丙烯酸酯类	5	20	16	2+4	1+3	—	7+5
聚丙烯腈	5	10～15	10～12	1～2+10～12	1～2+5～10	2+8	2+6
聚苯乙烯	—	10～15	4～5	0.5+5	0.2+3	7+7～8	7+7～8
ABS	—	23	3	—	—	5+7	—
聚氨酯	1.5	18～20	12～14	1+10～15	0.5+4～7	4+4	2.5+2.5
聚酯	5	25	12～15	1+15～20	2+6	2+16～18	2+8～9
尼龙	3.5	3.5～7	—	—	—	10+6	—
环氧树脂	5～6	26～30	13～15	2+6	2+5	—	3+5
酚醛树脂	6	16	—	—	—	—	—

如前所述，阻燃剂种类很多，但并不是任何一种阻燃剂都能用于所有的聚合物中，不存在万能的阻燃剂。因此必须根据聚合物的结构、性质、加工条件和使用要求等，选择适合的阻燃剂。选择的阻燃剂不当将可能会变成助燃剂。

加工成型对阻燃剂的要求如下：

① 阻燃剂加到聚合物中，不影响树脂的加工性能，加工条件不特殊；

② 阻燃剂在加工过程中，不挥发，不升华，不分解；

③ 阻燃剂对成型设备和模具没有腐蚀作用。

聚合物制品对阻燃剂的要求如下：

① 阻燃效果明显，燃烧速度慢，产生烟的速度低且量少；

② 对聚合物制品的力学性能影响不大；

③ 阻燃剂在树脂中分散性或相容性要好；

④ 产生的气体可燃性低且毒性小；

⑤ 阻燃性能具有耐候性和长效性；

⑥ 阻燃剂加入后，产品价格不会提高太多。

阻燃剂本身的要求如下：

① 反应型阻燃剂的纯度要高；

② 毒性小；

③ 热稳定性要好；

④ 价格要尽量便宜。

16.3.2 阻燃剂在塑料中的应用

(1) 聚氯乙烯 (PVC)

PVC 树脂的氯含量为 56.8%，所以本身具有自熄性。但是 PVC 软制品由于配用了大量 DOP 等普通可燃性阻燃剂而变得易于燃烧。为了使 PVC 软制品达到难燃的目的，一般使用氧化锑，或氧化锑与氯化石蜡增塑剂并用，或使用磷酸酯类增塑剂。为了提高制品的耐热性和耐冲击性，可加入氯化聚乙烯。

在 PVC 中，单独使用氧化锑就能得到阻燃性，当氧化锑和氯化石蜡并用时，阻燃效果更好。但由于使用氧化锑后制品不透明，所以在一定程度上限制了它的使用。当需要考虑 PVC 制品的耐寒性时，可选用烷基磷酸酯。

(2) 聚烯烃

聚烯烃容易燃烧，尤其是作为电气、电子设备的外壳和电线、电缆的包皮时，对阻燃要求更高。聚烯烃用阻燃剂最有代表性的是含卤有机化合物与氧化锑并用。

在含卤有机化合物中，主要有氯化石蜡、全氯戊环癸烷和含卤高分子化合物等。对于聚乙烯，采用氯化石蜡与氧化锑并用的方法，就能达到使其难燃的目的。但有降低聚乙烯的电气性能、拉伸强度、低温可挠性等缺点。对于聚丙烯，因为该树脂的成型温度在 200℃以上，所以要求使用热稳定性良好的阻燃剂。氯化石蜡的热稳定性不好，在 200℃下会发生分解而引起着色，所以不适用。脂肪族含溴化合物是有效的，但耐热性也差。采用全氯戊环癸烷、芳香族含溴化合物等含卤量高、耐热性较好的阻燃剂，可以克服上述缺点。全氯戊环癸烷对聚丙烯和聚乙烯都是同样有效的，并且不析出，阻燃效果持久。使用芳香族含溴化合物时要注意其与树脂的相容性。溴化锑（像 ETPB 等）也是聚丙烯、聚乙烯有效的阻燃剂。

(3) 聚苯乙烯与 ABS 树脂

苯乙烯类树脂一般采用含卤磷酸酯和有机溴化物作为阻燃剂。

聚苯乙烯，特别是它的泡沫制品，广泛用作建筑材料和其他各个方面，因而迫切需要具有难燃性。通常聚苯乙烯制品色彩鲜艳而透明，为了不因阻燃剂的添加而影响它的用途，所以常采用相容性高的含卤磷酸酯，如磷酸三(2,3-二溴丙基)酯和磷酸三(溴氯丙基)酯等作为阻燃剂。虽然四溴双酚 A、六溴苯等芳香族溴化物的添加量要比含卤磷酸酯要多一些，但仍可以得到透明的、耐候性好的难燃制品。当采用全氯戊环癸烷时，树脂的力学性质和电气性质能得到良好的保持，但树脂丧失了透明性。泡沫聚苯乙烯的阻燃加工早先采用氯化石蜡和氧化锑并用，但这样会引起树脂软化，所以现在很少采用，转而采用四溴乙烷、四溴丁烷等脂肪族溴化物。在有机溴化物中，对于聚苯乙烯阻燃效果较高的是脂肪族和脂环族溴化物，而不饱和脂肪族或芳香族溴化物的阻燃效果要差一些。六溴代环十二烷广泛用在聚苯乙烯的阻燃上。

(4) 聚酯树脂

聚酯树脂的阻燃剂有反应型和添加型两大类。添加型阻燃剂可采用氯化石蜡、氯化联苯等与氧化锑并用，或采用含卤磷酸酯。但用这些阻燃剂时树脂有软化的倾向。相反用像氯桥酸酐、四溴邻苯二甲酸酐等反应型阻燃剂，则能得到令人满意的效果。其中氯桥酸酐是最常用的，但因其耐光性较差，在日光下会变黄，所以要和紫外线吸收剂并用。聚酯树脂的制品由于在室外使用的时候很多，所以不能因为阻燃加工而使制品的耐候性变差。磷酸酯类阻燃剂有较好的耐候性。

16.3.3　阻燃剂在纤维中的应用

纤维的阻燃包括工人、消防队、部队、警察、老人和儿童的服装，公共场所设施（如窗帘、地毯、帷幕等），交通工具（如车、船、飞机等）用装饰织物，高层与地下建筑、露营、家具等的装饰织物等，都越来越需要考虑阻燃问题。国内外已陆续制定了各种法令来控制纤维织物的防火标准。

使纤维阻燃，可以用阻燃剂，也可通过织物后整理阻燃。纤维用添加型阻燃剂的品种很多，主要采用含溴和含磷有机物、聚合物和低聚物；而纤维反应型阻燃剂一般是含有阻燃元素的二元酸、二元酸酯或二元醇。

纤维的后整理阻燃（即防火整理），最好的办法是控制热解，使之不产生可燃性气体而只生成不燃性分解产物和固体残渣。其特点是使纤维发生脱水炭化。含磷化合物可以满足此要求。具有 P—N 的化合物与纤维素的—OH 作用生成酯，使纤维脱水的反应能力更大，即磷-氮协同效应。因此大部分纤维后整理用的防火整理剂都采用含有磷和氮的化合物。它们又可分为三种类型。

① 暂时性防火整理剂 将纤维在防火整理剂水溶液中浸渍后干燥，能保持织物的良好的防火性能。但一经水洗即会全部失效。这类防火整理剂有磷酸氢铵、烷基磷酸铵、三聚氰胺磷酸盐、无机溴化物、硼砂、硼酸等。可用于剧院、办公大楼和地下商场等不常清洗的帷幕、窗帘、装饰用褶皱织物等。

② 半耐久性防火整理剂 一般可耐3～5次洗涤或干洗。如商品阻燃剂462-5 (Flameprof 462-5) 为一种卤磷化合物，适用于聚酯，TY-1608为一种有机聚磷酸铵，适用于纤维素纤维和羊毛等，还有其他品种。

③ 耐久性防火整理剂 利用化学方法在纤维内部或表面层进行聚合或缩聚，形成一种不溶于水与溶剂的聚合物，或用乳胶、树脂等不溶性物质黏附在纤维上，如Fyrol 76，为乙烯基磷酸酯的低聚物，含磷量22.5%，通常与*N*-羟甲基丙烯酰胺并用，以过硫酸钾为引发剂，在织物上形成含磷酸酯成分的共聚物。织物处理后经50次洗涤，仍基本上保持含磷量和含氮量，具有很好的防火效果。

16.4 阻燃剂的发展趋势

阻燃剂的法规日趋严格，对阻燃产品性能的要求愈来愈严格，愈来愈全面。今后面临的课题是，无机阻燃剂超细化，有机阻燃剂高分子量化、多功能化、复合化和无卤化等方向发展。

16.4.1 无机阻燃剂的超细化

为了改善无机阻燃剂的应用性能，国外在对它们进行超细化，如美国Soler公司的Hyfex 311是粒径11μm的经过硅烷偶联剂处理的$Al(OH)_3$；Eerozcn和Halofree是由超细的$Al(OH)_3$和$Mg(OH)_2$组成；氧化锑是卤化物阻燃剂的协同剂，但价格高昂而且产生大量黑烟；日本精工公司的胶态Sb_2O_5，粒径0.01～0.02μm，能减小用量；美国NI公司的Oncar 23 A为Sb_2O_3与SiO_2的复合物；Anzcn American公司的FFR-2由氧化锑与磷化物复合而成，用于软质PVC中可降低发烟量50%。

16.4.2 有机阻燃剂的高分子量化

为改善其热稳定性和耐久性，国外正在开发聚合物型溴化物，如美国Ameribron公司的FR-1025，是相对分子质量为30000～80000的聚五溴苯甲基丙烯酸酯，含溴68%；美国大湖化学公司的BC-52、BC-58为四溴双酚A聚碳酸酯共聚物，相对分子质量3000～4000，含溴量分别为52%和58%。

同时，国外正在积极开发大分子磷化合物，以克服其耐热性差、挥发性大的缺点，并向多功能发展。如日本的CR-720，是含磷量10%的芳烃磷酸酯共聚物，具有较好的耐热性和阻燃性。

16.4.3 阻燃剂的无卤化

卤素阻燃剂由于燃烧时会产生毒气，因而使用受到一定限制。为了减轻阻燃剂的有害作用，以获得具有使用安全性的阻燃剂，各国的有关公司都在集中力量研制高性能的无卤阻燃剂、无卤磷系阻燃剂。

对易燃的聚烯烃现已研制出兼有良好的加工性和物理性能的非卤阻燃制品，氧指数达34%～36%，发烟量大为降低，而且无毒。这种非卤阻燃剂已用于电线、电缆、绝缘材料、地铁、地下通道的密闭控制室和电子仪器。

无卤磷系阻燃剂向高含磷化发展，提高磷的含量可大大提高阻燃效果。芳香族的有机磷化合物，一般含磷 10%左右。最近开发了脂肪族含磷大于 20%的化合物。

$$\left[O{=}P\left(\begin{array}{c}OCH_2\\ -OCH_2-\\ OCH_2\end{array}\right)C{-}CH_2O\right]_2\overset{O}{\overset{\|}{P}}{-}OH \qquad O{=}P\left(\begin{array}{c}OCH_2\\ -OCH_2-\\ OCH_2\end{array}\right)C{-}CH_2{-}O{-}\overset{O}{\overset{\|}{C}}{-}CH_3$$

含磷 17%　　含磷 14%

$$C_6H_5{-}\overset{O}{\overset{\|}{P}}\left(\begin{array}{c}OCH_2\\ OCH_2\end{array}\right)C\left(\begin{array}{c}OCH_2\\ OCH_2\end{array}\right)\overset{O}{\overset{\|}{P}}{-}C_6H_5 \qquad CH_3O{-}\overset{O}{\overset{\|}{P}}{-}OLi \ (OCH_3)$$

含磷 16.3%　　含磷 27.2%

AKIO 化学公司推出了一种磷酸型的非卤阻燃剂 Fyrolflex RDP，它具有低挥发性和高活化温度（300℃以上），应用于 PVC 和 ABS；其他新的磷酸酯产品包括 Albright-Wilson 公司的用于聚烯烃的膨胀级系列；Amgard NL 为 pH 值呈中性的阻燃剂，具有良好的热稳定性。

16.4.4 新型复合增效体系

开发新型增效剂作为阻燃剂的添加剂，用于工程塑料的产品也越来越多。磷溴复合体系新品种不断问世。Borox 公司的阻燃剂增效剂，Firebrake 的硼酸锌，可提供阻烟、促进焦化、防电弧作用。这些产品既可用于溴系阻燃体系，也可用于非溴系阻燃体系。它们能与溴系阻燃体系中的氧化锑竞争。如 Firebrake 415 是水合硼酸锌，是可最有效地用于工程塑料的阻燃剂，PVC 的烟雾抑制剂。Firebrake 500 是无水硼酸锌，具有高热稳定性，用于高温加工的工程塑料。

16.4.5 反应性

通过阻燃剂与树脂的直接结合，而获得树脂与阻燃一体化的反应型阻燃剂，也是开发方向之一。

总之，对已有阻燃剂性能加大改进，选择稳定剂、爽滑剂、耐光剂等其他添加剂，或选择增强材料以及采用复合技术来加以弥补已有阻燃剂存在的缺点。除此之外，还可以利用含水聚合物和无机高分子，通过聚合物的改性及与难燃性材料的复合等技术，达到高聚物阻燃化的目的。

参 考 文 献

1 永忠，吴启鸿，葛世成等. 阻燃材料手册. 北京：群众出版社，1990

2 Delobel R，Bras M L，Quassou N. Polym Deg and Stab，1990，30（1）

3 Stoeva K，Karaivanova M，Deneg D. J Appl Polym Sci，1992，46：199

第17章　抗静电剂

静电现象普遍存在于人们的日常生活中。例如，用塑料梳子梳头时，有时会发出响声，并把头发吸起；纤维素、聚酯、尼龙等织物容易吸尘，氯纶衬衫有电疗作用，诸如此类的例子很多。为什么会产生这样的静电现象呢？一般认为，当两种不同物质互相摩擦时，在这两种物质之间会发生电子移动，电子由一种物质表面转移到另一种物质的表面，于是前者失去电子而带正电，后者得到电子而带负电，这样，就产生了静电。究竟哪一种物质带正电哪一种物质带负电呢？那就要由各物质自身的结构来决定。根据实验结果，一些物质可以排成下列顺序：

(正电)→玻璃→毛发→羊毛→尼龙→蚕丝→木棉→黏胶纤维→

纸→麻→硬质橡胶→合成橡胶→聚乙酸乙烯酯→聚酯→聚丙烯腈纤维→

聚氯乙烯→聚乙烯→聚四氟乙烯→(负电)

在上述排列中，任何两种物质进行摩擦时，总是排在前面的物质表面带正电，排在后面的物质表面带负电。

大多数高分子材料都具有绝缘性，它们不导电，所以当它们得到静电后就不易消失，这样就容易产生下列问题。

① 由于静电的吸引力和排斥力作用而产生的问题。例如，在塑料薄膜加工时，由于产生静电吸引力作用，使得薄膜黏附在机械上，不易脱落。又如，在合成纤维加工过程中，一方面由于静电的吸引力作用，使得纤维容易黏结在一起，或者附着在机械滚筒上，另一方面，由于静电的排斥力作用又容易使纤维分散开来，不易成条，或者发生缠绕、断头等现象，给操作带来困难。此外，静电对产品质量也有很大影响。例如塑料制品，由于静电吸引力的关系，使它们吸尘而失去透明性；电影胶片生产过程中由于静电而影响电影的清晰度和唱片的音质。

② 触电。在一般情况下，静电不至于对人身造成直接的伤害，但也会发生触电现象。例如，在电影胶片的生产过程中，产生的静电压，有时会高达几千伏，使人很容易触电，一般产生触电的静电压为800V。

③ 放电。静电放电自身的能量虽然很小，但危害却不小。当产生的静电压大于500V时，则能发生火花放电，如果这时环境中有易燃物质存在的话，则往往会导致重大的火灾和爆炸事故，如一些矿井爆炸起火事故，就是因为塑料制品产生静电火花所致。

可见，静电的产生，不仅给人们生活带来诸多不便，而且对工业生产的危害极大。通常克服静电的方法有两种：一是靠机械装置的传导；二是通过添加抗静电剂来消除。实际上，尤以应用抗静电剂的方法更为普遍。

17.1　抗静电作用机理

17.1.1　静电的产生与积累

静电荷的产生缘于塑料的电子结构（见图17-1）。具有不同介电常数（绝缘体）或不同电荷释放能量（导体）的两种固体材料接触时，总会发生电荷的转移。对于绝缘体来说，将产生表面电荷或与金属作用产生接触电位现象。

具有低比电阻的材料，如金属，由于存在大量的自由电荷，可以迅速放电。固体中引发

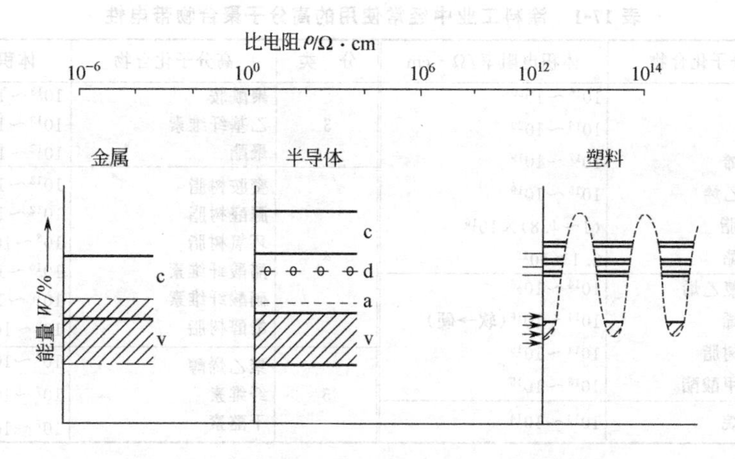

图 17-1　固体的电子结构和导电机理（能带模型）

a—导电带；c—接收体；d—供电体；v—价频带

化学交联的价频带和导电带之间能量差越大，这种电荷平衡就越慢和越困难，电阻随之增加。对于半导体，提高温度可以加快导电电子迁移速率。但是对于纯的塑料，只有在局部的电子层上允许电荷在非常有限的空间发生转移，从而产生绝缘体。如果采用场感应器来测量，带电塑料表面的电荷分布清晰可见（见图 17-2）。正性和负性的场强非常近似，但是没有自发的平衡，多余的那一种电荷决定了那部分电荷的宏观状态。

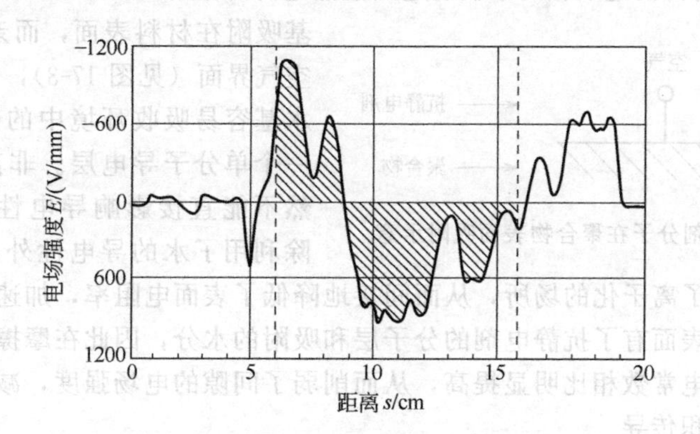

图 17-2　带电塑料表面的电荷纵向分布

一般来说，分子中含有较多极性基团的聚合物易带正电，而非极性聚合物则带负电。静电荷的积累是造成静电灾害的根源。

(1) 纤维的静电现象

虽然不同测定者测得的结果多少有些差别，但羊毛、尼龙、人造毛等具有酰胺键的纤维是倾向于带正电，而聚酯、聚丙烯腈等倾向于带负电。这种纤维摩擦时的带电，是电荷在被摩擦的纤维之间移动而产生的。若金属和纤维进行摩擦，根据纤维种类的不同，电子可从金属到纤维或从纤维到金属而使纤维带电。

(2) 高分子材料的静电现象

高分子材料的带电主要是由于高分子材料的高表面电阻率，致使所产生的静电荷一时很难泄漏，积累的静电荷越来越多而造成的，有些材料的摩擦带电压甚至高达几千伏。根据聚合物结构不同，所带静电积累程度也不同。涂料工业中经常使用的高分子聚合物带电性见表 17-1。

表中第 1、第 2、第 3 类聚合物在特定的应用场合需要进行抗静电处理。

表 17-1 涂料工业中经常使用的高分子聚合物带电性

分类	高分子化合物	体积电阻率/Ω·cm	分类	高分子化合物	体积电阻率/Ω·cm
1	聚乙烯	$10^{16}\sim10^{20}$	3	聚酰胺	$10^{13}\sim10^{14}$
	聚丙烯	$10^{16}\sim10^{20}$		乙基纤维素	$10^{13}\sim10^{14}$
	聚苯乙烯	$10^{17}\sim10^{19}$		聚酯	$10^{12}\sim10^{14}$
	聚四氟乙烯	$10^{15}\sim10^{19}$	4	蜜胺树脂	$10^{12}\sim10^{14}$
	ABS 树脂	$(1\sim4.8)\times10^{16}$		脲醛树脂	$10^{12}\sim10^{13}$
	聚碳酸酯	2.1×10^{16}		环氧树脂	$10^{8}\sim10^{14}$
2	聚偏二氯乙烯	$10^{14}\sim10^{16}$		醋酸纤维素	$10^{10}\sim10^{12}$
	聚氯乙烯	$10^{14}\sim10^{16}$(软→硬)		硝酸纤维素	$10^{10}\sim10^{11}$
	丙烯酸树脂	$10^{14}\sim10^{15}$		酚醛树脂	$10^{9}\sim10^{12}$
	聚氨基甲酸酯	$10^{13}\sim10^{15}$	5	聚乙烯醇	$10^{7}\sim10^{9}$
3	聚硅氧烷	$10^{13}\sim10^{14}$		纤维素	$10^{7}\sim10^{9}$
				干酪素	$10^{7}\sim10^{9}$

17.1.2 静电的逸散

(1) 电荷的表面传导

在物质摩擦过程中电荷不断产生，同时也不断中和，电荷泄漏中和时主要通过摩擦物自身的体积传导、表面传导以及向空气中辐射等三个途径，其中表面传导是主要的。

水是高介电常数的液体，纯水的介电常数为81.5F/m，与干燥的塑料和纺织品相比具有很高的导电性，而且随着其中所溶解的离子的增加，导电性还将进一步增加。因此如果在高分子材料表面附着一层薄薄的连续相的水就能起到泄漏电荷的作用。表面活性剂型抗静电剂的亲油基吸附在材料表面，而亲水基排列在材料-空气界面（见图17-3），这些稠密排列的亲水基容易吸收环境中的微量水分，而形成一个单分子导电层。非离子型抗静电剂虽然不能直接影响导电性，但吸湿的结果，除利用了水的导电性外，还使得纤维中所含的微量电解质有了离子化的场所，从而间接地降低了表面电阻率，加速了电荷的泄漏。由于在塑料或纤维的表面有了抗静电剂的分子层和吸附的水分，因此在摩擦时其摩擦间隙的介电常数同空气的介电常数相比明显提高，从而削弱了间隙的电场强度，减少了电荷的产生。

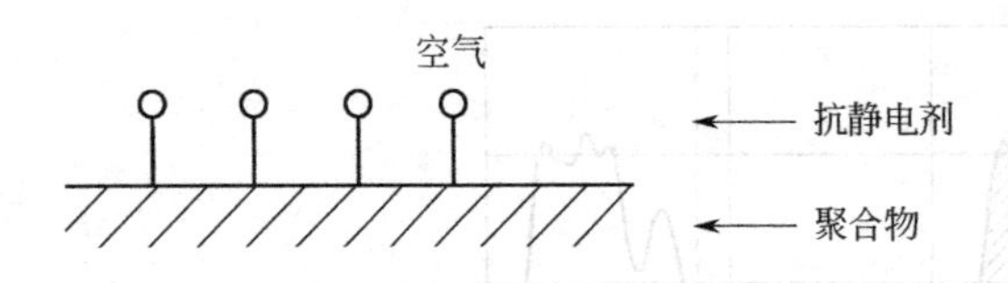

图 17-3 抗静电剂分子在聚合物表面吸附示意

(2) 电荷的体积传导

一些导电物质，如金属粉末、导电纤维、炭黑等，以微粒状分散在聚合物材料中，可有效调节制品的抗静电性能。其作用机理是在电压作用下，间距小于1nm的导电粒子间形成导电通路，而在聚合物隔开的导电粒子之间，电子轨道跃迁也会产生导电作用。例如，新近开发的茂环金属配位化合物和烷氧基有机金属化合物，具有添加量低、与环境无关等优点。它们是通过相邻的共轭环之间，由于π电子的离域效应，使得电子传递比较容易，或者形成金属化合物的内部电子传递通道，传递静电荷。

17.1.3 抗静电剂的作用原理

17.1.3.1 外用抗静电剂的作用机理

外用抗静电剂一般以水、醇或其他有机溶剂作为溶剂或分散剂使用。当用抗静电剂溶液浸渍高聚物材料时，抗静电剂（一般为表面活性）的亲油部分牢固地附着在材料表面，而亲水部分则从空气中吸收水分，从而在材料表面形成薄薄的导电层，起到消除静电的作用。如用于织物的抗静电剂，多为饱和长碳链阳离子表面活性剂。因为纤维表面呈负电性，阳离子表面活性剂容易被吸附在其表面上形成吸收湿气膜，便于纤维内静电逸散，起到防止静电聚集的作用，纤维防静电示意如图 17-4 所示。

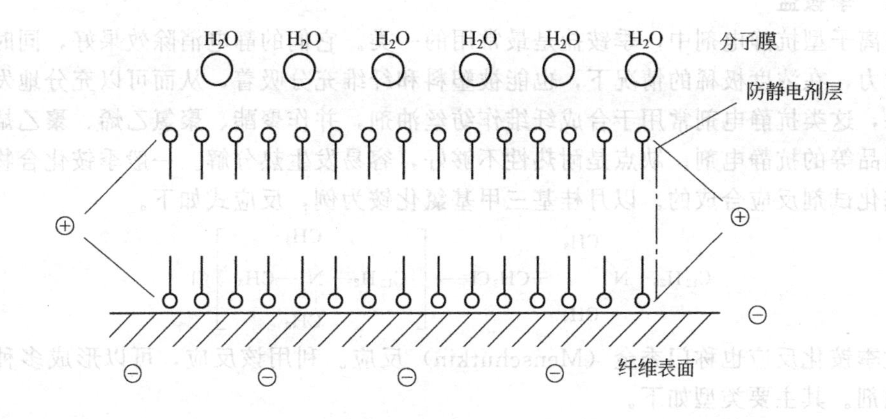

图 17-4 纤维防静电示意

如要得到一个比较满意的膜层，阳离子型抗静电剂分子在纤维表面上必须要定向紧密排列，故其亲油基应由饱和长碳链组成。

由于一般外用抗静电剂的效果不持久，在使用和贮存过程中抗静电性能会逐渐降低和消失，所以应设法采用单体分子中带有乙烯基等反应性基团的高分子电解质和高分子表面活性剂。通常可将其或以单体或以预聚物形式涂布在塑料和纤维表面，再加以热处理，使之聚合而形成附着层，这样抗静电效果就可以持久。

17.1.3.2 内用抗静电剂的作用机理

内用抗静电剂是在树脂加工中与之混合后再进行成型加工，或直接添加于液体材料中而起作用的。内用抗静电剂在树脂中的分布是不均匀的。当抗静电剂的添加量足够时，在树脂表面就形成一层稠密的排列，其亲水的极性基团向着空气一侧成为导电层，表面浓度高于内部。但当在加工、使用中，由于外界的作用可以使树脂表面的抗静电剂分子缺损，抗静电性能随之下降；而与此同时，潜伏在树脂内部的抗静电剂会不断渗出到表面层，向表面迁移，补充缺损的抗静电剂分子导电层。另外，抗静电剂的迁移性与其同树脂的相容性有密切关系。如果抗静电剂与树脂的相容性不好，迁移率大，很容易大量地渗析到表面，既影响制品的外观，也难以保证持久的抗静电效果。反之，抗静电剂与树脂的相容性太好，则不容易渗析到表面，那么，因洗涤或磨损等原因造成的抗静电剂丧失就很难及时得到补充，也难以及时恢复抗静电性能。用于液体材料中的抗静电剂则是通过增加材料的电导率而起到抗静电作用的。

17.2 抗静电剂的类型与合成

抗静电剂的品种很多，可以按化学结构和使用方法进行分类。抗静电剂一般都是表面活性剂，而表面活性剂分子中，又都有极性基团和非极性基团。常用的极性基团（即亲水基）有羧酸、磺酸、硫酸、磷酸的阴离子，铵盐、季铵盐的阳离子，以及—OH、—O—等基团。常用的非极性基团（即亲油基）有烷基、烷芳基等。抗静电剂的分类主要依据其极性基，一般分为阴离子型、阳离子型、非离子型和两性离子型四类；此外还有高分子型和复配型抗静电剂。

目前，广泛应用的抗静电剂主要分为阳离子型、阴离子型、非离子型、两性离子型、高分子型五类。

17.2.1 阳离子型抗静电剂

17.2.1.1 季铵盐

在阳离子型抗静电剂中，季铵盐是最常用的一类。它们的静电消除效果好，同时具有很大的吸附力，在浓度极稀的情况下，也能被塑料和纤维充分吸着，从而可以充分地发挥其良好的效果，这类抗静电剂常用于合成纤维作纺丝油剂，并作聚酯、聚氯乙烯、聚乙烯醇薄膜及塑料制品等的抗静电剂。缺点是耐热性不够好，容易发生热分解。一般季铵化合物是由叔胺与烷基化试剂反应合成的。以月桂基三甲基氯化铵为例，反应式如下。

$$C_{12}H_{25}-N(CH_3)_2 + CH_3Cl \longrightarrow \left[C_{12}H_{25}-N^+(CH_3)_3\right]Cl^-$$

上述季铵化反应也称门秀金（Menschutkin）反应。利用该反应，可以形成多种季铵盐型抗静电剂。其主要类型如下。

$$\left[R-N^+(CH_3)_2-CH_2-C_6H_5\right]X^-$$

苄基型

$$\left[R-N^+(CH_3)(CH_2CH_2OH)_2\right]X^-$$

乙醇加成型

$$\left[R-N^+(CH_3)_3\right]CH_3SO_4^-$$

甲硫酸盐型

$$\left[R_2N^+(CH_3)_2\right]X^-$$

R的碳原子数为2以上的类型

在其制备过程中，烷基化剂除卤代烷之外，还有芳香族化合物、硫酸二甲酯、环氧化合物等。以十八烷基二甲基羟乙基季铵硝酸盐为例，便是由十八烷基二甲胺与环氧乙烷及硝酸作用而得。其反应式如下。

$$\underset{\text{十八烷基二甲胺}}{C_{18}H_{37}-N(CH_3)_2} + \underset{\text{环氧乙烷}}{CH_2-CH_2(O)} + HNO_3 \longrightarrow \underset{\text{十八烷基二甲基羟乙基季铵硝酸盐}}{\left[C_{18}H_{37}-N^+(CH_3)_2-CH_2CH_2OH\right]NO_3^-}$$

该产品适用于聚酯、聚氯乙烯、聚乙烯醇等合成纤维的纺丝油剂；亦可用作聚酯、聚乙烯薄膜及塑料制品等的静电消除剂，聚丙烯腈纤维的染色匀染剂等。按相同方法可制备其他的脂肪酰氨基二甲基-β-羟乙基硝酸铵。阳离子型抗静电剂见表17-2。

表17-2 阳离子型抗静电剂

商品名称	化学名称与结构式	性 质	用 途	添加量/%（质量）
Cyastat SN（美国ACC）	（硬脂酰氨基丙基二甲基-β羟乙基铵）硝酸盐 $\left[C_{17}H_{35}CONHCH_2CH_2CH_2-N^+(CH_3)_2-CH_2CH_2OH\right]NO_3^-$	溶于水、丙酮、醇类、氯仿、二甲基甲酰胺、二噁烷、甲基(乙基或丁基)溶纤剂、苯等油剂溶剂中。商品是以含活性物50%～60%的异丙醇水溶液出售，微酸性，应避免长期接触易锈金属	塑料、涂料外用或内用抗静电剂	0.5～2.0

续表

商品名称	化学名称与结构式	性　质	用　途	添加量/%（质量）
抗静电剂 SN（上海助剂厂）	（硬脂酰氨基乙基二甲基-β-羟乙基铵）硝酸盐 $\left[C_{17}H_{35}CONHCH_2CH_2-\overset{CH_3}{\underset{CH_3}{N}}-CH_2CH_2OH\right]^+ NO_3^-$	溶于水、丙酮、醇类、氯仿、二甲基甲酰胺、二噁烷、甲基（乙基或丁基）溶纤剂、苯等油剂溶剂中。商品是以含活性物 50%～60%的异丙醇水溶液出售，微酸性，应避免长期接触易锈金属	塑料、涂料外用或内用抗静电剂	0.5～2.0
Cyastat LS（美国 ACC）	（月桂酰氨基丙基二甲基铵）硫酸甲酯盐 $\left[C_{11}H_{23}CONHCH_2CH_2CH_2-\overset{CH_3}{\underset{CH_3}{N}}-CH_2CH_2OH\right]^+ CH_3SO_4^-$	白色结晶粉末，相对分子质量 410，相对密度 1.121(25℃)，熔点 99～103℃，分解温度 235℃。可溶于水、乙醇、乙基溶纤剂等极性溶剂中。热稳定性较好，与树脂相容性好	内用或外用抗静电剂	0.5～2.0
Cyastat 609（美国 ACC）	*N*,*N*-双(2-羟乙基)-*N*(3-十二烷氧基-2′-羟基丙基)季铵硫酸甲酯盐 $\left[C_{12}H_{25}OCH_3\underset{OH}{CH}-CH_3-\overset{CH_3}{\underset{CH_2CH_2CH_3}{N}}-CH_3\right]^+ CH_3SO_4^-$	商品为含 50%活性物的异丙醇[水溶液，浅黄色液体，色泽(APHA) 200]，10%溶液的 pH 值为 4～6，相对密度 0.96，抗静电效能高，热稳定性好，着色性小	内用或外用抗静电剂	—
抗静电剂 TM（英国 Teams 公司）	三羟乙基甲基季铵硫酸甲酯盐 $\left[CH_3-N\begin{matrix}CHCH_2OH\\CHCH_2OH\\CHCH_2OH\end{matrix}\right]^+ CH_3SO_4^-$	浅黄色黏稠状吸湿性液体，相对分子质量 275，游离二乙醇胺量不得小于 0，又不能高于 4	外用或内用抗静电剂，合成纤维油剂组分	0.5～2.0
Cyastat SP（美国 ACC）	硬脂酰氨基丙基二甲基-β-羟乙基铵二氢磷酸盐 $\left[C_{17}H_{35}CONHCH_2CH_2CH_2-\overset{CH_3}{\underset{CH_3}{N}}-CH_2CH_2OH\right]^+ H_2PO_4^-$	商品为含 35%活性物的异丙醇水溶液，淡黄色透明液体，pH 值 6.3～7.2，相对密度 0.94，溶于水、乙醇、丙酮及其他低分子极性溶剂中	内用抗静电剂，适用于硬质 PVC。填充碳酸钙的聚苯乙烯配方中，外用抗静电剂，适用于多种塑料	内用 0.5～1.5 外用 1～10
Barquat CME（美国 Baird）	*N*,*N*-十六烷基乙基吗啉季铵硫酸乙酯盐 $\left[O\begin{matrix}CH_2CH_2\\CH_2CH_2\end{matrix}N\begin{matrix}C_{16}H_{33}\\C_2H_5\end{matrix}\right]^+ C_2H_5SO_4^-$	橘黄色或琥珀色蜡状物，相对分子质量 453，10%水溶液的 pH 值 4.5，相对密度 1.01，熔点 74℃	适用于醋酸纤维素；外涂覆，或作为合成纤维油剂组分	1～2

在一个分子中结合多个季铵盐的高分子抗静电剂用于处理纤维，能形成一层膜。利用它可得到通过处理后在阴离子型表面活性剂浴中浸渍达到不溶性的永久性抗静电作用。

17.2.1.2 脂肪胺、胺盐及其衍生物

脂肪胺和胺盐及其衍生物，常用于合成纤维油剂的静电清除剂，录音材料的抗静电剂，常见的有伯胺、仲胺和叔胺盐。

RCH_2NH_2 烷基胺

$ROCH_2CH(OH)CH_2NHCH_2CH_2OH$ N-(3-烷氧基-2-羟基丙基) 乙醇胺

$RCONHCH_2N(CH_2CH_3)_2 \cdot HCl$ N-(酰氨基甲基) 二乙胺盐酸盐

烷基伯胺一般是利用邻苯二甲酰亚胺与相应的卤烷作用，然后水解而成。例如，将邻苯二甲酰亚胺与溴代正辛烷作用，水解，就可制得正辛胺。其反应式如下。

$$C_6H_4(CO)_2NH + CH_3(CH_2)_6CH_2Br \longrightarrow C_6H_4(CO)_2N—CH_2(CH_2)_6CH_3 + HBr$$

邻苯二甲酰亚胺　溴代正辛烷　N-正辛基邻苯二甲酰亚胺

$$C_6H_4(CO)_2N—CH_2(CH_2)_6CH_3 + 2H_2O \longrightarrow C_6H_4(COOH)_2 + CH_3(CH_2)_6CH_2NH_2$$

正辛胺

胺衍生物的合成则视它的化学结构而定。例如，N-(3-十二烷氧基-2-羟基丙基) 乙醇胺是由月桂醇与环氧氯丙烷及乙醇胺作用而成。其反应式如下。

$$C_{12}H_{25}OH + CH_2—CH—CH_2Cl\ (\text{环氧}) + H_2N—CH_2CH_2OH \longrightarrow C_{12}H_{25}OCH_2CH(OH)—CH_2NHCH_2CH_2OH + HCl$$

月桂醇　环氧氯丙烷　乙醇胺

N-(3-十二烷氧基-2-羟基丙基)乙醇胺

N-(硬脂酰氨基甲基) 二乙胺盐酸盐，则是由硬脂酸与 N-(氨甲基) 二乙胺及盐酸作用而得。其反应式如下。

$$C_{17}H_{35}COOH + H_2NCH_2N(CH_2CH_3)_2 + HCl \longrightarrow C_{17}H_{35}CONHCH_2N(CH_2CH_3)_2 \cdot HCl + H_2O$$

17.2.1.3 咪唑啉盐

咪唑啉类抗静电剂是带有一个长链烷基的咪唑啉化合物，抗静电效果好，适用于作塑料和唱片加工用的内用抗静电剂。其典型化合物如下。

$R—C(=N—CH_2)—N(CH_2CH_2OSO_3H)—CH_2$ 2-烷基-1-羟乙基咪唑啉硫酸酯

$R—C(=N—CH_2)—N^+(CH_2CH_2OH)(CH_2CH_2OH)—CH_2\ ClO_4^-$ 2-烷基-1,1-二羟乙基咪唑啉高氯酸盐

咪唑啉衍生物的合成，既要考虑一个咪唑啉环，又要考虑引进一个长链烷基。例如，将高级脂肪酸与1,2-亚乙基二胺在180～190℃的温度下进行反应，则可得到酰胺，再加热至250～300℃，就可闭环，制得带有长链烷基的咪唑啉。其反应式如下。

$$R{-}\overset{O}{\overset{\|}{C}}{-}OH + \begin{matrix}H_2N{-}CH_2\\ |\\ H_2N{-}CH_2\end{matrix} \xrightarrow[-H_2O]{180\sim190℃} R{-}C(\boxed{OH_2})(N{-}CH_2)(NH{-}CH_2) \xrightarrow[-H_2O]{250\sim300℃} R{-}C\begin{matrix}{=}N{-}CH_2\\ \quad |\\ {-}NH{-}CH_2\end{matrix}$$

脂肪酸　1,2-亚乙基二胺　$\boxed{OH_2}$表示脱去一分子水　烷基咪唑啉

如果用月桂酸与*N*-羟乙基-1,2-亚乙基二胺反应，可得到2-十一烷基-1-羟乙基咪唑啉。其反应式如下。

$$C_{11}H_{23}\overset{O}{\overset{\|}{C}}{-}OH + \begin{matrix}H_2N{-}CH_2\\ |\\ HN{-}CH_2\\ |\\ CH_2CH_2OH\end{matrix} \xrightarrow[-H_2O]{\triangle} C_{11}H_{23}{-}\overset{O}{\overset{\|}{C}}\begin{matrix}H_2N{-}CH_2\\ |\\ N{-}CH_2\\ |\\ CH_2CH_2OH\end{matrix} \xrightarrow[-H_2O]{\triangle} C_{11}H_{23}{-}C\begin{matrix}{=}N{-}CH_2\\ |\\ {-}N{-}CH_2\\ |\\ CH_2CH_2OH\end{matrix}$$

N-羟乙基-1,2-亚乙基二胺

然后进一步可将这一化合物合成为硫酸酯或季铵盐。如与环氧乙烷和高氯酸反应，得到相应的高氯酸胺盐。

$$C_{11}H_{23}{-}C\begin{matrix}{=}N{-}CH_2\\ |\\ {-}N{-}CH_2\\ |\\ CH_2CH_2OH\end{matrix} + \underset{O}{CH_2{-}CH_2} + HClO_4 \longrightarrow C_{11}H_{23}{-}C\begin{matrix}{=}N{-}CH_2\\ |\\ {-}\overset{+}{N}{-}CH_2\\ (CH_2CH_2OH)_2\end{matrix}\ ClO_4^-$$

2-十一烷基-1,1-二羟乙基咪唑啉高氯酸盐

咪唑啉衍生物的合成工艺主要有溶剂法和真空法。真空法是在残压为0.13～32.5kPa下进行脱水反应的。一般脂肪酸与AEEA的摩尔比为1∶(1～1.7)，按原料的不同而改变。反应温度为100～250℃，反应时间则为3～10h。一般情况下真空法所得产品质量较好。溶剂法则用甲苯或二甲苯作溶剂，利用共沸原理，除去反应生成的水，最终反应温度约为200℃左右，反应完毕后蒸出溶剂，即得产品。

17.2.2　阴离子型抗静电剂

17.2.2.1　硫酸酯及其盐

硫酸酯及其盐通常用于合成纤维油剂的静电消除剂。其典型化合物结构式如下。

$$ROSO_3H \quad 或 \quad ROSO_3Na$$

脂肪醇硫酸酯或钠盐

$$RO{-}\!(CH_2CH_2O)_n\!{-}\ \overset{H}{\overset{|}{N}}{-}(CH_2CH_2OH)_3$$

(烷氧基聚氧乙烯醚硫酸酯）三乙醇胺盐

高级烷基硫酸酯一般用高级一元醇与硫酸作用，或用适当的烯烃与硫酸加成，即可制得。

17.2.2.2　磷酸酯及其磷酸酯盐

磷酸酯和磷酸酯盐用于合成纤维和塑料，静电消除效果很好。用作纤维抗静电剂时，它们以憎水基团面向纤维，亲水基团面向大气，因而具有优良的抗静电性能。主要品种有单烷基磷酸酯盐和二烷基磷酸酯盐。其结构式如下。

$$RO{-}\overset{O}{\overset{\|}{P}}(OH)(ONa) \qquad RO{-}\overset{O}{\overset{\|}{P}}(ONa)(ONa) \qquad (RO)_2\overset{O}{\overset{\|}{P}}{-}ONa$$

代表性品种有二月桂基磷酸酯钠盐、二(烷氧基聚氧乙烯醚) 磷酸酯和烷基磷酸酯二乙醇胺盐等。其结构式如下。

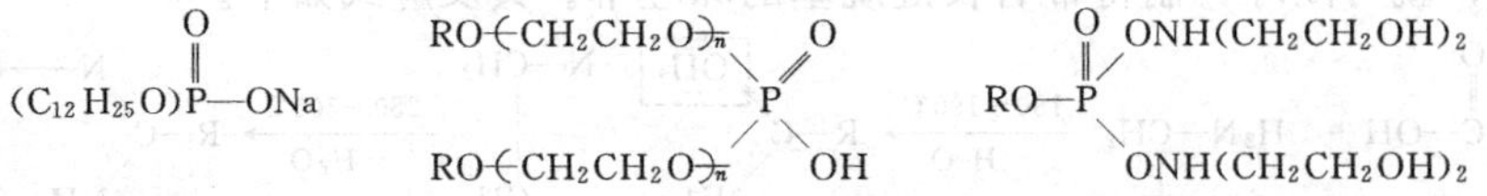

$$(C_{12}H_{25}O)P(=O)—ONa$$

二月桂基磷酸酯钠盐

$$[RO(CH_2CH_2O)_n]_2P(=O)OH$$

二(烷氧基聚氧乙烯醚)磷酸酯

$$RO—P(=O)[ONH(CH_2CH_2OH)_2]_2$$

烷基磷酸酯二乙醇胺盐

其中烷基磷酸酯二乙醇胺盐也是抗静电剂P，是应用极为广泛的抗静电剂品种之一，由五氧化二磷与醇作用来合成。其反应式如下。

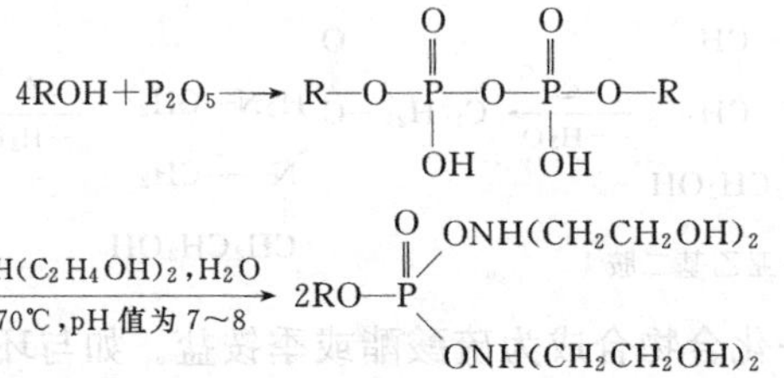

$$4ROH+P_2O_5 \longrightarrow R—O—P(=O)(OH)—O—P(=O)(OH)—O—R$$

$$\xrightarrow[\leqslant 70℃,pH值为7\sim8]{4NH(C_2H_4OH)_2,H_2O} 2RO—P(=O)[ONH(CH_2CH_2OH)_2]_2$$

它可用作涤纶、丙纶等合成纤维纺丝油剂的组分之一，适用量为油剂总量的5%～10%。

17.2.3 非离子型抗静电剂

非离子型抗静电剂不能像离子型抗静电剂那样，可以利用本身的离子导电泄漏电荷，所以抗静电剂使用时需要较大的用量；但它热稳定性好，耐老化，因此被用作塑料的内用抗静电剂及纤维的外用抗静电剂。主要的品种有多元醇、多元醇酯、醇或烷基酚的环氧乙烷加成物、胺和酰胺的环氧乙烷加成物等。

17.2.3.1 环氧乙烷加成物

环氧乙烷加成物用作抗静电剂，其抗静电效果与环氧乙烷加成数有关。这类抗静电剂具有静电消除效果良好，热稳定性优良等特点，适用于塑料和纤维。其典型化合物如下。

$RO(CH_2CH_2O)_nH$　脂肪醇环氧乙烷加成物

$RCOO(CH_2CH_2O)_nH$　脂肪酸环氧乙烷加成物

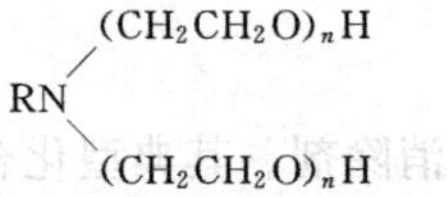

$RN[(CH_2CH_2O)_nH]_2$　脂肪胺环氧乙烷加成物

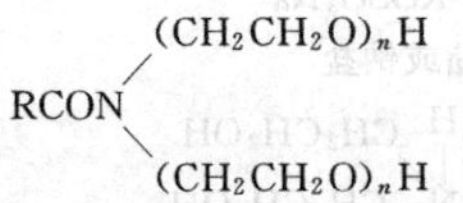

$RCON[(CH_2CH_2O)_nH]_2$　脂肪酰胺环氧乙烷加成物

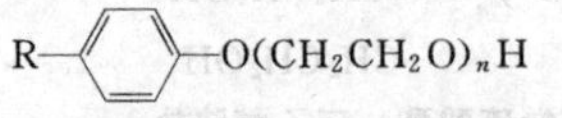

$R—C_6H_4—O(CH_2CH_2O)_nH$　烷基酚环氧乙烷加成物

环氧乙烷加成物是在碱的催化作用下，将环氧乙烷与脂肪醇、酸、胺等反应而成。所用的脂肪醇、酸、胺等，都是高级的一元醇、酸、胺等。其反应式如下。

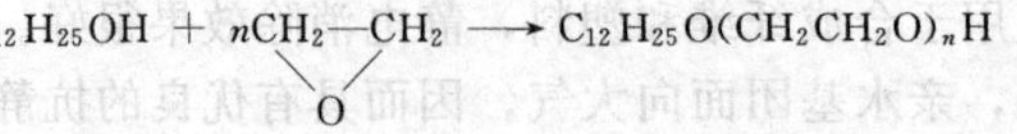

$$C_{12}H_{25}OH + n\underset{\diagdown O \diagup}{CH_2—CH_2} \longrightarrow C_{12}H_{25}O(CH_2CH_2O)_nH$$

月桂醇　　环氧乙烷　　月桂醇环氧乙烷加成物

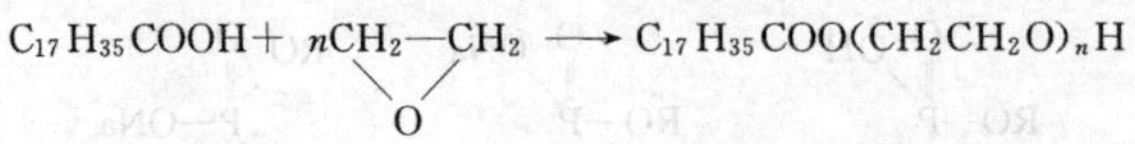

$$C_{17}H_{35}COOH + n\underset{\diagdown O \diagup}{CH_2—CH_2} \longrightarrow C_{17}H_{35}COO(CH_2CH_2O)_nH$$

硬脂酸　　硬脂酸环氧乙烷加成物

$$C_{12}H_{25}NH_2 + 2nCH_2\text{—}CH_2(\text{—O—}) \longrightarrow C_{12}H_{25}N\begin{cases}(CH_2CH_2O)_nH\\(CH_2CH_2O)_nH\end{cases}$$

月桂胺　　　　月桂胺环氧乙烷加成物

$$C_{17}H_{35}CONH_2 + 2nCH_2\text{—}CH_2(\text{—O—}) \longrightarrow C_{17}H_{35}CON\begin{cases}(CH_2CH_2O)_nH\\(CH_2CH_2O)_nH\end{cases}$$

硬脂酰胺　　　　硬脂酰胺环氧乙烷加成物

$$C_9H_{19}\text{—}C_6H_4\text{—}OH + nCH_2\text{—}CH_2(\text{—O—}) \longrightarrow C_9H_{19}\text{—}C_6H_4\text{—}O(CH_2CH_2O)_nH$$

壬基酚　　　　壬基酚环氧乙烷加成物

式中，n 通常是 1～3，n 值愈大，其水溶性就愈强。利用环氧丙烷制得环氧丙烷加成物也具有抗静电效果，其制备方法和性能与环氧乙烷加成物类似。

由脂肪胺进行乙氧基化得到的双(β-羟乙基）脂肪胺是塑料最常用的内用抗静电剂，根据烷基碳链的不同，适用于不同的塑料。塑料常用的内用抗静电剂见表 17-3。

表 17-3　塑料常用的内用抗静电剂

抗静电剂	活性物含量/%	应用对象	外观
双(β-羟乙基)牛油胺	100	高密度聚乙烯	液体
双(β-羟乙基)椰油胺	100	聚丙烯,ABS	液体
双(β-羟乙基)硬脂酰胺	100	聚苯乙烯,聚苯乙烯-丙烯腈	液体
双(β-羟乙基)牛油胺＋HDPE	75	高密度聚乙烯	固体
双(β-羟乙基)牛油胺＋LDPE	50	低密度聚乙烯	固体
双(β-羟乙基)椰油胺＋SAN	50	ABS,聚苯乙烯-丙烯腈	固体
双(β-羟乙基)椰油胺＋PS	50	聚苯乙烯,ABS	固体

注：固体内用抗静电剂是抗静电剂与树脂的混合物。

近年研制成的固体内用抗静电剂，是含有大量抗静电剂的树脂混合物，它可使应用过程简化。

17.2.3.2　多元醇酯

多元醇酯作为抗静电剂，适用于纺织油剂和塑料加工中。其典型化合物结构式如下。

$CH_2OH\text{—}CHOH\text{—}CH_2COOR$　甘油单脂肪酸酯

$RCOOCH_2\text{—}C(CH_2OH)_2\text{—}CH_2OH$　季戊四醇单脂肪酸酯

$H_2C(\text{—O—})CH\text{—}CH(OH)\text{—}CH_2OCOR$（环上 HO—CH—CH—OH）　山梨醇单脂肪酸酯

甘油单油酸酯和甘油单硬脂酸酯分别是低密度聚乙烯和聚烯烃薄膜最常用的内用抗静电剂。合成多元醇酯常用的醇类化合物如下。

$HOCH_2CH_2OH$　乙二醇

$HOCH_2CH_2OCH_2CH_2OH$　一缩二乙二醇

$CH_2OH\text{—}CHOH\text{—}CH_2OH$　丙三醇（甘油）

$HO\text{—}CH_2\text{—}C(CH_2OH)_2\text{—}CH_2OH$　季戊四醇

$CH_2OH\text{—}CHOH\text{—}HO\text{—}CH\text{—}CHOH\text{—}CHOH\text{—}CH_2OH$　山梨醇

所使用的酸，通常是高级脂肪酸。一般是用直接酯化来合成的。以季戊四醇硬脂酸酯为例，反应式如下。

$$C_{17}H_{35}COOH + HOCH_2-C(CH_2OH)_3 \xrightarrow{H^+} C_{17}H_{35}COOCH_2-C(CH_2OH)_3 + H_2O$$

硬脂酸　　季戊四醇　　季戊四醇单硬脂酸酯

山梨醇在酯化时，会同时发生分子内脱水，生成环状醚的酯。其反应式如下。

$$C_{15}H_{31}COOH + HOCH_2CH(OH)-CH(OH)-CH(OH)-CH(OH)-CH_2OH \xrightarrow{H^+} C_{15}H_{31}COOCH_2CH-\overset{O}{CH\quad CH_2}(HO-CH-CH-OH)$$

软脂酸　　山梨醇　　山梨醇单软脂酸酯

脂肪酸多元醇酯在常温下为白色至淡黄色的固体，其亲水性并没有大到足以在水中溶解成透明的程度，而往往只是达到脂肪酸酯本身乳化分散的程度。因此，一般不用作纺织工业中的抗静电剂，但适合作为有抗静电集聚能力的纺织油剂、柔软剂、整理剂等的配合基料使用。

鉴于脂肪酸多元醇酯具有弱的亲水性，故能在完全不溶于水的乳化物（油类）与水或易溶于水的强亲水性乳化剂之间起偶联作用。这类酯在纤维表面形成薄膜后，能减少纤维表面的摩擦系数，从而在整理纤维后既具有抗静电性又不易沾污。

此外，用脂肪酸与聚乙二醇进行酯化反应，可得到聚乙二醇酯类非离子型抗静电剂。其反应式如下。

$$RCOOH + HO(CH_2CH_2O)_nH \longrightarrow RCOO(CH_2CHO_2)OH + H_2O\uparrow$$

17.2.4 两性离子型抗静电剂

两性离子型抗静电剂主要包括季铵内盐、两性烷基咪唑啉盐和烷基氨基酸等。它们在一定条件下既可以起到阳离子型活性剂的作用，又可以起到阴离子型活性剂的作用，在一狭窄的 pH 值范围内等电点处会形成内盐。两性离子型抗静电剂的最大特点在于它们既能与阴离子型抗静电剂配伍使用，也能与阳离子型抗静电剂配伍使用。与阳离子型抗静电剂一样，它们对高分子材料有较强的附着力，因而能发挥优良的抗静电性。在某些场合下其抗静电效果优于阳离子型抗静电剂。

17.2.4.1 季铵内盐

具有高级烷基的季铵内盐，通常用具有长链烷基的叔胺与一氯乙酸钠反应的方法来制取。其反应式如下。

$$C_{12}H_{25}-N(CH_3)_2 + ClCH_2-COONa \longrightarrow C_{12}H_{25}-\overset{+}{N}(CH_3)_2-CH_2COO^- + NaCl$$

十二烷基二甲基季铵乙内盐

由于季铵内盐的分子中同时具有季铵型氮结构和羧基结构，因此在大范围的 pH 值下水溶性良好。十二烷基二甲基季铵乙内盐是良好的纤维用外用抗静电剂。

含有聚醚结构（如聚氧乙烯结构）的两性季铵盐，其结构式如下。

$$R-N(HO)(\leftarrow CH_2-CH_2O \rightarrow_p H)(\leftarrow CH_2-CH_2O\rightarrow_q H)-CH_2-COOM$$

R 为 $C_{12}\sim C_{18}$ 的烷基

M 为 Mg、Ca、Ba、Zn、Ni 等

烷基二(聚氧乙烯基)季铵乙内盐氢氧化物

它们的耐热性良好，除了作塑料内用抗静电剂使用外，与尼龙、腈纶、丙纶、涤纶等相容性良好，能经受纺丝时的高温，抗静电性能优良，故是合成纤维内用抗静电剂的主要品种之一。含上述金属盐的丙纶不仅具有抗静电性，而且耐光性和染色性均有改善。

17.2.4.2　两性烷基咪唑啉

1-羧甲基-1-β羟乙基-2-烷基-2-咪唑啉盐氢氧化物是两性咪唑啉型抗静电剂的代表性品种，其结构式如下。

$$\begin{array}{l} \text{R—C} \begin{array}{l} \overset{}{\text{N—CH}_2} \\ \text{N—CH}_2 \end{array} \\ \text{HO} \quad \text{CH}_2\text{CH}_2\text{OH} \\ \quad \text{CH}_2\text{COOM} \end{array}$$

R 为 C_{12}～C_{18}的烷基
M 为 Mg、Ca、Ba、Zn、Ni 等

烷基二(聚氧乙烯基)季铵乙内盐氢氧化物

这类抗静电剂是以高级脂肪酸（如月桂酸、硬脂酸）与 N-(氨基乙基）乙醇胺为原料，先合成 1-β-羟乙基-2-烷基-2-咪唑啉，然后用一氯乙酸两性化而得。其反应式如下。

$$\text{R—}\overset{\text{O}}{\overset{\|}{\text{C}}}\text{—OH} + \text{H}_2\text{N—CH}_2\text{—CH}_2\text{—NH—CH}_2\text{CH}_2\text{OH} \xrightarrow{\text{减压脱水}} \text{R—C}\begin{array}{l}\text{N—CH}_2\\ \text{N—CH}_2\\ \text{CH}_2\text{CH}_2\text{OH}\end{array} + \text{H}_2\text{O}$$

1-β-羟乙基-2-烷基-2-咪唑啉

$$\text{R—C}\begin{array}{l}\text{N—CH}_2\\ \text{N—CH}_2\\ \text{CH}_2\text{CH}_2\text{OH}\end{array} + \text{ClCH}_2\text{COOH} \xrightarrow{2\text{NaOH}} \text{R—C}\begin{array}{l}\text{N—CH}_2\\ \text{N—CH}_2\\ \text{HO} \quad \text{CH}_2\text{CH}_2\text{OH}\\ \quad \text{CH}_2\text{COONa}\end{array} + \text{H}_2\text{O} + \text{NaCl}$$

1-羧甲基-1-β-羟乙基-2-烷基-2-咪唑啉盐氢氧化物（钡盐）

两性咪唑啉的抗静电性优良，与多种树脂相容性良好，是聚丙烯、聚乙烯等优良的内用抗静电剂。若将其钠盐与二价金属，如钡、钙等的无机盐反应，可增加与聚合物材料的相容性。据称相应的钙盐能经受聚丙烯纺丝时的苛刻条件，作为丙纶的内用抗静电剂性能优良，效果持久，实用性很强。以钡盐为例，制备反应式如下，产品可作为涂料的抗静电剂。

$$\text{R—C}\begin{array}{l}\text{N—CH}_2\\ \quad\quad \text{CH}_2\\ \text{N}\\ \text{HO} \quad \text{CH}_2\text{—CH}_2\text{OH}\\ \quad \text{CH}_2\text{COONa}\end{array} + \text{BaCl}_2 \longrightarrow \left[\text{R—C}\begin{array}{l}\text{N—CH}_2\\ \text{N—CH}_2\\ \text{HO} \quad \text{CH}_2\text{CH}_2\text{OH}\\ \quad \text{CH}_2\text{COO}^-\end{array}\right]_2 \text{Ba}^{2+} + \text{NaCl}$$

1-羧甲基-1-β-羟乙基-2-烷基-2-咪唑啉盐氢氧化物（钡盐）

17.2.4.3　烷基氨基酸类

作为抗静电剂使用的烷基氨基酸类主要有三种类型，即烷基氨基乙酸型、烷基氨基丙酸型和烷基氨基二羧酸型，它们分别由三种不同的途径制得。反应式如下。

$$\text{RNH}_2 + \text{ClCH}_2\text{COONa} + \text{NaOH} \longrightarrow \text{RNHCH}_2\text{COONa} + \text{NaCl} + \text{H}_2\text{O}$$

$$\text{RNH}_2 + \text{CH}_2 = \text{CH—CH} + \text{NaOH} + \text{H}_2\text{O} \longrightarrow \text{RNH—CH}_2\text{CH}_2\text{—COONa} + \text{NH}_3$$

$$RNH_2 + \text{maleic anhydride (CH=CH, O=C—O—C=O)} \longrightarrow RNH—CH(COOH)—CH_2COOH \xrightarrow{NaOH} RNH—CH(COONa)—CH_2COONa \xrightarrow{BaCl_2} \left[RNH—CH(COO^-)—CH_2COO^-\right]Ba^{2+}$$

烷基氨基丙酸的金属盐或二乙醇胺盐可作为塑料的外用或内用抗静电剂，在照相薄膜的生产中广泛使用。作为外用抗静电剂使用时，为了增加其水溶性，多使用碱性介质。

烷基氨基二羧酸的金属盐或二乙醇胺盐主要作为塑料的内用抗静电剂使用。

17.2.5　高分子型抗静电剂

耐久性好的外用抗静电剂大都是高分子电解质或高分子表面活性剂，它们的合成中采用一些特殊的单体，既含有活泼乙烯基，又含有一些可以提供抗静电性的基团。

$$—N^+—\qquad —CON(CH_3)_2\qquad —CON(C_2H_5)_2\qquad —COONa\qquad —SO_3Na$$

在聚合或共聚后可用通常的方法进行涂布处理，或将单体、低聚物等先涂布在塑料、合成纤维的表面上，然后经热处理得到具有抗静电性的涂层。

17.2.5.1　聚酰胺

聚酰胺树脂是通过以下反应制得的。在此反应式中，如尽可能减少氨基端基量，并适当调节分子量，就可以得到固体产物；反之，若大量保留氨基，则得到液态产物。因此聚酰胺树脂抗静电剂的品种很多，多用于印刷油墨中。

$$HOOC—R—COOH + H_2N—R'—NH_2 \longrightarrow HOOC\!\left[R—CONH—R'—NHOC\right]_n\!R—CONH—R'—NH_2$$

脂肪酸与乙二胺或氨乙基乙醇胺缩合，再则与尿素或胍缩合，得到一种结构复杂的酰胺-胺型化合物，常用作合成纤维的抗静电整理剂，对尼龙、丙烯腈等合成纤维有效。是一种甲酰胺型的阳离子型抗静电剂。

17.2.5.2　乙烯基化合物的共聚物

由甲基丙烯酸十二烷基酯和甲基丙烯酸二乙氨基乙酯、乙烯基吡啶等共聚，产品适用于液体燃料中。它不但能够防止水分对金属盐的侵蚀，而且能够增加燃料的电导率。甲基丙烯酸二乙氨基乙酯是用甲基丙烯酸甲酯与二乙氨基乙醇在醇钠的催化作用下，于80～115℃进行醇解制得，生成的甲醇以苯作溶剂共沸蒸出。若以碱式乙酸铅及其他无机铅盐、四烷基锡等作催化剂，可提高氨基酯的收率。其反应式如下。

$$CH_2{=}C(CH_3)—COOCH_3 + (C_2H_5)_2NC_2H_4OH \xrightarrow[100\sim120℃,12h,\text{吩噻嗪阻聚剂}(0.8\%)]{\text{碱式乙酸铅}(2.5\%)} CH_2{=}C(CH_3)—COOC_2H_4N(C_2H_5)_2 + CH_3OH$$

随着共聚物中二乙氨基乙酯配比增加，即共聚物中氮含量增加，电导率逐渐增长，以

1∶1的共聚物的导电活性最高，但二乙氨基乙酯配比达50%，可能会减弱其分散性能，故以采用20%～30%甲基丙烯酸二乙氨基乙酯的共聚物为好。

该聚合物通常和烷基水杨酸铬及丁二酸二（2-乙基己基）酯磺酸钙复配使用，具有显著的抗静电效果，可用于航空燃料中。

17.3 抗静电剂在塑料及纤维中的应用

17.3.1 抗静电剂在塑料中的应用

（1）塑料用抗静电剂的特点

塑料带静电所引起的主要障碍首先是在塑料表面吸附尘埃等，极容易污染，尽管可以擦去，但加工的制品却给人以脏的感觉，从而降低了商品价值。其次是塑料制品在实际使用时，受压的薄膜袋口不易打开，要在袋内涂上粉状物体，但粉体又易被吸附，致使袋的热合封口变得困难。若塑料薄膜在高速印刷时产生高电位静电，会使周围空气中的气体离子化，与地之间产生火花放电，对燃点低的溶剂易引起燃烧，以致发生爆炸事故。塑料表面由于静电的排斥力以致油墨不易上印。此外，在二次加工时，吸附带入的碎屑和尘埃等造成不必要的麻烦。为了防止这些故障的产生，在实际生产中常采用表面活性剂抗静电法。

塑料用抗静电剂多为内用型或称混炼型。它们与塑料有适当的互溶性，既要有一定的量渗出到表面，同时又要渗出到一定程度便会自行停止；此外，当因水洗使活性剂从表面被洗涤掉后，还能有一定量的活性剂再从树脂内部渗出到表面。根据树脂的种类及其成型方法不同，应采用不同结构的抗静电剂。因为抗静电剂从树脂内部向表面渗出，既与活性剂的结构也和树脂的结构、物理性质有关，特别是树脂的玻璃态转化温度是一个很重要的因素。玻璃态转化温度低于室温的树脂，组成该树脂的聚合物分子，在室温下由于在极微小的链段内分子运动激烈，所以当树脂内部混炼进适当的抗静电剂时，就促进了聚合物的分子运动；在室温条件下放置，活性剂将随着放置时间的延续向塑料表面渗出，可以发挥抗静电的效果。反之，玻璃态转化温度高于室温的树脂，虽然在树脂内混炼入抗静电剂，但是在室温条件下聚合物分子呈冻结状态，活性剂很难渗出到树脂表面，难以发挥抗静电效果。因此，对于玻璃态转化温度高的树脂，如果放置在低于此温度的条件下也很难看出抗静电效果。一般，玻璃态转化温度低的树脂混炼入活性剂后是容易产生效果的，而玻璃态转化温度高的树脂，则难以看出效果。因此，混炼入抗静电剂后进行成型加工时，从熔融时开始温度下降，到聚合物分子运动冻结为止，若在这段时间内有相当多的抗静电剂向表面渗出，则其便是比较适用的抗静电剂品种。此外除玻璃态转化温度以外的物理性质中，聚合物的结晶作用也是很重要的因素，聚合物的结晶越多，抗静电剂向表面渗出越困难。理想的内用抗静电剂必须满足下列基本要求：

① 具有良好的抗静电效果；

② 耐热性好，能经受树脂加工过程的高温；

③ 与树脂兼容性好，不发生渗出现象；

④ 不损害树脂的性能；

⑤ 能与其他助剂并用；

⑥ 不刺激皮肤，无毒；

⑦ 价格低廉。

外用抗静电剂或称表面涂敷型抗静电剂是将塑料表面浸入含抗静电剂的水溶液（或其他溶剂组成的）中，或者将溶液喷在塑料表面上，或者用布或刷子把溶液涂在塑料表面上，使活性剂在塑料表面形成极薄的涂膜。表面涂敷加工，一般在处理后通过干燥除去溶剂。除去溶剂的方法除了利用室温自然干燥外，还可根据需要利用热风连续干燥等。这种处理方法的操作原理虽然简单，但在大量处理时也会出现生产性的问题，而且抗静电的持久性低，特别是经过水洗等多半要失效。特种树脂或成型制品等如果不适于用混炼型的抗静电剂，一般采用表面涂敷型的抗静电剂。理想的外用抗静电剂的基本要求如下：

① 可溶解或可分散在溶剂中；

② 与树脂表面结合牢固，耐磨，耐洗涤；

③ 有良好的抗静电效果，对环境温度变化的适应性强；

④ 不会引起制品颜色的变化；

⑤ 手感好，无刺激，无毒；

⑥ 价格低廉。

近年来，研究出的一些新型高分子抗静电剂，用于塑料表面，具有不易逸散、耐磨和耐洗涤性好等特点，称之为“永久性”外用抗静电剂。

(2) 影响塑料用抗静电剂效果的因素

① 与塑料的相容性　抗静电剂与塑料要有适度的相容性。抗静电剂的极性、分子结构和结晶状况是影响相容性的主要因素。

② 抗静电剂的表面浓度　抗静电剂在塑料制品的表面分布，必须达到一定浓度才能实现抗静电效果，该浓度称为临界浓度。各种抗静电剂的临界浓度依其本身组成和使用情况而异。如在聚乙烯吹塑膜表面涂敷不同浓度的二羟乙基硬脂酰胺甲醇溶液，当二羟乙基硬脂酰胺的表面浓度达到$0.5\times10^{-5}g/cm^2$时方显示抗静电作用；用十二烷基苯烷酸钠涂敷于聚苯乙烯表面时，得到相同的结果。抗静电剂浓度与表面电阻率见表17-4。

表17-4　抗静电剂浓度与表面电阻率

聚苯乙烯表面的抗静电剂浓度 $/(mg/cm^2)$	表面电阻率 $/\Omega$	聚苯乙烯表面的抗静电剂浓度 $/(mg/cm^2)$	表面电阻率 $/\Omega$
0.01×10^{-2}	8.0×10^{16}	1.00×10^{-2}	5.0×10^{10}
0.08×10^{-2}	8.0×10^{16}	2.00×10^{-2}	4.0×10^{8}
0.50×10^{-2}	2.6×10^{12}		

其原因是仅依靠亲水基在空气中的取向所形成的单分子导电层，是不会有显著抗静电效果的。只有当抗静电剂分子在表面有10层以上时，才会由于亲水基的取向性而产生优良的抗静电效果。

③ 协同作用　复配得当与否是抗静电效果发挥的关键。抗静电剂与抗静电剂或抗静电剂与其他添加剂复配后，可能呈现最佳的协同效应。加入增塑剂会导致软质制品抗静电效果改变。某些润滑剂、稳定剂、颜料、填充剂、阻燃剂等也会影响抗静电效果。当稳定剂是金属皂类阴离子，抗静电剂是阳离子时，两者可能相互抵消；与润滑剂并用（特别是与外部润滑剂作用），由于润滑剂优先于抗静电剂迁移到制品表面，所形成的润滑剂表面膜层影响了抗静电剂的析出。无机填料对抗静电剂的吸附性，尤其是含卤阻燃剂与抗静电剂复合，可能出现反协同作用等，在进行助剂复配时均应注意。

另外，对塑料表面进行适当处理，如使表面部分氧化，可产生某种极性基团，它与抗静电剂相互作用往往有叠加效果，使抗静电效应得到充分发挥。

④ 环境湿度　相对湿度（RH）与抗静电剂作用效果有密切关系，以表面活性剂为主体的抗静电剂，尤以抗静电性与环境中空气湿度密切相关。相对湿度大则抗静电性能好，吸湿

后抗静电剂能产生离子结构，塑料表面的导电性可大大增加。所以，抗静电剂与具有吸湿性的，能在水中电离的无机盐、有机盐、醇类等合用，往往能促进抗静电效果的发挥。树脂中含有离子型抗静电剂时，由于亲水基的吸湿作用，表面产生离子化基团，提供离子导电的途径。而非离子型抗静电剂，虽然没有离子可供电，但由于吸湿作用，可使聚合物中的杂质或电解质产生离子化趋向，构成泄漏电荷通道。因此，经过抗静电剂处理的合成材料的抗静电效果与所放置的环境温度和相对湿度关系甚大。相对湿度越大，温度越高，抗静电效果越好。

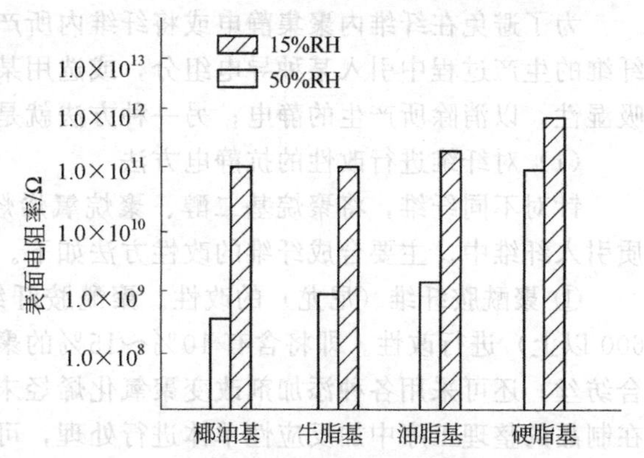

图 17-5　相对湿度对抗静电效果的影响

以非离子型的乙氧基化烷基胺为例，在相对湿度为 15％和 50％时，表面电阻率可相差 10～1000 倍。相对湿度对抗静电效果的影响如图 17-5 所示。

增加塑料制品所处环境的相对温度，导致电荷快速流动，使得表面导电能力增加。表面电阻率和相对湿度成倒数的关系（见图 17-6）。当然，这个关系是通过聚烯烃实验得到的，对所有聚合物的适用程度不同。对于吸水聚酰亚胺，如果相对湿度超过 65％，基本没有静电问题。当相对湿度非常小时，低于 20％或更小，在所有的表面几乎不可能平衡。只有具有导电能力的物质，由于体积电阻率的降低，才是活性的。

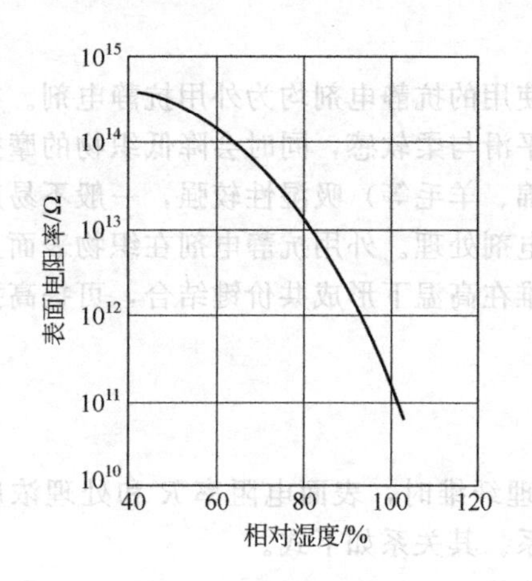

图 17-6　表面电阻率与相对湿度的关系（聚烯烃）

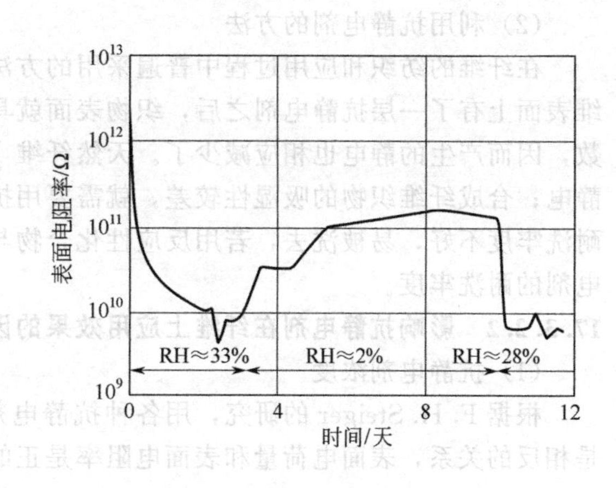

图 17-7　低密度聚乙烯中抗静电剂的作用效果随相对湿度的变化关系

采用具有放电性或放射性的离子发生剂，可增加环境的导电能力，即周围空气能将电荷带走。

通过化学助剂，抗静电剂可以改善聚合物表面的导电能力，从而使电荷可以通过表面释放除去。通过燃烧处理或强烈的电晕放电进行表面的离子化处理，可以起到同样的效果。然而，纯物理的方法只有短期的稳定效果，通过添加适当的添加剂才可以获得永久的抗静电性能。

借助离子导电机理，随相对湿度而改变的表面水层厚度影响了导电性。这可以解释表面导电性，因此，随着相对湿度的降低，抗静电作用降低了。由于这种作用是可逆的，因此通常只有在一个最低相对湿度水平上才具有抗静电作用（见图 17-7）。

塑料制品的抗静电性能是否符合要求，应根据其产品特点和使用情况而定。常用的测试方法有测定表面电阻率和体积电阻率；测定试样的摩擦起电情况；测定试样的静电半衰期等。

17.3.2　抗静电剂在纤维中的应用

17.3.2.1　纤维的抗静电方法

为了避免在纤维内聚集静电或将纤维内所产生的静电尽快疏散，一种方法是可以在合成纤维的生产过程中引入某种导电组分，或选用某些亲水性单体进行接枝聚合的方法来提高其吸湿性，以消除所产生的静电；另一种方法就是应用抗静电剂对织物进行整理。

(1) 对纤维进行改性的抗静电方法

针对不同纤维，将聚烷基二醇、聚烷氧烯烃、*N*-烷基胺与环氧乙烷加成物等亲水性物质引入纤维中。主要合成纤维的改性方法如下。

① 聚酰胺纤维（尼龙）的改性。聚酰胺纤维可用1%以上的聚乙二醇（相对分子质量600以上）进行改性。即将含有10%～15%的聚酰胺和聚氧化烯烃的嵌段共聚物与聚酰胺混合纺丝；还可采用各种添加剂改变聚氧化烯烃末端的方法得到极性更强的聚乙二醇。另外，在制品的整理工序中加反应性单体进行处理，可给予持久的抗静电性能。但这种反应性单体要根据纤维种类不同进行选择，对聚酰胺纤维，一般是用聚氧化烯烃、聚氧化烯烃烷基醚、*N*-烷基胺与环氧乙烯加成物等的亲水基与纤维表面进行反应。

② 聚酯纤维（涤纶）和聚丙烯腈纤维（丙纶）的改性。聚丙烯腈纤维的改性是将含有聚氧化烯烃部分的丙烯单体和丙烯腈共聚，其共聚物和丙烯腈的均聚物混合纺丝。聚酯纤维的改性方法与聚酰胺、聚丙烯腈的情况一样，可采用与抗静电性聚合物混合纺丝的方法和添加活性剂的方法。

(2) 利用抗静电剂的方法

在纤维的纺织和应用过程中普遍采用的方法，使用的抗静电剂均为外用抗静电剂。在纤维表面上有了一层抗静电剂之后，织物表面就具有平滑与柔软感，同时会降低织物的摩擦系数，因而产生的静电也相应减少了。天然纤维（如棉、羊毛等）吸湿性较强，一般不易产生静电；合成纤维织物的吸湿性较差，就需要用抗静电剂处理。外用抗静电剂在织物表面上的耐洗牢度不好，易被洗去，若用反应性化合物与纤维在高温下形成共价键结合，可提高抗静电剂的耐洗牢度。

17.3.2.2　影响抗静电剂在纤维上应用效果的因素

(1) 抗静电剂浓度

根据F. H. Steiger的研究，用各种抗静电剂处理纤维时，表面电阻率R和处理浓度A是相反的关系，表面电荷量和表面电阻率是正的关系。其关系如下式。

$$\lg R=-m\lg A+B$$

$$\lg Q=\frac{1}{m}\lg R+C$$

式中　R——表面电阻率；
　　Q——表面电荷量；
　　A——处理浓度；
m、B、C——常数。

(2) 纤维的类型

将用抗静电剂处理前后的织物的表面电阻率对相对湿度变化作图，在一定湿度下放置24h后的表面电阻率如图17-8所示，将试料布浸渍在0.3%的壬基酚聚氧乙烯醚（$n=9$）的溶液中离心分离，干燥后一定相对湿度下保持24h后的表面电阻率如图17-9所示。

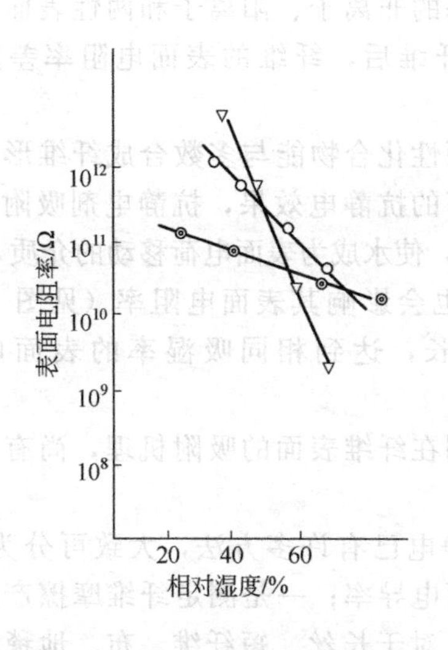

图 17-8 不同织物的表面电阻率

▽羊毛；⊚尼龙；○聚酯

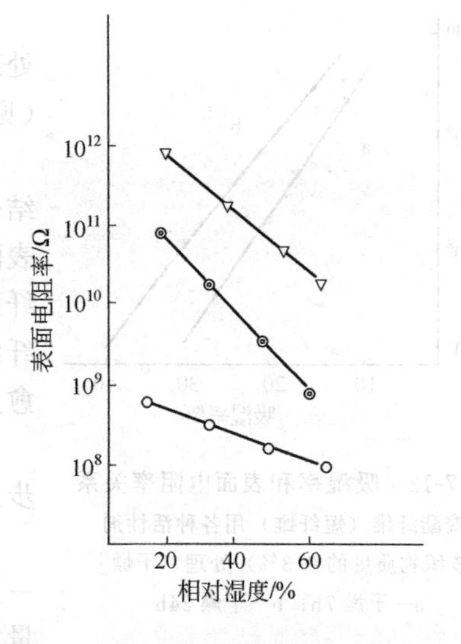

图 17-9 经处理的不同织物的表面电阻率

▽羊毛；⊚尼龙；○聚酯

可见，因纤维不同，每种抗静电剂的应用效果有所差异，处理合成纤维，往往会有比较理想的降低表面电阻率的效果。

(3) 抗静电剂的结构

不同种类的活性剂的抗静电效果是因各自不同的结构而有所差别，阳离子活性剂、两性活性剂效果最好，其次是非离子活性剂、阴离子活性剂。用不同类型的抗静电剂处理聚丙烯腈纤维后，纤维在相对湿度 40%下放置 24h 后测得的表面电阻率如图 17-10 所示。

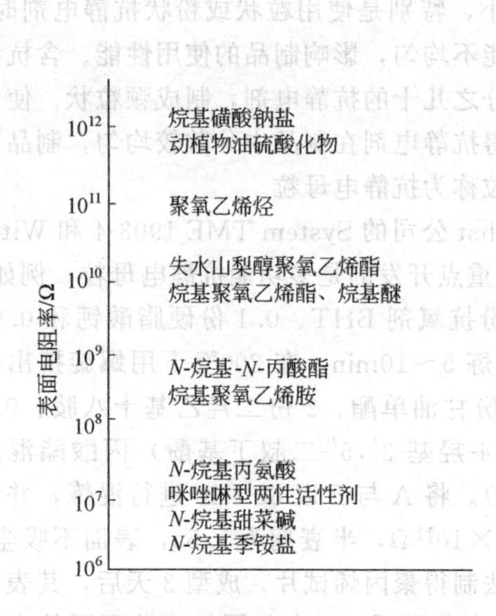

图 17-10 织物经抗静电剂处理后的表面电阻率

(抗静电剂按织物质量的 0.5%吸附于丙烯腈纤维，纤维在相对湿度 40%下放置 24h)

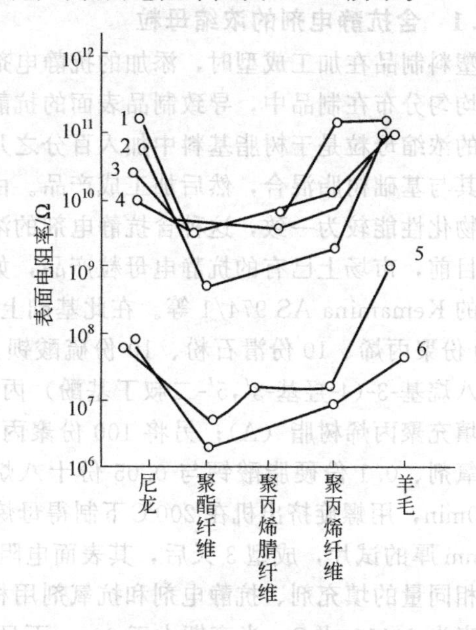

图 17-11 织物经抗静电剂处理后的表面电阻率

(用结构不同的抗静电剂按织物质量的 0.5%吸附于各种纤维上，干燥后，纤维在相对湿度 40%下放置 24h)

1—月桂基聚氧乙烯醚 (n=8)；2—月桂基聚氧乙烯醚 (n=12)；3—失水山梨醇聚氧乙烯单月桂酸酯 (n=12)；4—月桂基聚氧乙烯胺 (n=15)；5—月桂基三甲基氯化铵；6—月桂基甜菜碱

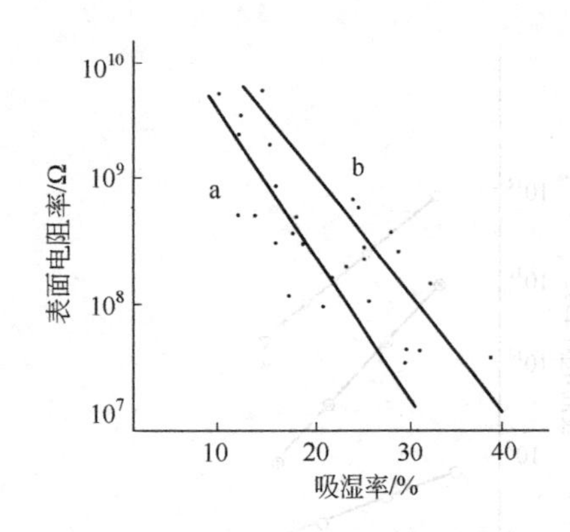

图 17-12 吸湿率和表面电阻率关系
[聚酯纤维（短纤维）用各种活性剂（按织物质量的 0.3%）处理，干燥]
a—干燥 7h；b—干燥 24h

而用含月桂基的非离子、阳离子和两性表面活性剂处理不同类型的纤维后，纤维的表面电阻率差别较大（见图 17-11）。

因阳离子和两性化合物能与多数合成纤维形成良好结合，故表现出高的抗静电效果，抗静电剂吸附于纤维表面后，通过吸湿，使水成为表面电荷移动的介质，因此，纤维的干燥时间也会影响其表面电阻率（见图 17-12），纤维干燥时间愈长，达到相同吸湿率的表面电阻率愈大。

关于抗静电剂在纤维表面的吸附机理，尚有待进一步工作予以阐述。

研究纤维的静电已有许多方法，大致可分为两类：一是测定纤维表面电导率；一是测定纤维摩擦产生的电量。这两类方法，对于长丝、短纤维、布、地毯等各种形态的纤维都适用。

17.4 抗静电剂的发展趋势

近年来，为了克服现有表面活性剂型抗静电剂的缺点和控制有毒物质的产生，国内外都注重开发新的抗静电剂品种或采用复配技术，以提高抗静电性能和加工性能，使其耐高温、使用持久、低毒或无毒。不起霜的抗静电剂品种及其新型多功能浓缩母粒发展很快。

17.4.1 含抗静电剂的浓缩母粒

塑料制品在加工成型时，添加的抗静电剂量很小，特别是使用粒状或粉状抗静电剂时，很难均匀分布在制品中，导致制品表面的抗静电性能不均匀，影响制品的使用性能。含抗静电剂的浓缩母粒是于树脂基料中加入百分之几至百分之几十的抗静电剂，制成颗粒状。使用时将其与基础树脂混合，然后加工成产品。由此使得抗静电剂在制品中分散较均匀，制品表面的物化性能较为一致，这种含抗静电剂的浓缩母粒称为抗静电母粒。

目前，市场上已有的抗静电母粒产品，如 Hoechst 公司的 System TME 1903-4 和 Witco 公司的 Kemamina AS 974/1 等。在此基础上，近年重点开发的是多功能抗静电母粒，例如，将 80 份聚丙烯、10 份滑石粉、10 份硫酸钡、0.1 份抗氧剂 BHT、0.1 份硬脂酸钙和 0.05 份十八烷基-3-(4-羟基-3′,5′-二叔丁基酚）丙酸酯混炼 5～10min，在 200℃下用螺旋挤出机制得填充聚丙烯树脂（A）；另将 100 份聚丙烯、4 份甘油单酯、2 份二羟乙基十八胺、0.1 份抗氧剂、0.1 份硬脂酸钙与 0.05 份十八烷基-3-(4-羟基-3′,5′-二叔丁基酚）丙酸酯混炼 5～10min，用螺旋挤出机在 200℃下制得母炼胶（B)。将 A 与 B 以 80：20 进行混炼，并制成 2mm 厚的试片，成型 3 天后，其表面电阻率为 $5\times10^{11}\Omega$，半衰期为 1.5s，表面不吸尘。若将相同量的填充剂、抗静电剂和抗氧剂用相同方法制得聚丙烯试片，成型 3 天后，其表面电阻率为 $6\times10^{-16}\Omega$，半衰期大于 30s，而且吸尘。由此说明，配方相同但工艺不同的产品表面电阻率相差较大，制成抗静电母粒后，可避免填充剂对抗静电剂的吸附，使抗静电剂充分发挥作用。

17.4.2 开发抗静电剂新品种

（1）两性型抗静电剂 两性化合物结构式如下。

$$-X-R^1-\overset{\overset{\large R^3}{|}}{\underset{\underset{\large R^4}{|}}{N^+}}-R^2-Y-SO_3^-$$

X 为 O、$\overset{O}{\parallel}{C}NH$、$\overset{O}{\parallel}{C}-O$、$CH_2$

Y 为 OCH_2

$R^1 \sim R^4$ 为 H 或烷基

适合用作聚烯烃塑料的抗静电剂。

（2）阳离子型抗静电剂　其结构通式如下。

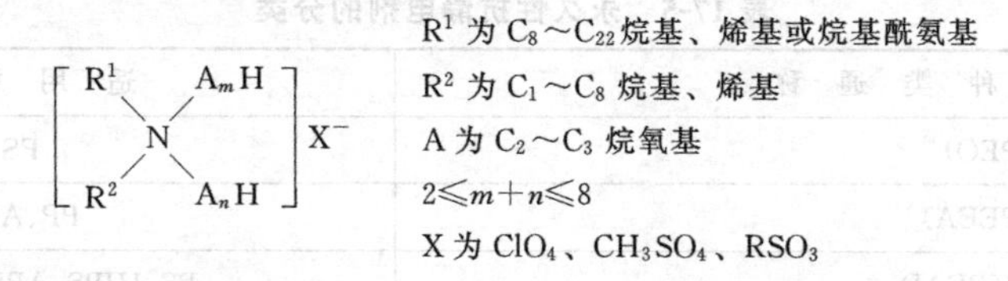

将此季铵盐添加 0.5%于聚丙烯中，可使表面电阻率降至 $10^9\,\Omega$，半衰期小于 1s；达到与此相同的抗静电效果，在 ABS 树脂和聚氯乙烯中的添加量分别为 1%和 0.5%。若氮原子与氢相连，抗静电效果会显著下降。

（3）非离子型抗静电剂　其结构式如下。

$$\begin{matrix} R^1 & & OH \\ & C & \\ R^2 & & CH_2-OH \end{matrix}$$

R^1、R^2 为烷基等

此抗静电剂适用于聚乙烯、聚丙烯和聚氯乙烯中，具有速效性、耐久性、热稳定性高以及不着色等特点，性能优于含氮化合物。

（4）烷氧基有机金属化合物　是以烷氧基钛酸盐和锆酸盐（或酯）为主成分的复合物，对聚烯烃类、聚酯类等有明显的抗静电作用，用量小，在聚合物中形成不起霜的有机金属电子传递通路，传递静电荷，其导电性与环境湿度无关。它耐高温、耐抽提，是用于低温环境的理想抗静电剂。

（5）新剂型　将多孔无机物浸渍在离子型有机化合物溶液中，然后与碳酸钙复配，得到平均粒径<44μm 的填充式抗静电剂，用于聚氯乙烯塑料中，体积电阻率为 $10^7 \sim 10^8\,\Omega \cdot cm$。

17.4.3　复配型抗静电剂

随着聚合物应用领域的不断扩大，对制品的性能要求不断提高，仅添加一种抗静电剂，很难满足综合性能的要求，若将不同类型或同类型不同结构的抗静电剂进行复配，可使应用性能显著提高。例如，*N*,*N*-二羟乙基烷基胺与高级醇并用，在聚乙烯塑料中使用，分散性提高，加工性能和抗静电性能都达到了使用要求；将甜菜碱型两性表面活性剂与脂肪酸酰胺、脂肪酸甘油酯复配，脂肪胺聚氧乙烯醚与脂肪酸、亚磷酸酯复配，季铵盐与硼酸酯复配，脂肪酸甘油酯与烷醇酰胺复配后，分别添加于聚乙烯、聚苯乙烯和聚氯乙烯中，均表现出具有加合作用的抗静电效果。在聚丙烯酸树脂中添加含磺酸基或硫酸酯基的阴离子型或两性型抗静电剂的复配物，具有良好的抗静电效果。

中国聚合物用抗静电剂有几十个品种，但效果显著并形成生产能力的较少，在 20 世纪 90 年代初年产量不超过 500 吨/年。许多抗静电剂品种还依靠进口。为了满足中国塑料和纤维加工工业的发展，非常需要开发耐久性、稳定性好，低毒、无毒的抗静电剂及不受湿度影响且不起霜的抗静电剂品种。

17.4.4　永久性抗静电剂

用各种亲水性聚合物作为抗静电剂，加入到基料树脂中而开发出了所谓聚合物合金型永久性抗静电树脂。永久性抗静电剂在树脂中的分散程度和分散状态对树脂抗静电性能有显著影响。研究表明，永久性抗静电剂主要在母体中形成芯壳结构，并以此为通路泄漏静电荷。永久性抗静电剂以微细的层状或筋状形态主要分布在制品表面，而在中心部分较少且主要以颗粒状存在。而决定形态结构的主要因素是成型加工条件和与母体树脂相容性，最直接的影响因素是母体树脂与永久性抗静电剂的熔融黏度差或黏度比，它常以剪切速率和加工温度控制。永久性抗静电剂的分类见表17-5。

表17-5 永久性抗静电剂的分类

种类通称		适用树脂
聚醚类	聚环氧乙烷(PEO)	PS
	聚醚酯酰胺(PEEA)	PP、ABS
	聚醚酯酰亚胺(PEAI)	PS、HIPS、ABS、MBS、AS
	聚氧化乙烯环氧丙烷共聚物(PEOECH)	PVC、ABS、AS
	聚乙二醇甲基丙烯酸共聚物	PMMA
	丙烯酸甲酯共聚物	
季铵盐类	含季铵盐基丙烯酸酯共聚物	PS、AS、ABS、PVC
	含季铵盐基马来酰亚胺共聚物	ABS
	含季铵盐基甲基丙烯酰亚胺共聚物	PMMA
其他	聚苯乙烯磺酸钠	ABS
	季铵羧酸内盐共聚物	PP、PE
	电荷传递型高分子偶合物	PP、PE、PVC

根据电荷状态，永久性抗静电剂可分为阳离子型、阴离子型和非离子型，抗静电能力依次减少。环氧乙烷及其衍生物的共聚物研究得最早，是目前商品化永久性抗静电剂的主要品种。在这些高分子化合物的分子中都掺入了导电性单元，尤以PEO（聚环氧乙烷）链为多。

例如，日本三洋化成工业公司应用聚醚与分散技术开发了半永久性高分子抗静电剂6321（商品名）。该抗静电剂是以聚醚为基料的特殊嵌段聚合物，它与ABS、PMMA、PA、PET及PC/ABS合金的相容性好，通过它们的合金化可得到具有永久抗静电效果的高分子材料。

参考文献

1 翁文桂．高分子材料抗静电技术．塑料，2000，29（4）：31～34．

2 罗云莲．烷基磷酸酯型抗静电剂的合成．皮革化工，2001，18（2）：40～43

3 刘燕军，葛启等．高碳醇C_{18}磷酸酯合成工艺的研究．天津工业大学学报，2001，21（2）：50～52

4 李燕云，尹振晏，朱严瑾．抗静电剂综述．北京石油化工学院学报，2003，11（1）：28～33

5 张亨．抗静电研究进展．精细石油化工进展，2000，1（9）：39～43

6 曹玉廷，姜波．高分子材料用有机抗静电剂的发展现状．化工新型材料，2001，29（3）：13～15

7 杜仕国．抗静电剂在包装材料中的应用．中国包装，2000，20（5）：52～54

8 Markus C Grob，Ernst Minder．Permanent antistatic additives：new developments．Plastics Additives & Compounding，1999，20～26

9 常玉红，许际清．通用塑料抗静电剂的现状与开发．陕西化工，1998，(6)：10～11

10 Bing-Lin Lee．Permanently electrostatic dissipative (ESD) property via polymer blending：Rheology and ESD property of blends of PETG/ESD polymer．Journal of Applied Polymer Science，1993，47（4）：587～594

11 杜仕国．聚合物抗静电材料的研究与发展．工程塑料应用，1998，26（10）：31～34

12 邹盛欧．高分子型永久抗静电剂和永久抗静电树脂．化工新型材料，1996，(3)：33～36

13　宣兆龙，易建政，杜仕国．抗静电剂的研究进展．塑料工业，1999，27（5）：39～41
14　徐战．聚氯乙烯抗静电剂的研究进展．杭州化工，1997，27（2）：2～5
15　石明孝，余茂林，祝一峰，诸爱士．抗静电剂对抗静电 PET 纤维表面形态的影响．合成纤维工业，1998，21（1）：12～14
16　刘金辉，李效玉，潘文，焦书科．甲基丙烯酸季铵盐酯的合成及其共聚物乳液的抗静电性能．合成树脂及塑料，1995，12（2）：20～24
17　张景昌，杨凤昌，张高潮．聚氯乙烯永久性抗静电涂塑技术．郑州纺织工学院学报，1998，9（1）：14～17
18　申华，于湛，刘丽艳等．烷基磷酸酯及衍生物的合成与应用．辽宁大学学报，2002，29（2）：187～192
19　夏纪鼎，倪永全等．表面活性剂和洗涤剂化学与工艺学．北京：中国轻工业出版社，1997．318～322
20　Drew Myers．Surfactant Science and Technology．1988
21　田欣，董文增．烷基磷酸酯中单、双酯含量的测定．印染助剂，2000，17（3）：29～30
22　毛培坤．表面活性剂产品工业分析．北京：化学工业出版社，2002．503～508
23　武汉大学．分析化学．北京：高等教育出版社，2000．68～71
24　贺天禄，李宝芳，罗英武，王雷．复合抗静电剂在 PP 上的应用研究．塑料工业，2003，31（5）：43～45
25　韩德奇，袁旦，楚军，郭良兰．世界聚丙烯供需现状和我国聚丙烯应用前景．现代化工，2000，20（12）：48～51
26　赵敏，高俊刚，邓奎林，赵兴艺．改性聚丙烯新材料．北京：化学工业出版社，2002．464～470
27　王孝培．塑料成型工艺及模具简明手册．北京：机械工业出版社，2000．63～64
28　ASTM D 638．Standard Test Method for Tensile Properties of Plastics
29　ASTM D 790．Standard Test Method for Flexural Properties of Unreinforced and Reinforced Plastics and Electrical Insulating Materials
30　ASTM D 256．Standard Test Method for Determing the Izod Pendulum Impact of Plastics
31　真锅健二．聚甲基丙烯酸甲酯新应用发展近况．丙烯酸化工与应用，2001，14（4）：36～41
32　白木，周洁．塑料在医疗卫生领域的应用．工程塑料应用，2003，31（9）：47～49
33　苏克曼，潘铁英，张玉兰．波谱解析法．上海：华东理工大学出版社，2002．80～134
34　于遵宏等．化工过程开发．上海：华东理工大学出版社，1996．138～153
35　郑明东，刘炼杰，余亮，姚伯元．化工数据建模与试验优化设计．合肥：中国科学技术大学出版社，2001．93～117
36　覃超国，梁功荣．聚乙二醇磷酸酯的合成．应用科技，2002，29（9）：67
37　韩哲文，杨全兴．高分子化学．上海：华东理工大学出版社，1994
38　O N Primachenko，O V Sorochinskaya，V N Pavlyuchenko．Compound Latexes for Antistatic Coatings．Russian Journal of Applied Chemistry，2002，75（10）：1705～1708
39　Noboru Yamazaki，Fukuji Higashi．Phosphonium salt and its use．US 4173563．1979．11．6
40　Takeshi Ihara，Shinji Yano，Katsumi Kita．Process for producing phosphoric esters．US 5565601．1996．10．15
41　陈家骥．一种抗静电剂的生产方法．CN1080650A．1994．1．12
42　上海石油化工股份有限公司．一种用于涤纶短纤维油剂的抗静电剂．CN1361324A．2002．7．31
43　浙江皇马化工集团有限公司．异构醇（醚）磷酸酯盐合成方法．CN1247192A．1999．8．8
44　Masatsugu Saiki，Yoshio Imai，Makoto Takagi．Quaternary ammonium alkyl phosphates and method for producing same．US 4727177．1988．2．23

第18章 透 明 剂

透明剂也称为增透剂，是一类用于改善聚合物透光性能的添加剂。聚丙烯制品光泽度和透明性差，外观缺少美感，在透明包装、日用品领域的发展受到限制。利用添加透明剂的方法制得的透明聚丙烯，不仅承袭了聚丙烯原有的优点，且透明性和表面光泽度可与其他一些透明高分子树脂相媲美，性价比优于PVC、PET、PC、PS等透明材料，适用范围广，尤其适用于透明性要求高、需高温下使用或消毒的器具方面，如透明热饮杯、微波炉炊具、婴儿奶瓶、一次性快餐汤碗等。透明聚丙烯已成为聚丙烯的一个新品种，愈来愈受到人们的重视，因此透明剂的开发和应用也受到了人们的广泛关注。

18.1 透明剂增透机理

关于聚丙烯透明剂作用机理的研究，国内外已有文献报道，尽管目前尚无定论，但从已完成的结果来看可以归纳为以下几种观点。

(1) 增透网络成核机理　该理论由 Thierry、Garg 和 Kobayashi 等提出，是目前较为普遍认可的增透机理。该理论认为增透剂是成核剂的一个特殊亚族，具有物理本身自行聚合的聚集性质，可溶解在熔融聚丙烯中，形成均相溶液。聚合物冷却时，透明剂先结晶形成纤维状网络，该网络不仅分散均匀，且其中的纤维直径仅有10nm，小于可见光的波长，该网络的表面即形成结晶成核中心，这是因为：①这种纤维状网络具有极大的表面积，可提供极高的成核密度；②纤维的直径与聚丙烯结晶厚度相匹配，还被认为能促进成核；③纤维很细，不能散射可见光。因此，透明剂作为异相晶核提高了聚丙烯的成核密度，使聚丙烯形成均一细化的球晶，减少了对光的折射和散射，透明性增大。

(2) 增透作用　透明剂分子氢键二聚形成V形构型容纳聚丙烯分子链的增透作用。Titus 等曾比较和研究了多种亚苄基多元醇类化合物对聚丙烯的增透作用，发现具有自由羟基的二亚苄基山梨醇类化合物的增透效果显著，而无自由羟基的二亚苄基木糖醇类化合物的增透效果很差，据此提出自由羟基是DBS类透明剂发挥增透作用的重要条件。他们认为DBS类透明剂首先通过分子间氢键二聚，这个二聚体通过两个连接一个透明剂分子与另一个透明剂分子之间的氢键而稳定下来。该二聚体形成一个V形结构，能够很好地容纳螺旋结构的聚丙烯，被黏附在V形构型中的螺旋结构聚丙烯分子运动受到限制，一方面减少了其返回到无规线团的概率，即提高了螺旋结构的稳定性，另一方面降低了结晶自由能，从而促进成核，减小球晶尺寸达到增加透明度的效果。

(3) 超分子结构的凝胶化增透作用　Shepard 及其同事和 Thorsten 等运用超分子结构和凝胶化理论分别研究和解释了DBS类透明剂对聚丙烯熔体成核结晶的影响，他们认为透明剂在聚丙烯熔体中形成超分子结构的凝胶化成核作用。由于DBS类化合物分子内存在两个自由羟基，因而在聚丙烯熔点以上的温度下能够通过氢键作用形成具有超分子结构的三维纳米纤维网络，且比表面积增加，产生凝胶现象，进而为形成大量均匀分布的晶核奠定了基础。对于苯环上具有取代基（如甲基、乙基等）的DBS类衍生物，由于这些取代基有助于增加分子间的氢键作用，凝胶化温度高，因而增透效果更好。

18.2 透明剂的种类及代表性产品

聚丙烯透明剂种类很多。按照化学结构区分，透明剂主要有二亚苄基山梨醇类、有机磷酸酯盐类、松香脂类。二亚苄基山梨醇类和有机磷酸酯盐类都有比较好的透明改性效果。二亚苄基山梨醇类可溶解在熔融的聚丙烯中，形成均相体系，因而成核效果好，缺点是高温下不稳定，易分解释放母体芳醛，从而产生气味，有银纹和发白现象产生，不适于食品包装用。有机磷酸酯盐类的成核效果不如二亚苄基山梨醇类，价格较高，且在聚丙烯中的分散性比较差。但耐热性好，并且可用于食品包装。松香脂类主要是以天然松香为原料而制得的一类新型透明剂，该产品主要有KM-1300和KM-1600两种。聚丙烯透明剂的种类及各种产品的特点见表18-1。

表18-1 聚丙烯透明剂的种类及各种产品的特点

类 别	特 点	典型代表
二亚苄基山梨醇类	有优良的改善聚丙烯透明性、表面光泽度及其他物理力学性能，且与聚丙烯的相容性好，基本无毒性	二亚苄基山梨醇(DBS)
有机磷酸酯盐类	无毒，价格高，对聚丙烯透明性的改进仅次于二亚苄基山梨醇类，在聚丙烯中分散性差，热稳定性好，有优异的改善聚丙烯的刚性、表面硬度及热变形温度的性能	2,2-二甲亚基双(4,6-二叔丁基苯氧基)磷酸钠(PTBPNA)
松香脂类	无毒，价格低，成核效率高	KM-1300和KM-1600

18.2.1 二亚苄基山梨醇类透明剂

二亚苄基山梨醇类透明剂根据取代基和开发年代的不同，市售品种涉及表18-2中所列的三代产品。其结构式如下。

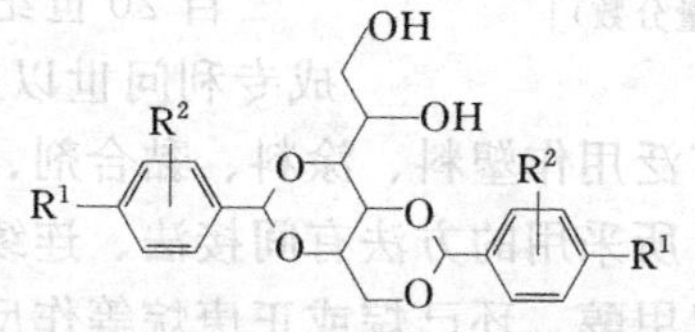

表18-2 各代二亚苄基山梨醇类透明剂

产 品	R^1	R^2	化学名称	缩 写
第一代	H	H	二亚苄基山梨醇	DBS
第二代	Cl	H	二(对氯亚苄基)山梨醇	p-Cl-DBS
	Me	H	二(对甲基亚苄基)山梨醇	p-Me-DBS
	Et	H	二(对乙基亚苄基)山梨醇	p-Et-DBS
第三代	Me	Me	二(3,4-二甲基亚苄基)山梨醇	DMDBS

第一代透明剂是山梨醇与无取代苯甲醛反应制得的二亚苄基山梨醇。代表性品种如Milliken化学公司的Millad 3905、Ciba精化公司的Irgaclear D和山西省化工研究院的TM-1等。但这类产品增透效率不高，高温下不稳定，易发生降解反应释放母体芳醛，产生气味，加工条件苛刻，温度过高时也会析出粘在加工设备表面上，故应用受到一定的限制。

20世纪80年代中后期，通过加入取代基、引入侧链杂原子等方法，开发了第二代透明剂，主要有二（对氯甲基亚苄基）山梨醇、二（对乙基亚苄基）山梨醇、二（对甲基亚苄基）山梨醇等在对位具有取代基的二亚苄基山梨醇类衍生物。市售产品包括Millad 3940（Milliken化学）、Irgaclear DM（Ciba精化）、NA-S20（上海科塑高分子新材料有限公司）

和TM-3（山西省化工研究院）等。第二代产品虽然在性能上较第一代有了改善，但对人类感官有刺激，使用过程中存在气泡较多、气味较大的问题，应用受到了限制。第二代产品所带的气味主要是在山梨醇缩醛生产过程中的残留醛和树脂加工过程中所产生的醛引起的，为此，在对产品后处理进行大量研究的基础上，有关专家提出了一些解决办法，如对山梨醇进一步纯化以除去游离醛；加入除味添加剂，消除游离醛产生的异味；加入稳定剂如胺类，防止游离醛的进一步产生。这些方法虽然取得了一定的效果并在实际生产中得到了应用，如采用长链脂肪酸（如二十二烷酸的乳液）包覆p-Me-DBS或用环糊精（α、β、γ）与p-Me-DBS等掺混后加入到聚丙烯中均能达到较好的消除气味的效果，但试用规律性差。

第三代二亚苄基山梨醇类透明剂是美国Millken化学公司20世纪90年代初首先开发并上市的化学组成为二（3,4-二甲基亚苄基）山梨醇，它结合了第一代和第二代二亚苄基山梨醇类透明剂的应用特点，即在保持第二代二亚苄基山梨醇类透明剂聚丙烯树脂优异的增透改性效果的同时，最大限度地降低了产品的气味，改善和提高了热稳定性，可用于通用或苛刻条件下的透明制品。继Milliken公司之后，新日本理化公司、上海科塑高分子新材料有限公司、上海晟霖新材料科技有限公司、山西省化工研究院于最近亦上市了类似结构的产品。二亚苄基山梨醇类透明剂的典型代表美国Milliken化学品公司的各代二亚苄基山梨醇类透明剂对聚丙烯雾度的影响如图18-1所示。

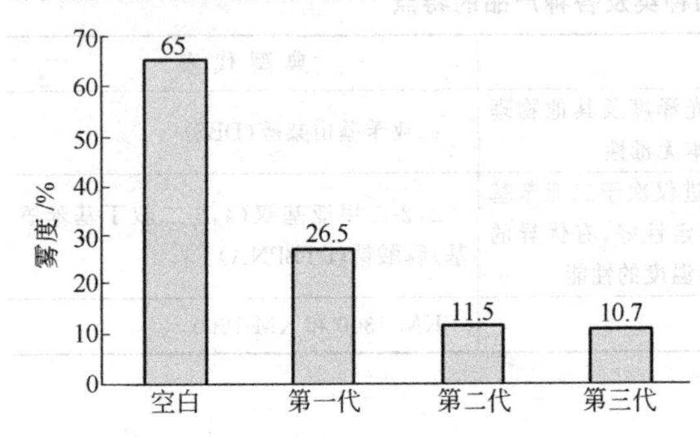

图18-1 各代二亚苄基山梨醇类透明剂对聚丙烯雾度的影响
[透明剂添加量为0.24%（质量分数）]

自20世纪70年代二亚苄基山梨醇的合成专利问世以来，由于它具有使晶核形成和被溶剂触变凝胶化的特性，被广泛用作塑料、涂料、黏合剂、日用和医疗用品等行业的添加剂，合成技术得到了较大发展，所采用的方法有间接法、连续法和逆向催化法，反应多以硫酸、对甲基苯磺酸作脱水剂，以甲醇、环己烷或正庚烷等作反应介质，用山梨醇、苯甲醛或取代苯甲醛为原料，在反应介质回流温度下反应5～7h，加入碱性溶液中和并蒸馏回收反应介质，产物经精制得到二亚苄基山梨醇类或取代二亚苄基山梨醇类产品。在催化剂作用下，山梨醇分子上的1,3位碳原子和2,4位碳原子上的羟基各与一分子苯甲醛或取代苯甲醛缩合反应而得到二亚苄基山梨醇。其反应过程如下。

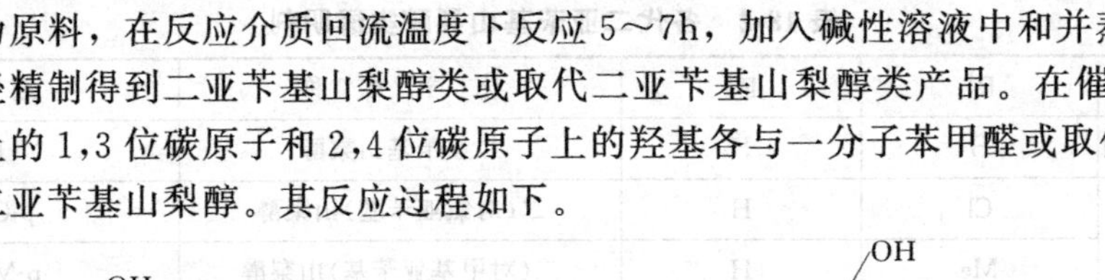

近几年来，随着研究的深入以及对透明剂增透效果要求的提高，对该类透明剂的研究不再局限在对称型的二亚苄基山梨醇上，非对称的二亚苄基山梨醇透明剂的合成与应用引起了人们的极大兴趣。该类透明剂的结构通式如下。

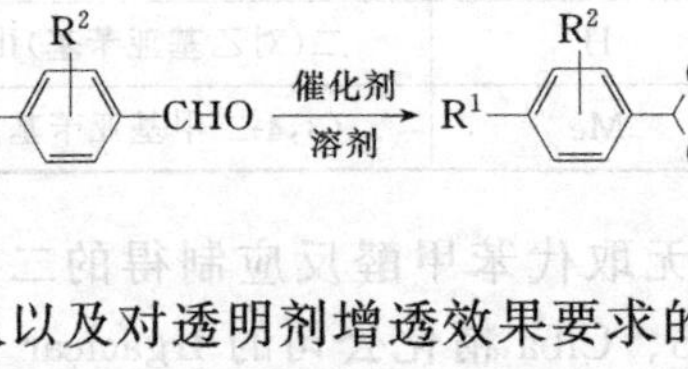

其中，R^1 为 H、Cl、Me、Et 等；R^2 为 H、Cl、Me、Et 等；$R^1 \neq R^2$。该类透明剂是采用山梨醇与两种不同的苯甲醛（取代苯甲醛）在一定的条件下脱水反应而得。其反应式如下。

（反应式：山梨醇 + R^1-苯甲醛 + R^2-苯甲醛 $\xrightarrow[\text{溶剂}]{\text{催化剂}}$ 二亚苄基山梨醇衍生物）

18.2.2　有机磷酸酯盐类透明剂

有机磷酸酯盐类透明剂在高结晶度的聚烯烃加工中应用较多，它能赋予制品更高的透明性、刚性、热变形温度和结晶温度。和二亚苄基山梨醇类透明剂相似，有机磷酸酯盐类透明剂也分为三代产品。其结构通式如下。

（结构通式）

其中，R^1 为单键、$\mathrm{-\!\!(CH_2)_m\!\!-}$（$m=1$，2）；$R^2$、$R^3$ 为 H、烷基（$C_1 \sim C_8$）；M 为碱或碱土金属离子；$n=1,2$。

磷酸酯盐类透明剂是日本旭电化公司近 20 年来对聚烯烃透明剂的贡献，NA-10 作为基本品种最早于 20 世纪 80 年代中期上市，随后具有双酚磷酸酯钠盐结构的 NA-11 问世，与 NA-10 相比，第二代品种的成核效率得到显著提高，但由于熔点较高（>400℃），难以在树脂中分散。最近，该公司对 NA-11 的结构进行了修正，推出了牌号为 NA-21 的第三代磷酸酯盐类透明剂，其主要的化学组成为双酚磷酸酯羟基铝盐，该产品熔点较低，成核效率高，易分散。上海科塑高分子新材料有限公司的 NA-40、NA-45 亦属此类产品。各代磷酸酯盐类透明剂见表 18-3。磷酸酯盐类透明剂一般是由相应的取代苯酚或取代双酚首先与三氯氧化磷反应，得到芳基磷酸酯的氯化物，再经水解、成盐制备的。该类透明剂的合成方法以 NA-11 为例如下。

表 18-3　各代磷酸酯盐类透明剂

产　品	化　学　名　称	商品缩写代号
第一代	二(4-叔丁基苯基)磷酸酯钠盐	NA-10
第二代	亚甲基双(2,4-二叔丁基苯基)磷酸酯钠盐	NA-11，NA-40
第三代	以亚甲基双(2,4-二叔丁基苯基)磷酸酯铝盐为主的复配物	NA-21，NA-45

（反应式：亚甲基双酚 $+POCl_3 \longrightarrow$ 磷酰氯中间体 $+NaOH+H_2O \longrightarrow$ 磷酸酯钠盐）

应当指出，磷酸酯盐类透明剂的成核效率较高，尤其对聚丙烯树脂的增透改性突出。在增透改性方面低添加量（0.1%左右）的效果优于二亚苄基山梨醇类透明剂，但随着添加量的增加增透效果不及二亚苄基山梨醇类透明剂。

18.2.3　松香脂类透明剂

松香脂类透明剂最早是在20世纪90年代后期由日本的荒川化学公司推出的低成本聚烯烃透明剂，该类透明剂具有增透效率高、成本低等优点。该类透明剂是由无色松香或歧化松香为原料，经过提纯和皂化而得到的。目前，主要的产品是KM-1300。以歧化松香为原料的制备方法如下：将歧化松香溶于有机溶剂，加入选择性沉淀剂有机胺，沉淀完全后过滤，滤饼用盐酸酸化过滤即得脱氢枞酸。将脱氢枞酸与不同比例的氢氧化物或碱性氧化物反应得到脱氢枞酸的金属盐透明剂，其制备流程如下。

歧化松香 —有机胺→ 脱氢枞酸有机胺盐（H_3C，$COONHR_3$，CH_3，CH，CH_3，CH_3） —HCl→ 脱氢枞酸（H_3C，$COOH$，CH_3，CH，CH_3，CH_3）

脱氢枞酸（H_3C，$COOH$，CH_3，CH，CH_3，CH_3） —$M(OH)_n$→ 脱氢枞酸金属盐（H_3C，$COOM$，CH_3，CH，CH_3，CH_3）

M为Na、K、Mg、Ca、Zn，$n=1$或2

18.3　透明剂浓度对聚丙烯透明性能的影响

一般来讲，透明剂的增透效果随着透明剂浓度的增大而逐渐增加，最后趋于稳定，表现在聚丙烯的雾度随着透明剂浓度的提高而逐渐下降。图18-2是两种主要的透明剂二亚苄基山梨醇类透明剂MDBS和有机磷酸酯盐类透明剂NA-21的浓度对聚丙烯透明性能的影响。

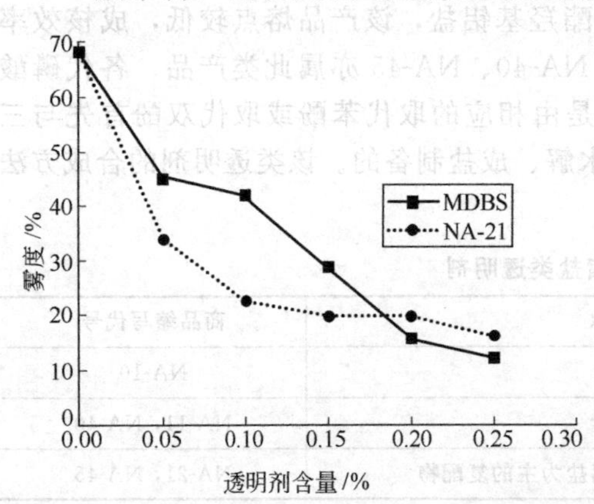

图18-2　透明剂浓度对聚丙烯透明性能的影响

由图18-2可知，随着透明剂浓度的增加，聚丙烯的雾度逐渐降低，对MDBS而言，当其用量小于0.1%时增透效果并不是特别明显，聚丙烯片材雾度均在30%以上，只有在其浓度达到0.2%以上时才有显著效果，雾度在20%左右。相比之下，NA-21在低用量时就具有比较明显的增透效果。当透明剂用量高于0.2%以后，MDBS的增透效果要比NA-21好。

18.4　透明剂对聚丙烯其他性能的影响

二亚苄基山梨醇类和有机磷酸酯盐类透明剂除能增加聚丙烯的透明性外，还可对聚丙烯的其他性能产生较大的影响。聚丙烯中加入透明剂后，有效地提高了成核密度，形成了细小的球晶结构，使机械应力分布比较均匀，结晶温度、维卡软化点均得到了提高。而大量晶核导致结晶结构的极度均一化，使冲击强度受球晶尺寸变小的影响超过了结晶度对脆性的影响，也使得聚丙烯的性能显著提高。

透明剂还可使形成的取向层结构的厚度增加3.5倍，加上结晶形态的均匀化，使材料获得较高的刚性。例如，添加旭电化NA-11透明剂0.3份的聚丙烯的弹性模量可从1350MPa上升为1850MPa。透明剂在阻碍降温过程中，聚丙烯熔体的松弛会产生更多带状分子链结构，将球晶晶粒相互联系起来，增加了晶粒间的界面强度和分子间的作用力，使其力学性能得到大幅度提高。这些都使材料有可能用于薄壁制品，即在确保设计强度的前提下，使壁厚变薄。如添加了旭电化NA-11透明剂的均聚聚丙烯在保持相同模量的前提下，厚度减薄10%。制品的薄壁化，使材料用量减少，成本下降。另外，对于追求小型化的家用电器的壳体，因为腔室容积的扩大，使尚未小型化的零部件安装成为可能，从而提高了产品设计的自由度，在缩短开发时间带来好处的同时，也间接地降低了成本。

透明剂在聚合物中能形成数量众多的晶核，缩短了结晶化的时间。而在聚合物冷却时，透明剂在高于聚合物结晶化温度的较高温度下发生结晶，聚合物不需要过冷却就结晶了。这样，透明剂在使结晶化温度上升的同时，也起到了加快结晶速率的作用。如未加透明剂的聚丙烯的结晶化温度为115℃，而添加旭电化NA-11透明剂的聚丙烯结晶化温度上升为135℃，当透明剂为0.3份时，聚丙烯在注塑时冷却保压时间从30s缩短为23s，成型周期从52s缩短为45s，缩短14%。结晶化温度的上升可显著地改善聚丙烯的加工性能。在塑料成型加工中，成型周期的缩短就意味着企业效益的增加。

在透明剂使聚丙烯的结晶微细化的同时，熔点较低的非晶部分也均匀化、微细化，使聚丙烯的负载挠曲温度上升。如旭电化NA-11透明剂可使聚丙烯均聚物的负荷挠曲温度从115℃上升到135℃，这使聚丙烯有可能应用于高温领域，如电子微波炉使用的容器。

参考文献

1 Kenzo Hamada，Hiroshi Uchiyama. US Patent 4016118，Apr. 5. 1977
2 张跃飞，辛忠. 中国塑料，2002，16 (10)：11
3 Thierry A，Atraupe C. Polymer communications，1990，(31)：299～301
4 Garg，S N，Stein，R S，Su，T K，et al. Kinetics of Aggregation and Gelation，1984，229
5 Millner，O，Titus，G. Chemical Design Automation News，1990，5：10
6 Shepard T A，et al. J Polym Sci，Part B：Polym Phys，1997，35：2617
7 Bauer T，et al. Macromolecules，1998，31：7651
8 王克智，李训刚. 塑料加工，2003，38 (5)：19
9 山西省化工研究所编. 塑料橡胶加工助剂. 第二版. 北京：化学工业出版社，2002
10 雷华，鲁阳，潘勤敏. 中国塑料，2002，16 (1)：63
11 张跃飞. 新型成核剂的创制合成及应用研究：[硕士学位论文]. 上海：华东理工大学，2003
12 喻梅. 缩醛类透明成核剂的设计合成及应用研究：[硕士学位论文]. 上海：华东理工大学，2004